圖一：中國明代景德鎮青花瓷香客瓶（扁壺）。一三六八～一六四四年。
釉下鈷藍。琵琶地博物館。

圖二：卡夫，〈鍍金銀足玻璃杯和一盆水果〉靜物畫細部。油畫。
60.3×50.2 公分。© 美國克利夫蘭藝術美術館

圖三：中國清代德化窯觀音瓷像。十八～十九世紀。高 48.3 公分。
美國西雅圖藝術博物館。Paul Macapia 攝（43.42）

圖四：泰國席撒差那萊軍持。十五～十六世紀。釉下黑彩炻器。高 22 公分。
美國西雅圖藝術博物館。Paul Macapia 攝（92.82.82）

圖五：日耳曼麥森瓷盤。約一七三〇～一七三四年。彩繪鍍金。直徑 22.5 公分。美國西雅圖藝術博物館。Paul Macapia 攝（69.201）
薩克森尼選帝侯的雙劍交叉標誌，位於波蘭國王暨薩克森尼選帝侯盾徽紋章的左下角。雙劍交叉標誌於一七二三年成為麥森瓷廠的標記。

圖六：清代中國製紋章茶壺、茶盞、托碟和牛奶罐。約一七四四年。釉上彩繪加金。左起：壺高（連蓋）14 公分，盞徑 3.8 公分，托碟徑 12.1 公分，罐高 8.9 公分。美國西雅圖藝術博物館。Paul Macapia 攝（76.115.1）

圖七：英國普勒茅斯．布里斯托瓷廠三貝瓷碟。約一七七〇年。高 16.2 公分。美國西雅圖藝術博物館。Paul Macapia 攝（57.85）

圖八：日耳曼麥森瓷廠製瓷鐘。約一七四八年。彩繪鍍金，金屬鐘面黑白繪。高 39.4 公分。美國西雅圖藝術博物館。Paul Macapia 攝（78.13）

圖九：中國明代景德鎮青花瓶。萬曆年間（一五七三～一六一九）。
釉下鈷藍。高 57.2 公分。美國西雅圖藝術博物館。Paul Macapia 攝（54.120）瓶身仿西元前十二至十世紀的古代青銅酒尊，但下半拉長。紋飾包括象徵皇帝的五爪龍。

圖十：中國清代景德鎮青瓷碟一對，乾隆款（一七三六～一七九五）。
直徑 11.8 公分。印花和花瓣印刻紋飾。美國西雅圖藝術博物館。
Paul Macapia 攝（44.118.1）

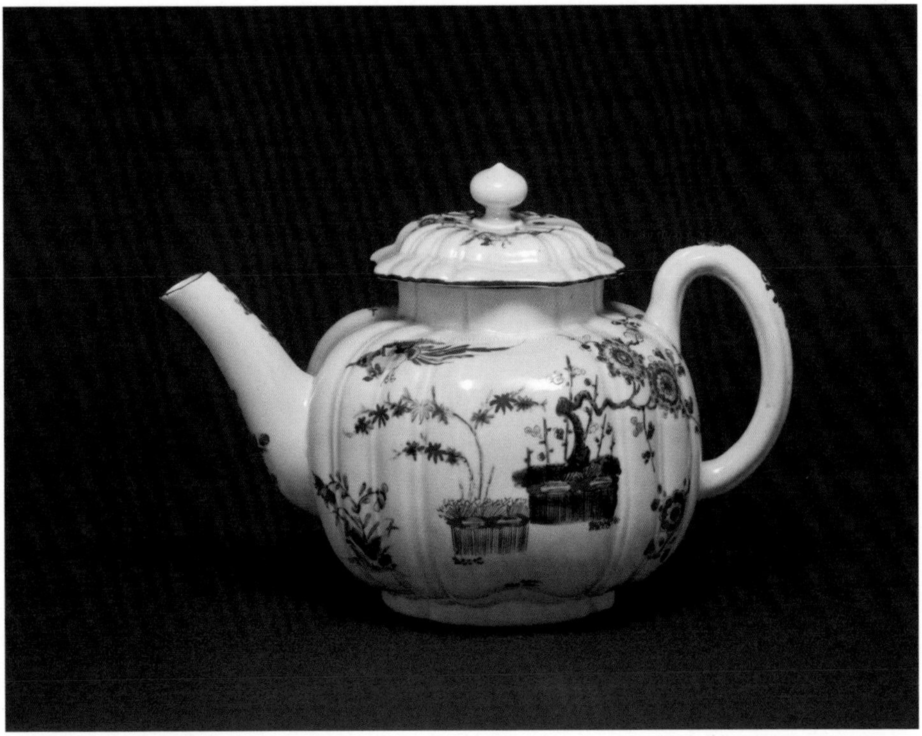

圖十一：英國伍斯特瓷廠製茶壺。約一七五三～一七五四年。彩繪。
高 14 公分。美國西雅圖藝術博物館。Paul Macapia 攝（94.103.5）
仿宜興紫砂，瓜瓣狀壺身，圖案受日式主題影響。

圖十二：中國南宋景德鎮青白瓷帶蓋盒。一一二七～一二七九年。印花紋飾。直徑 6.4 公分。美國西雅圖藝術博物館。Paul Macapia 攝（45.78）

圖十三：中國明代景德鎮青花扁壺，瓶口宣德款（一四二六～一四三五）。
釉下鈷藍。高 29.2 公分。美國西雅圖藝術博物館。Paul Macapia 攝（48.167）

中央花紋圓章源自伊斯蘭，形制頗似香客瓶。

圖十四：中國明代景德鎮青花碗，外壁宣德款（一四二六～一四三五）。
釉下鈷藍。直徑 20.6 公分。美國西雅圖藝術博物館。Paul Macapia
攝（49.154）
內壁纏枝蓮紋，外壁雙排蓮瓣。

圖十五：中國明代景德鎮青花碟，成化朝（一四八一～一四八七）。釉下鈷藍。直徑19公分。美國西雅圖藝術博物館 ©Paul Macapia攝（51.85）
藏佛八寶紋，法輪居碟心，環以高度格式化的蓮紋，其餘七寶飾於外緣。

圖十六：中國元代景德鎮青花碟。十四世紀。釉下鈷藍。直徑 47 公分。
美國西雅圖藝術博物館。Paul Macapia 攝（76.7）
此型瓷碟係專為西南亞產製，眾人共食方式需要超大型盤碟。
模製生產。

圖十七：韓國朝鮮時期青花瓶。約一八〇〇～一八五〇年。
釉下鈷藍。高 20.3 公分。美國西雅圖藝術博物館。
Paul Macapia 攝（82.127）

圖十八：日本江戶時期伊萬里青花大壺。約一六四〇～一六五〇年。釉下鈷藍。高 22.5 公分。美國西雅圖藝術博物館。Paul Macapia 攝（70.11）

圖十九：日本伊萬里青花盤。約一六六〇～一六八〇年。釉下鈷藍。直徑 38.9 公分。美國西雅圖藝術博物館。Paul Macapia 攝（75.78）

荷屬東印度公司訂製，中央為公司名縮寫，兩隻鳳凰、茶花、石榴圍繞；外緣六扇開光，繪以竹子或牡丹，依景德鎮克拉克瓷風格。

圖二十：日耳曼麥森瓷廠托碟。約一七二五年。彩繪鍍金。直徑 12.7 公分。美國西雅圖藝術博物館。Paul Macapia 攝（87.142.101）

圖二十一：各式青花器：【左大】十五至十六世紀越南製；【右大】十五至十六世紀中國製；【中上】十七世紀中國製；【正中】十五世紀敘利亞製；【正中左】十七世紀日本製；【正中右】十七世紀波斯製。三個瓷片為十四世紀中國製。

圖二十二：波斯盤。薩非時期，十七世紀。釉下藍彩。直徑 35.2 公分。
美國西雅圖藝術博物館。Paul Macapia 攝（48.146）

圖二十三：鄂圖曼盤。十六世紀晚期。釉下藍、黑、綠彩。直徑 30.5 公分。
美國西雅圖藝術博物館。Paul Macapia 攝（57.17）
紋飾混合了依兹尼克陶和景德鎮瓷。

圖二十四：中國明代景德鎮青花盤。約一六二五～一六五〇年。釉下鈷藍。
直徑 36.2 公分。美國西雅圖藝術博物館。Paul Macapia 攝（75.51）
克拉克瓷，可能是依據荷蘭寬緣木盤而作，飾以鬱金香花苞，四周開光為格式化花紋。四圖分別顯示種田與讀書，是中國文人最理想的兩項活動。

THE PILGRIM ART

Cultures of Porcelain in World History

從景德鎮到Wedgwood瓷器

第一個全球化商品，影響人類歷史一千年

Robert Finlay

羅伯特・芬雷——著 鄭明萱——譯

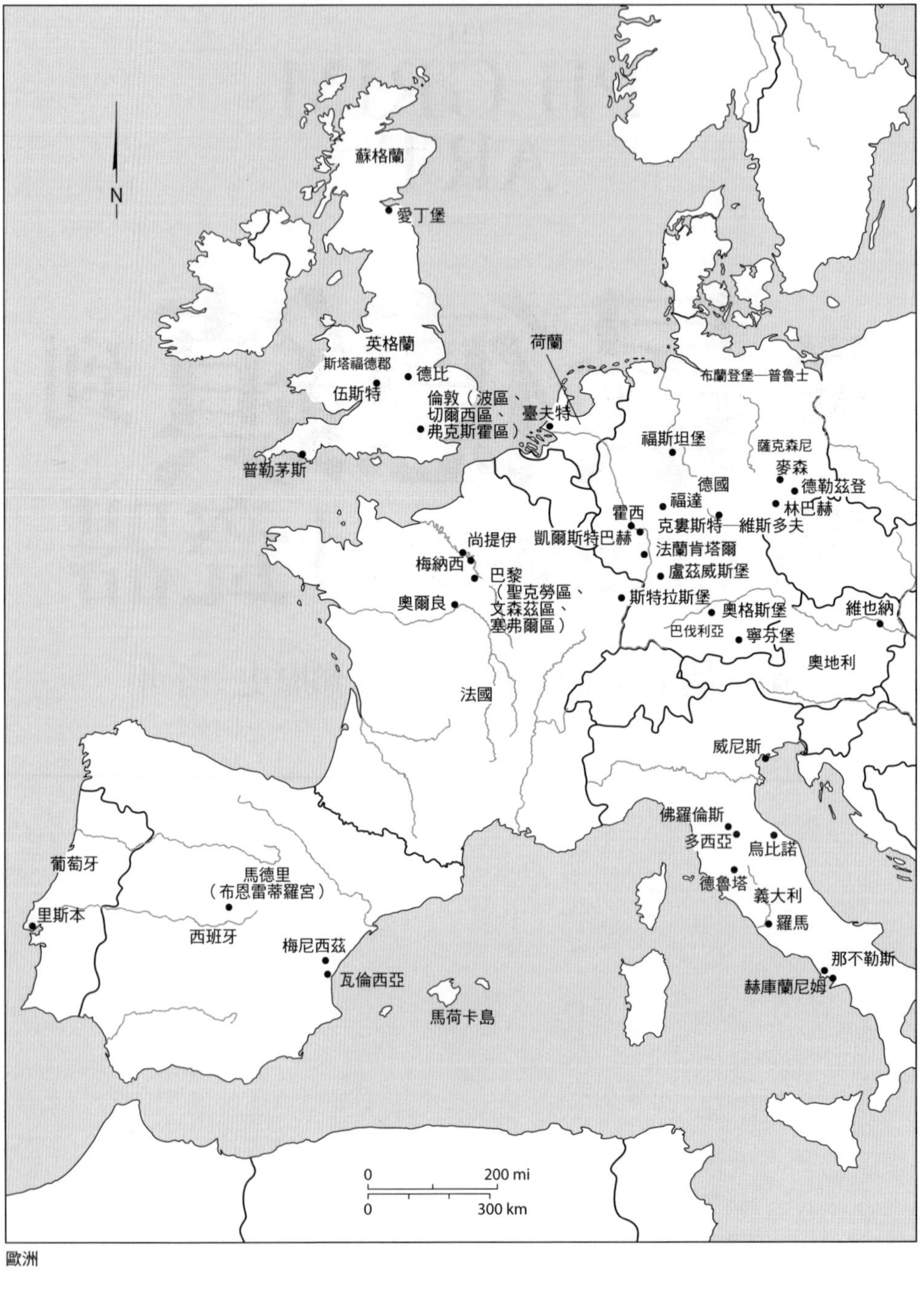

N
蘇格蘭
愛丁堡
英格蘭
斯塔福德郡
德比
伍斯特
倫敦（波區、
切爾西區、
弗克斯霍區）
普勒茅斯
荷蘭
臺夫特
布蘭登堡—普魯士
福斯坦堡
薩克森尼
麥森
德國
德勒茲登
福達
林巴赫
霍西
克婁斯特—維斯多夫
凱爾斯特巴赫
法蘭肯塔爾
盧茲威斯堡
斯特拉斯堡
奧格斯堡
巴伐利亞
寧芬堡
維也納
奧地利
尚提伊
梅納西
巴黎
（聖克勞區、
文森茲區、
塞弗爾區）
奧爾良
法國
威尼斯
佛羅倫斯
多西亞
烏比諾
德魯塔
義大利
羅馬
那不勒斯
赫庫蘭尼姆
葡萄牙
里斯本
馬德里
（布恩雷蒂羅宮）
西班牙
梅尼西茲
瓦倫西亞
馬荷卡島
0
200 mi
0
300 km

歐洲

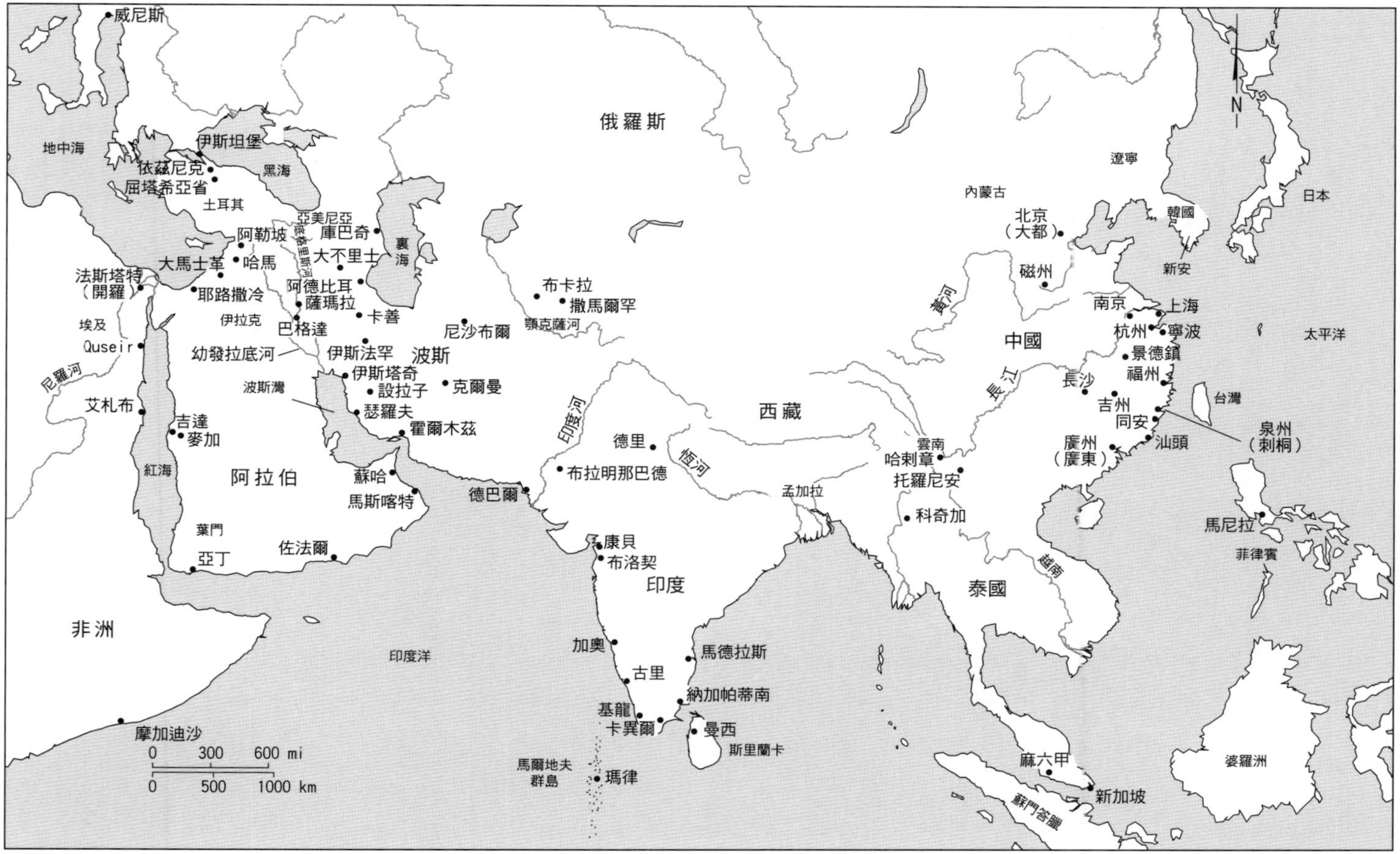
威尼斯
地中海
伊斯坦堡
依茲尼克
屈塔希亞省
黑海
土耳其
亞美尼亞
庫巴奇
阿勒坡
底格里斯河
大不里士
裏海
大馬士革
哈馬
法斯塔特
（開羅）
耶路撒冷
阿德比耳
薩瑪拉
卡善
伊拉克
巴格達
埃及
Quseir
幼發拉底河
伊斯法罕
波斯
尼沙布爾
布卡拉
撒馬爾罕
鄂克薩河
俄羅斯
尼羅河
艾札布
波斯灣
伊斯塔奇
設拉子
克爾曼
瑟羅夫
霍爾木茲
吉達
麥加
紅海
阿拉伯
蘇哈
馬斯喀特
德巴爾
葉門
亞丁
佐法爾
非洲
印度洋
摩加迪沙
0 300 600 mi
0 500 1000 km
印度河
德里
布拉明那巴德
恆河
西藏
孟加拉
康貝
布洛契
印度
加奧
古里
馬德拉斯
納加帕蒂南
基龍
卡異爾
曼西
斯里蘭卡
馬爾地夫
群島
瑪律
遼寧
內蒙古
北京
（大都）
磁州
黃河
中國
長江
南京
上海
杭州
寧波
景德鎮
福州
長沙
吉州
同安
泉州
（刺桐）
廣州
（廣東）
汕頭
台灣
雲南
哈剌章
托羅尼安
科奇加
越南
泰國
馬尼拉
菲律賓
麻六甲
新加坡
蘇門答臘
婆羅洲
韓國
新安
日本
太平洋
N

亞洲

編輯弁言

本書使用詞彙說明如下：

陶瓷（Ceramics）

陶器（earthenware）、炻器（stoneware）、瓷器（porcelain）的區別，本書第三章開端分別就外觀、燒成溫度、材質成分予以說明。

至於器表施以錫釉的錫釉陶，義大利、西班牙稱作馬約利卡陶（maiolica），法國是法恩斯陶（faience），荷蘭和英格蘭則為臺夫特陶（delftware）。以上各式黏土器雖有技術差異，為敘事行文方便，書中有時參差使用。

地理

本書使用「西南亞」而不用「中東」。「西亞」指稱五世紀羅馬帝國滅亡後的西南亞地區及歐洲。「東南亞海洋區」指菲律賓至蘇門答臘的島嶼鏈，亦稱「東南亞群島」。「歐亞大陸」則是「寰宇」——希臘人所稱的「人居」或已知世界——包括非洲北部和東部海岸。

推薦序

光潔可愛，無所不在

中央研究院歷史語言研究所研究員　陳國棟

二十世紀的義大利史學家克羅齊有句名言說：「一切的歷史著作都是當代史。」拿這句話來看羅伯特・芬雷的新著《青花瓷的故事》，我們不難感覺真的是這麼一回事。

羅伯特・芬雷任教於美國阿肯色大學，講授歐洲早期近代史與世界史，曾經出版《文藝復興時期的威尼斯政治》與《圍困中的威尼斯：一四九四至一五三四年間義大利戰爭期的政治與外交》等書。威尼斯乍看之下和中國風馬牛不相及，但是只要想一想，元朝時待在中國很多年的馬可波羅正好是威尼斯人，那就難免在想到威尼斯時，順便想到中國了。

比威尼斯離中國更「遠」（感覺上或心理上）的是非洲。中國與非洲互動的一段歷史，乍看起來任誰都覺得陌生。但是羅伯特・芬雷在一九九一年，也就是所謂「鄭和熱」的前端，就已經寫過一篇文章講鄭和的寶船。後來他也繼續追蹤有關鄭和研究的學術發展，而在李露曄的《當中國稱霸海上》與孟西士的《一四二一：中國發現世界》分別出版後，他也沒有忘記給他們寫個書評，表示他個人的獨到見解。鄭和船隊的支隊去過非洲，曾經從非洲載運長頸鹿回中國，這是鄭和研究者經常掛在嘴邊的話題，羅伯特・芬雷當然不會陌生，而他更注意到在肯亞等非洲東岸的土地上，青花瓷器皿經常被鑲飾在稱作「柱狀墓」的當地墳墓上。

有一種說法是瓷器為外來之物，其中尤佳者為貴族所有，這種思維加強了它的神祕性，使它在某些社會成為政治、財富地位的指標。瓷器甚至於被賦予驅邪除魔的功能，也在生命儀式中扮演特定的角色。

羅伯特．芬雷的專業雖然是文藝復興時期的威尼斯歷史，但是他一向關注世界史的課題。有世界就有世界史，但是讓撰寫世界史成為一個熱門的工作，成為一種時代的風尚，則是最近二、三十年來才特別蓬勃的現象。背後的推動力少不了有加速的全球化趨勢。

全球化意謂著不同的社會經濟體間，愈來愈頻繁的人員、物質以及資訊的交流。當中規模最大，令人感受最深、最普及的應該是物質，通常也就以形形色色的商品來呈現。因此，當我們回到歷史當中去探索全球化的源頭與變遷時，商品就成了方便而且有趣的研究對象。近年來已被多方討論過的商品至少有：茶、鹽、巧克力、菸草、咖啡、白銀、糖、香料、染料、玻璃、棉布、絲綢……等等，難以窮舉。可是這些商品所夾帶的世界史要素，遠遠不及瓷器。其實，一般而言，瓷器自來也是大眾普遍有興趣的研究對象，但是很少像本書這樣，把它當成是可以在時空中悠悠往來、巧妙帶出世界史的游標。選擇瓷器，羅伯特．芬雷是這麼說的：

> 就世界史的研究來說，瓷器所帶來的文化衝擊，提供了一個絕佳的主題，可是甚少被探索……。打從十八世紀以來，一般而言，陶瓷早已成為考古學家們必要資訊的來源，可是針對物質文化、商品，以及消費的歷史學研究，卻直到過去數十年間才開始。

在不同的歷史時間下，不同的經濟社會遭遇到外來陶瓷，尤其是中國瓷器。這樣的遭遇在經濟貿易、政治外交、飲食習慣、藝術品味、科學創造等各方面都造成了難以抹滅的影響。就此而言，瓷器的吸引力與衝擊力真的是無遠弗屆。瓷器一方面是實用的器皿，他方面也具有儀式性的功能，同時又帶有文化上的意義。於是，瓷器史的研究自然可以與商業、藝術、社會價值等密切相關。當然，其他物質商品也都是世界史的好題材，只是其內涵總沒有瓷器這麼豐富。特別是就整體表現來說，除了織品之外，少有其他近代以前的商品足以與瓷器相提並論。

羅伯特．芬雷以瓷器，尤其是青花瓷器為中心，從時間與空間兩個方向切入，追溯瓷器的來歷、變遷、用途、傳播、影響與魅力。這一來，他在本書中帶進了中國文化史、中國藝術史、茶藝文化……，也帶進了西方工藝史、西方飲食文化史、西方生活史等內涵。當然，中國與西方之外，中國瓷器也隨著中國人與歐洲人的帆船去到可以入港停泊的地方，於是東南亞、非洲與中南美洲也都早早接受了中國瓷器，因此本書也帶進了其他人類社會的相關歷史。不用特別強調的是，羅伯特．芬雷顯然精緻地處理了陶瓷的工藝美術史。

這是一本內容豐富，精心研究的作品，值得從多重角度深入閱讀。可喜的是譯筆也十分忠實而且貼心，透過精巧的文字，消除了部分基於文化背景而可能產生的知識落差，卻完全不害文意，不減少全書的內容，實在是超優秀的譯作。更可喜的是譯文優雅易懂，讀來生動流暢，真的值得推薦。

推薦序

一場精采的青花之旅

前新北市立鶯歌陶瓷博物館館長　游冉琪

從事陶瓷教育推廣工作十多年來，深刻體會到陶瓷真的是一項與人們生活極為密切的材質，但若以藝術賞析的角度來看，相較於一般人熟知的書畫，陶瓷反而是最不熟悉、難以入門的藝術。分析其原因，從原料的取得，土質成分、成形技法、釉藥配方、燒製程序、窯爐特性等，每道環節蘊藏不同且深奧的學問，只要有些許差異，就會影響到燒製出來的成品，如此繁複的燒製技術與過程，形成了陶瓷入門的門檻。因此，對於陶瓷，大家使用它、欣賞它，卻常常不知如何談論它，唯獨只有「青花瓷」，較容易引起民眾的迴響與共鳴，一來因為它是全球性商品，受東西方廣泛的使用與喜愛；二來或許因為唐先生的「青花蟠龍瓶」，讓青花具有高度的知名度，又或者是因為周杰倫的歌曲〈青花瓷〉，而讓青花瓷引起廣大的關注。

青花的源起，若從近代在龍泉的金砂塔（建於北宋太平興國二年，西元九七七年）基座中發現幾片青花瓷碎片算來，至今已有一千多年的歷史了。雖然目前全世界已知並獲得認定的「元青花」，大多是指十四世紀中期或之後所生產的，距今也有六百多年了。期間，青花透過貿易外銷，遠播至西方及世界各地，並在越南、朝鮮、歐洲、中東等地引發熱潮並紛紛追隨仿效燒製，這在陶瓷發展史上算是相當精采的一章，其他能帶動這樣風潮的釉彩，或許只有青瓷能緊追在後，但也僅止於在亞洲各國流傳而已，影響力尚不及青花。

這次貓頭鷹出版羅伯特．芬雷的《青花瓷的故事》中文版，提供讀者另一個觀看青花的方式，跳脫傳統工藝技術史層面，轉而剖析青花如何影響著全球經濟交流的發展。本書所關注的焦點不再只是單一物件的形制、紋飾，而是將它還原到原本存在的脈絡之中，探討青花在世界經濟中所占的位置，如何透過貿易機制，進而帶動各地區人們的交流與互動，從中也可一窺當時青花繁榮的盛景。透過本書作者宏觀的視野以及清晰明確的文字，讀者將可對十八世紀東西方交流史有完整的理解與想像。相信在深度理解並專精於歐洲史及世界史的作者帶領之下，閱讀本書將會享受一場精采的青花之旅。

譯序

譯事源起：我的「陶悟」

From China comes china。

試想：如果人生沒有陶瓷？試想：如果中國人沒有發明瓷器？

摶泥、幻化：將土加水，巧手塑型；以木生火，高溫玻化，金屬發色。於是地球上最普遍存在的物質，成就了人世美麗又實用的器物；自然界的五行，化為人工的巧造。

陶，是人類第一次改變了化學質性及物質結構的創造。一萬年的旅程，是人類同有的發明。瓷，則是**中國獨特、獨有、獨擅的發明與貢獻，時間長達超過一千五百年**。

也就是說，由東漢初期中國首次燒瓷成功起算至今，若將這一千八百年的時光比做一年十二個月的長度，中國從一月到十月（一千五百年），由春至冬，整整製作了「十個月」的瓷器，內銷全國，外銷世界。約於六月間，宋徽宗已在享用他美麗的汝窯成品；晚至九月，大文豪莎翁卻一輩子恐怕也沒真正見過瓷器。直到十一月一日，歐洲才終於知道如何製瓷——但是這短短「兩個月」光陰（三百年），對中國瓷（以及中國史）而言，卻是不堪回首。

譯這本書，是譯者個人陶瓷之旅的巧妙遇合。兩年前讀到原作者十年前一篇舊論文，提出「中國貿易瓷可謂全球化現象肇始」的文化觀點，深感興趣。作者在文中表示將據此概念成書。去年（二〇一〇）忽然想起，上網一尋，竟然剛巧方近出版，開心極了。於是和貓頭鷹出版社合作，向加州大學出版社爭取到此書的中文翻譯權。本書提供全球視野的高度與歷史長河的廣度，能夠為此書中譯效力，是我的陶緣，亦增我的陶悟。

書中所引原典，多出自《景德鎮陶錄》與《陶說》等中國舊籍，特此說明。

鄭明萱　文學、文史、文物翻譯人。曾以《從黎明到衰頹》榮獲第二十九屆金鼎獎最佳翻譯人獎。二〇一四年因病離世。

從景德鎮到wedgewood瓷器

目次

引言

西元一五九八年，西班牙國王菲力普二世在馬德里北邊的艾斯科里爾宮下葬，御棺用料選自柚木大商船「基督五傷號」的龍骨。此船曾五度擔任葡萄牙駐印度果阿總督的座艦，為昔日海上帝國服役超過四分之一世紀，九度往返於亞洲總部果阿與首都里斯本之間，是一般船隻紀錄的兩倍。當年「前往印度之路」共分兩段航程，全程遠達三萬七千公里，至少費時十八個月，為行走這個航線的人員以及船隻造成極為駭人的耗損。雖然虔誠的葡萄牙水手口口聲聲說「天主帶他們出去也必帶他們回來」，但回航期間發生的船難和損失卻往往高得不成比例，[1]原因不外乎眾船長總是超載搜羅亞洲商品才返航。菲力普二世一向深信自己的統治恩蒙天意引領，或許，他也認為運氣不錯的「基督五傷號」同樣享有上天保佑（船名「基督五傷號」，取自基督在十字架上蒙受的「五處傷痕」）。何況這艘巨型商船還喚起一種全球遠景，正投其所好：因為航海界推崇「基督五傷號」是東西方之間的非凡連結，將世界遙遠的兩端串連起來，象徵了菲力普二世的畢生功業。國王本人對葬儀細節也異常關注，顯然把這具深埋在艾斯科里爾宮地底密閉墓穴的龍骨棺材，視作自己廣袤疆域的象徵。

菲力普二世逝世之前，「基督五傷號」已經除役多年，停泊在里斯本港口權充巨型倉庫。菲力普二世之所以能夠徵用它的龍骨，製成自己最後的寄身之所，是因為二十年前，葡萄牙阿維什王朝末代君主塞巴斯汀一世連同葡國七千名貴族，在摩洛哥三王戰役全軍覆滅。菲力普二世一肩雙挑，聯合西葡兩大王國，接收遍布歐、美、非三洲以及印度和東南亞的領地，統治起第一個全球級的大帝國。一五八一年，菲力普二世在盛大的儀式中穿越一道道凱旋門，進入里斯本城，其中一道門的銘文宣告他為「東方西方萬事之主」。[2]對那些與他持有相同虔信觀點的當代人來說，菲力普二世陛下的權勢與財富之盛，似乎已臻古代基督徒夢想的大一統境界，也就是全體人類結合在共同的君王、共同的信仰之下。一時之間，希望高漲：那些異端者、異教徒，終於要被徹底鏟除粉碎了。菲力普二世在墨西哥、祕魯的礦區，為他產出一噸又一噸的白銀，助長了西班牙勢力在全歐各地擴張，包括西討尼德蘭的新教徒叛軍，東征地中海的鄂圖曼人。菲力普二世麾下的某些將領更敦促他一鼓作氣，繼征服葡萄牙之後，渡海進攻伊利沙白女王統治的英格蘭。

伊比利半島兩王國組成的商業網絡，意謂著菲力普二世掌控了全球獲利最豐的海路貿易：從印度進口胡椒、香料載往歐洲，在中日兩國之間運售絲、銀，以及在非洲與新大陸之間進行奴隸與黃金貿易。同時代的英國冒險家、詩人兼政治家雷利爵士，也看出海上霸權可帶來巨大經濟效益：「誰掌控了海權，就掌控了貿易權，誰能在世界貿易稱王，就能在全球財富誇勝。」[3]菲力普二世的美洲白銀源源繞過全球，加速了印度、東南亞和中國的經濟活動。荷蘭人、英國人莫可奈何，只能眼睜睜看著菲力普二世的船隻稱霸印度洋與大西洋；甚至連穿越太平洋的航線也遭西班牙獨家壟斷，雖然一五七九年英國探險家德瑞克在他那舉世聞名的環球航行中，曾駕「金鹿號」做過單點突破，但也僅此一回。他還計畫襲擊西班牙在菲律賓群島的總部馬尼拉，結果從未付諸實行。不過他在巴拿馬附近擄獲了西國的「聖母無玷號」，船上滿載絲綢、二十六噸黃金以及一千五百件瓷器。大部分都被他轉手賣給近今日舊金山灣地區的米沃克印地安人。返英之日，「金鹿號」綵飾飛揚，繫滿了五彩繽紛的中國絲帶，風光地沿泰晤士河而上。隨後，德瑞克將幾件令人印象深刻的戰利品，當面獻給伊利沙白女王。[4]

此番繞行世界一圈成功，無疑更增強了德瑞克的信念，因為他和菲力普二世一樣，都深信人事必有天意。他說：「我們的敵人雖多，但我們的保護者主宰世界。」[5]不過總體而言，那位主宰世間的大神似乎相當偏愛西班牙：一五七一年，威尼斯與教宗派出船隊相助菲力普二世，在地中海重創鄂圖曼海軍，交戰地點位於希臘外海的勒班陀。這場戰役中的穆斯林戰士，有些人幾年後又在菲律賓現身，準備在東南亞戰場上再戰西班牙。菲力普二世身為第一個全球級帝國的統治者，同時也發現自己開打了第一場世界大戰。[6]

國王麾下某些臣子認為，西班牙、葡萄牙兩國合治，意謂著一項突破性的大業正等待菲力普二世去開創。於是在塞巴斯汀一世戰死後十年之間，馬尼拉方面一再呼籲菲力普二世以那裡為基地，進攻並征服中國，好將西國的財富和勢力擴展到無與倫比的地步。他們在一封一五八六年的信中極力鼓吹：如今西班牙占有了菲律賓，「大王您正面對世上君主從未有過的最偉大機會和最重大開端。」[7]取得葡萄牙王位之後，菲力普二世曾製作一枚肖像徽章，雖說上面的銘文口氣極大：「Non Sufficit Orbis（全世界都不夠）」，事實上他覺得如此已經足矣。[8]再者尼德蘭地區的叛變始終是他的心頭大患，加上一五八八年又倉促成軍，組織戰艦進攻信奉新教的英格蘭；因此他自忖揮兵攻打中國不是明智之舉。其實，菲力普二世贊同的做法，是以菲律賓為指揮中心，進行靈性而非軍事征服，也就是致力於將中國人和日本人轉變成基督徒。耶穌會會士和修道會修士可以從菲律賓這處基督教據點——懸於亞洲大陸邊緣一隅，極具戰略地位——取得不可或缺的宣教支援。[9]

菲力普二世原先也已看出，菲律賓當地雖然缺乏有利可圖的物產，卻極具商業價值。它離中國只有兩星期的海路航程，可做為大本營，繞道打破葡萄牙人對中國貿易的壟斷。征服菲律賓群島的西班牙人雷格斯比，就曾於一五六九年預言：「我們可以展開對中國的貿易，取得絲綢、瓷器、安息香、麝香，以及其他物品。」[10]果不其然，第一艘載著中國貨品的西班牙船，很快便從馬尼拉開出，駛往墨西哥的阿卡普爾科，貨款由新大陸取得的白銀支付，從此這類貿易航程便源源不絕。不過一五八〇年以後，菲力普二世既已成為葡萄牙的統治者，他的命令便可直達澳門指揮那裡的代辦，澳門在當時是葡萄牙設於中國南方廣州附近的貿易據點。這項勢力的延伸，意謂著另外一項小小好處：有史以來第一次，國王終於可以直接向貨源地訂購瓷器了。

菲力普二世的「香客瓶」

菲力普二世是十六世紀人，是那個世紀的頭號藝術贊助者，蒐藏了一千五百張畫，無數手稿、版畫、錦帷、鐘錶、珠寶，以及各種奇珍異獸標本。他也非常仰慕中國瓷器，長期以來經常採購。一五七〇年代甚至下令距馬德里西南九十五公里的塔拉韋拉．德拉雷納鎮陶匠，為艾斯科里爾宮製作青花磚，也就是模仿中國瓷最主要的用色設計。菲力普二世認為藍白兩色的搭配，而不是義大利－法蘭德斯那種明豔多彩的裝飾風格，才適合他這座莊重靜穆的王宮建築。一五八一年赴葡萄牙加冕期間，菲力普二世下榻里斯本的桑托斯宮，宮內有間圓頂天花板的房間，大手筆地飾滿了中國青花瓷器。西葡兩國合治之後，里斯本製的青花陶湧入西班牙城市，買家通稱為「蝶器」（mariposas），因為這些器物大多繪有蝶狀紋飾，也是仿自中國瓷。菲力普二世廣結善緣，送禮給歐洲各地盟友和附庸，禮品就常常選擇瓷器。他的堂弟奧地利大公斐迪南二世，也收過他致贈的墨西哥阿茲特克羽毛作品（數十年前西班牙征服者劫掠所得），擺在櫃中和瓷器一起展示。菲力普二世去世之際，已擁有全歐最多的中國瓷。根據一份一五九八年的清單，總數共達三千件瓷器，多數為餐器，包括上菜盤、水酒瓶、醬汁碗、大口罐等。[11]

菲力普二世擁有好幾件造型獨特的瓷製品，包括一只雙頭鷹罐，頂上有冠，爪子緊抓著一顆箭矢穿透的心臟，這個圖案和聖奧古斯汀修會有關，這個教會團體派有多名修士在菲律賓。不過最能透露玄機的是其中幾只稱作「香客瓶」的器皿，幾乎可以肯定是在西葡兩國結合之後訂製（這種香客瓶中文通稱扁壺或扁式圓壺）。正如艾斯科里爾宮的那具棺木，這幾只瓶子也帶有全球意義的指涉。首先，它們在中國東南方的景德鎮窯燒造。景德鎮是十四世紀以來最重要的瓷器生產重鎮，兩百年後西方人才開始向那裡直接訂貨，此時在廣州可能有位中國掮客替國王轉發訂單。這些香客瓶的黏土與作工當然都來自中國，同時還反映出一個巨大的循環影響現象，不論形制、用色或裝飾，都是數世紀間不同傳統、產業、工藝纏繞結合之下的最終產物——一個範圍極廣極大的文化匯流的結果。（彩圖一）

菲力普二世的香客瓶，形狀有如出門隨身攜帶的水壺，長頸收束，圓形扁腹。一面繪有山石風景，中有一文人坐臥、小僮隨侍在側；畫面主題結合了古波斯與唐代中國元素。[12]另一面是西班牙王室紋章，極可能是按照西班牙錢幣上的圖案繪製，來源則是菲力普二世在澳門或馬尼拉的代辦所提供。瓶身的弧肩飾取自早年印度佛教圖樣的蓮紋，頸部則是中式畫法的昆蟲和山石。全器白底，或許可追溯至七世紀中國陶瓷對波斯銀器的仿效，或是稍後對中亞美玉光潤色澤的模擬。所用的青花色料是以波斯與中國兩地鈷料摻合製作；整體紋飾安排採用十四世紀以降發展而成的匯合風格，揉雜了中國與伊斯蘭的設計與空間結構手法。簡單地說，整體而言，菲力普二世的香客瓶可謂跨歐亞文化接觸而生的作品，是多少世紀以來長距離互動與多傳統交融之下，極具代表性的高潮頂點。

歐洲人熱烈喜愛中國瓷，其實已是漫漫數千年陶瓷史的後期現象了。婆羅洲、菲律賓叢林裡的居民，使用中國瓷器已經有許多世紀；韓國、日本、越南、埃及和伊拉克的陶匠，模仿製作中國瓷器亦有千年之久。可是十六世紀之前，鮮有中國瓷器現身歐洲，屈指可數的幾件珍品受到物主高度愛惜，用貴重金屬鑲邊或加座保護珍藏，並在器面銘記家族徽號表示身分。中古時代的歐洲只有黃褐單調的陶器，對潔白光亮的中國瓷不免又愛又羨。一四九七年達伽馬自葡萄牙出發，展開他繞過非洲前往印度的畫時代之旅，葡萄牙王曼努埃爾一世千叮萬囑，交代他務必帶回兩樣西方最渴求的物事：一是香料，一是瓷器。兩年後，歷經疾病、飢餓，達伽馬全船一百七十人折損過半，歸來向國王呈上包括黑胡椒、肉桂、丁香在內的數袋香料，以及一打中國瓷器。接下來三個世紀之間，中國瓷銷往歐洲的數量直逼三億件之巨。一五一七年葡萄牙船隻抵達中國，曼努埃爾一世立刻訂了許多瓷器：現知最早繪有歐式紋飾的青花瓷是一只一五二〇年的寬口執壺，圖案是古式的環狀地球儀，既代表地理大發現，也是國王的私人紋章。其子胡安三世擁有的瓷盤紋飾，是葡萄牙王室紋章以及由荊棘冠冕和耶穌會會徽環成的圓章。曼努埃爾一世的倒楣孫子塞巴斯汀一世，也有一只飾以其紋章的碟子，外圈是四隻佛教風格的獅子戲逐一顆綵球。[13]

輪到菲力普二世向中國訂製他的香客瓶時，不但沿襲過去葡萄牙君主的傳統取向，而且表現得更像狂熱的藝術愛好收藏者。和他老爹一般熱愛瓷器的菲力普三世，遲遲等到一六一九年才赴葡萄牙以該國國王的身分接受加冕——此行卻帶來不幸後果，他在那裡染了病，回來後不出幾年就死了。一如當年，里斯本城矗立起一道道凱旋門歡迎新王盛大入場，其中一道門是由當地陶匠敬獻，門飾畫面呈現眾多葡萄牙克拉克商船正在里斯本港裝船卸貨：下船的是從中國運來的真品瓷器，上船的是準備銷往歐洲其他國家的葡萄牙仿製品。銘文充滿自得：「我們的產品，也銷往世界各地」。還有一位寓象式的角色，高舉一只標為「瓷器」的青花陶器，向國王致敬：

最仁慈高貴的陛下

我們向您獻上這只香客藝術品
是我們古王國本地所製
中國卻往往以如此高價賣給我們！[14]

中國瓷與跨文化交流

本書探討中國瓷在世界史上扮演的文化角色。那些仿造中國瓷的里斯本陶匠，並不知道自己這項舉動其實已遠遠落後其他許多地區。一千多年之間，瓷器是全世界最受喜愛、歆羨、也是最被廣泛模仿的產品。從西元七世紀瓷器發明問世以來，它始終居於文化交流的核心。在歐亞大陸，瓷器是一大物質媒介，跨越遙遠的距離，促成藝術象徵、主題、圖案的同化與傳布。瓷器所到之處，便影響當地所有的陶瓷傳統，造成重大衝擊，占有發號施令的高度。從日本、爪哇到埃及、英格蘭，無一地例外。有時甚至取而代之，完全改換在地原有的製陶傳統，更因此深入在地原有的文化生活。

自人類製陶之始，一直到十八世紀步入尾聲、近世發軔之初，中國和世界其他地區在藝術、商業、科技上的接觸互動，也透過瓷器提供了證明。因為瓷器之故，十四世紀激發了一股商業冒險活動的興起，無論規模、數量，都是近世以前的世界從所未見——繪飾瓷器圖案的鈷藍色料由波斯輸往中國，在那裡製作成大量的青花瓷後，再銷往印度、埃及、伊拉克、波斯的穆斯林市場。十六世紀起，青花瓷又由西班牙船隻載運，從菲律賓和阿卡普爾科運往墨西哥城與祕魯的利馬；在此同時，舊世界的歐洲貴冑則向廣州下單訂做專屬瓷器。及至十八世紀，瓷器行銷各地數量之巨、遍布之廣，已足以首度並充分地證明：一種世界級、永續性的文化接觸已然形成，甚至可以說，所謂真正的「全球性文化」首次登場。

瓷器是一種敏感度極高的人間事物測壓計，比其他任何商品都來得敏感。它記錄了來自種種面向的衝擊，包括傳統藝術手法、國際貿易、工業發展、政治紛擾、精英階層的支出、儀式禮俗和文化接觸等。因此在商業交易、國內經濟、消費形式、室內設計、建築、裝飾圖案、服飾風格、用餐禮節、飲食文化、交通網絡、政治宣傳、製造科技、產品創新、科學研究、兩性關係、宗教信仰以及社會價值等等許多事物及議題上，都扮演著中心角色。

誠然，其他貿易產品也同樣觸及以上某些議題。近年來，世界史種種面向的探討，已從多種不同貨品切入：鹽、茶、巧克力、咖啡、銀、菸草、鴉片、糖、花、酒、鱈魚、玉米、煤炭、黏土、馬鈴薯、香料、火器、玻璃、絲綢等。所有這些產品都是通過「人力介入」而產出，事實上若無人力介入，上述產品多數根本不可能存在。當代人類學教導我們，這些產品中沒有一項能中立於文化而自存，都帶有一種「文化價」或「文化能」：任何人只要使用它們，同時也必然承接了某種特定的意義與脈絡。

人類消費事物、使用事物，然而有些事物的「價能」比其他事物來得強大。比方煤炭、玉米、鱈魚這些來自於大自然的產品，雖說也經過人工處理並加以改造，但可鋪陳處畢竟不多。只有全屬人類發明創作的工藝品，比方絲織物、玻璃、銀器、陶瓷，才是在較高的文化層運作，屬於一種抽象提煉和象徵隱喻的活動，這些器物遠比鹽或糖更接近雕塑、繪畫的境界。工藝品的功能繁多：它是想像力的運用、習俗傳統的表露、社群意識認同的陳述、社會凝聚的彰顯、身分地位管理的載體、自我的物象化呈現，也是社會價值的具現。然而種種面向並沒有任何定於一式的秩序，因為同一物件可能代表眾多不同意義，而且這些意義經歷時間也可能產生改變。自然與文化、嗜欲與反思、無秩序與有意向、現成利用與開發創新、倏忽與恆久、生料與熟器——人手所造之物就是在各型兩極之間居中調和。十七世紀的荷蘭靜物畫，原本是為展示世間財貨的虛華，可是這類圖像訊息如今早已被人遺忘，只有藝術史學者才知道。但是，這些畫作今天依然令我們著迷，部分原因正出於它們強烈體現了同一種緊繃的張力，也就是天然產物與人造產物之間的並置對立：一方是龍蝦、鬱金香、鸚鵡螺、去皮檸檬、牡蠣、火腿、野味；另一方則是白鑞盤、威尼斯水晶杯、法國銀器、土耳其深紅地毯、日本漆器、層疊錦緞、青花瓷碗。（彩圖二）

然而，即使在人造物之中，陶瓷器皿還具有另一層特殊地位。碗盤因人手直接施力於溼黏土而成形，因此在所有的工藝之中，製陶與我們的肢體最為親密，幾乎完全不可能抽離它所使用的天然土質原料，也不能脫離最終要製成的功能性人造器物。陶藝品雖被歸類為裝飾藝術，卻又與首飾、珠寶、地毯、壁紙、布料、大理石、書籍裝幀、景泰藍、銀器和家具等器物截然不同。十八世紀以來，陶瓷製品（不過通常僅限於瓷器）經常被擺掛在架上，接受仰慕欣賞，卻又同時因它的絕對實用性——烹飪、飲食、貯物（直到最近之前，甚至還有供排泄之用的功能）——擺脫了孤高不可攀的可能。今日博物館內展示的碗碟瓶罐，往往帶有幾分遭棄置的淒涼意味：空洞而不可及，完全違背了當初陶匠作器以供日常使用的初衷。

值得注意的是，所有文化都將擬人化的形象投射於陶瓷器皿上，也就是把它們與人體做出三度空間的類比。又因為女性在家務上使用陶器為容器，這類人體比擬通常多反映女性軀體，情色暗示更不在話下：器皿的形式由曲線組成，往往形容為有足（或底盤）、腹、臂、肩、頸、口、唇。[15]雷格斯比抵達菲律賓不久，就報告他擄獲了兩艘中國帆船，船上載有「一些精緻瓷罐，他們稱作『小姐』瓶。」[16]這一層比喻面向也區隔了陶瓷與其他商品。事實上在某些文化裡，尤其是非洲東部與南部，陶藝工事主要由婦女擔任，這些文化也更確切地指向盆罐、陶窯與女性之間的隱喻聯繫——因為三者都進行某種不可逆轉、借熱使致的轉換作用：食物在器中加熱、器在窯內燒製、胚胎在子宮孕育。[17]而瓷器那絲緞般的光滑器面，使得所有文化都用以比擬美麗女子的肌膚，更延伸了這類性別類比的意象。

中國瓷器的重大文化意義

本書檢視世界歷史中的跨文化交流互動，考察各個社會如何將中國瓷納入他們的藝術、宗教、政治與經濟事務，並探討這項商品如何反映世界史上的重大事件。不過，儘管瓷器具有一種內在魅力價值，吸引了收藏家與鑑賞家對它的無盡喜愛，瓷器本身畢竟不曾在歷史行動中扮演過中心要角。誠然，十六世紀晚期日本曾對朝鮮發動幾次侵略，史上稱作「陶匠戰爭」，但事實上並沒有任何戰爭是由陶匠開打，或為陶器而戰。十八世紀時，普魯士的腓特烈．威廉一世雖確曾統帥過所謂的「瓷器兵團」，且瓷器也極為寶貴，但若說陶瓷在戰爭舞台上露過任何面，最多也只是附帶的劫掠品而已。一五〇〇年後西方大量進口中國瓷器，終於使得歐洲在十八世紀初也自行產出瓷器。當然，這項突破性的成就不出幾個世代必然會出現，中國瓷的大量輸入只是促使其更快發生罷了。

再說，假若瓷器從未在世間現身，歷史也不會因此有太大的不同——只除了瓷器可能減少因疾病造成的死亡，從而刺激人口增長。西元七世紀之前，中國沒有瓷器也照樣度日，歐洲人更是過著無瓷生活直至十六世紀。甚至即使到了今天，在許多國家裡，普通陶器就足敷大部分的日常需求。瓷，英文通稱china，工業社會居民一面倒地選用它為餐具，科學家每年寫出堆積如山的高深科技文獻探討它的質性與功能。瓷有許多重要用途，包括導彈、太空梭、噴氣渦輪、內燃機、雷射技術、防彈衣、牙科手術和衛浴設備——瓷料也向來是水槽、浴缸、馬桶的頭號選材，其他材料始終無法取代——不過這些現代發展已超出本書內容的時間範疇。[18]

此外，雖說從西元七世紀開始，瓷器即已成為國際性的貿易產品，但若論數量或影響力卻不是最突出的商品。當時紡織類的交易數量更高，尤其是絲與棉，因此織品才是透過圖案、母題和用色，傳遞文化訊息的主要物質載體。遠赴中國傳教的偉大耶穌會士先驅利瑪竇曾說：「葡萄牙船最喜歡裝載的就是中國絲綢，其他任何貨物都比不上。絲綢可以賣到日本、印度，那裡的市場隨時都等著購買。」[19]他指出，菲律賓的西班牙商人也轉運大量的中國絲，銷往美洲及世界其他地區。

就東西方之間的貿易而言，不論任何時期，中國瓷的重要性始終落後香料，十八世紀中國茶的貿易也比瓷器更具分量。然而，在中國與遙遠的歐亞大陸另一端之間，瓷器卻扮演了極為獨特的交流角色，這是其他任何貨物在內涵或本質上都無法達成的任務。比方來自亞洲各地的香辛作料，其天然用途屬於立即性的使用與消費——雖說胡椒、肉豆蔻、丁香、肉桂等也具有藥理和文化上的含義，但這些外在意涵卻是經由消費者後天賦予，而不是它們本身天然即有。

再論絲料，絲料被視為上流精英不可或缺的服飾材料，同時也是羅馬、拜占庭基督教宗教儀式的必備之物。然而不到西元六世紀，其他國家即已取得養蠶技術，中國從此失去對絲的壟斷。中國出口絲品也往往不夠花俏，而且多以紗線形式外銷；即使織有中式圖案，傳遞了關於中國的文化訊息，東南亞和歐洲工匠卻常拆解整塊料子，以便重新使用這些絲線。更何況絲織品和其他所有紡織品一樣，除非密閉在墓葬、神龕或聖骨匣內，不然很快就會朽壞。玻璃器皿的壽命也相對短暫，因為很容易就會打破。加上玻璃係由矽砂製成，可在不必太高的溫度下予以熔解，另製成不同形狀、顏色的新器。至於銀器，但凡可以取得銀料之處，都有銀匠利用這種白色金屬製作器皿，商人也在國際市場上販售銀器。也正因白銀價昂，意謂著銀器將經常回爐，以熔成現銀使用或改製為更時髦的款式。[20]因此，珍貴的銀器和玻璃器壽命難以永久，只有瓷器長存，瓷器雖然容易破裂，卻很難摧毀。它的顏色、紋飾可以保持不變，甚至沉在海底歷經幾世紀依然完好。[21]它的形制、紋飾總是傳達著文化意涵，雖然常常被國外客戶混淆誤解，有時還誤解得頗具創意。總體而言，瓷器（包括陶器在內）獨特的長存特質，促成了一種有趣的狀況，也就是今人若要探討金屬製品的歷史，只能從比它們相對價廉的陶瓷複製品中重新建構。

相較於其他商品，直到三百年前瓷器都由中國一地獨占。雖說自九世紀與十七世紀初起，韓國、日本也開始分別製作瓷器，不過仍是在中國的指導之下進行，完全依賴中國兩千多年累積的工藝專知與技術。中國或以中國為中心獨霸的現象，一直到十八世紀初期才真正打破：受到中日貿易瓷的刺激，日耳曼麥森城的研究人員開發出一種瓷器，很快就被法蘭西的塞弗爾及歐洲其他各地眾多陶瓷廠模仿。

中國瓷還有一項特徵，就是均以成品形式外銷，而且不像玻璃可以回收熔塊再製——雖然十七世紀荷蘭人有時會為它們添加裝飾。但因為無法回收重做，日本、伊拉克、土耳其、荷蘭、英格蘭和法蘭西等各地工匠，只好使用金屬線箍修補破瓷。十八世紀有位見多識廣的時髦巴黎客記載，諾曼地有種工匠，專門以兜售兔皮和「補瓷」為生。[22]有張一七七〇年左右的倫敦廣告傳單，便宣傳著下列服務：「老莫瓷鋪鋦器好手，店址格雷學院區……獨門手藝修補各式中國瓷……鋦後保證完好如新。」[23]

各地人士都覺得瓷器如此令人愛不釋手，甚至具有神奇功效，連打破的碎片也珍惜不已，有時還磨成粉末作為藥用，或鑲框懸掛做為裝飾，或在宗教儀式上分發，或做為賭博用的幸運籌碼，或貼於壁上為高塔、神壇、教堂和清真寺增色。偶爾甚至在戰場派上用場：十三世紀的中國士兵在竹製火藥筒內裝滿碎瓷片和鐵渣片，射向敵人。十七世紀由海軍轉任海盜的不列顛傳奇船長威廉・基德，也有個敵手曾命部下把中國瓷器碎片塞進砲管，轟向敵營，扯裂對方船帆。[24]一六六五年洛斯托夫特一役，英國大破荷蘭，後者損失了十七艘船，其中幾艘原是和香料群島（摩鹿加）以及中國進行貿易的商船。十七世紀英國詩人德萊敦在〈奇蹟之年〉詩中，描述這場發生在沙福克外海的遭遇戰，順便大開碎瓷用途的玩笑：

成堆香料之間，一球墜下，
看啊它們的氣味立時飛揚
成了對付他們的武器：
有些被碎瓷擊中、倒下，貴得要了命，
有些被芬芳的碎渣刺中
香噴噴地死去。[25]

比起其他商品，瓷器還有一項特殊之處，就是造成了普世性的衝擊。香料、絲綢，走的都是單向旅程，自東而西，最後在終點處被人消費使用：胡椒吃下肚，絲綢穿上身，終而磨損、褪色、消失。只有瓷器，不僅歷時長在，還在文化相互影響上發揮了核心作用。取自中國瓷的中國藝術母題與圖案，被遠方社會接納擁抱、重新組合、另加詮釋，更常常遭到誤解錯譯，成為其他商品諸如棉布、地毯或銀器上面的裝飾，然後再送回它們當初所來之處。另一方面，中國陶匠也經常改造異國圖飾，用於自家產品，然後又由商人運送出口，使之歸返幾代以前這些圖案的原產地。因此某一受到中國影響的紋飾版本，傳到半個世界之外，被當地藝匠模仿，後者卻渾然不知這項曾經給予中國靈感、而自己正在繼而仿效的文化傳統，其實始於自家祖先，自己是其後代子孫。再加上與他種媒材的關係，主要是紡織品、金屬器皿、建築裝飾，共同組成一種令人頭暈目眩的文化大循環：反覆地聯結、併合，再聯結、再併合；瓷器在其中尤其占有中心要角地位。

瓷器帶來的文化衝擊，可為世界史的書寫提供極具啟發性的題材，但始終未受探討。十七世紀後期以來，埋在層層堆積之中的破碎陶器，已成為考古學者不可缺少的訊息來源。然而有關物質文化、商品、消費的歷史研究，卻遲至近幾十年方才開始。[26]瓷器這個題目尤其不受歷史學家青睞，相較之下倒也不足為奇。雖然有關瓷器的文獻資料車載斗量，卻都出現在史學研究者鮮少參考的出版品中，比方展覽目錄、拍賣行雜誌、古董品月刊、博物館文宣、專題論文、藝術期刊、陶瓷刊物、考古通訊等等。在歷史研究這門學問裡面，瓷器可以說沒有什麼地位，正如博物館訪客往往匆匆經過瓶瓶罐罐的展示櫃，急忙奔去瞻仰相對而言比較容易了解的知名畫作與雕像一般。

儘管多少世紀以來，瓷器在長距離商業活動中舉足輕重，經濟史學者對它卻興趣缺缺。真正提筆書寫瓷器主題的人士，多屬瓷器迷、鑑賞家、收藏者、博物館研究人員，他們著重在瓷器的審美素質，而不是它的經濟意涵。因此大規模的中國瓷器外銷活動，不見深入、量化的探索，卻充斥著數不盡的古文物式研究，單單只為辨識這些貿易瓷上所繪的十八世紀不列顛紋章。當然，眾瓷器專家的確也從更具意義的角度切入：比方紋飾圖樣、器物形制、特定器式、窯址窯群、考古發現以及知名收藏等。但這類研究儘管有其本身的價值和趣味，對於更大的歷史觀點考量，尤其是經濟面向，卻鮮少著墨。

藝術研究與經濟研究之間，長久以來隔著巨大的屏障。藝術史家與經濟史家在基本的工作方式上就有顯著差異，舉凡研究主題、資料來源、學術訓練、研究方法和問題探討等，皆有不同。然而，我們若把瓷器視為一項文化聚焦物、一個藝術與商業匯流的交會現象、一種在相當程度上將其製作者、購買者、欣賞者的風俗、信仰與心理等精神面向，化為具象並清晰流露的人造物品，那麼其中可透露的訊息就極大極廣。瓷器一身三角，處於日常生活、商業和藝術的交集，同時是實用品、商品又是藏品。瓷器與社會行為、長途貿易和上流品味的關係異常密切，還提供我們一個獨特的角度去觀察世界歷史，照見瓷器本身之外的其他諸多議題。

本書以瓷為組織提綱，並由瓷器出發，審視人類歷史的種種交纏互動。書中採取的觀點，正如同荷蘭靜物畫，亦如一首二十世紀詩作所流露的角度——這個由人手所製的物品，為豐沛不羈的自然事物，賦予了形狀，也賦予了秩序：

我把一只罐子放在田納西，
它體態渾圓，立於山丘。
它使凌亂荒蕪的野地
環繞著那山丘。

野地仰首向它，
伏臥四周，不再野地。
罐子渾圓聳立，
巍峨威嚴。

罐子統領全地。
卻灰而裸空。
它不生鳥雀，亦不生灌樹叢，
完全不似，田納西其他一切事物。[27]

——〈罐子本事〉，美國現代派詩人華萊士．史蒂文斯不過，本書關注的面向，可說主要在那片「凌亂野地」而非罐子本身。也就是說，焦點是在瓷器所處的世界各地文化，卻不是瓷器這項商品。本書不是中國瓷器史，遑論陶瓷史，更特意不作這方面的陳述。因此相關技術議題如黏土、釉藥和燒窯等，都保持在最低限度。全書師法十六世紀義大利作者法皮克巴薩立下的模範先例，他那套介紹義大利陶器製作的《陶藝三書》特別聲明：書中不提太過專門的細節，「以免因非必要的事物造成困擾。」[28]

本書題旨雖然跨越一千年以上的歷史，著墨最多處集中在近世初期，也就是西元一五〇〇年到一八〇〇年的三百年間。所有章節都從這段期間取材，因為相關的瓷器研究最為詳盡。此外，研究中國瓷器對世界歷史造成的文化影響，也必然會凸顯近世初期的種種發展現象。從西元前四千年左右的文明起源起，以迄哥倫布、達伽馬的航行之前，最廣泛最普遍的長期性文化互動，都是在一塊超級大陸之上發生，也就是由歐亞非地峽連繫而成的舊大陸板塊，組成了所謂「寰宇」或「已知世界」（ecumene）——此字源自希臘文的「人居地區」（oikoumenē），也就是指在大西洋與太平洋之間，一系列文明或廣大區域的社會彼此接觸、溝通，不論這些活動發生的頻率多麼偶然，或者性質多不穩定。[29]

一些旅行家曾經跨越那片廣大的地理區域，最知名的莫過於義大利人馬可波羅和阿拉伯人白圖泰。馬可波羅能從威尼斯一路抵達中國，要感謝蒙古征服者為絲路沿途提供了安全保障——這是由荒漠中一系列小道和綠洲串起的陸路交通網，連接了西方和東亞。白圖泰從摩洛哥來到廣州，則是取道穆斯林商人建立的海路——將西南亞和印度洋連於南中國海岸的貿易網絡；再計入回程到西非的路途，總共耗費二十九年，十二萬公里，他的足跡行遍了「寰宇」的絕大部分地區。

接下來新世界的發現，以及繞經好望角前往印度航線的成功，將「寰宇」的範圍推向全球規模。世界各地的人都開始身陷與日俱增的交換活動，包括商業、科技和智識。「寰宇」的範圍轉型擴大，其中一項影響後果便是亞洲商品可在歐美兩洲取得。這是有史以來第一次，瓷器成為一項真正具有世界性身分的商品。所謂物質文化的「全球化現象」，其實始自哥倫布和達伽馬的紀元，中國瓷器的紋飾、色彩和形制，則是全球化最早也最普遍的首場展示。曼努埃爾一世的寬口執壺與菲力普二世的香客瓶，即是其中極佳的具體說明。

中國製產品具有公認的優越地位。人類物質文化首度步向全球化，也是在中國的主導下展開。航入大洋的哥倫布攜有一封西班牙王的國書，向中國的大汗以及印度各邦君主介紹這位來自西方的探險家。哥倫布奉《馬可波羅遊記》為圭臬，特別畫下重點標明書中的一段話——那位威尼斯商人保證：「無法估量的貿易」在中國等著西方人前去。[30]一五〇一年，卡布拉爾率領的第二批葡萄牙船隊從印度洋遠航歸返里斯本，葡萄牙王曼努埃爾一世轉告某位同行——另一位歐洲君主，「瓷器、麝香、琥珀和沉香」可自印度之東一處叫做Malchina的國度取得，Malchina衍自梵語，意指「大中國」。[31]

在絕大部分的人類歷史時光之中，中國的經濟都為全世界最先進最發達，它的貨物不但供應本身巨大的國內市場，也外銷韓國、日本、東南亞以及印度洋各國。[32]一五〇〇年以後，歐洲人獲得直接進入亞洲市場的門徑，中國商品——茶葉、絲織品、漆器家具、手繪壁飾、瓷器——連同印度棉與亞洲香料，都是西方最渴望獲得的物品。為了支付貨款，白銀不斷流向亞洲；及至十七世紀，歐洲君主力圖遏止白銀外流，於是開始鼓吹仿製中國瓷及其他各式製品。

一八〇〇年之後形勢開始逆轉，物質文明的全球化改由西方主導並快速開展。早在該世紀之交前，工業革命已經發動了幾十年，種種時代尖端產業包括陶瓷業在內，發明了新的生產技術、規畫出現代工廠組織的雛型。工業革命造成的全球化影響開始登場。在此同時，中國瓷器卻開始一蹶不振，十八世紀後期因不敵英國瓷器，尤其是知名陶瓷大亨瑋緻伍德的產品，使得中國瓷在國際市場上快速崩潰、一敗塗地。

雖然在陶瓷史本身的脈絡之下，中國瓷器的沒落顯然值得注意，不過就更廣大全面的人類物質文化史以及工業革命的全球衝擊而言，中國瓷對世界史研究的最大價值，在於它反映了一項規模最為龐大的文化轉型活動。放在長程的歷史觀照之中，最能清楚看見中國瓷器促成的遞嬗轉變。早在西元一〇〇〇年之前，跨越遠距的商業交換活動就已經將「寰宇」整合成一個今日歷史學者所稱的「世界體系」，也就是一系列交疊互動的多重經濟體。一個極其複雜的交易網絡，內容包括金銀幣、香料、寶石、金屬、織品和陶瓷，將歐亞大陸的極大部分串連在一起。中國是這個世界體系中最重要的關鍵樞紐，勝過其他任何地區，中國是帶動這個世界體系運轉的發動機。[33]

龐大的中國古代經濟活動遠及海外，遍布整個東南亞地區及印度洋國家，加劇了當地的貿易與開發活動。亞洲貨品在地中海地區及阿爾卑斯山區以北擴張所引發的漣漪效應，甚至遠在歐洲市場都可以感受得到。自西元第一個千年之交開始，中國就是世界經濟的發電廠，因此自古以來即以「中」國自居，亦即世界的軸心。這個名字的確有幾分經濟上的正當性：以中國為中心，周邊小國圍繞，還有那些令人遺憾的夷狄之民，比方非洲人和歐洲人，遙遠地領受中國分賜的福祉。

然而，這一切優勢、自信，卻在一八〇〇年之後很快喪失殆盡，因為世界體系的重心移轉到西北歐各國。亞當斯密在《國富論》中有句名言，點出了世界秩序此番大洗牌的關鍵前提：「美洲大陸的發現，以及經由好望角通往東印度群島航線的開發，是人類史上最重要的兩大事件。」[34]菲力普二世的疆域遍布全球，就是歐洲新地位的初步驚人展現。英國的史家康登因此提出警示，認為菲力普帝國的勢力已對英國形成威脅，因為這位西班牙王「確實可以宣稱：太陽始終照耀吾身！」[35]不過進入十七世紀，西葡大帝國開始裂解；然而正如孟德斯鳩在一七四八年的《法意》中指出，伊比利半島勢力的崩潰並不代表西方退出全球舞台：「歐洲一手包辦了世界其他三大洲的商業與航運，正如同法蘭西、英格蘭、荷蘭三國幾乎包辦了歐洲全部的航運與商業。」[36]

法、英、荷三國，以它們在歐洲占有的經濟地位為基礎，進一步建立遍布海外的勢力。對它們來說，太陽真的永遠照耀，直到二十世紀後期方才落日。長久以來，最多只不過是歐亞大陸一處邊陲成員的歐洲，卻在近世初期開始嶄露頭角，攫奪了世界舞台的中心位置。它開拓了全球海運航線，在海外設立貿易據點，在南、北美洲植入歐式社會，將亞洲大部分地區變成它的殖民地，塑造出新型的政治與經濟制度，最終一手催生並主導了現代的誕生。[37]

這一場世界體系自東向西的革命性軸心轉移，恰與中國瓷的國際生涯轉變並行，而中國本身的命運也發生同步變化。達伽馬航行之後，歐洲人狂熱地從中國進口瓷器，透露了自從他們展讀馬可波羅對中國的記事以來，西方對中國抱持的那份又慕又羨之心。十七世紀之後，歐洲致力於仿製中國瓷器，也指向西方決心在經濟上擺脫對中國的仰賴，並進而挑戰後者的產業實力。最後終於在十八世紀末完成了歐洲瓷業的商業勝利，一舉將中國瓷器逐出國際市場。這項勝利，也預示了西方在現代世界將要獲得的壓倒性支配地位。因此從最廣義的角度而言，我們可以說中國之瓷開始在世界市場上全面崩盤，正與中國在世界事務上畫時代的衰退，若合符節地同步進行。也與西方勢力上升、前進成為全球重心的時序相互對應，一切都是在一八〇〇年之前即已發動。

誠然，至少就某些重要方面而言，西方獨霸的現象也已是昨日之事。第二次世界大戰結束以來，西方國家已經被迫放棄它們在海外的殖民地，同時也失去了對全球軍事、政治事務發號施令的權勢。在今日變化快速的世界體系裡，更有跡象顯示，中國將向西方的經濟霸權提出挑戰，甚至有可能重登寶座，取回它在人類歷史上占有的長期地位。然而東方與西方，不論哪一方勝出，或者哪一方都不會勝出，瓷器卻已必然置身在這場新世紀的爭霸戰之外了。如果說，它已不再像過去多少世代那般令我們驚豔、令世人珍視，那也是因為它已不可逆轉地成為全球皆有之物，世上幾乎每個地方都在製作瓷器、都在使用瓷器。

雖然中國瓷早已失去了獨霸地位，中國景德鎮卻仍在繼續運作，每年產製不下三億件的瓷器。這個一度幾乎包辦了全世界瓷器生產的瓷都，如今大部分產品都只是沒有特色的普通貨色，不論是義大利、丹麥、智利或馬來西亞的產品，都可與這些景德鎮產品互替。但是景德鎮畢竟沒有忘記自己輝煌的過去，並顧及今日顧客群的購買意願，因此另外也針對一些舊日的精品進行逼真的仿製，賺取可觀的利潤。那些舊日的奪目光華，曾在多少世紀之中，令世界為之著迷，令世人為之沉醉。

一、天下瓷都　十八世紀的景德鎮

十八世紀剛拉開序幕，法國人殷弘緒在中國東南的江西省設立了一處教堂，地點是昌江畔的製瓷重鎮景德鎮。這名法國耶穌會新派來的會士，一六九八年在廣州登岸時三十五歲。來華搭乘的「海后號」，是法屬東印度公司向當時的法王路易十四購得；而這家公司，則是由法國政府出資成立的貿易組織。[1]

接下來四十年間，陸續約有五十位耶穌會士與殷弘緒在中國共事，他不是其中最出色、也不是最引人爭議的一員，可是他獨有一股旺盛的好奇心，喜歡探究罕見事物，而且最擅長過濾並整理資料。派駐景德鎮二十多年之後，殷弘緒奉命主持法國在北京的傳教事務，一直到一七三二年為止。期間，他譯介了多種有關中國醫藥、幣制與行政的著述，還寄送各種報告回國，描述養蠶之法、絲質及紙質人造花的工藝、合成珍珠的製作、天花疫苗的接種防治，以及茶葉、人蔘和竹子的栽植。耶穌會士都是飽學之士，耶穌會也期待他們深入接觸派駐國的在地文化，殷弘緒的作為顯然未負所望；一七四一年北京一位同仁在祭文裡褒揚「他的才智人人敬重」。[2]耶穌會派員入駐中國瓷都，自是期待能有重要資訊回報，而殷弘緒派駐景德鎮一事，更透露打一開始，上級就看出他極具打探分析的才幹。

一七一二至一七二二年十年之間，殷弘緒寫過多封長信，向中印傳道事務部的司庫歐里彙報製瓷方法。這些信函很快就收入《耶穌會士中國益智奇聞書簡》，全書三十四卷，是第一部可供歐洲人廣泛取得中國相關知識的巨著。這份資料後來又收入《中華帝國全志》，作者赫德曾任路易十四的專職司鐸；伏爾泰和其他多位哲學家大力推崇中國，就是深受此書影響。狄德羅編著的煌煌巨著《百科全書》，反映了整個啟蒙思想的縮影，但是他寫到瓷器時也坦誠自己再怎麼寫，都不如直接引用殷弘緒。一七三八年《中華帝國全志》法文原著譯為英文；若干年後，年紀輕輕卻已夢想改造陶瓷世界的英國人瑋緻伍德，把英譯部分文字抄進自己的筆記本。殷弘緒這份觀察報告，又被同時代作家波斯特爾斯威特編入他那本廣受考查使用的《寰宇商貿字典》，雖然忘了注明來源。

殷弘緒之所以得到如此重視並發揮相當影響，正是因為他的景德鎮書信，又稱〈饒州書簡〉，為西方世界首度提供了既正確又全面的報導，為歐洲人帶來希望——終於，可以破解他們苦尋多少世紀卻不得其門而入的中國製瓷祕方了。

「四時雷電鎮」

展閱殷弘緒〈饒州書簡〉，讀者獲得的知識不僅限於黏土、釉藥和窯爐的相關技術細節。他筆下還勾勒出這座天下第一瓷都忙碌熙攘的氣氛，呈現了中國地方省分及其城鎮工匠人口的生活景象；在其他耶穌會士的報告記事中可說非常罕見。他估算當時景德鎮有一萬八千戶人家，十萬人口，這個數字和官方紀錄約略相合。不過外來客的一般看法，都深信此地居民應該高達百萬，這無疑是因為熱鬧忙亂的市景、櫛比鱗次的店面，給了他們這種人口眾多的擁擠印象。

在景德鎮，殷弘緒記載，「如同無時無刻置身於狂歡節」。四面八方都是挑夫試圖擠過街頭的呼叫吶喊，來自帝國各個角落的商賈湧入巷弄和庫房，同日本、東南亞和歐洲來的外國貿易商摩肩擦踵。還有間廟的銘刻誇稱「運瓷日夜忙，御器盡出此；官府如雲來，商賈無閒暇。」[3]在殷弘緒到達此地一個世代以前，就有位荷蘭來客如此描述：

> 四月二十五日，我們來到一處有名的河港，名叫 Vcienjen，港內停泊各式大小船隻，來自中國各地，都是為裝載此鎮的大宗貨品「中國陶」。一條中心大街，幾乎貫穿這個富裕的港鎮，道旁商店林立，販售五花八門的商品，但本地最主要的生意仍以瓷器為主，產量之豐不可勝數。[4]

瓷器大街的店面得付租金，還必須向政府購得許可證。另有跳蚤市場位於河洲，誰有任何東西都可以拿來叫賣。亦有小本瓷販手提大籃，俗稱「提洲籃者」，專門向窯廠整批收購有瑕疵的產品，用石膏、麵筋與桑汁彌了細縫，再拿到市場上一件件兜售。他們的顧客則把這些劣品美其名為「過河貨」。[5]

狹小的街道上，只見挑夫扛著扁擔滿載瓷器，大步疾行於人群擁擠間，卻從不曾失去平衡，高妙的絕技令殷弘緒嘖嘖稱奇。事實上，來往行人都特意讓出相當距離，因為要是不小心撞上他們，打碎了瓷器，可是要賠的——這在利潤至上的景德鎮，是代價昂貴的一課。殷弘緒描述一列列工人將陶土拖往「四圍有牆的大型棧房，裡面堆著一罈又一罈的土」。器成開窯，搬工從火熱窯中移件出爐後，在「茶裡放鹽，大量飲用以防生病」，此事也令他稀罕異常。工匠每日上工之間，會在窯神龕前匆匆膜拜兩下。小販叫賣攙假的黏土和釉藥，欺騙一些無土無地、想藉著景德鎮興旺瓷業翻身的村民。窯爐日夜運作，沿河還有大批船上人家提供膳宿和裝船服務。一位從京裡來訪的督運大員（王世懋），抱怨自己簡直不得安眠：「萬杵之聲殷地，火花炸天，夜令人不能寢。」[6]殷弘緒筆下，夜晚進入景德鎮的景象彷佛明月臨照全城，火光處處，黑暗中背襯著股股煙霧烈燄，整座城宛如一座巨大火爐，周圍的山頭形成它的爐壁。幢幢黑影，則是照管著無數火眼的爐工身影。

景德鎮位於昌江畔，江水流自江西東北與安徽隔鄰為界的北面山區。水出深峽峭岩流勢減緩之處，正是景德鎮所在位置，在這裡河面變寬，水深變淺，蜿蜒為一道五公里長的曲折河谷。幾十條支流湧入谷地，奔流的衝擊帶動了水車、鐵碓，敲擊岩塊變為碎土，成為製陶的原料。元代洪焱祖有詩形容：「山骨竟為虀，野碓多舂土，溪船半載泥。」[7]細雨紛飛的春季，磨臼產出了最佳的原料——這個時節的水力最強也最規律，可以帶動搗杵碾出最好、最密的細土。

殷弘緒在信中解釋，依據帝國的行政語彙，景德鎮其實算不上「城級」編制，因為它四周沒有城牆，「或許因為若有城牆就不能任意擴張或延伸吧。」宋朝初年，此地只是個市集小鎮，靠交易活動而存在，因此可以依商業需求擴張，在水火無情破壞後不斷重建、擴大。照殷弘緒的說法，某次一場火災就燒去八百家瓷鋪，可是由於店租獲利極為豐厚，屋主有能力立即僱來幾十名泥水匠、木工，全力展開重建。

重山包圍之中的景德鎮，隔河望去，對岸低丘上是富商建造的氣派墳墓，坡土幾乎皆由多少世紀以來傾倒的碎瓷片堆積而成。殷弘緒寫道，本地窮人死後，通常都埋在富戶大墓坡底的「無底坑、萬人塚」。想到一代代多少不幸的遺骸被扔下那個深坑，血肉遭生石灰化解，殷弘緒就感到非常難過。每年冬天，佛教僧侶來此揀骨焚化，留出空間以待更多亡魂，若遇上疫疾流行，這份任務尤其折磨人。昌江迤邐流經墳地與鎮區，然後便離開谷地朝西南而去，再度急墜於峭狹的谷壁之間，繼續向鄱陽湖前進，這也是景德鎮瓷器銷往外面更廣大世界的門戶。

景德鎮，這座聞名全中國的「四時雷電鎮」，殷弘緒抵達之時是全球最大的工業複合生產區。[8]三千座窯密布全鎮，凌亂地擠在四周坡地，是當地居民賴以為生的來源。鄰近城鎮如東南四公里外的湖田村也有無數陶窯。清代有位官員表示：「這裡地瘠俗卑，民無以為生，合土製器以為生。」[9]另有一位十六世紀人士也如此觀察：「贛北地區有錢的人做生意，聰明的人當工匠。因為山太密，地太狹，糧食生產不足，沒法餵飽這麼多人口。」[10]一七二八年，唐英首度奉派至景德鎮監督御窯，一生和此地結緣近三十年，他寫道：「藉此食者甚眾。候火如候晴雨，望陶如望黍垛。」又或許，正如幾百年前另一位詩人說得好，「萬窯囪煙填萬口」。[11]

殷弘緒的任務有二：一是在陶工中傳教得到信徒，二是打探製瓷的祕密。兩項任務他都殷切希望成功。全世界各地都在仿造中國瓷器，不僅僅是路易十四治下的法蘭西而已。於是這位遠道而來的耶穌會士，在陶匠作坊內「宣揚用泥土造出第一個人的祂，以及離開祂手之後，我們又如何蛻變成光輝美器或可恥之器。」雖然瓷器街上有昂貴的湛藍古瓷、鑲金瓶碗，但是他最珍貴的禮物卻是一位教友送他的粗碟子，是在某店的次貨堆中發現的，圖案是聖母馬利亞與聖約翰分守十字架兩旁。這只神聖的紀念品，他「珍惜異常，遠甚於千年上好古瓷」。還有一位教友告訴他，類似紀念品原先都是藏在一般器盒走私日本，直到「宗教的敵人」出來阻撓而告終止，時間就在基督教傳到景德鎮之前不久。

「運銷瓷器到全世界」

殷弘緒寫道，有些教友以揉土為生，「但這是份極苦的差事。這些基督徒往往沒法來教堂，除非找到人替代，否則不能請假。因為揉土中斷，其他工人都得停下來空等。」然而揉土只是諸多步驟中的一項，相互之間有密切的整體協調搭配。早在現代機器及生產線來到之前，景德鎮就已經使用大量的生產工序。[12]殷弘緒表示，因為「景德鎮一地，獨挑運銷瓷器到全世界之大樑」，因此這類高效率的生產技術非常必要。亞當斯密對於這樣的生產關係想來也不會意外。亞當斯密見過愛丁堡和巴黎人家大量炫耀擺設的中國瓷，對此相當熟悉，亦曾清楚解說遠銷商品的生產經濟法則。他在《國富論》知名的第三章中指出，市場愈擴張，商品生產分工就愈細。[13]廣州及各處口岸的航海商人下了巨量訂單；合作式的過程、專門性的技術、標準化的製程，是景德鎮得以快速因應這些需求的唯一方法。

一六〇〇年左右，有位佛羅倫斯商人卡勒蒂對他在澳門看到的中國瓷器大表驚奇：「數量之巨，可裝滿整批船隊，更別說整艘船了。」[14]甚至早在十六世紀初抵達中國之前，葡萄牙人就已固定在印度轉口裝船，一次載運瓷器高達六萬件。一旦與中國建立直接貿易關係之後，每艘船裝上二十萬件瓷器更成常態。[15]一六〇〇至一七〇〇年之間，荷屬東印度公司每年由中國運出六十萬件瓷器，其中百分之二十銷往歐洲。荷蘭人還在台灣安平設置轉運港，在那裡儲存了九十萬件左右的備貨。英屬印度公司也不遑多讓，在倫敦倉庫儲放了大量存貨。荷屬東印度公司旗下某艘船，一七〇〇年一年之內運了十五萬件；十年之後，一艘英屬東印度公司的船隻，載走高達四十噸（約等於五十萬件），一七二一年又有四艘船各載了二十一萬件。根據當年一份銷貨單顯示，一七三二年某艘瑞典商船一口氣運了四十九萬九千零六十一件中國瓷回航。另一艘瑞典船「哥德堡號」更厲害，一七四五年裝了七十萬件，連同絲綢、茶葉、藤器、珠母貝和香料等，來回航期足足兩年，全程四萬公里，卻不幸在母港哥德堡近在眼前的距離處沉沒，驚傳一時。一七七七至一七七八年的航季期間，荷屬、英屬，連同其他歐洲各國的東印度公司，總共二十二艘船艦，從廣州運走了六百九十七噸，約合八百七十萬件瓷器。

全部加起來，從葡萄牙人來華算起，三個世紀內共有三億件中國瓷在歐洲登岸；另外還有巨額瓷器銷往東亞及東南亞各地。三百年間，中國瓷器外銷歐亞每年合計高達三百萬件。多數產自景德鎮，雖然廣東、福建沿海數百座窯也產製了相當數額，供應韓國、日本和東南亞等地，地位卻往往不及景德鎮。

晚明有位人士看不起這些出品，因為只是「塑造一些佛祖或小件瓷像，沒有太多實用價值。」[16]殷弘緒也指出，連外國人都不會把這些沿海產品誤認為景德瓷，因為前者「徒雪白而無光澤，並且從不上彩」。（彩圖三）

不過，雖然年銷超過百萬件，瓷器依然稱不上中國出口大宗。十八世紀初，瓷器儘管位居外銷西亞商品的第三名，領先扇子、漆器家具、水銀、硃砂、糖、染料、原鋅、樟腦，乾地黃（藥物）、銅料和黃金這些附帶出口貨物，卻遠遠落在頭兩名之後，也就是絲與茶。一六九八年，英屬東印度公司的倫敦總部指示旗下船隊取得「最好的中國商品」，包括「盡量挑選和英國不同花樣」的絲、緞、絨，以及「最上品」的茶；餘下若還有空間，再裝滿「各式花樣、色彩盡可能不同」的中國瓷器。[17]瓷器的利潤極大，固定高達八成甚至一倍，但總值僅僅占荷屬東印度公司全部載貨值的百分之五，以及英屬東印度公司亞洲出口全額的百分之二。一七五二年，荷屬東印度公司的「迪特莫森號」由廣州駛往巴達維亞（雅加達）途中沉沒，船上共載了十六萬二千件瓷器，包括兩萬七千五百三十一件餐具、六萬三千六百二十三件茶杯和杯托、五百七十八個茶壺、一萬九千五百三十五件咖啡杯和杯托、八百二十一只大啤酒杯和六百零六個唾盆，可是加總起來，這些量只占該船總載貨區區百分之五。然而，這批瓷器連同另外一百二十五塊金條，卻是全船唯一至終得以進入市場之物：一九八〇年代從南海海底打撈起來重見天日，品相完好無缺，在倫敦拍賣售得一千萬英鎊。[18]

大量生產同樣是供應國內商家以及北京御用品大批委製的不二法則。後者的訂單包括餐具及祭器，形制、色彩要求繁多。明代的宣德皇帝最為驚人，連年訂製四十萬件；萬曆皇帝雖然每年只需十萬件，對陶工來說仍是沉重的負擔，因此怨聲載道。十八世紀初期，地方上每年還得另外向京裡進呈五萬件杯盤碗碟。此外，皇帝也經常下單訂製類似數量，賞賚中國視為海外屬國的國主、頭目。一三七五年，明代開國君主明太祖洪武皇帝派員前往位於日本西南方，今為日本沖繩的海上琉球國，一口氣賞賜了七萬件瓷器給當地要人。[19]

大約有三百座窯獲官方指定，以供應皇帝所需；若北京來的需求超過官窯供應能力，有時也會徵用民窯搭燒。天子派出宦官督辦窯務，共分二十四個部門，指揮五十位師傅和三百五十餘名陶工。贛北老百姓稅負沉重，以支付設窯、購料、工錢、運費等多項成本。官窯品質標準極高，有時甚至幾近苛虐。督窯宦官認為不合皇家規格的出品，據說全部打碎並埋入土裡，以防凡夫俗子之手玷汙。事實上，監辦者私下在國內市場盜賣的不知凡幾，雖然若經查獲必遭嚴辦。有些收藏鑑賞行家卻偏好民窯出品，因為更能發揮創意和想像力。清代某位權威人士如此說明：「官窯僱用的陶匠不願冒風險，民窯卻能自在表現。經驗老到的畫手『任意揮灑』……只有他們才能達到他人無法達到的境界。」[20]

一如殷弘緒報告所言，皇室需用的某些器皿如此嬌貴易碎，陶工甚至必須「把它們放在細棉絮上，否則動輒即裂」。有些形制則極其複雜或龐大，簡直無法成形，遑論入窯煅燒，比方一只壁面極厚的大水缸（或許是當作浴盆之用），一連耗費了三年時光都無法做成。不過官窯比例極微，只占景德鎮全部窯廠一小部分，而且只有官窯才受官方全面指揮，基本上可以說只為單一客戶服務。雖然說不分官窯民窯，各式手工業者都必須加入行會，接受雇傭及生活條件的監督管理；但多數民窯的陶工事實上可以避開政府管控，靠自己的技術及勤勉，滿足民間客戶的需求。

市場廣布各地、要求形形色色，促使景德鎮工匠培養出求新求變的創作心態。精湛的技藝和靈活度，也是這座瓷都繁榮所繫不可或缺的要項，重要性不亞於標準化的大量生產。這種高度的調適能力極不尋常，因為小農社會的陶匠性格向來以保守聞名：他們的原料產自當地，他們的工作內容重複不變，他們的行為受在地習俗約束，他們服務的對象是個別隔離的市場。陶匠和農夫不同，農夫看老天的臉色吃飯，陶匠的生計卻取決於自家手藝，憑藉嘗試錯誤發展而成的技術養活一家老小。一個捏塑失當，一次燒窯失敗，就可以抹煞數個月之久的心血和勞力，毀掉一整個家。因此陶匠往往堅守已經通過歲月考驗的老方法，持續生產一成不變的器皿。[21]

然而，景德鎮卻呈鮮明對比。由於必須滿足遠地的市場需求，因此鼓勵了創意、靈變的經營策略。變因來自外在世界，迫使陶匠突破固守的陣地。隋唐時期，佛教在中國廣為傳布；新來的宗教，意謂著各種新式法器的需求隨之而生。於是景德鎮及其他各地陶瓷中心開始產製陶瓷版的聖器、僧缽、油燈、高足禮器杯等。一種在中國蔚為流行的器形稱作「軍持」（有些形制或稱淨瓶），是一種小型的印度水器，專供淨手儀式之用，後來也在東南亞流行：球莖般的壺身，無把，罐嘴呈斜角安於器肩。[22]（彩圖四）景德鎮陶匠也為中國儒士的書房製作一系列特殊用品，諸如硯台、水注、筆洗、臂擱、鎮尺、棋具等等。當地至少有一家窯廠專精樂器，製作笛、簫和小型九鐘樂器。據殷弘緒記載，陶匠展現高妙技巧，創製各色獨特器物或「玩器」，比方可以浮在水上的瓷龜，「頭頂燈盞」的瓷貓，「透過兩隻貓眼閃閃發光」。他說：「他們向我保證，到了晚間，老鼠還真被它嚇到了呢。」有一回，奉某位皇子之命，陶匠們成功燒製了一盞一體成型的巨大瓷燈，可以照亮一整個房間。同一位皇子又訂製了一架十四管的瓷琴，工程卻告失敗。

除了為朝廷燒製奇珍異件、為國內市場生產家常器用，景德鎮也為世界各地的客戶：江戶（東京）、馬尼拉、巴達維亞、德里、伊斯法罕（伊朗南部）、開羅、威尼斯、阿姆斯特丹和巴黎等地，特製迎合他們品味和需求的產品。事實上，正是在殷弘緒抵達景德鎮不久，荷屬東印度公司與西方其他類似性質的合股公司，開始在廣州設置辦事處，從此可以更方便快速地向中國窯廠轉達來自歐洲的訂單。一七〇〇年以後，訂單內容可說五花八門，假髮架、畫框、有蓋便盆、刮鬍小盆、漏勺、花瓶、花盆、手杖柄、芥末瓶、鹽罐、餐叉柄、醬汁容器、乳酪籃、布丁模型……等，更進一步挑戰中國陶匠的技藝。英格蘭貿易商訂製十八世紀後期最新流行的冰鎮器以冷卻玻璃酒杯；器沿一圈半圓型的凹口，支撐住斜置器內冰塊上的酒杯。對此玩意完全陌生的中國陶匠，依著木製模型也做得有模有樣。荷蘭人送來他們雙流口的玻璃製小調味瓶，瓶內垂直隔成兩部，分別放油和醋，也要求照樣做出瓷製版本。其他不這麼特殊的物件，景德鎮就用常見的器皿替代，比方一七〇〇年荷蘭商人訂製一批痰盂，就是把原本用以展示蓮花獨放的八角形花瓶，修改一下形狀後，權充代替。

殷弘緒又寫道，如此這般二十年之後，當地工匠甚至為某張歐洲訂單「燒製出簡直不可能的花樣」：十四公分高的小缸，頂著金字塔型的缸蓋，每個部位分別塑製再合為一器，技巧如此高妙，完全看不出接縫。「他們告訴我，這樣的缸一共做了八十件，卻只燒成八件，其他的都失敗了。」西方洋人來到中國，以他們形貌為樣本的小瓷像也開始出現，千篇一律都是漫畫式的誇張，而非寫實肖像。根據十八世紀後期作者藍浦的《景德鎮陶錄》所記，這類奇特作品主要來自歐人集聚的廣東省，「洋器專售外洋者，商多粵東人，販去與洋鬼子載市，式多奇巧，歲無定樣。」有一件十八世紀初期的荷蘭人瓷像，模樣類似神話裡的矮人地精，是荷屬東印度公司訂做，命名為「無名小人物君」（這是某齣英語戲劇中的角色），也可當作飲器使用。同時期還有一只瓷杯，上面畫著一群荷蘭商人，大大的鼻子、怪異的裝束，正在廣州一處瓷器攤採賣這類禮品。[23]

市場如此廣大多樣，又經常必須模仿他種材質，迫使景德鎮陶匠求取新奇。[24]正如次經《所羅門智訓》十五章九節所稱：陶匠「必須與金匠、銀匠較量，並且模仿銅匠」。任何地方的陶匠，都曾為貴金屬或半寶石製品提供低價而可喜的替代品。更有甚者，黏土的可塑性到了行家手裡，還可以模擬其他普通材質如木頭、角、皮革，或燒製出五花八門千變萬化的雕塑：如螯蝦、蓮花和海棠。從商代晚期起

（約西元前一〇〇〇年），就用陶土仿製青銅祭器和喪葬器。唐代中國的陶匠也一再以玉器與銀器為師，發明出新技術與新圖案。宋代開始，更以瓷質複製品供應東南亞市場，模仿對象包括黃銅暖手爐、水晶壺、象牙棋、紫檀屏等皆是。

景德鎮當然也利用仿古大發利市，這點不足為奇，尤其是仿製宋瓷。唐英既懂陶瓷製作，又是古瓷專家，深諳如何燒製「維妙維肖的歷代知名古瓷仿品」，他將這些海水般湛藍的青瓷呈獻給他在朝廷的高貴客戶。[25]雖然殷弘緒並未直接指名唐英，他在信中描述那位「不吝下交與我為友的滿大人」把瓷件浸在濃稠油潤的湯水中，然後二度入窯，再放在臭溝裡至少一個月。經過如此這般噁心處理之後，瓷器會變成看似幾百年的古物。而且因為胎厚，「扣聲不清脆，放到耳邊也不會嗡嗡作響。」

殷弘緒來到景德鎮之前，當地陶匠的作品內容就已經擴展到仿製荷蘭白鑞啤酒杯、威尼斯水晶玻璃花瓶、法式交杯銀盞了，而且仿得與原作一模一樣。清代《陶說》一書，針對中國陶瓷首度做了詳盡調查，作者是曾任江西巡撫的朱琰，他寫道：「於是乎戧金、鏤銀、琢石、髹漆、螺鈿、竹木、匏蠡諸作，無不以陶為之，仿效而肖。」他也指出，工匠用琺瑯彩繪瓷器紋飾，仿效時興的織錦花紋：游魚、仙鶴、飛龍，全部齊備。[26]

黏土具可塑性，加上客戶高度多樣性，遂使景德鎮陶匠不眠不休努力擴展自己的技術專業。然而，儘管他們的確多才多藝，善於靈活配合異國形制與紋飾的要求，卻受制於遠方市場的時尚變化與經濟情勢，因此相當脆弱。殷弘緒指出：「每有一名成功致富的陶人，相對就有一百名失敗者，但他們卻堅持繼續苦幹，滿心指望賺足本錢可以自己開店。」瓷都的光明機會令人希望無窮，卻不是人人都有好運道。

景德鎮以極高卻極醜陋的效率運作：陶匠注定貧窮，窯廠必然競爭，資源大量浪費，工人不滿情緒高漲，與最重要的客戶沒有直接接觸，數以千計的窯爐缺乏中央化的管理。然而整體而言，卻有著無比效能與靈活精細的分工。景德鎮掌控了全球瓷器市場，不僅僅因為產品精良，也因為生產規模與組織先進；它代表了在蒸汽帶動的機器年代來到之前，手工藝產業的最高峰，大規模集中製造生產最壯盛的成就。殷弘緒筆下的景德鎮夜間景象——全城猶如一座熊熊燃燒的巨爐——並不只是幻象錯覺，而是如實反映每日生產運作的真實景象。

「經過如此多人之手」

黏土必須鏟進一系列沉澱池，以濾掉有機雜質，撈起乳白色的表層。[27]殷弘緒寫道：「即使是細如髮絲或小如米粒的砂子，都會令整個工作功虧一簣。」也就是說，成器後會出現裂痕或變形。這道耗時費力的手續結束之後，接下來必須鍊土、揉土，同樣也細分成好幾個步驟，包括用木拍日夜拍打。當地生產的器皿，約有十分之一屬於使用模子印成的「印器」。根據唐英所說，只有一小部分「好手」能擔任圓器修模工作，因為「每一款式，動經千百。不有模範，斷難畫一」。模匠頗受同儕敬重，住宿也與一般工人分開。窯主手上若能保有一定數量、種類的模型，表示他的「出貨速度可以比那些必須現作模型的商家快，成本也更低廉」。

每件瓷器必須依次經過二十名工匠之手，方才入窯進行第一回合的煅燒。遇上大型器皿，單單是吹釉（用竹管透過紗布把釉藥吹在器表）就可能高達十七次。根據殷弘緒的統計，至少有七十名工匠負責為始燒出窯的白器拋光、彩繪、上釉，然後才回爐進行二次複燒。他表示：「看到這些器皿如此快速地經過如此多人之手，真是令人驚奇。」比方花瓶上的菊花紋飾，首先由一位畫匠描出花瓣的輪廓，然後由另一人負責畫花梗，再換手由其他人添加其他部位和裝飾。殷弘緒解釋：「甲只負責器緣的頭道彩色線條，乙只負責描花，丙再負責上色填彩，丁可能只畫山水，戊則專門畫鳥或其他動物。」這簡直就是亞當斯密那段有名文字所描寫的製針工序分工，只是比他更早出現：

> 一人拉出金屬線，再一人把它扳直，第三人絞斷，第四人對準，第五人磨針頭。針頭的製作必須再分成二到三道工序……以這種方式進行製針大事，一共分成十八道步驟。[28]

唐英指出，為維持一致水準，避免參差，「畫者學畫不學染，染者學染不學畫」，也就是描畫輪廓、施色填彩各司其職，不准學習其他技術，「不分其心也」。

朱琰的書中提供了一五二九年，亦即明嘉靖八年的五十多種瓷器飾紋，諸如龍穿西番蓮、雲鶴穿花、如意團鸞等。他還向讀者表示「篇幅有限，不可勝計」。[29]一代又一代不識字的畫工，一筆筆忠實描摹中國與阿拉伯書法，這份經驗累積到了十八世紀派上用場，使他們有能力依樣葫蘆，在歐洲貴族訂製的瓷器餐具上仿繪那些同樣不可解的家族紋章。十八世紀英屬東印度公司半數以上的董事、船長和貨管，都曾訂購繪有紋章的餐器茶具。這還只是其中一部分而已，同一時期，廣州共接過五千張此類訂單。倫敦各行各業行會，諸如販魚業、屠宰業、糕餅業、家禽業、砌磚業和裁縫業，也都曾向中國訂購飾有該行業紋章的瓷器。[30]景德鎮燒造過一套茶具，是訂購者送給一對名門佳偶的結婚賀禮——新郎德拉蒙德是國會議員兼銀行家，新娘夏洛特是英王查理二世和其女演員情婦格溫的孫女——器面的裝飾圖案是兩人的紋章合繪成雙。（彩圖五、彩圖六）

只有書面說明與草圖作依據，中國工匠畫這些異國圖案時自然難免出錯，比方圖案重疊、方向畫錯、顏色施錯；羽翼上了狼身，海豚誤認為鳥，本應令人生畏的熊爪卻變成一堆雜草。有位客戶送來一張藏書票作為樣本，畫工照著描摹上面的紋章，卻不忘添加一個齊整外框，正正與那張藏書票一模一樣。瑞典有套餐具的大湯碗壁浮了朵奇怪的灰雲，就畫在紋章旁邊，顯然是當初那張畫了草圖的紙張，在前往廣州的遠航途中沾了水漬的結果。

紋章瓷器比一般標準餐器昂貴十倍。十八世紀初期若訂購一整套餐具運往英格蘭，包括運費和關稅在內，總價為一百英鎊，相當於今日美金一萬七千二百元。因此，從下單開始，苦等三年之後終於等到這套珍貴的器皿，竟看到自己當初所寫的說明指示一絲不苟地複製在每件餐具的紋章圖案旁邊：「這是我家的紋章」或「這裡是紅色」，那位英國鄉紳客戶心頭之苦可想而知。波斯陶匠把事情弄得更為混亂，他們把中國版的二手或變形歐洲紋章，再抄到自家陶器上面：只見原本的拉丁銘文變成一堆毫無意義的亂碼，歐式的世族紋章配上巨型的中式蓮花風姿。[31]

法王路易十四宮廷的流行圖案，諸如捲鬚蔓草紋或花式邊飾，於十七世紀初期開始在景德鎮出現。及至十八世紀，景德鎮陶匠已把專為歐洲市場製作的盤碟圖案，視為可以交互替換組合的元素，花鳥、柳條、圍籬、枯石、亭閣，或在茶盞上簡筆園林小景，或在大湯碗裡發揮完整全圖。某位法國朝臣訂了一套餐具，成就出一段文字佳話：器緣的紋飾是傳統的中式鯉魚溪游，在中國意謂著儒生在科舉應試中力爭上游。這個圖案卻被法國人轉為雙關語，敬指法王路易十五的情婦彭巴杜夫人，因為她娘家正是姓「魚」（Poisson）。大約在此同時，荷蘭人則用這類盤碟盛魚，顯然認為畫工繪魚正是想著這個用途。一個世代之後，同樣的鯉魚紋飾再度肩負了另一樁比較缺乏想像力的任務：在美國賓州一家漁業公司訂做的雞尾酒瓷缸上充任主要裝飾。[32]

為西方訂單繪飾瓷器，中國畫工必須解讀一大堆令他們困惑不解的圖像，來源五花八門：羅馬神話、聖經故事、歐洲當前時事，不一而足。諸如手執三叉戟的海神、維納斯自海中誕生、在伊甸園內的亞當和夏娃、基督升天、穿著裙子揮舞著劍的蘇格蘭人、荷蘭城鎮暴亂的場面，甚至還包括阿姆斯特丹一間瓷器鋪的景象。一七二〇年代的荷蘭商人以嘲笑英格蘭人為樂，遂指定在他們訂購的盤碟繪上譏刺的畫面，比如針對南海投資泡沫的醜聞——只見丑角歡鬧地圍著銘文「投資呆瓜閃開！」或「老天啊，我全都賠光了！」[33]另有一只瓷杯的紋飾主題是耶穌釘死十字架，可是中國畫工不但把羅馬兵丁擲在十字架腳前的骰子誤認作小玫瑰，還為耶穌戴上一圈美麗的花環，而不是荊棘冠冕。有時候，他們還得依樣描摹歐洲版畫裡的古典愛情故事，有些原稿稍帶情色，有些卻是毫無保留的春宮場景。某位耶穌會士便記載，中國畫工和陶匠看到這些畫面又驚又笑，「他們嗤笑畫中人物怎麼一半出了畫框；王子騎著戰馬，竟光頭露腦赤身裸體；公主袒著胸口卻身著貂皮，又明明身在夏日園中；基督教的純潔處子，一身打扮簡直猶如戲子。」[34]

因為需要特別製作處理，飾有西式圖案的瓷器價格不菲。廣州的荷蘭商人轉告荷屬東印度公司的董事群：「歐式畫面或人物會比中國本土紋飾貴上一倍。」根據殷弘緒所記，這些陶工畫人物的筆力很弱，但五十步不笑百步，他也特別提醒：「看看那些歐洲來的風景或城市畫片，我們實在無法嘲笑中國畫裡的人物模樣。」嚴格的宗教規定使得銷往伊斯蘭地區的瓷器紋飾受到極大限制。英屬東印度公司特地吩咐他在廣州的採購代表：「一大原則，必須絕對遵守：無論如何不能有人類或動物的形象。」[35]

總的來說，西方買家主要著重色彩和形制，紋飾則在其次。殷弘緒認為中國陶工不擅畫人，理由一如十六、十七世紀在中日兩國傳教的葡萄牙裔耶穌會士陸若漢對日本畫工的批評：「他們所繪的人體比例，還有對人體本身的表現，和我們的畫家簡直不能比。因為他們不懂得為人體上陰影，而正是因為陰影，使畫家筆下的人物突出、鮮明，給了它們力與美。」[36]一六九八年，和殷弘緒同行的義大利畫家切拉蒂尼一到中國，就對中國藝術嗤之以鼻：

> 中國人對建築、繪畫的認識，就如同我對希臘文或希伯來文般同樣無知。看到一幅好畫，或是生動有緻的風景，他們的確也會喜愛，出於天然地欣賞。但若談到經營位置和構圖布局，就完全超出他們的所長。他們秤秤銀兩、種種稻米的本事，比畫畫大多了。[37]

不過異國情調的魅力，往往能夠蓋過所謂的拙劣構圖。一六三七年，荷屬東印度公司的董事會指示該公司在巴達維亞的代理：

> 根據上一批瓷器的銷售結果，我們發現不論銷路或評價，繪有荷蘭人物的都不及中國畫風的作品。所以你應該寫信給大灣（台灣），叫他們未來發貨一律只限中國風裝飾的瓷器，除非另有明確指示。[38]

在紋飾的製作工序之外，窯廠本身顯然也遵循大量生產的分工原則，有的窯專營貯物缸或魚缸，有的只作酒杯或燈具。也有的窯專門模仿宋瓷，或以瓷來複製商代銅器或漢代玉器。此外還有專門製作「大龍缸」的窯，上繪雲彩、珍珠、蓮瓣和仙花環繞的蟠龍紋飾。另有一家專門生產銷日盤碟，飾以日本的吉祥圖案：精細的藍色魚網，並配上一個花結。又有一家集中製作「蟾蜍碗」，形制正如一隻蟾蜍，蹲在蘭花竹葉之中，象徵生意人招財進寶。[39]

工人日夜輪班工作，因為爐火必須持續照看，不能稍有停歇；入窯、司爐，都有專人指導。生坯入窯堆放需要專門技術，像窯工這類有專門技術的工匠都是鬮區別居，設有領班，工時固定。及至清初，往遠處村鎮招募窯工已成當地傳統。火工更細分為「緊火工、溜火工、溝火工」，因為各式器件需要的窯溫、火候各有不同。[40]燒火工則負責潑水保持火道暢通、窺看「火眼」，視狀況導引火路燃燒方向。專燒細瓷的松柴窯，工法也和專燒粗器的槎窯有異。窯火日夜不停，窯爐自然也需要經常補修，這份工作自元代以來就由魏姓人家世代壟斷，「師法薪傳」，使用一種外人無法仿製的祕方，泥稠如糖漿。[41]

整間窯廠作業「平滑流暢」，也令殷弘緒稱奇：一整落坯器入窯，頂端置一枚銅幣，其鎔液會均勻流過每一件瓷器，直達灶底。一如《景德鎮陶錄》的說明，爐火控制需要在眾多因素之間考量微妙的平衡：

> 火不緊（熱、旺）則不能一氣成熟，火不溜（弱、慢）則水氣不由漸乾，成熟色不漂亮，火不溝則中後左右不能燒透，而生「爽瓦」（沒燒透的生坯斑塊）所不免矣。[42]

燒窯師傅使用各種方法，以判定窯內是否已達理想燒製狀態，比方透過窯眼或稱觀火孔內窺，觀察窯床上的石礫是否開始閃光，或是熊熊爐焰之中某器件冒露的身形。宋應星的《天工開物》寫道，窯爐達紅熱狀態，「器在火中，軟如棉絮」，此時燒窯師傅會用鐵叉取出一件，查驗火是否已足，可以止火。[43]最大型的窯可容十萬件，一次燒上一個星期之久。五公里外下游的一處村落，負責供應耐火土製的匣缽，不但可以一器一缽，把入窯器件放在缽內保護，也表示可以大量層疊煆燒。好的匣缽可以用上十次，劣品不出幾次就碎裂解體。根據殷弘緒的紀錄，使用匣缽可以確保「瓷色不被火舌熱氣波及」。但不論有無匣缽，火都會帶來釉色變化，有時絕美、有時奇特、有時醜陋。殷弘緒引述一篇景德鎮當地記載，上好瓷器「人人務得，因此每批燒成出窯之前，商家爭吵不休，都想搶到頭籌率先選件。」十七世紀的《博物要覽》記載，官、哥二窯，時有窯變，釉色還會形成蝴蝶、禽鳥、麟豹等圖像，或在本色之外變色，或黃或紅紫，令人愛不釋手：「肖形可愛，乃火之幻化，理不可曉。」[44]有些古瓷極度受人珍愛，即使破損也要用鑽石針頭穿上銅絲鋦補，合縫處細到肉眼無法看見。甚至連殘片也特地框起來擺放，「近人得柴窯碎片，皆以裝飾玩具，蓋難得而可貴也。」朱琰引述一位鑑藏家的讚嘆：「貴人得碗一枚，其色正碧，流光四照，何其幸歟！」[45]

珍品總是難保。每座窯火中都發生大量碎裂、變形、斷裂。因此十八世紀的陶匠會把大訂單所需的數量加倍，因為半數成品會「足歪、身扁、或出現各種損傷。」[46]釉色走樣，甚至令人噁心，這些結果稱做「豬肝」、「駝肺」、「鼠皮」、「鼻涕」、「垂涎」，白白浪費時間和金錢。[47]如果一下子幾萬件膨脹或崩裂成一堆廢品，窯主極可能破產，幾個月的人工與資本全付諸流水。

但是，正如殷弘緒指出，雖然一千多年的生產為景德鎮製造了堆積如山的陶瓷破片，「在中國，什麼東西都能派上用場」。這些運氣不好的產品，成為當地的建料。或用以填塞磚牆縫隙，或和砂石混拌成泥水工程材料。若傾倒在城外沿河兩岸，經過多年車馬交通的碾壓，至終又形成新興市集與街道的地基。若遭泛濫沖入河底，則為河床鋪上一席熠熠金輝；明媚陽光下沿江漫步，令這位耶穌會士「觀之賞心悅目」。

煙燻火燎的外在，顯然無礙殷弘緒對景德鎮汙染背後之美的欣賞。窯火猶如魔法，為黏土與顏料帶來奇幻效果，使他稱奇不已。「經火之後，釉料下原本黯淡的彩繪，煥發出全然的美麗，就像溫暖和煦的陽光，令繽紛的蝴蝶破繭而出。」有個陶工拿了一只瓷器給他看，釉色溫潤如乳狀石英，是一窯數百件中唯一倖存完好出爐的上品。有些瓷的彩繪生動，中國或東方仕女栩栩如生，「衣褶、膚色、五官，精緻無比，遠看如同琺瑯。」有件牙白色器飾的線條如此精細靈巧，「彷彿煙籠霧罩」。還有一件瑩光四射，開片紋路之細密，「令人誤以裂璺千道卻依然完整不碎，簡直就像馬賽克拼貼一般。」

對瓷器的由衷熱情，同樣展現在唐英身上，當代人稱讚他「是公之陶，即公之心為之也」，[48]屬於全心投入之作。就某種程度而言，殷弘緒可說也是如此：全力投入探索製瓷的祕密，結果則迷上了瓷器本身。不過他也非常希望通過瓷器之美之精，為他另一項重要正職，也就是傳道任務贏得支持：「或許歐洲有哪位虔敬的人，對美麗的景德鎮瓷欣賞愛好之餘，願意熱心奉獻自己一小部分財富，以使製作這些美麗瓷器的工匠皈依真信。」他特別指出自己擁有的教友相當可觀，而且數字逐年增加。他在信中表示，一七二二年就為將近五十名信徒施浸，因此迫切需要增派傳道人手並建造更大的教堂。

「中國瓷工」

各式各樣的勞工、匠人為陶瓷提供原料和技術。除了揉土工之外，這些工人信徒可能還來自下列工作類別：採土、碾石、劈柴、編籃、結繩、木作、五金作、製桶、製磚、造窯、修窯、製作匣缽、製作陶坯、拍打陶坯、製作模型、旋轉陶輪、調釉、施釉、裝器入窯、添柴看火、仲介、包裝、挑運和駛船。也有人專門出價購買有汙斑、裂紋的瑕疵品，論批買下，修補美化一番之後，再拿到昌江江心島上的跳蚤市集出售。獨臂殘疾人用腳重踏黏土；一身破爛的欠債者，在燙人的高溫下搬器出窯代以還債。

稻草屋頂的作坊內，老人、瞎子坐在矮凳上用未施釉的瓷杵研磨色料。小孩子用大蒜頭擦抹器面上的飾金，以防止入窯煅燒時脫落。他們也蹲在拉坯工的腳下，用兩枝竹棍幫拉坯工旋轉陶輪。新手畫工為方才出窯、猶存餘溫的盤碗刷上老葉煮沸的茶汁，製造斑點痕跡作舊，以模仿古董瓷器。負責繪飾、畫琺瑯的工作環境潔淨，工資相對較好，也有許多女人出任；這類工匠也覺得自己的地位優越，超出那些負責力氣活的搬土、揉土工人。

但是總體而言，窯匠陶工的待遇極其微薄，部分原因出於勞工供應源源不絕，壓低了工資。殷弘緒指出，「景德鎮是附近村莊無數貧苦人家的庇護所。」工資以「孔方兄」方式發放，這是一種中有方孔的圓形銅錢，形制源自周代就有的中國宇宙天文觀，意指天圓與地方。印度坦米爾語 karshápana 亦指一種小型賤金屬銅幣。蘇門答臘的馬來族即稱他們的錢幣為 kasha，再被葡萄牙人、荷蘭人分別轉寫為 caixa、casjes，英語 cash（現金）便是由此而來。十八世紀初期，千文銅錢等於一兩銀子，相當於英制的一盎斯。[49]

通常，一位普通的陶匠每製作二十六件一般器皿如碗碟等，可賺三文錢，這個數量稱作一「板」，窯廠方面預期他每日產出一百件。勤勉一點，每日若出六板，一年可達六兩半銀子，約等同農夫一年所得。畫工一年收入為九兩，最上層的技術則為十二兩。對比之下，一只尋常瓷碗售價十分之一兩，約合一百文銅錢，上品甚至高達二兩，約莫兩千文，也就是等於一個普通陶匠年收入的三分之一。一六〇〇年左右，卡勒蒂在澳門耶穌會士的協助之下，購買了一批各式上好盤碗，總共六百五十件，共付了二十兩，每件約三百文銅錢，以及五只極好的青花瓷瓶，「以地土之華所製」，索價十四兩。[50]

待遇嚴酷、工資吝薄，怠工、罷工、抗爭的現象自不能免。十五世紀初景德鎮曾有四千名工匠試圖逃離，終究被兵士拖回工棚。一五四〇年一次嚴重洪水之後，饑荒暴動爆發，迫使窯廠停擺。接下來一五七四年、一五九七年、一六〇二年陸續發生抗爭事件。一六〇四年，一度因為朝廷需索比慣常更高，民窯起而抗議，放火把窯給燒了。來自景德鎮不同區域的工人之間也會爆發口角，有時甚至演變成攻擊窯主。準時付薪的要求，也會不時升高為罷工和暴動。[51]殷弘緒記載，當地清理廢屋、廢井之時，偶爾會挖出一些珍貴的古瓷，就是在那些動盪不安的時刻所埋藏保存的寶物。

一六七三到一六八一年發生的三藩之亂震撼了滿清新朝廷，戰火掃過景德鎮，窯爐受到極大損壞，半數窯主傾家蕩產。一名荷蘭商人記載「陶匠死傷慘重」。[52]為保全瓷器生產，殷弘緒稱之為「鉅細靡遺」的康熙皇帝，一六八一年曾打算將部分陶匠及材料遷往北京，但是並未成功。在此同時，一批匠人遷往福建沿岸開業，以便與歐洲商人直接交易。可是亦如殷弘緒所記載，離鄉太遠，「產製未能成功」。

乾隆皇帝斥責窯主對工人的剝削，勒令他們改善，不得有激生事端的惡劣對待行為。但朝廷派來的督陶官比較關心自己在遠方長官心中的地位，而不是自己負責照管的勞工福祉，因此工匠的苦難經常不減反增。某次，乾隆降旨：「此次唐英呈進瓷器仍係舊樣，為何不照所發新樣燒造進呈？將這次呈進瓷器錢糧，不准報銷，著伊賠補。」[53]如果這位督陶官按照一般慣例，應該會把自己的損失分攤到轄下的工匠身上。

根據殷弘緒的記載，無論工資高低，景德鎮所有「製瓷工匠」，包括畫工和琺瑯匠在內，日子都極為艱苦貧困。若出了錯誤或未能及時繳件，往往還會受到主人毆打。宋朝詩人梅堯臣描寫陶者的命運，終年飽受艱苦與不平等的折磨：

> 陶盡門前土，屋上無片瓦；十指不沾泥，鱗鱗居大廈。[54]

一七三〇年間，景德鎮有位地方官眼見當地富商買下一間間店面和住宅，不禁抱怨多數富商都把這些住房租出去，謀取不義之財。老的、病的，不能工作了，全被他們趕了出去。[55]遇到窯廠減產，鄰近鄉鎮來的工人只好回老家求活，或留在城裡的街上叫賣河產。

有些官吏從西方訂單得到靈感，遂請託殷弘緒，可否向他的同胞要些新奇花樣，或許可以取悅皇帝。殷弘緒的回應是轉而聽從他的教友呼求：

基督徒工匠懇求我千萬不要提供這類式樣，因為那些滿大人不似我們歐洲商人講道理，根本不聽工人解釋：有些東西不切實際，根本做不出來。結果往往棍棒交加，最後才勉強放棄那些看來可以討好皇帝的圖樣。

殷弘緒傳揚的信仰，無疑為他的教友提供了某種程度的慰藉。可是對某些人來說，反而因此複製了他們悲慘的苦勞，令殷弘緒悲嘆不已。他發現部分教友會採取「聖笞方式，鞭打自己。有時我不得不把他們請出教堂，好讓他們休息一下」。[56]這些信徒對聖物、念珠的需求特別熱烈，把神父分賜的聖水放進小瓷罐，封上口，以保存其神奇功效。然而，無論這些基督徒多麼狂熱，殷弘緒可能還是有些懊惱，因為他們並不獨尊基督救主，事實上殷弘緒發現：這是一個巴比倫國度，自己必須在眾多奇異神祇之間傳教。

「天工人巧」：信仰與窯變

歐洲傳教士發現，中國老百姓和儒家士大夫任意混合各種不同信仰，對救贖式宗教觀嗤之以鼻。他們不強調嚴格的教條、嚴密的神學或普世先驗的真理；卻專注於道統、儀式和倫理。[57]因此每當基督教士宣揚他們那所謂的獨一、真信，中國聽眾表示難以置信，甚至憤慨。利瑪竇記道：

整個中華國度之內，偶像遍布，多到令人無法相信。不但公開擺在廟裡，區區一廟可以有幾千座偶像，也供於私宅……廣場、村莊、船舶和公共建築，給外人第一印象，就是這裡處處可見可憎之物。不過可以確定的是，這裡很少人真正相信這些邪惡醜陋的偶像崇拜。他們這麼做，完全是認為，就算外表拜兩下沒有任何好處，至少也不會有任何壞處。[58]

利瑪竇察覺到無論是儒家精英或小老百姓，都對靈命一事漫不經心，因為他們都「犯了同樣離譜的錯誤，就是深信談法論教之道愈多元，對眾人愈有益處。」[59]然而他也不得不承認，中國「各式宗派混雜多樣」，促成對精神靈性高度的容忍，有助於耶穌會傳教事業的開展。[60]正是出於這般寬容態度，促使某位儒臣願意造訪殷弘緒在景德鎮附近設立的一處神龕，向基督教的神祇致敬。中國人對宗教的開放心靈，有時意謂著甚至連西方傳教士本身也被當地百姓徵為膜拜對象。一六五七年就有位耶穌會士榮膺山西省某地的地方神，村人把他的芻像供奉在塔裡。上海鐘錶匠也奉利瑪竇為他們的祖師爺，因為他曾為朝廷製作「自鳴鐘」。[61]

事實上對於這類誤會，耶穌會士抱持開放態度，因為他們的政策就是盡量配合中國習俗。他們容許華人基督徒祭拜祖先時使用十字架，並遵照利瑪竇的先例，主張中文原有的「上帝」，與「天主」其實並無不同，後者是天主教為基督取的中國名字。利瑪竇努力協調中國文化與基督教信仰，將中國人祭孔、祭拜古聖先賢之禮納入基督教儀式之中，因此點燃了一場所謂的「禮儀之爭」，教會對此辯論激烈，歷時甚久。[62]利瑪竇深信，基督教在西元第一世紀即已透過使徒聖多馬在印度傳教進入中國，時間約當佛教傳入中國的同時。他引用印度教會的一段日課經：「經由聖多馬，那賜生命的信仰之光在印度全地興旺。經由聖多馬，天國展翼疾飛前往中國。」[63]他繼續寫道，可惜的是隨著時間過去，基督的信息因訛傳或福音敵人的惡計而破壞走樣。他相信耶穌會的任務是在中國恢復基督教信仰的純淨，其中一個方法就是證實這個信仰與孔子固有的教誨相容。這類說法具有高度爭議，歐洲的批評者指責在中國的耶穌會士貶抑基督教聖人，卻在敬拜時誦唸「聖孔夫子，請為我們祈求」。[64]

中國基督徒來自社會各個階層，他們的信仰內涵都免不了這種混淆。景德鎮上那些殷弘緒稱之為「新得救的」，在珍視自己那罐聖水的同時，想來也仍在某座神龕之前繼續膜拜窯神吧。殷弘緒如此解釋：「每個行業都有自己的祖師爺。在這裡，封神就和歐洲某些國家封爵一般容易。所以中國有個瓷神不足為奇。」這些中國基督徒告訴他，祭拜窯神童賓的習俗始於晚明，起因是陶工為皇帝燒造大型魚缸失敗：

> 據說皇帝提供了式樣，要他們照樣燒製。陶匠屢次回報無法辦到，可是愈勸皇帝愈想要。全中國都把皇帝當作神明一般敬畏，聖旨豈可違抗，因此官員全力催逼，以各種方式欺壓陶匠。可憐他們耗盡家財、吃盡苦頭，回報他們的卻是無情的鞭笞。絕望之際，一名陶工奮身投入爐中，火燄立刻吞噬了他。結果，那一窯瓷器竟然燒得無比完美，大得皇帝歡心，不再逼他們繼續。從此這名不幸的工匠就被視為英雄，升級成為看顧陶工的神明。至於之後是否也有其他中國人起而效仿，我就不知道了。

唐英的《風火神傳》記述了一則傳奇：「臧公督陶，每見神指畫呵護於窯火中，則其器宜精矣。」

宋應星也寫道：「一人躍入自焚，託夢他人造出」，方才燒成正德皇帝亟索的宣德紅釉，於是眾人「競傳窯變」。[65]

釉胚入窯，經火幻化。如此奇蹟，朱琰稱為「窯變」。守護神角色的出現，只代表其中一個事例而已。他說：「蓋陶出於土，又聚水火之精華也。」[66]明代一位鑑賞家也說：「豫範型於土，人力可為；既入冶中，煙燎變幻，不可陶測，造化甄陶，有默司焉，匪神之為靈至是耶！」另一位專家解釋：「窯變一說，火之幻化所成，非徒釉色改變，實有器異成奇者。」[67]

窯變，宋人稱作「天工人巧」，包括兩類：最稀有的狀況是「火幻」，改變了原本的器形，或賦予超自然的神奇性質。另外比較常見的一種，則是經火之後釉色出現奇妙變化，或浮現原先並未繪飾的動物形貌。朱琰記載，據信曾有器皿竟然質變燒成了玉，如此異事，令窯官大為驚恐，視為不祥，祕密下令全數擊碎。此外，釉色若意外燒成朱，則視為火星侵擾，不祥，也必須立即敲毀。[68]

神奇的窯變事例，還包括折取花木放入瓶中，「無水而花卉不萎，且抽芽結實若附土盤根者然。」有位大官忽聞樂聲大作如笙簫，原來出自爐上雙瓶；另一只竟日噴風吐霧，「風雲出其中」。還有一個水甕，滿貯石子，多年下來加水加石卻始終不滿。還有一件普通瓷碗，街頭偶然購得，盛水結凍後碗卻呈現千變萬化的幻象繁景：一段盛放桃枝、一簇嬌豔牡丹、一群冬雁高飛。晚明時期，宮中曾命匠人燒製一件大型屏風；入爐後竟有一截黏土變成瓷床，另一段化成三尺瓷船，瓷帆瓷索俱全。面對如此妖異怪事，地方官嚇得把它「鎚成碎片，不敢進呈。」[69]

這類異事全都來自窯變。朱琰認為「決不可能出自人手」，一定是窯爐干犯了某種超自然力量而導致的後果。[70]宋代某處陶瓷重鎮立有一塊碑石，勒文宣告：「窯中火旺處，視之常可見蟲影，想為神明化身，行如水光微閃。」[71]當時人的概念是陶窯具有魔力，將世間凡俗泥土幻化為神奇物事。窯爐複製了宇宙和鍊金的幻化過程，因此擁有魔法，透過火轉換了物質。而神明本身則如天界陶工，由平凡泥土中塑出生命。

這類觀念其實非常普遍，凡有製陶文化處就有類似傳說。大約兩萬六千年前的舊石器時代晚期，位於今日捷克的摩拉維亞地區還是一片凍原，當地獵捕長毛象的居民便已學會篝火燒陶，製出第一件陶器，英文的 ceramics 就是源自希臘文 keramos，意指「陶者之土」。[72]最早期的陶器紋飾包括十字交叉與螺旋紋，都是典型的編籃花樣，意謂著籃框抹泥後在篝火上作為炊器使用，因此給了先民靈感，促成首批陶器的發明。陶器是舊石器晚期儀式飲宴的要角，而器上一排排刻記是點數動物與債務的記號。由狩獵進展到牧養大批牛羊，進一步刺激了陶藝的發展；同樣地，人類本身也需要器皿貯存各式流質與固體乳品。西元前六千年遺留下來的碎陶片經過化學分析顯示，英格蘭最早的陶器盛裝了這類奶製品。及至西元前八千年之際，經火燒製的陶器已經遍布西亞，並在日本獨立發現。中國已知最古老的陶器，時間約在西元前一萬兩千年，來自好幾處文化遺址，包括長江三角洲地區，比當地稻米文化正式出現還早。至於南北美洲的陶器，首先現身於西元前六千年左右，地點是亞馬遜河下游熱帶雨林的採集狩獵部落。今日北美的喬治亞、南卡羅萊納等地，則遲至西元前兩千五百年才有陶器出現，今日美國中西部各地更晚，一直要到再過約兩千年後。

世界各地的製陶起源，極有可能都與麵食和粥飯的製作有關，其中自然涉及碾磨、加水、摶揉、成形和烘焙等工法。經過燒結的黏土，是世上最早的合成物之一，也是人類完全利用「熱」而製作的第一種材質，這項成就代表人類一大里程碑。約始於西元前一萬年的新石器時代，即以此為發展根基。先民開始使用陶器炊食，對人類飲食的意義非凡，舉凡食物的處理與保存、酒類的釀製與蒸餾、植物天然內含毒性的消除、動植物食材營養價值的提升，都因此邁出重大一步。人類從燒結黏土而獲得的知識，對日後文明的關鍵表記——金屬製作技術，具有舉足輕重的影響。而以楔形文字記載，保存於美索不達米亞神廟內的古老稅務紀錄，也是記載在燒製的泥板上，更代表了定居聚落走向記數、書寫與正式教育系統所邁出的初期步伐。

早在人類開始栽種植物、馴養動物之前，先民藝術家便已創作象徵神靈和動物靈的陶偶，足證存在於泥塑燒造與超自然信仰之間的原始連結。法國南部一萬五千年前的洞穴裡，放置了兩尊歐洲野牛的泥塑，八千年後同一地區也出現人類陶偶。新石器時代希臘與克里特島米諾斯文明的陶製葬器，繪有奇特紋飾，意謂當時的陶匠已為宗教儀式製作專門器皿。新石器時代中國北方的陪葬物，包括眼部鑲以綠松石的陶偶人像。沿長江諸多稻米文化遺址出土的陶器，上有刻畫圖樣，顯示原始薩滿信仰的祭司使用陶器行使巫術魔法。

黏土還可模仿金屬、礦物或其他被視為具有通神作用的種種昂貴材質，更使陶器成為人類神靈信仰生活的中心；比方半寶石類的綠松石，是埃及文化裡大地母神兼牛神哈托爾的象徵，埃及人便以藍綠色陶仿製，用以獻神。甚至連陶器上的紋飾，在許多古代社會也可能起源於避邪護身的需求，用以驅離窯變時釋出的神魔力量。[73]

「大神捏揉了一些黏土」：陶器的神性

中國古代神話描述造物主用北方高原的黃土造出人類。[74]唐英的記載顯示，中國人相信儒道文士點名的五行「土、火、水、木、金」都遵從那位「大陶匠」的奧祕旨意。日本也傳說首任天皇是從眾神之中下凡，成為人類第一位統治者，在天人兩界之間的地界擔任陶匠的角色。十七世紀的日本基督徒將這個概念轉化成一則口述傳統，擬想造物之神將黏土與自己的肋骨結合，造成世上第一個人。埃及神話也提及天界有一位陶者，化身為孟菲斯的大神，也就是諸神的創造者，又稱庫姆，羊首人身，是掌管生殖之神。古代美索不達米亞蘇美文化的創造大神恩基爾，也是用一團黏土造成諸神與聖王，而「歸於汝土」這句話則表示其人已死。[75]約成於西元前二千五百年的《吉爾伽美什史詩》，同樣將正在分娩的創造之母阿魯魯描述為陶者，用黏土造出半人半獸的恩奇都，也就是國王吉爾伽美什的雙身，他的「另一個我」：

她沾溼雙手，
擰下一些黏土，
扔它向野地，
捏它、塑它，照她所想。[76]

橫跨西非地區，從馬利到喀麥隆，那裡的陶人通常是女性，她們製作陶器以與神靈溝通，其中包括各種驅疾、化解的法術和消滅心理苦楚的功能。[77]奈及利亞東北部加安達人製作「靈罐」以代表聚落的某位守護神，職司醫病消疾並帶來豐收。奈及利亞南部約魯巴人的女神伊拉・瑪波，是「眾母之母，靜默大地的古老靜默母親」，以河泥造人。而人死後也會重新化解回歸為泥為水，善人升入天界，惡者墜入「破罐界」。[78]南迦納的阿坎族人相信，陶製的水器必須完好無缺，否則大神阿伊蘇就不會在儀式中降臨，因為罐子若破，意謂著大神的法力已然盡失。同一區內，阿駕族和豐族人製作陶罐，象徵那位與危險和欺瞞有關的巫神雷格巴。

夏威夷古代島民崇奉的主神肯恩，不但掌管生殖，也是夏威夷歷代國王的祖先。祂用泥土作像，然後吹進生命造出活人，取名 Keli'ikuhonua，意思就是「紅土」。婆羅洲的達雅族相信，月神教導人類用黏土製作瓶罐，而太陽和星宿也是其他神祇以同樣材質所造。七世紀的高棉眾王國認為，泥罐及金屬罐具有神力，並在他們印度教儀式的加冕典禮上以泥罐盛裝聖水，傾倒在泥塑的神像上面。印度教的大母神更與黏土息息相關，因為黏土是最原初、根本的可塑材質，無定形又無所差異，成為所有受造之物的樣本原型。眾神之外，印度陶匠還特別祭祀天花女神與象頭神，前者是大母神的法相化身之一，後者是濕婆神和雪山女神之子，那位淘氣可愛的福神。

一直以來，印度陶匠都被當地人認為賦有神賜的法力，能將不潔的泥土轉化成可供神聖儀式與日常生活之用的器物。今日印度的百萬陶匠，統統自認是創生神「生主」的後裔，雖然社會地位低下，卻得以佩戴一種稱為「聖線」的護身繩；除了他們之外，只有高種姓的婆羅門階級才能有此殊榮。創生神的另一法相代表天力，是建造整體宇宙的工匠大神，他用太陽的日輪造出宇宙各界的保護救濟大神毘濕奴。而陶工所用的陶輪，正是以此天體為象徵。[79]

陶匠的神聖光環與製陶的神靈性質，也在其他許多地方的神話與傳說中發現，諸如婆羅洲的可拉必族、紅河谷地的越南、衣索比亞的孔索人、加蓬的范族人、剛果的巴剛果族、墨西哥的薩波特克族、安地斯山脈的希瓦羅族和加利福尼亞的塞拉諾印地安部落。[80]美國西南部普埃布洛印地安人認為陶盆內有靈魂，每逢陶器燒裂作聲，就代表一個生靈釋出。瓜地馬拉高地馬雅基切社會的《公共書》是一本神話，記載並敘述了其統治者的家譜，其中創造諸神的名號，與摶泥造出生命的陶者完全相同。[81]祕魯的印加族深信，他們的創世大神維拉科嘉由的喀喀聖湖裡的淤土造出世界與人類。十八世紀時，路易斯安那的印度安納齊茲族告訴某位法國旅人：「大神捏揉了一些黏土，就和一般陶匠使用的沒有兩樣，作成了一個小人，然後……發現作品做得不錯，就朝它吹了一口氣，小人立刻有了生命、長大、會動、會走，而且發現自己的模樣非常完美。」[82]這個創世故事，或許源自耶穌會教士講述希伯來經典中的大神耶和華，如何「用地上的塵土造人」（創世紀二章七節）——希伯來文的「人」即 adam（亞當），「地」為 adamah。

這段記載也進入《古蘭經》十五章二十六節：「我確已用黑色的、成形的黏土創造了人。」（馬堅譯本）類似的陳述另外還有五處，確立了「屬天神性陶匠」的概念，在伊斯蘭文化中成為標準的主題地位。九世紀伊斯蘭著名史家塔百里以華麗辭章解說古蘭經文，便曾長篇詳述亞當受造的經過，描寫大天使加百列如何將各色泥土帶到真主之前，真主又如何以自己的雙手，捏土塑泥，造出世上第一個人的雛型，直到最後大功告成，可以吹進神聖的靈氣，「正如尚未經過火燒的陶土。」[83]波斯神祕詩人阿塔爾寫道，真主造人，因此也嚴格評鑑人：「主是陶匠，先以極高的技巧造出器皿，然後又親自擊碎它們。」[84]

在耶利米書十八章六節中耶和華也警告先知利米：「以色列家啊，泥在窯匠的手中怎樣，你們在我的手中也怎樣。」這段經文可謂一切人事的最高指導原則；西元三世紀基督教神學家俄利根便是據此寫出他的講詞：「神，是我們身體的陶匠，是我們體質的創造者。」俄利根也詳細解釋保羅的主張，也就是神造人，行使的正是陶匠對泥土行使的權柄。羅馬書九章二十一節：「工匠難道沒有權柄、從一團泥裡拿一塊作成貴重的器皿、又拿一塊作成卑賤的器皿麼。」[85]在哥林多四章七節中，這位大使徒向外邦人宣稱，當基督光照受造者心中：「我們有這寶貝放在瓦器裡，要顯明這莫大的能力是出於神，不是出於我們。」十六世紀義大利的陶匠也同樣仰賴這來自天上的神力，認為自己的工作是與靈力共鳴，因此他們在送器入窯之前，都會先畫十字「以基督耶穌之名」祝禱。不過神靈力量這件事，背景來源似乎與基督教信仰的關係不大，這些陶匠深信：「如果燒窯時正逢月缺，火力亮度就會不足，正如月光失色一般。」[86]

殷弘緒傳揚「那位由泥土造出第一個人」的大能之神，不但借助於他本身文化傳統中的豐富相關隱喻，事實上與景德鎮陶匠本身的日常經驗與靈性感知也非常契合。他顯然深信，透過這類饒有助益的類比聯結，就算眼前他牧養的中國教友未能獨信基督一神，依然供奉其他偶像神靈，至終新信仰必能勝過原有的異教迷信。

殷弘緒本人，就知道一個將其他神明與基督教聖者共奉一室的實例。佛教的慈悲女神觀音，向來濟助人類急難，[87]妓女尤其視她為庇佑者。「白衣」法相是觀音三十三化身之一，觀音安坐白蓮常見於一般人家中的神位。水月觀音是航海人的護佑大士，東亞沿海討海人家都為她奉有神座。觀音的母者化身則意謂著救贖與繁殖力，觀音眾多的頭銜之一即「送子」，及至十六世紀，她更被人視為與聖母馬利亞二而合一。在陶匠手裡，兩者都塑有念珠，基督徒不分中外，都稱觀音造像為聖馬利亞。一五五六年，某位聖道明會教士造訪廣州一處廟宇，見一尊觀音手抱男嬰像，立刻拜之以禮，視為「我聖母之像，古代基督徒所造」。他認為，造像的人就是當年隨同傳奇使徒聖多馬前來中國傳教的信徒。[88]

中國和菲律賓兩地的工匠，用象牙雕刻觀音——聖母像，及至十七世紀初期有些作品已經流入墨西哥城。數十年後，一尊或許是襲自象牙原作的福建製瓷像在倫敦以一英鎊售出。這在當時相當於熟練工匠一個禮拜的工資（在中國約為三兩銀錢）。英格蘭女王瑪麗二世曾購入一件福建瓷，以充實她知名的瓷器收藏。日耳曼的麥森一旦破解了製瓷祕方，也立刻開始產製它的觀音複製品。（彩圖三）

北京有一尊瓷製觀音像特別受信徒崇拜供奉，因為據說栩栩如生，完全反映觀音法相，如此奇蹟，顯示燒製時大士曾親臨窯中。明代有一只瓷盤的紋飾非常少見：觀音居中，四周有仙人與信徒環繞，可能是某位富商所訂購。根據殷弘緒記載，景德鎮也製作並販售觀音膝上抱子像，有些流入日本基督徒手中，被他們稱為「馬利亞觀音」，祕密禮拜供奉。中西聖母合併為一，事實上可能為殷弘緒教區內的信徒帶來某種程度的安慰，使他們不致對自己新皈依的異國宗教感到太過陌生。正如殷弘緒也承認，「傳福音者，尤其在中國，務必要結合蛇的靈巧與鴿的純良。」[89]

景德鎮官方曾下令為瓷神建造新廟，殷弘緒剛巧認識某位窯官，因此為他帳下的信徒獲得了豁免，不必參與這樁強制的工程勞役。但是他不免歆羨天后宮的規模：「如此宏偉，遠遠超過景德鎮上其他所有廟宇。」他告訴信眾，希望有一天「這座大廟能成為獻予那位真正天上聖母的教堂」，兩位天后之間，有著些許若合符節的特徵。他也記錄了這座天后宮的由來：某位瓷商在菲律賓和西班牙美洲殖民地做生意發了大財，特別捐錢還願建宮，因為一次暴風雨大作中，天后在緊急關頭現身，保佑他倖免於船難。

這位天后是漁民與水手的保護神，一如聖母馬利亞，後者的眾多頭銜之一便包括「海上明星」。亦如佛教的觀音，中國的這位天上聖母以媽祖之名，贏得海上行商的崇奉，主要以福建沿海的湄州島為中心。許多港埠都奉有她的神位與寺廟，沿內地的河道與大運河亦不例外。眾人相信她居於浙江海岸的島嶼普陀山上。有位港口官吏宣稱「但凡迎接朝潮暮汐者無不奉之。」[90]仰賴遙遠市場為生的景德鎮居民，即使遠在內地從未見過海洋，也同有著這份虔誠信仰。

從景德鎮一路通向海口

景德鎮的天后信徒，祈禱她引領他們的瓷器出品通向海口。天后的廟宇如此宏偉壯麗，證明水道運輸攸關這座瓷都的興旺。殷弘緒持別強調，當地居民的生計與日用全都仰賴昌江，「因為這裡的生活物事，件件來自外地。」他計算全城每日需消耗一萬擔白米和一千頭豬，都是靠船運送達。各窯使用的材料物件也經由水運而來，連綿不斷的船舶，滿載黏土，由百公里外江西之北的安徽祁門開來，因為景德鎮本地的土量到了十八世紀初期，幾乎已經開採殆盡。松木和杉木質輕而脂厚，是最好的窯柴，也來自安徽省。平均每燒一次窯要耗費一萬一千公斤燃料，一個大型窯每天需要六十四噸左右。多少世紀以來的陶瓷生產，已使附近坡地的林木一空，陶匠必須倚靠昌江上游的來源。製釉所需的石灰和蕨類植物則從南面船運而來。

來自皖南商業中心徽州（或稱新安）行會的商人，在景德鎮販售木料、白米和棉花，兩地水路相距一百八十公里。根據明代一位人士記載，有些貿易商身價直逼百萬貫錢，少數幾位更高達二十五萬銀兩。徽商經營當鋪或開店，首先在宋代登上全國市場舞台，取得有照的鹽商資格。到了明代，他們大量投資瓷器生產，部分以貸款方式借給需款孔急的陶匠，然後再以折扣購入產品抵債。此時出版興旺，他們也積極投入，提供各式可以迎合文人雅客和士大夫地主階級口味的木刻新樣，以供陶瓷紋飾參考。[91]

徽商自然也善用他們的商業網絡行銷景德鎮的瓷器，幾乎所有產品在離鎮之前就已找到買主。買家隸屬行商行會，與鎮上五十家業務經紀進行交涉，後者一手控制銷售、包裝、運送。一條鞭式的服務高度降低了交易成本，使市場效率大增。根據清代的相關記載，掮客除了與賣家商議價錢、檢查供貨清單、準備完稅單據之外，也負責到廠取貨和安排送貨。[92]

景德鎮產出龐大，加以瓷器既重又易碎，水路運送勢所當然。正如亞當斯密所言：「各行各業可及的市場，因水運而擴大，此為陸運所不及。所以唯有在濱海地區以及可航行內河的沿岸，各類工業才會開始進行分工與改良。」天下瓷都之所以能利用大量生產的技術，正是因為藉由「比起尼羅河、恆河，甚至兩者加起來更廣的內陸航道」，以運銷遍及各地的市場。利瑪竇也宣稱，搭乘船舶來往，是中國一大奇妙景觀：「天然河川、人工運河，這個國家的水道如此密布交錯，幾乎可以乘船前往任何地方。」[93]

唐英描述瓷器裝載外銷的過程：粗器用茭草包紮，每三十到六十件為一包。上等器則用紙和稻草包裹裝桶，六百件一桶，重達兩百二十五公斤。再把一包包、一桶桶送上一排排泊在江邊的長型輕便快船。向南航行八十公里抵達饒州，昌江便在不遠處流入鄱陽湖。多雨的季節，景德鎮附近的峽谷航程險峻；多少世紀以來的瓷片沉積河底，因此河水極淺，急湍處處。

殷弘緒很熟悉這段水路，因為他就住在饒州，不時沿河往來通勤。景德鎮當地沒有客棧，地方官規定外來旅人必須夜宿船上或入住當地民家，由東道主負責擔保。此外，饒州生活費用較廉。瓷器買家通常都在饒州落腳，可免自己一趟辛苦的上游航程。然而，景德鎮瓷器名氣再大，一般卻都以饒州器之名行銷中國各地；根據殷弘緒的說法，宋代更有「饒玉」之稱。一六五六年一名來到此地的荷屬東印度公司商人記載：

> （饒州）南北航行的船隻，不是專載就是兼載瓷器，多為杯碗……我們發現陪同我們前來的中國人毫不含糊，也盡量把他們的船上塞滿這類瓷器……準備運到南京和其他地方銷售；我們也看到一個好機會，可以訂製一些稀有瓷器，可惜身上沒帶適當樣本，真是可惜。[94]

饒州碼頭的裝卸工把瓷器裝上吃水深的中式平底船，準備航越鄱陽湖。此湖是中國境內最大的淡水湖，也是無數船難發生的地點，不過奉命擔任救難任務的船家名聲卻不大好，被認為其實急於趁商船之危大發自家災難財，尤其在自認神不知鬼不覺之際。[95]若能逃過此劫，多數船隻會繼續四天航程開往北岸的九江，這個港埠擁有極大的瓷器市場。從這裡，一船船瓷器再度轉運，沿長江向東北方更遠的南京而去。根據十六世紀葡萄牙作家兼旅行家平托的記載，南京這座名城的富人擁有「數不清的上等瓷器，視若珍寶」。[96]最後，再經由大運河的接駁，一船船瓷器運抵距離景德鎮千里航程之外的北京。

由鄱陽湖南行的瓷船，則是駛向江西省會南昌，然後沿贛江而上，準備馱載貨物穿越大庾嶺的梅關古道。[97]利瑪竇形容此處是「全帝國境內最知名的穿山古道」，放眼望去，只見無止境如長蛇陣的挑夫、馱騾、肩輿。[98]從景德鎮到廣州長達九百里路程，唯一動用陸路的運輸就是這一日翻山行程。無數瓷器便是以這種方式，以手推車輾過、在挑夫背上走過這段二十公里的路段。好在有唐代鑿山修路鋪設的台階和步道，多少減低了任務的艱辛。

白銀則反其道而行。這種白色的金屬大量流入中國，從南方口岸翻山向北而去，支付中國的外銷瓷器及其他各色消費產品，比方絲織品及漆器。中國自一四三〇年代起採用銀本位，因此銀價飆高；而銀產豐富的國家如日本和西班牙（後者的銀源來自墨西哥與祕魯），正好對中國商品需求不盡。一五六七年間，單單是梅關一處的關稅收入就超過百萬銀兩，徵收比例是宣告貨值的三十分之一。十年後西班牙美洲白銀開始源源流入，稅收數字更呈顯著攀升。[99]十七世紀初期有位葡萄牙商人便如此表示：「白銀周遊全世界，最後湧進中國，然後就不走了，彷彿這裡才是它的天然中心。」[100]西方人加入亞洲貿易，白銀不但成為聯繫歐亞大陸兩端的主要交易媒介，也是全球化的貨幣。正如孟德斯鳩所說，白銀做為商品，是「宇宙最大型商貿活動的基礎」。[101]追隨著白銀的足跡，商人也翻山越嶺，運載玳瑁、象牙、珊瑚、黑胡椒和香木北去。進入十九世紀，一箱箱印度鴉片被英國人運往中國，走的也是同一路徑。

在嶺峰附近，利瑪竇記載，行旅穿越「直接鑿山而建的一道巨門」，這是標記江西、廣東兩省的地界。[102]抵達南麓之後，瓷器再度裝船，順江而下直達廣州的碼頭。天氣好的時候，這趟航程極快，耶穌會派駐北京宮廷的教士白晉，一六九三年只花了二十天便從南京抵達廣州，然後歷經四年旅途方才回返法國，其間在泰國和印度分別停留甚久。一六九八年白晉終於再度來到中國，同行帶來的夥伴，正是殷弘緒。

二、瓷之祕　十八世紀的中國與西方

一六八五年，白晉與五位數學同行組成法國耶穌會首批來華教士團。白晉本人榮膺康熙皇帝的私人師傅，講授幾何與哲學。他認為這份任務可以增進基督教的傳播，因為對耶穌會來說，信仰皈依與學識求知關係密切不可分離。該會是最有學問的宗教組織，早在創立人西班牙的羅耀拉起草會章之際，就已經呼籲有系統地蒐集、傳遞、出版各類資訊。耶穌會發展的第一階段期間，也就是從一五三四年創設起，一直到一七八二年普遍遭到鎮壓為止，近兩百五十年間共出版了五千六百種科學方面的著作，包括醫藥、地理、農學和自然史等。

一七三五至一七九五年間，北京的耶穌會士總共翻譯了四百多種中文作品。利瑪竇、白晉和殷弘緒等人寫了卷帙浩繁的報告，寄給他們在法國的上級，促成首座全球資訊網的誕生。[1]然而若論背後動機，主要卻在宗教，而非為利他或科學：他們深信傳布西方知識給中國人，可以同時暗中散播基督信仰的種子。一如利瑪竇的解釋：「誰若以為倫理學、物理學和數學對教會的工作無足輕重，就表示他根本不了解中國人的口味。如果有益的靈性口糧不先用知性加以調味，他們就興趣缺缺。」[2]在此同時，利瑪竇等人也認為，將有關中國的知識送回國內，可以有助於西方的競爭力，以與當時世上最發達的經濟體抗衡。

耶穌會士將歐幾里得幾何、哥白尼天文學、文藝復興透視技法和西方音樂理論帶到了中國。一位來自摩拉維亞到菲律賓傳教的耶穌會士凱末耳，蒐集中國植物的乾燥樣本送回歐洲，日後瑞典植物學家林奈建立其權威的分類命名系統，便曾借助這些樣本。在中國的耶穌會士也將中國製糖技術的模式寄至祕魯，又將大黃引入歐洲，成為健胃整腸的良方。一六三〇年代，派駐祕魯的耶穌會士把金雞納樹的樹皮帶到羅馬，治療發燒大有奇效。此物是奎寧的主要來源，一六五八年某份倫敦刊物稱它為「耶穌會藥粉，療效絕佳，可治各式發寒症狀。」[3]藉由阿卡普爾科開往馬尼拉的西班牙三桅大船，祕魯的耶穌會士也將金雞納樹皮送抵中國。一六九一年白晉便是用這味藥治癒了康熙瘧疾，大得皇帝信任。

「耶穌會藥粉」大獲成功，次年進一步幫助白晉說服康熙放寬對基督教的管制，允許他們在各省合法建立教堂。於是，有史以來第一次，中國向基督教傳道士全面開放，至少在白晉等人眼裡，這個「中央之國」的皈依時機似乎成熟了。不久之後他便啟程回返法國，招募具有科學、數學和科技等專門知識的耶穌會士共赴中國服務，因為康熙皇帝很想依循路易十四的王家學院模式，也在中國設立一所科學院。殷弘緒和另外九位耶穌會士，便是白晉招賢的結果，一六九八年三月，一行人在法國西岸的拉洛歇爾登上「海后號」，十一月抵達廣州。白晉立刻帶領這批新血進京謁見康熙，然後一一分派任務。殷弘緒之所以被派到景德鎮任職，很可能就是白晉的安排，因為法國宮廷（西方各國無一例外）急於發現製瓷祕方。法王路易十四一如他的那位中國同行，一心也想藉由遠在世界另一端，而且是當時世上最強大的國度來獲取知識，並從中得利。

「應許之地」：中國與西方

一七一二年，殷弘緒寫信給法國耶穌會中印傳道事務部的司庫歐里。信一開頭，他就表明自己不辭勞苦探訪製瓷的奧祕，並非只是出於好奇心。這個聲明，暗示了他和其他正在康熙宮中效力的耶穌會士一樣，不論工作的地點是琺瑯作坊還是畫坊，其實都想專心傳道本務，並不樂意另有旁騖。然而他又立刻補上一句：「不過我也相信，有關這個行業的所有細節，對歐洲應該有些用處。」巴黎的上司回覆他，來信內容已納入耶穌會士書刊《益智書簡》。此書於一七一七年出版，想來也寄給了他一部。因為五年之後，殷弘緒再度執筆書寫第二封信時，手上顯然已有此書。

巴黎方面還通知他，這封信提供的資料仍不夠詳盡，法國陶匠依然無法照樣製瓷。殷弘緒只好重拾舊業，再探製瓷之祕，雖然這一回熱情已經大減。在第一封信中，他充滿了對瓷器與景德鎮生活點滴細節的驚訝與好奇；可是一七二二年寫就的第二封信（一七二六年出版）就只有事實面的報告，筆法枯燥單調，純粹只談釉藥成分與發色效果。他也謙虛地表示，希冀「本人以下的報告，可以對釉陶工匠小有裨益，即使無法全然達到中國瓷的完美程度」。他也針對釉陶製作提出許多改良建議：比方以馬爾他土替代某種中國瓷土、以海棠木替代中國蕨類製作釉藥、以柳木或接骨木替代竹子製作木炭、以歐洲本地的滑石替代中國人才懂的一種白堊土成分。他向讀信者保證：「有些在中國無法做出來的東西，說不定在歐洲可以輕易達成，只要能找到同類原料。」

殷弘緒的上級把他派到景德鎮，顯然就是要他擔任工業間諜；當然，想來也虔誠希望他能順便拯救幾個靈魂。他的書信代表著重商主義的經濟策略，包括技術轉移、取代進口和產品創新三大項，而殷弘緒的瓷器書簡正代表了時間上最早、也最精心策畫的實踐手段之一。他立下的先例更激發了眾多後代繼起，追求同樣的目標。比方曾任倫敦王家學會主席長達四十二年的班克斯爵士，正是在讀了納入赫德《中華帝國全志》中的殷弘緒報告之後，要求瑋緻伍德務必派一名陶匠好手前往景德鎮一探製瓷祕方。班克斯也建議某位正要出發赴華的不列顛使節，不妨帶上「幾名有知識的瓷匠與茶匠，可獲取大量有用知識，價值無可限量。」[4]

歐里和白晉本身的背景，也透露出殷弘緒任務的本質與背後的脈絡。歐里出身權臣世家，祖上在法國政府歷任財政高官。十七世紀之際，歐里家族也不乏有人在「海后號」的船東法屬東印度公司擔任主計職務。歐里急於為法國開發出製瓷配方，指示殷弘緒寄些黏土樣本回國。歐里家族日後另有一位成員路易伯爵，也與中國陶瓷有密切聯繫，其兄是法王路易十五的財務大臣。路易伯爵負責監管法國對亞洲貿易，本人收藏中國瓷器，有些更飾有他的紋章。塞佛爾王家製瓷廠的前身，就是一七四七年在他協助之下成立的文森瓷廠。還有一位法國貴族利氏男爵，可能也對收藏中國瓷器與製造工法頗感興趣。他和殷弘緒頗為密切，曾出資協建景德鎮教堂，顯然是為了紀念他的耶穌會士姪兒利聖學。利聖學與殷弘緒同船赴華，也約於同時住在饒州，於一七〇四年去世。[5]

一六九七到一六九八年白晉回國停留期間，往往穿著中國官員的袍褂赴凡爾賽宮，這是法國王公貴族都很熟悉的流行服飾，他們不時舉辦化妝舞會或以類似方式歡度節慶。白晉與高官如歐里家族商議，和歐里本人策畫，促成了將「海后號」賣給法屬東印度公司的交易。當時正值法國對外作戰，政府欠缺海外貿易的財力。白晉獻策說服了法屬東印度公司將其雄圖延伸至中國；歐里則負責招募資金。事實證明這筆交易果然利潤豐厚：「海后號」此行為股東賺得原投資金額五成的股利分配。[6]

白晉是派駐中國的耶穌會士中最有才幹，但也最有爭議的人物之一。他與某個稱作「索隱派」的團體關係密切，後者宣稱在儒家經典及其他中文書籍中發現證據，其實中國本土的古老宗教和基督教同出一源，因為諾亞的兒子遍布全世界。白晉曾在信中預測：「終有一日，我們會得到這個研究結論，我們將得以證明，『中國的表意文字』一如埃及象形文字，兩者都是大洪水前飽學之士使用的書體。」[7]他甚至相信中國古書《易經》內藏密碼，若經破解可以證實自己的信仰無誤。這等不尋常的想法，包括中法兩國來自同一個文化與宗教身分認同，促成他尋求法王協助耶穌會傳道任務的動機。

身為中國皇帝派赴法王宮廷的使節，白晉熱烈希望兩國的關係可以更加密切，透過商業貿易、歐洲科學和基督福音的良性輔助，改善並消弭彼此的歧異。路易十四親切地聽取他的建議；這位全歐最有勢力的君王，認為在與亞洲最偉大的統治者來往一事上，自己當然也應壓倒歐洲群雄，率先出馬。早在十三年前，他已經派遣耶穌會士前往中國了，如今他考慮加派人員，以反制葡萄牙教士在中國朝廷占據的絕對優勢。白晉將康熙的禮物呈給路易十四，包括四十九部中文著作以及一套版畫。其中一幅，極可能就是法國王家博韋織錦掛毯廠所繡〈謁皇圖〉的靈感來源：只見天子高居御座，四周是奇花異草、中式寶塔、青花瓷器。

白晉認為康熙有潛力成為中國的君士坦丁大帝，帶領他的整個帝國改變信仰，投於基督門下。他寫了一本《中國皇帝畫傳》題獻給路易十四，書中洋洋灑灑堆砌中法兩帝王之間的輝映。白晉以誇張的筆法和甜膩的文詞，向太陽王如此稟告：

> 我等耶穌會士……竟於天涯另一端得見如此君主，實感驚異萬端；法國而外，平生未見這等功業彪炳之王。一如陛下，其人天生異稟、品格貴重，僅此一項，即已堪配宇宙最偉大之帝國……簡而言之，如此君主……無疑可稱全地最尊貴顯耀之帝王，若非其位其治，恰與吾主陛下同時同在。8

白晉還把這份中國帝王傳記寄給大哲學家萊布尼茲，時任漢諾威選帝侯的宮廷圖書館長。當時萊布尼茲已與駐北京的耶穌會士熱切通信，收到這本書後把它譯成拉丁文，收進他一六九九年再版的《中國最新消息》。

萊布尼茲全心接納白晉的著作，原因不外於兩人都看出中西接觸可能點燃的驚人火花。萊氏在《中國最新消息》書中指稱，歐亞「寰宇」的兩端各存在一個偉大文明，這種地理位置絕非巧合，天意勢必要它們相逢，進行重大的文化融合。萊布尼茲認為中國是一個「歐洲對體」，或「東方歐洲」；他深深相信，如果不同文化能彼此認識、相互學習，世界大同和平之路必會向全人類展開。[9]總體而言，他認為西方與中國文明是以平等身分相遇，各有長處，「因此有時是他們占上風，有時是我們贏一籌。」[10]雙方都有可供對方學習的優點：西方在科學、數學和軍事科技方面領先，中國則在「文明生活理路」上擁有絕對優勢，也就是律法、倫理和自然宗教。

這種兩造平衡的作法，結果卻引發另一層後果，重大地影響了日後西方人的中國觀，因為它把中西文化論的焦點領上歧路，也就是專注於所謂各自文化天賦上的不對等。伏爾泰便在其一七三〇年代動筆、一七五一年出版的《路易十四的時代》中表示，兩千年前，中國即已在道德和律法上臻理想之境，可是這個極早的成就，以及伴隨而來的一味「尊古以先聖先賢為師」，卻限制了他們在科學上的進步，科學「這類學問，需要時間的累積，以及活潑無畏的稟賦。」[11]伏爾泰由耶穌會一手教育，極為敬重中國，他的書桌上隨時擺有一幀孔子畫像（或許取自《中華帝國全志》），可是他也在歐洲思想埋下了根深柢固的中國形象：一塊永遠不變的龐然亞洲巨石。對萊布尼茲而言，所謂中國是「歐洲對體」，代表著一種可資效法的美德模範。但是到了十八世紀後期，就已經逆轉為停滯不動的僵化社會，務必要由動力十足並自由貿易的西方予以打破並強行開放。

萊布尼茲響應利瑪竇的看法，在《中國最新消息》宣稱，中國人雖然未蒙恩典得聆基督福音，實質上卻已奉行基督教誨。他主張與其派遣耶穌會教士前往中國傳教，不如請中國儒士來歐洲傳道，好好教導那些不像樣的基督徒修身養性。（伏爾泰也表贊同，稱讚中國沒有那種「要人改教的狂熱」，真是太好了。只有西方基督教世界才有這種精神折磨。）[12]不過景仰歸景仰，萊布尼茲對現實的認知還是相當實在。中國某些宗教和基督教信仰完全無法相容，可能只有動用軍事武力才能強迫中國人改信基督，對此他深感遺憾。此外他也擔心，雖說耶穌會士促成中西雙方前所未有的密切接觸——英國作者波頓在其十七世紀出版的《解剖憂鬱》書中稱之為「躍越大陸的耶穌會士」[13]，但是他們太過熱心的作為，恐怕會導致人類文明的重心傾向中國。

萊布尼茲和耶穌會士閔明我（一六三八～一七一二）曾有書信往來，討論中國造紙和製瓷技術。一六八九年，他在羅馬敦促閔明我「別老是去想怎麼把歐洲事務傳到中國，倒是應該多想想如何把中國的卓越發明帶進來。否則到中國出任務有什麼益處呢。」[14]一六九〇年他寫信給一位日耳曼貴族，表示很擔憂「我們把太多科學機密交出去（給中國人），總有一天他們會用來對付基督教。」[15]一年之後，他又警告路易十四的使節「一旦中國人透過這些（耶穌會）教士把我們的科學全都學去，歐洲就毫無優勢，我們勝過他們的地方就完全沒有了。」[16]

萊布尼茲擔心，中國一旦從西方學會他們想要的東西，就會「關上大門」。[17]不只如此，中國人還可能利用他們善於製造的專長，接收歐洲的外銷生意。這位日耳曼哲人藏有大量關於中國的著作，其中一部是《中國歷史、政治及宗教風俗概觀》，作者是一六五九至一六六四年間曾在中國居住的西班牙道明會教士，中文名亦譯閔明我（一六一八～一六八六）。這位閔明我的描述更增強了萊布尼茲對中國的百般推崇，認為中國就是聖經所說的「應許之地」，所謂世上樂園說不定就在中國。不過萊布尼茲也聽進了閔氏的警告：「中國人長於模仿，把他們所見的任何歐洲事物都學得維妙維肖。比方在廣東一省，就有好幾樣東西仿得可以亂真，還拿到內地當作歐洲貨出售。」[18]

白晉寄給萊布尼茲一張清單，詳列「海后號」從廣州回航載回的物品，包括人蔘、樂器、漆器家具，以及皇帝御用「龍瓷」。他寫道：「但是我們嚴肅期望，未來會從中國取得其他更有益於歐洲的事物，才不致因為把我們最好的知識隨意任他們取用，反而變得不如他們。如此，才能真正自您的高見受益。」[19]當然，就上等瓷器的製作而言，雙方的平衡關係自是傾向中國一方。一如殷弘緒指出的，「中國人可不曾為取得歐洲玻璃而遠渡重洋」，就算他們很欣賞這些玻璃製品。可是西方人卻被「欲求、貪婪」驅使，對中國瓷器有著填不飽的胃納。

「吸金吸銀的無底洞」：亞洲貿易與西方

中國觀察家包括萊布尼茲以及路易十四的財政大臣科貝爾等人在內，都深知中國獨霸製瓷一事，使得歐洲各國經濟損失慘重。一六六四年，科貝爾設立法屬東印度公司，兩年後又下令在比斯開灣建洛里安港，作為對亞洲商務的中心。他打算以法屬東印度公司和洛里安港，對抗荷屬東印度公司與阿姆斯特丹，全力開發東方貿易，減少法蘭西貴金屬的流失。[20]荷蘭共和國的驚人商業成就，已令歐洲各國大臣深深領悟：若想發展遠距貿易，政府就必須在經濟和制度兩方面推動有益國家的政策，包括擁有一支商船隊、建立專利法體系、支持各種新科技的研發。更重要的是，務必保護本國製造業不受外國威脅。

鼓吹重商政策的人士，以一國金銀貨幣存底與貿易入超來衡量國家財富。當時主流的經濟觀點認為，把本國錢財拿去支付他國貨品對國家是一種傷害。更令人懊惱的是，歐洲人發現中國人竟然對他們的商品既不感興趣，也毫無需要。一六六九年，一名派駐廣州的代理寫信給英屬東印度公司眾董事大人：「我們想不出可以建議各位運什麼東西到這裡來，本地人只喜歡銀子和鉛，其他都不愛。而且，說不定就算你把其他的貨都扔下海，返航時船艙也不會少載太多東西。」[21]歐洲對外採購數額過巨，停止貴金屬超支外流並立法禁止瓷器、印度棉布（尤其是細棉布和印花布）、中國壁紙和漆器家具等商品進口的呼聲四起。重商主義的經濟及法律武器，包括限制性關稅、特許專賣和政府補助製造業等。

整個十八世紀，這類看法壟斷了歐洲思想與官方作為。然而，亞當斯密在《國富論》中卻指出，「把政府的心力用在監督本國金錢流量，務必維持在一定數量或甚至增加，是最無謂的誤用。」[22]他主張，無論資本如何外流，土地與勞力的年產值（也就是現今所稱的國內生產毛額），其實都維持不變。一味執著於守住金銀存量，其實是陷於迷思，就好似積攢了「數量驚人的鍋子」，只因為這些器皿是鐵做的。他強調黃金和白銀經由貿易流通到遠地異域的好處，以及貴金屬的使用可促進多國交易，合而組成世上「偉大的商業共和國」。[23]

進入十八世紀晚期，商業成長的巨幅擴張所及，已經涵蓋全球大部分地區；亞當斯密的創新觀點正是源自於他對這個歷史性現象的觀察心得。但是再倒退兩百年左右，所謂國際貿易一詞在西方觀察者心中，卻只意謂是禍不是福。英屬東印度公司董事孟恩在他的《論英格蘭對東印度貿易》中寫道，銀幣「一向是現在也是，各國共通之患……可是在我國，此弊似乎已成致命之疾，因此放聲呼救。」[24]英格蘭駐印度蒙兀兒帝國大使羅伊爵士，也惋嘆他所認為的本國命脈血液之流失：「眼看我國承受著金錢外流，除非能在東方找到一些新貿易拯救這個國度，遲早會因為我們自己腿腳無力而使整個國家倒地。」[25]十七世紀晚期另一位英國人抱怨，從亞洲來的進口貨「有礙我們本國製造品的消費，而且以我國的銀元或國庫購入時，這個現象更為嚴重。」[26]法國醫生柏尼耶曾在蒙兀兒朝廷服務七年，形容印度是個「吸金吸銀的無底洞」——十八世紀重商主義者寫作時一再引用這個形容，悲呼西方和亞洲各地做生意吃虧太大，幾成陳腔濫調。[27]韓威在他的《茶論》裡控訴「印度、中國和歐洲交易得利如此之大，可說把我們這半球所有的黃金、白銀，包括還沒花用的、藏在盆子裡的，也都以相當可觀的數量吸走了。」[28]

林奈比亞當斯密年長十六歲，同樣激烈反對自由貿易的主張。一如羅伊、柏尼耶、韓威等人，他也視亞洲為巨大的吸血蟲，正把歐洲的財富吸走。林奈有一個烏托邦式的夢想，以本土取代進口，因此汲汲於蒐集全世界植物，希望有朝一日天寒地凍的北極圈內的拉布蘭地域，也可以轉變成波羅的海的東印度，自產糖、茶、絲、棉、鴉片和肉桂。他寫道，「我認為再沒有比關閉（對中國的）門戶更重要的事了，歐洲所有白銀都從這扇門消失。」更何況白銀大量運走，不為別的，竟是為了「乾掉的梗葉、蠶吐的細絲」。他向自己在亞洲的眾通信者呼籲，請從中國帶回「一盆茶樹」，以及「一撮未經墾過的原始瓷土」。林奈對中國的不屑怒氣，在他訂購的一套餐器於運送途中破損，以及另一套雖安然抵達，所用的紅色裝飾卻不如他的意之後，顯然更加升高。

在許多西方觀察人士如林奈的眼中，把自家的貴金屬就這樣擲入瓷器、棉布和香料之類的無底洞，實在浪費得不像話。十七世紀中期有位英格蘭人士憂心地指出，竟把「好好的白銀、黃金，去換中國來的破瓦、爛布、草藥。」[29]英格蘭小說家費爾汀也認為，把錢花在瓷器上，顯示幅員廣闊的大帝國陷入腐敗奢華——「左手進、右手出，從這個印度群島取得的金子，立刻就花到另一個印度群島上去。」[30]法國劇作家梅西耶描寫巴黎生活風情，同樣提及高價購買中國瓷器或歐洲仿製品的愚行：「瓷器真是敗家的奢侈品！隨便一隻貓，腳爪稍微碰一下，造成的損失更甚於八公畝土地的損失。」[31]一七五五年有位法國作者也抗議，漆器「每年令巨額金錢流出歐洲，全被遙遠的亞洲吸光……（西方人冒著無數危險）就只為了替他們的國人取得一些上了漆釉的木頭，而且這些玩意隨隨便便就會不小心刮傷。」[32]法國專家眼見銀元大失血，覺得是他們國家特有的問題——十八世紀時，法蘭西自亞洲進口的貨品主要來自中印兩國，除去極少比例之外，都以美洲白銀支付，白銀來源則是法國船隻赴亞洲時在南邊西班牙港取得。[33]

若說所謂貨幣外流的現象，其實理論甚於實際（如亞當斯密所主張），進口貨物本身造成的傷害威脅，對生意人及工匠而言，卻真實、立即而劇烈。各國東印度公司紛紛將採購焦點由香料轉向製造業成品，國內抗議亞洲商品的聲音愈發高漲。十七世紀晚期即已獨霸香料貿易的荷屬東印度公司，此時卻看見自己的地位快速下滑——這個趨勢預告了荷蘭在印度商業勢力的消蝕，以及英屬東印度公司的崛起。而英屬東印度公司正是至終英國得以接管印度次大陸的根基。

回到一六七〇年之際，香料占荷屬東印度公司營收的百分之五十七，三十年後的一七〇〇年已降至百分之三十七。此時歐洲市場已供應過剩：胡椒價格大跌，荷屬東印度公司只好砍去摩鹿加的丁香樹以控制產量、保持利潤。[34]一如該公司某位董事所言：「我們發現每年的丁香產量，顯然是全世界消費量的兩倍。」[35]進入十七世紀後期，荷屬東印度公司甚至被迫把一包包丁香當成股利發給股東，此舉不但招來抱怨，同時也證明公司無力處理不斷增加的生產過剩問題。一七三五年，荷屬東印度公司再無他法，只有用上火焚存貨這招，燒掉了儲存在阿姆斯特丹一間倉庫裡高達五十萬公斤的肉豆蔻，帶著香甜氣味的煙霧遮蔽了陽光，席捲全城。亞當斯密認為這件燒毀自家存貨的行為，正足以證明就長期而言，政府專賣最終是不利自己的，必定招致失敗而無利可圖。[36]

早自十六世紀初葡萄牙人進入印度洋之始，亞洲香料進口就已經刺激歐洲產生了一個新興的消費者市場。因為香料是熱帶原產，無法在溫帶種植，歐洲人很高興終於能夠取得香料，儘管某些清教徒憂心這種誘人的產品會對當代道德產生不良影響。可是結果顯示，香料市場是一個沒有價格彈性的市場，每戶人家、每個廚子對胡椒和肉桂的需求有限。亞洲製造的貨品就完全不同了，因為會造成連鎖反應，對歐洲的經濟、社會影響深遠。異國商品激發了本國生意人和工匠的反感，刺激了產品與科技創新，同時一點一點地改變了眾人對階級地位、公眾行為和生活水平的看法。

於是十八世紀尚未結束，西方「現代性」的一大特色已經變得極為鮮明：為了追求利潤，實業家與貿易商不斷製造出新東西，消費者社會也著迷於新奇產品與新鮮快感。一個手上有錢的群眾，帶著無底的欲求，追求昂貴、時髦的裝飾物，做為衡量自身社會地位與自我評價的準繩。奢華消費向來只是上層階級的專利，用以區別他們與庶民的身分不同。銀器、華服、盛宴、豪宅以及穿著華麗制服的僕從，都是權貴身分的表徵。可是隨著亞洲商品的狂熱流行，在大量進口的推波助瀾下，物價穩定下滑，較低層的社會階層也首次開始可以進行外顯、炫耀式的消費了。

歐洲人汲汲於以白銀換取亞洲商品，也促成另一項極其戲劇化並長久的後效——時尚之輪開始高速旋轉。當時有位英國人指出：「從最時髦的公子哥，到卑下的廚婢，人人非印度棉布不穿，覺得只有如此才配得上其人其身！同樣地，也只有印度屏風、印度家飾、中國櫥櫃和中國漆器，才能滿足他們。」[37]一六三〇年代整整十年之間，英屬東印度公司進口了十五萬件印度棉製品；五十年後，已躍升為每年將近三百萬件。棉布大受歡迎，因為毛料的花色不多，穿用不便。有了棉布，衣著與家飾用料，包括彩繪簾幔、床單床罩、家具裝潢和壁紙壁飾，都開始以輕盈便捷為尚。英屬東印度公司的進口策略，就是以亞洲紡織品滿足時尚需求。一六八一年寄給印度代辦的信中明確指示：

> 請注意，根本不變的大原則就是：每年盡可能變換絲品的花色。因為即使料子較差，只要是歐洲從未見過的新樣，比起料子雖好卻是去年的舊款，英格蘭還有法蘭西甚至全歐各地的仕女，都願意付上兩倍的價錢。[38]

事實上，英屬東印度公司這種迎合時尚流行的做法，曾引發有關重商主義、產業創新和社會秩序的辯論。主張該公司有理的一方，聲稱消費和時尚兩者皆為目的，對個人、社會和經濟繁榮具有同樣必要的正當性。一七二八年有份論述東印度事務的匿名文宣甚至主張，亞洲進口商品帶來的時尚掛帥現象，應視為一股自然力量，是對人類需求的回應：

> 人的品味喜好，一如自然的其他部分，天生需要有所不同和變化。空氣是我們生存之所繫，但如果沒有新鮮空氣的供應和流通，就成了致命的毒氣。而東印度公司所特有的商品，其花色、品質，世上沒有其他任何地方可以企及……時尚與風俗，是的，以及所有事物的本質，都已經認定東印度商品的高價值是歐洲各國不可或缺。你無法限制人使用它們，正如不可能限制人吃飯、穿衣的天然需求一樣。[39]

聽在西方本土製造商與工匠耳裡，這類說法簡直虛偽，至少是純屬理論。生計遭受威脅之下，他們展開反擊。倫敦的絲業工人面對印度進口棉布湧入的壓力，開始覺得大事不妙，一六八〇年，他們攻擊英屬東印度公司的倫敦總部辦公室。他們憂心恐懼，部分原因出自印度棉布顯然比自家產品好上太多，因為前者經過處理，下水不會褪色，英國的染色料子卻一洗就褪。一六八六年，法國下令禁止進口印度花布；一七〇一年英格蘭也頒布同樣禁令，一六七八年英格蘭甚至立法只准以毛料裹屍。一七二〇年更追加不准穿用印度布，而且一直到一七七四年才終於解禁。這項禁令還激起了幾樁「追殺印度布」的暴力事件。暴民高喊「印花布！印花布！織工！織工！」甚至在街頭騷擾竟然膽敢穿這種禁布的婦女。[40]諷刺畫家吉爾雷一八〇二年的彩色版畫〈穿棉布衣裳的好處！〉也流露出類似的憤懣情緒：只見一名胖太太身穿印度花布衣裳，不小心掃到壁爐著火，嚇得一旁的友伴大驚失色，滿桌的中國瓷杯瓷碟眼看也要跌到地上粉碎了。

十七世紀後期，中國手繪壁紙開始在倫敦發售，英國工匠馬上起而仿效，開始在他們的產品畫上「精美的印度人物」（一六九三年刊登於某家刊物的廣告詞），並且立即抗議中國壁紙的進口。[41]東亞進口的漆器家具更令歐洲工匠憎忿；漆樹原生於中國、日本，漆料是天然聚合物，做為絲、木與竹器的塗料，其色黝黑、密不滲水，深受兩國珍視。漆器製作，多以刀剔、色染或螺鈿銀鑲為裝飾。

利瑪竇或許是第一位建議歐洲取得漆器技術的歐洲人，「進口這類樹漆，可能開創一番獲利可觀的事業，可惜及至目前為止，似乎還沒有人朝這方面動過任何念頭。」[42]漆汁和漆樹雖然無法進口或移植歐洲，法、義兩國的耶穌會士卻依然盡職地發表有關中國漆器製作的報導，時間就在殷弘緒出發前往中國之前的幾年。他們建議歐洲工匠可以用清漆和其他塗料替代，並以油煙上色。[43]耶穌會士的態度比道明會士閔明我樂觀，深信西方人見了中國來的任何東西，都有能力模仿得維妙維肖。

及至十七世紀後期，倫敦和巴黎兩地的工匠都已經在生產複製版的漆器家具，同時也展開遊說，以對抗東亞進口商品。一七〇〇年倫敦一家專門製作漆器仿造品的公司憤憤表示：「近年來有些商家在倫敦訂做之後，把各種櫥櫃的花色和式樣送到東印度去，每年再從那裡大量運回……全都是依照英國的流行趨勢製作。」[44]不久，這家公司就要求政府對進口漆器課以重稅，因為「大批日本貨即將由東方運到，不但會毀了英格蘭的對日貿易，也將大大妨礙我國漆器對全歐洲的運銷。英國漆器出口是我王陛下關稅業務一大成長動力，東方漆器進口卻是一大阻力。」[45]

一七〇〇年「海后號」運載了一百八十箱瓷器以及更多的漆器返國，後面這類主要是屏風、盤盒和小櫃。數量之多，巴黎人開始把漆器稱為「海后」。法國的家具業者說服政府禁止漆器再度進口，不過顯然未見成效，走私猖獗一時。某些上層社會人士鼓勵法國本地進行仿製，路易十五的族兄孔代親王波旁更出資成立漆器家具工坊。波旁也支持瓷匠契若的工廠，後者曾實驗將漆料塗於陶瓷器的表面。路易十六的奧地利籍王后瑪麗・安東妮特，訂製漆器家具和飾以假漆的瓷器。王家瓷廠塞佛爾為王后製作了一對純為炫技的高難度瓷瓶，表面塗以仿漆，兩個把手則是銅鎏金的中國龍昂首升騰。[46]

一七一九年出版《魯賓遜飄流記》的作者狄福，對國際貿易的靈通不下於他的同時代人。在他筆下，一名真正的商人，是「寰宇型的學問家，不靠書本而通各國語言，不用地圖卻諳地理民情……他的出海日誌與貿易航程描畫了世界的輪廓」。這段描寫，可謂先行於亞當斯密對「大商業共和國」的高度看重。不過，狄福雖然相信海外貿易令不列顛國興隆，同時卻也擔憂對國內工業的不良影響，因此他斥責購買進口奢侈品的行為。一七一三年他為一份流行刊物撰文，形容倫敦街頭已因外來商品扭曲變形，充斥著「沒有價值的無聊玩意兒」，這種淪喪轉變，令人想起舊約以斯拉（三章十二節）描述的光景：「見過舊殿的老年人，現在親眼看見立這殿的根基，便大聲哭號。」[47]老字號的布料和毛料批發商只能躲到後巷棲身，因為全被髹金漆盒、花俏茶壺與各式茶具餐器的販子搶占了地盤。看在狄福眼裡，時尚陀螺旋轉的速度年年加快，一味迎合短暫的消費者胃口，卻毀害了殷實的產業，大傷國家的道德體質。

狄福最特別的一點是，他極力詆毀中國，甚至指名嘲弄中國聞名世界的瓷器。《魯賓遜飄流記》出版後大賣，不到四個月即推出續集，這一回主角更遠赴中土。書中主角魯賓遜鄙夷當地人，稱他們是群「不值得一顧的無知傢伙、卑汙低下的奴隸，只會屈膝順從一個剛好也只配統治這樣一群人的政府」。像這樣退化低等的社會，怎麼可能製作出勝過西方的瓷器？有人帶魯賓遜去看　座據稱全係瓷製的宮殿，這卻更坐實了他的偏見：「我一見，根本不成玩意兒……就只是個木板屋，或者依我們英格蘭的稱法，板條加灰泥築成的房子。不過那些灰泥倒的確是中國瓷，也就是說，是用製作中國瓷的黏土抹上去的。」可見，所謂中國人「擅長製作陶瓷」的名聲，根本就是騙局，讓一些容易上當的外國佬聽信不疑，人云亦云傳得好似真的一般。[48]

狄福如此誹謗中國和中國瓷器，足見他頑固地地堅信：不管是基於道德或是商業理由，大家都應該愛用國貨並拒用進口貨。魯賓遜遭遇船難，卻靠足智多謀得以存活，就是最佳例證：在那熱帶島嶼的一人王國，他一切自給、自製、自足，甚至連幾只類似瓷質的鍋子都造出來了，「燒得再硬實也沒有，其中一只更用砂拋光美美地上了釉。」[49]（狄福曾投資磚廠，對陶瓷頗有一些認識。）他又寫過評論毛料生產的文章，認為實實在在的英國平織呢料「比絲更好」，因此國人真的不需要「跑到印度和中國，買那些全世界最不足道、又最愚蠢的垃圾了」。[50]這種完全不切實際的誇口，意謂著他否定並譴責每日在倫敦街頭所見的景象。根據一七二五年一位法國來客的觀察，英格蘭貴婦和淑女「依季節穿著東方的華麗絲綢或輕軟棉布，毛料女裝極為少見」。[51]

就進口品代替方案與產品創新性而言，瓷器與其他商品完全不同。正如狄福的體認，棉與絲確實有必要跑到印度和中國採購，因為英國無法種植這些織品所需的植物——不過十八世紀後期英國開始進口棉花，在本地進行織造。同樣地，漆器與茶葉也必須仰賴進口。十九世紀印度東北開始大規模栽植阿薩姆茶之前，英國完全依靠中國供應茶葉。至於漆料來源，歐洲工匠只能找到二流的替代品。唯獨瓷器，是西方人唯一有希望可以在自家境內生產抗衡的重要中國貨，不僅複製，甚至可以逼近原件。這正是狄福之所以如此氣急敗壞的背後原由，眼見中國瓷在歐洲地位如此崇隆，他堅持歐洲人應該自行創造歐洲版的瓷器。

瓷王：薩克森尼的奧古斯都二世

當時攻訐亞洲貨品的人，心中的最痛，就是以白銀交換異國情調的織品與瓷器。此事之所以得到他們最大的關注，是因為這兩項商品不但進口量最大，而且比起壁紙和漆器，公開亮相程度也最普遍。數以百萬計的瓷器湧入歐洲，日耳曼學者暨科學家契恩豪斯指出：「諸如中國瓷之類的對外採購量如此龐大，對國家造成損失之巨，務必設法迴避。」[52]他指責中國人是「薩克森尼的吸血瓷」，因為大量財富都流向中國而去，尤以西班牙美洲的白銀最甚。[53]他對這個問題相當熟悉，因為他服侍的對象，薩克森尼選帝侯兼波蘭國王奧古斯都二世，外號「強王」，就是個狂熱的瓷器藏家，同時也拚命想破解製瓷的祕方。

這位波蘭王染患了亞洲奢侈品反對者口中的「瓷器熱症」，就像高燒般發狂地想要擁有瓷器，而且是最出名、最顯赫的患者。他派駐荷蘭的代理，在荷屬東印度公司的拍賣會上為他購下巨量的中日瓷器，一車車、一船船運回德勒茲登。奧古斯都甚至夢想出一些超出瓷質能力範圍之外的龐大計畫，比方說建造一座全部由瓷燒成的宮殿，包括牆壁、御床、御座，以及一間瓷造的小禮拜堂，搭配瓷製講壇、風琴和聖壇。他還親自擔任模特兒，讓瓷匠塑製自己真人尺寸的騎馬英姿。他委製了十二門徒的瓷像，燒製時需要大量內外支撐才不致於倒坍。[54]

奧古斯都二世手下的陶匠以王家園林豢養的動物為範本，製作了四百件真實尺寸的瓷像。其子奧古斯都三世繼承王位後，也繼承了其父對瓷器的熱愛。一七五三年一位英國來客形容德勒茲登的這批陶瓷眾獸：

> 下一項奇景是瓷宮，因建築風格也因全以瓷器裝飾而命名……有許多瓷製的動物像，狗、狼、熊、豹、猴和松鼠等等，有些甚至和實際尺寸一般大。還有大象、犀牛，身量如同大狗；又有各式各樣的鳥禽，包括公雞、母雞、火雞、孔雀、雉雞、鷹隼、鸚鵡、異國珍禽……二樓有兩座大理石壁爐，各以將近四十件大型瓷像為擺飾，造型有鳥有獸也有瓶罐，最高超過二十英呎，碩大無朋卻栩栩如生，不但無與倫比且令人歎為觀止。[55]

眾鳥之中，更突出的幾件是夢幻鳥，其中一隻綜合了西方金雞與中國鳳凰的特徵。波斯特爾斯威特思索這處奇幻的動物世界，在他的《寰宇商貿字典》裡寫道：「世稱『大帝』的普魯士國王陛下腓特烈二世，有時稱他這位波蘭兄弟為瓷王。」[56]

中國瓷在歐洲的輝煌事蹟甚多，最知名的例子就是一七一五年奧古斯都二世與普魯士腓特烈大帝之父腓特烈．威廉一世做了筆交易，把六百名薩克森尼龍騎兵換了一百五十一件康熙時期的青花瓷。這些瓷瓶都有蓋，幾乎高達一公尺，從此被世人稱作「龍騎兵瓶組」。被波蘭王賣到他國的騎兵，編入普魯士（即日後的日耳曼）陸軍，組成薩克森尼九十四步兵師，綽號「瓷器兵團」。這支番號勁旅的最後重要一役，是一九四二至一九四三年的史達林格勒之役，當時他們依然佩戴著代表奧古斯都二世身為神聖羅馬帝國元帥的紋章：雙劍十字交叉，亦是麥森瓷器的標記。[57]（彩圖五）

奧古斯都二世身後，遺留了不下三萬五千七百九十八件瓷器，約有半數產自他的麥森瓷廠，另外一半則來自中日兩國（全以「東印度瓷器」之名登入他的王家帳冊）。他把自己在德勒茲登的藏品全部收在日本宮，該宮鐘樓內的那口大鐘也是瓷製。此宮原名荷蘭宮，購自薩克森尼重臣佛萊明伯爵。一七二六年，佛萊明伯爵想把自己名下宇畢高宮的橘園也售予奧古斯都二世，後者的回覆等於做了一個精準的臨床心理分析：「你難道不知道，瓷器如此，橘子亦然？也就是說，但凡患了這類癮頭的人，從不認為自己已經蒐集夠了，卻總覺得還需要更多？」[58]所幸選帝侯可以同時滿足自己的兩大癖好：在他的德勒茲登宮花園裡面，他把一株株愛橘種入一只只愛瓷內。

奧古斯都二世對瓷器的狂熱，與契恩豪斯對科學的愛好不相上下。契恩豪斯才智過人、興趣廣泛，似乎對當時歐洲的智慧觀點無所不知。早歲在荷蘭共和國萊登接受高等教育，研讀自然科學與醫學。一六七〇年代，契恩豪斯與居住在阿姆斯特丹的荷蘭大哲（同時也是透鏡工匠）斯賓諾沙有書信往來，並將斯賓諾沙《倫理學》中的激進宗教思想轉告萊布尼茲。契恩豪斯在倫敦與英國王家學會成員共同進行科學實驗，不久，科爾貝便聘請這位剛剛嶄露頭角的學者前來巴黎教導其子數學。在科爾貝幫助之下，契恩豪斯開始將自己的科學知識轉為實用，導向新科技的開發。

發現土星環並首先將擺錘原理用於時鐘的荷蘭物理學家惠更斯，指導契恩豪斯磨製玻璃鏡片，這是門要求最為嚴格精確的科學工藝。契恩豪斯善用這項知識，使用大型聚焦鏡為陶土加熱，並因此為自己帶來殊榮：成為首位名列法國科學院的日耳曼科學家。一六八二年，他的聲譽日廣，與萊布尼茲一起出版刊物《博學通報》。瓷器的製作，當時稱作「祕方」，當年他在萊登念書之時即已引起他的注意，而萊登的地理位置，正好位在中國瓷最為氾濫的荷蘭國中央。一六九〇年代起契恩豪斯為奧古斯都二世效力，首先實驗以光學鏡片達到燒瓷所需的高溫。接下來又投入年月，致力探討瓷器本身的性質，使用各種礦物和黏土，決意發掘出最正確的配方。[59]

一六九四年，萊布尼茲的祕書造訪契恩豪斯在德勒茲登的實驗室，看見他已配出一種蠟般的類瓷材質，不禁豔羨不已。幾年之後，大科學家又偷偷取得了荷蘭臺夫特陶匠以及聖克勞陶廠的技術（後者位於巴黎西郊通往凡爾賽的路上）。一如當時其他許多人脈良好的紳士，契恩豪斯無疑也有機會參觀路易十四之子，太子路易的鄉間府邸。王儲收有一些瓷器，是一六八六年暹羅國（今泰國）派使送給法王的禮物，那隊使節團是當時轟動一時的大事。路易太子的收藏還包括大約四百件青花瓷和幾座稱作「暹羅寶塔」的瓷塑，以及瑪瑙器皿、水晶和日本漆器家具，並特別把他的青花瓷擺在藍銀布面的座椅和臥榻之間。[60]

奧古斯都二世採購大量瓷器，契恩豪斯又到處參觀進行研究，花費必然相當可觀。在如此不知節制的龐大開銷之下，選帝侯的財政大臣幾乎被主子整得心神交瘁，不禁大發牢騷：「瓷器，真正是令薩克森尼淌血的血碗。」[61]奧古斯都二世僱來發掘中國製瓷祕方的鍊金術士，稱瓷器是新的「白金」[62]，可謂意味深長。然而，儘管波蘭王的揮霍無度不下於基督教世界其他任何君主，但最後事實證明，他比當代其他看似更啟蒙、更明理的人都更具長遠眼光，願意投下大筆金錢從事有系統的瓷器研究。一七〇九三月，契恩豪斯的助手鍊金師博特格稟告奧古斯都二世，他已經燒出瓷器——博特格可以獨攬大功，因為契恩豪斯已於五個月之前去世。奧古斯都二世大喜，下令在一件瓶子畫上自己打扮成中國皇帝的模樣，凝視著旗下的麥森瓷廠。[63]

奧古斯都二世下令，日本宮內的壁面一律以亞洲瓷器布置，背襯著一牆牆「精美華麗的東方絲緞壁布，上面繪有印度大君或繡著金色飛龍；或是耀目的印度鍍金壁紙，清楚而精細地畫上各式中國寶塔。」[64]他還委人為他的瓷獸展間的天花板繪製了一組壁畫，其實是為了宣揚麥森瓷器優於其早期藏品的主要來源——日本瓷，以示本國產品創新、足以取代進口之效。依照他的構想，畫中第一個場景「要顯示薩克森尼和日本正在為兩地瓷器孰優孰劣爭執不下……司智慧、工藝與發明的女神密涅瓦，優雅慈藹地將獎賞頒到薩克森尼手中。日本又氣又妒，立刻將遠道而來的自家瓷器打包裝上原船。」[65]事實上只有在此夢幻奇境，奧古斯都二世才會容許瓷器溜出他的掌心。不過這組畫的用意，基本上和一六一九年里斯本陶匠向菲力普二世誇耀其「香客瓶藝術」的心聲並無二致：藉由仿製原件，西方人已經造出自己的瓷器，可取代一向以來必須仰賴亞洲進口的高價瓷。

個性剛愎、迷戀瓷器不可自拔又擁有無比財富的奧古斯都二世，卻走在時代之前，領先認知了科學與工業不可分離的關係。而且更進一步，體認出兩者協同運作的背後，必須有政府的強力奧援。他的作為，正是日後波斯特爾斯威特所鼓吹的方針。這位英國作家高度讚美亞洲商品的精良，尤其是孟加拉麻布、日本漆器和中國瓷器，同時卻也悲嘆新世界的白銀大失血流入亞洲。他認為改進西方商業首要之道，在於「王公貴族的支持惠顧」，也就是說以現金鼓勵新發明、新發現。他對各國君主與實業家的「陶瓷建言」，主要基於赫德所收的《中國益智書簡》，以及根據他的了解——本國工匠依照殷弘緒的報告已經達成良好進展：

> 總的來說，儘管就任何機械或製造工藝而言，其他國家的成就或許優於大不列顛，但我國工匠應該密切注意，不僅徒務仿效，如果可能更努力追求超越。透過這份努力，可以發現他國在哪些方面勝過我國……以及哪些事務值得我國工匠注意。至於進口商品，只要能看到、摸到，並仔細檢查，更有可能可以仿效或超越。我們既已在瓷器上取得完美進展，為何不能在其他東方工藝上同樣成功呢？[66]

一六九七到一六九八年，有份未具名的小冊〈再論東印度貿易對英格蘭之益處〉，提供大致相同的看法：「東印度貿易，在發明上投注人力，或許是想以較少的勞工完成同樣的工作……工藝與引擎的發明，或許可以說是出於同樣的道理，也就是想要在各行業減少勞力；這些都是出於需求與競爭的結果。」[67]

西方各國統治者紛紛戮力於經濟自給，法王路易十四亦不例外，他深信若借用中國的製造技術，可有效提高本國產品與進口貨物競爭的能力。因此他留心聽取白晉等人的建議——派耶穌會士前往中國將有利於取得製瓷的機密。再者，一七〇〇年前後的法國王公貴族圈中，正處於重商主義最盛的高潮，眾人都極為掛慮銀元角色、商品生產、貿易平衡三事與國家福祉的連動關係。一七〇〇年更創設商務諮議會，法國政府首次在經濟政策指導上徵詢商人與製造業者。[68]

撇開官方政策，在這個依然是君主專制的年代，樹立榜樣以行統治依然是重要手段。一六八八到一六九七年的九年戰爭期間，法蘭西幾乎把全歐打成停滯狀態。為了彌補財政赤字，路易十四以身作則，熔毀自己的銀製餐器、家具，交給製幣廠鑄作銀幣。可惜這個愛國之舉未能激起法國精英階級群起效仿。法王還開始改用瓷頭手杖，放棄銀製，一直到一七八九年法國大革命爆發之前，這只具有高度意義的遺物，都「小心存在宮中，以供好奇之人觀看」。[69]

路易十四在位期間的最後一場大戰於一七〇二年爆發，起因是其孫路易繼承了西班牙王位，成為菲力普五世。法國王孫入主西班牙，在全歐各地引發警報，正如一五八〇年菲力普二世一人結合了西、葡兩國王銜，打破了歐洲各國間的勢力平衡。尤其重要的是（正如當時某位政治觀察家指出），如今波旁王朝掌握了美洲白銀，取得了「取之不盡的資源……以供其征服全世界。」[70]實則不然，這場毀滅性的西班牙王位繼承戰爭，不但未能為路易贏得西班牙美洲白銀的控制權，反而迫使他命令旗下貴族繳交家中銀盤以支付軍隊開銷，國庫一下子大發利市，賺到千萬里弗，當時一里弗合一磅白銀。根據大貴族聖西蒙公爵的回憶錄所述，太陽王的朝臣從凡爾賽宮衝到巴黎的精品店，急急選購仿製的法恩斯錫釉彩陶替代失去的銀製餐器。聖西蒙公爵也是其中一員，因為他向盧昂訂製了一只上菜盤，飾以他的家族徽號。[71]

此時正值奧古斯都二世取得瓷器製作大突破之際，法蘭西卻在銷毀銀器，對法國人而言，尋找製瓷祕方一事因此愈發急迫。而且不僅為了想要有自己的瓷器配方，也因為大量銷毀銀器，反而造成更多白銀流向中國以購買瓷器餐具。更有甚者，錫釉陶替代品無法滿足一向習於貴金屬器物，近年來更習用閃亮白瓷的權貴階級。某齣法國喜劇就描繪一位貴夫人打碎了俗稱為荷蘭瓷的臺夫特陶，宣稱自己今後只用中國瓷器。[72]為遏止白銀如洪水般湧向亞洲，法國官員一心希望本國人也能「製出和中國一樣的瓷器」——一七〇〇年政府發給盧昂一家陶廠的專利書上如此宣示——以捍衛法蘭西王國的經濟體質。[73]

「說起這裡製作的瓷器」：景德鎮的祕方

殷弘緒的景德鎮書信，正是懷抱這份企圖而寫。然而想要探究製瓷機密，首先得先面對一大障礙：也就是歐洲人對陶瓷的認識混亂、眾說紛紜。赫德介紹殷弘緒第一封書信時便指出，其實大多數作者對「瓷」所做的說明純屬其「個人大膽想像杜撰」[74]，顯然是在影射葡萄牙作者巴爾博扎這類所謂的權威。巴爾博扎指稱陶瓷原料是由「魚肉、蛋殼、蛋白，加上其他材料，磨細而成」。[75]同一時期，也有另一名葡萄牙人告訴某位鄂圖曼帝國海軍司令，其實瓷是種石頭，「就像天青石那樣」，非常類似水晶，家族祕藏且父子相傳。[76]十六世紀中期，數學家暨星相家卡爾達諾、語言學家兼醫生斯卡利傑二人，便曾根據此說，就瓷的性質展開了一場辯論。卡爾達諾主張陶瓷和古代某種類似玻璃材質的器皿相同，「因為瓷肯定也是由某種在地底凝結的液體製成」。斯卡利傑則宣稱「蛋殼和貝殼搗成粉末，加水調合，塑成瓶罐。然後在地下埋一百年再挖出來，如此才算大功告成，可以拿出去販售……最好的瓷器來自中國。」[77]這裡的貝殼是指一種臍帶貝類，稱作 porcelain，英文遂以此為名。

瓷由蚌殼製成、瓷由「長時腐化後的牛糞馬便」製成；不論哪一種說法，道明會修士克魯茲都對之嗤之以鼻。他的《中國志》是繼《馬可波羅遊記》之後第一本專論中國的著作，他在書中指出，「瓷是一種白色軟石，也有一些紅色的質地較粗。或者更恰當的說法，瓷是一種硬黏土，經過徹底拍擊碾磨之後，浸在缸中……沉澱後留在最上層的就是最好的瓷土。」[78]他的描述可謂相當正確，然而一直到十七世紀，其他大學問家依然繼續臆測，把瓷和瑪瑙、貝殼、龍蝦殼、石膏、珠母貝和貴重礦物等連在一起。一六一七年就有份出版品叫賣一堆錯誤的觀念：

> 大量灰泥、蛋汁、牡蠣殼，還有海蝗之類昆蟲，合在一起仔細攪拌直到完全均勻。然後由一家之長祕密埋入地下，地點只透露給一個兒子知道。一定要經過八十年密不見光之後，再由後代掘出，製成半透明的精美瓶罐，形制和色彩完美，任誰都無法挑剔。[79]

大哲學家培根在他的《新工具》中也發表類似高見，認為天然物質若埋入土中可改變其性質，並特別引用中國人的「瓷土做法，就是為此目的。據說他們把這類物質大量埋在地下，長達四五十年，當作一種人造礦藏傳供子孫之用」。英國名家布朗爵士寫了部《常見謬誤》，特為揭穿鄙俗的傳聞謬論，書中投入極多篇幅駁斥培根、巴爾博扎和斯卡利傑幾位大學者的謬誤：「筆者見到這些……已經被我們推翻……的說法，禁不住大笑不已。」[80]可是六十年後，殷弘緒筆下依然指出，這類臆測仍在歐洲遲遲不去，很多人還是深信，瓷土必須埋在地底多年才能臻於完美。

及至十七世紀後期，一如布朗爵士，有識者已就瓷器原料推出合理結論，認為瓷器係由黏土製成；

雖然仍有許多人繼續堅持認定必是某種稀有材質，類似珍奇寶石、鸚鵡螺、犀牛角和鴕鳥蛋等，總之絕不可能是區區泥土。在殷弘緒書信之前，最詳盡的瓷器論述是十六世紀林蘇荷頓所作的《東印度水路誌》，這個荷蘭商人所寫的中國報導當時受到廣泛閱讀：

> 說起這裡製作的瓷器，以及每年出口到印度、葡萄牙和新西班牙的瓷器，真是叫人難以置信！其實真正上好的成品，質地之精美任何水晶玻璃都難以企及；純供本國王公貴族之用，嚴禁出口，違者死刑。這些瓷器係內陸製作，原料為質地堅硬的黏土，用力搗成粉末後，倒入石槽浸在水中，直到完全浸透。並如攪製乳酪般不時攪拌。沉澱後漂浮在最上層者用以製作上等瓷器，其餘依次而下，以此類推。他們又在器上繪圖施彩，畫出各種人物或造形，乾後再送入窯中煅燒。[81]

可惜林蘇荷頓平鋪直述的介紹，缺了最重要的一項內容：製瓷配方，歐洲人對它的渴求不下於傳說中可化普通金屬為黃金的神祕魔法石，而其成分也同樣如謎般不可捉摸。儘管歐洲人如此企求破解奧祕，事實上卻只會一味臆測，等於自承對瓷器完全無知。葡萄牙傳教士曾德照曾寫書介紹中國，也一無例外，在這方面可謂毫無幫助：「本書內容，決無其他作者的神祕論調，舉凡材質、形制和工法，盡皆如是。所謂中國瓷的製作時間和工法，與我們的土器毫無二致，唯一的不同，乃在他們製作更用心、更精確而已。」[82]即使到了一六九〇年代後期，有位法國玻璃和陶器專家充其量也只能提出如下看法——瓷「是經過調製的黏土，器表施以白釉」。[83]

除了當時歐洲對瓷缺乏認識之外，殷弘緒的打探任務還面對另一項令人卻步的障礙。世界各地的陶匠都嚴守本行手工藝的機密，義大利人就是其中典型。歐洲第一本重要製陶著作是《陶藝三書》，「談此行業，也略談業內所有機密」，作者法皮克巴薩便觀察到同行中有「許多人堅守商業機密，未死之前連兒子都不肯吐露。只有知道自己臨終在即，才把他們最年長、最能幹的兒子叫到面前，連同其他身後事一起交代」。布朗爵士也寫道，中國陶匠「對製瓷一事如此保留，向來僅限於父傳子」。[84]這種做法當然不乏風險：景德鎮魏家大家長就在正要開口傳授絕活機密的節骨眼上忽然斷氣，他家世代是鎮上主要的修窯師傅，靠的是某種類似糖蜜的灰泥。[85]

除了陶匠嚴守祕技密而不宣，殷弘緒還得和中國官吏打交道，後者對外國人抱持高度戒心，不但限制西方商賈的行止，畫地限住廣州，前往景德鎮時也只准夜宿船上。此外，殷弘緒還得學習陶藝技術與材料相關的諸多術語，這些行話如此費解，「連當地人都得問了才懂。」[86]即使有答覆也常常不完整，更是不足為奇。比方他曾探查某種紅釉配方的比例，卻只能在信中回報主要是由明礬、某種油料以及「童子尿」組成。

儘管如此，靠著「出入窯坊之間，自己用眼睛觀察、親口詢問參與工作的基督徒，如此自我學習之後」，殷弘緒還是獲得了相當驚人的製瓷知識。很顯然，他也贏得了許多非基督徒的幫助，包括店東、瓷商，甚至幾位官員，尤其是唐英。他把問來的答覆，與古代記事以及浮梁縣志進行比對，浮梁在景德鎮之北，離此五公里，是縣治所在。但官方記載令他大失所望，因為縣志隻字未提瓷器的起源和歷史，反而轉述當地一些無稽傳聞，比方有頭母豬竟然生下小象，連小象牙都長得齊齊整整，雖然「中國境內根本不產大象」。關於豬生象一事，殷弘緒的評斷是正確的，但中國不產大象卻是錯誤的。更有甚者，因為可以用錢買到版面，縣志內充斥著當地名人的自我吹噓。因此殷弘緒下了個不失正確的結論——歐洲人如此迫切尋求製瓷知識，中國人本身卻毫不在意。

從殷弘緒的觀點看來，這問題簡直困難重重。他只好推論中國歷經了「各種變亂」，關鍵的製瓷知識已經失傳，他也深信知識的流失與製作技能的衰退密切相關。他認為天下瓷都景德鎮的黃金年代已逝，如今正在逐漸褪色，雖然當地工匠仍能造出極好的作品。他把退化的根由歸因於生產規模擴張太快：窯廠和工人快速增加，品質標準一路滑落，量已然取代了質。過去，他指出，陶人「更在乎的是作品的完美，而不是產品開銷」。景德鎮舊時窯廠較小，較注重揀選個別成品。他引述舊記載所言，有時整座窯投全力燒製一件單器，價值高達五十九兩紋銀。他也認為以茅草繫住破損匣缽的做法純為節省用料，過去從未有此考量。此外，以前會等窯溫緩緩冷卻之後，方才取器出窯，以免溫度驟降突變導致成品綻裂。可是現在景德鎮為了節省燃料以供下一爐繼續燒用，窯內還在冒煙就急急取件出窯。殷弘緒結論道，和以往比起來，如今窯主貪利愈甚、工人愈貧、官方需索愈重、原料愈貴，兼以父祖良技失傳。簡言之，景德鎮發達成功，卻促使其產品品質日漸低落。

之前的兩個世紀內，景德鎮歷經快速變遷和擴張，殷弘緒此時的悲觀分析自有幾分事實，尤其是關於木柴與黏土的成本考量。不過若說天下第一瓷都正在明顯走下坡，以及對他的詢問閃爍其詞或無法詳盡答覆，就表示製瓷技術滑落，這個結論下得未免太快。耶穌會士出身的他，或許把吐屬清晰、辭清理順看得太過重要。他的黯然悲嘆，其實也是長一輩人的心聲，或可說是他們的陳腔濫調；長一輩的陶工和店家，往往認為年輕一代不再講究過去的高標準，往日好時光已然逝去。再者，殷弘緒誤將景德鎮發跡史認作瓷器史，殊不知早在這個位於昌江畔的小城發展成製瓷重鎮之前，陶瓷早已在中國其他地方製作了許多世紀。

同樣偏狹的眼光，也遮蔽了殷弘緒對景德鎮繁榮現象的觀察。他說：「根據浮梁景德鎮的歷史記載，過去比現在不知更要發達上多少倍。不過這個事實在難以想像，因為當時不像今日，有如此大規模的產量銷往歐洲。」其實不然，早在十六世紀葡萄牙人船隻抵達中國沿海之前，景德鎮和其他製瓷中心就已經外銷亞洲各地，收益絕不下於日後的對歐貿易。身為法國人，殷弘緒的關注焦點在於西方來的訂單，甚至還居間促成部分交易，卻渾然不知景德鎮大部分產品是銷往他故鄉之外的許多地區。而且，這也是中國對外貿易的總體實況，一七三五年廣東各港報關稅收，只有一成來自歐洲商船，而中國船舶占壓倒性的絕大多數。事實上一直要到十八世紀結束，中國和西方的貿易額才終於達到中國與東南亞各國的貿易水平。[87]

「白色瓷貝」：從馬可波羅到洛可可

瓷的起源讓殷弘緒備感挫折。他寫道，「既無法直陳何人發明，也無法查明因何努力或緣何際會促成這項發明。」當時歐洲的工匠、鍊金術士和科學家，莫不極力追求破解瓷器祕方，因此殷弘緒自然而然把中國瓷這件事想成「發明」，而非長期、逐步形成的發現。如此假設，還帶有另一項困惑因素，也就是西方世界的「瓷」字來源。他指出此字字源同樣祕不可解，「因為此名……和中國字毫無淵源，沒有任何一個音節可以用中國話發出或寫下。」同樣問題也困擾著利瑪竇，坦承自己「不太了解西方為何把它稱作 porcelain」。[88]

殷弘緒解釋，中國稱瓷為 tseki（瓷器）。他推論 porcelain 一字可能源自葡萄牙文，雖然他也承認自己這種看法與當代習用的葡語不合：porcellana 是指杯或碗，至於英文所指的 chinaware（「中國器」）才是 louça（陶瓷器）。後面這種用法始於十六世紀初，當時瓷稱為 louça da India（印度來的陶瓷），打從一四九九年達伽馬大航海繞過非洲遠赴印度，回程時將中國瓷器帶回里斯本之後，即已如此稱呼。

一五一一年葡萄牙人占領東南亞的重要港口麻六甲之後，便透過那裡的中國貿易商替他們訂購瓷器及其他商品。葡萄牙船駛離印度返航之際，所載船貨通常有三分之一都是瓷器。[89]短短時間之內，里斯本的新商業大街就開了十七家店面販售「印度來的陶器」。有位在葡國的義大利人以相當誇張的語氣，宣稱在當地人眼中瓷器「身價更勝金銀」。[90]一五六三年梵蒂岡的某次晚宴上，一位葡萄牙教士向教宗碧岳四世推薦中國青花瓷：

> 在葡萄牙我們有一種餐具，係由黏土製作，高雅潔淨遠勝銀器。我願意向所有貴人推薦使用，並從此將銀器撤下桌面。在葡萄牙我們稱這種器皿為porcelain，它來自印度，中國製造。土質極細極精，甚至透明，光潔白皙令水晶和石膏相形失色。藍花紋飾之美，令人目不暇給歎為觀止，彷彿是雪花膏與藍寶石的合成。[91]

法國詩人斯卡龍以相同熱情，頌讚巴黎聖日爾曼店家的主要吸睛商品：

> 帶我到葡萄牙人的店裡，
> 在那裡一覽珍奇，
> 中國來的新品。
> 我們會看到灰色琥珀，
> 美麗漆具，

高雅瓷器，
來自那宏偉國度
或謂，來自那天堂之境。[92]

殷弘緒前往景德鎮尋找瓷的祕密，而瓷在歐洲的名稱卻非源自中國，反而是歐洲本地，雖然他本人不可能知道其中原委。它的源頭甚至比達伽馬更早了兩個世紀，首先使用這個名稱的人也比達伽馬更為出名——正是那位由歐洲赴東方的鼎鼎大名旅者：馬可波羅。[93] Porcelaine 一字，是葡萄牙文 porcellane 的方言版，一二九八年，比薩人魯斯蒂切羅就是用他那混合了法語和義大利語的家鄉話朗格多克語，為威尼斯人馬可波羅筆錄其東方探險的經過。兩人當時同以戰俘身分，囚禁熱那亞獄中。馬可波羅稱子安貝殼為 porcellani，然後又用同一個字描述他在福建泉州附近見到的某種白色陶器。義大利人一向稱子安貝為 porcellani，因為他們認為此貝的殼形，正像某種小型豬拱起的背部。而這型小豬正叫做 porcellus，簡稱 porco。斯卡利傑顯然也知悉此詞的背後因由，因為他指稱這種「稱作 porcelain」的貝類，是瓷的主要成分，「遂以此為名」。

子安貝產於斯里蘭卡（錫蘭）西南印度洋上的馬爾地夫群島，東亞、印度和非洲等地曾用其為小規模交易貨幣，中國商代及周初亦以此為主要支付工具，並在墓中大量陪葬。子安貝流通甚久，即使秦始皇建立中國第一個大帝國後下令禁用，亦未見效。及至馬可波羅的年代，這型貝殼貨幣的流傳已經既遠且廣，甚至深入西藏的高山峽谷，以及婆羅洲的叢林腹地。如此微不足道的小額通貨，沒有任何政府會覺得值得鑄製，可是日常交易使用卻極為方便，可謂一枚小小的經濟潤滑劑，小農社區尤其如此。[94]

亞洲大型商家的國際生意往來，仰賴錢幣、錫鉛銀錠、絲綢布疋做為法定交易通貨。一般百姓則使用銅錢或子安貝，兼以米穀。足跡遠及各地並為文記載其冒險經歷的白圖泰指出，一枚阿拉伯金幣（dinar，重四．二五公克），可在馬爾地夫兌換四十萬枚子安貝，在孟加拉購得一名美麗女奴。在他那個時代，一小枚孟加拉銀幣則可換得一萬零五百二十枚子安貝。一世紀後，根據葡萄牙作家卑利士的《東方概覽》，緬甸人買一隻雞付五百個子安貝，爪哇人以銅錢和子安貝為「小錢」，大型採購則用本地的金塊。十八世紀末期，中國人甚至製作瓷質子安貝外銷東南亞，在那裡與天然子安貝並置共用。[95]

馬可波羅出發前往中國之前，就已經知道子安貝的存在，因為其本鄉威尼斯城的商人從事地中海貿易，在開羅收購子安貝做為壓艙貨，載到葡萄牙和摩洛哥賣掉。葡萄牙大史家巴羅斯在其《亞洲旬年史》中記載：

> 許多船隻（在里斯本）上貨，載著這些貝殼壓艙，開往孟加拉和暹羅；那裡的人把它們做為通貨使用，如同我們平常用銅錢買小東西。有時候，每年甚至有高達二、三十萬磅的子安貝（一億多枚），以壓艙貨的方式運到這個葡萄牙王國來，然後再出口到幾內亞、貝寧王國，還有剛果，同樣是當作錢幣使用。[96]

葡萄牙船以子安貝殼與西非沿岸進行象牙與奴隸交易。一三五二年白圖泰造訪曼沙．蘇勒曼治下的西非馬里王國，看到「當地居民以子安貝進行買賣」。[97]事實上，全非洲大陸皆是如此，這些貝殼長途跋涉從西非海岸向內陸進發，最後在非洲中部與另一批同樣來自馬爾地夫的子安貝相遇，後者係透過東非斯瓦希里沿岸的貿易商之手進來。在中國及東南亞群島，馬可波羅也經常見到這種「白色瓷貝」在市集作為交易之用。[98]最後他會以 porcellane 一詞稱呼中國瓷器，顯然是因為中國瓷器溫潤乳白、光澤熠耀，再加上其易碎易裂的質地，莫不令他想到子安貝吧。

不過，馬可波羅並非第一位將貝殼與瓷器放在一起聯想的人；許多文化都看出兩者之間的相似。[99]這型海生軟體動物具有流線形、凸起的脊紋和斑點的色彩，似乎就明擺著要人以泥塑燒結的方式複製它。西元前一五〇〇到一〇〇〇年的日本繩紋文化後期，陶器就是塑成貝殼形；西元前三〇〇〇到一〇〇〇年的青銅器時代克里特米諾斯文明的陶器，也以貝殼，連同海藻、海豚和章魚觸鬚等作為裝飾。古代中國及高棉的陶匠以黏土製作海螺殼，並以海螺花紋裝飾陶器，高棉陶匠甚至仿製這種大型貝類可發出巨響的內腔。印度工匠也以黏土複製海螺：他們將之比做蓮花，也就是眾神的寶座；法螺如號角的聲響，則是那位毀滅眾界也更新眾界的大神濕婆的綸音。而北美西南部普埃布洛的霍皮族宗教儀式上，一只大螺向荒蕪的玉米田吹響，掌管陰間與地震的怪物大羽蛇神，便從一只陶製容器中冉冉現身——以玉米芽置於泥碗中做為象徵。

尤有甚者，鸚鵡螺內腔與瓷器之間還有一項強力連結：此型頭足類動物的螺旋殼內層帶有珍珠質，也就是珠母貝的來源，與陶瓷的光澤驚人地類似。中國唐代貴族使用硃砂色鸚鵡螺做為一種豪華酒盞。早在十三世紀鸚鵡螺即已流入西方，索價極為高昂，而且一如瓷器嵌以金銀為座。十六世紀葡萄牙人大量進口這種貝類至歐洲，荷蘭人也開始參與，尤其在一六〇五年荷屬東印度公司奪去了東印度群島安汶島的控制權之後；此處溫暖而淺的水域，盛產鸚鵡螺貝。一六〇三年荷蘭共和國致贈瓷製餐器給法王亨利四世，以及一套價值不菲的螺貝收藏，都是從葡萄牙克拉克型大商船「聖卡塔琳娜號」掠得的斬獲。十七世紀荷蘭畫家蘇斯尼爾的〈貝類靜物〉畫了一隻鸚鵡螺龐然立於其餘十幾隻珍奇貝類之間。畫家的一位友人則蒐有一批貝殼，價值幾達十萬盾荷蘭貨幣基爾得，約合今日十二萬八千美元。[100]

阿姆斯特丹商人極愛鸚鵡螺，他們的畫像常可見手執此螺，並請人作靜物畫，畫中鸚鵡螺與瓷器並陳，例如古德納特所繪的〈藍山雀萬曆瓶花圖〉；卡夫也畫過幾幅這類作品，包括〈大口瓷壺、瓷碟、瓷碗靜物圖〉以及〈鍍金銀足玻璃杯和一盆水果〉。一幀佚名的荷蘭畫作使用卡夫在〈中國糖碗、鸚鵡螺杯、玻璃杯、水果靜物圖〉畫中的耀目珠光技巧，呈現一只萬曆瓷碗，上繪道教八仙，旁邊則是金色海神雕像高舉著一只鸚鵡螺，殼口又轉作成一隻鍍金海獸深洞般的巨顎。黑姆的〈滿桌豐盈〉中，鸚鵡螺的銀彩琥珀色調，與一旁龍蝦、熱帶鳥兒的豔紅形成搶眼對比。博爾各的〈玻璃瓶花〉也有西太平洋來的海貝與瓷製酒杯。克拉拉皮特斯的〈金盞高腳杯和收藏靜物圖〉，畫了一只精美嬌貴的中國瓷碗，旁邊是東亞和加勒比海的各型貝類；如此紛陳並置，凸顯出人造器皿與天然事物之間的對應關係。[101]

法國王后凱薩琳對鸚鵡螺非常著迷。這位來自佛羅倫斯梅迪奇家族的女子，為法國生育了三位國王。她的御用窯師貝利希以善於模擬自然事物聞名，尤其是他精心創作的石窟，洞內有黏土燒製的青蛙、蜥蜴和蠑螈。他認為鸚鵡螺對人類創作力構成了極大、或許甚至無法超越的挑戰：「一個貝類竟造出這麼漂亮的房子，為什麼（工匠）不去好好觀察，也學著採取類似材料，做出一只美麗的瓶子呢？它的模樣遠不及人類體面——不過是個沒什麼形狀的動物——卻能做出人類無法做到的事。」[102]葡萄牙的佛朗提艾拉大侯爵馬斯卡雷尼亞斯，以青花瓷、貝殼和五彩石子，裝飾其佛朗提艾拉宮花園石室的牆面。未來的葡萄牙王佩德羅二世，為瘋了的阿方索六世兄長擔任攝政期間，曾到這幢坐落於里斯本附近的宮殿赴宴，侯爵特意隆重地打破人造石室內的瓷器，以紀念這項殊榮。

許多著名的歐洲瓷器買家也蒐集各式珍奇的貝殼，有些更認為兩者都具有神奇特質。當然，更有人堅信瓷的奧祕就在黏土加貝粉的神祕配方。熱心煉金的托斯卡尼大公弗朗切斯科．梅迪契，也熱心收藏中國瓷器，他擁有一只宏偉的雙鸚鵡螺杯，銀座鑲嵌，上刻中國式的花草動物圖案。[103]奧古斯都二世則將他的亞洲貝類收藏掛在新大陸白銀仿製的松枝上，連同他的中國瓷器一起展示。麥森瓷廠最出名的一組天鵝系列，全套三千件，是奧古斯都三世麾下一位薩克森尼重臣布魯爾伯爵訂製，貝殼形的設計均參考王家收藏：蓋碗有美人魚形的把手，調味瓶是可愛小天使跨騎天鵝，餐具上飾有各式相關圖像：蝸牛、海豚、海上女神加勒蒂亞、愛神維納斯自海浪中升起、海神揮舞著他的三叉魚戟等。

義大利那不勒斯附近的卡波迪蒙特和英國普勒茅斯兩地的陶廠，也以貝類造型裝飾他們生產的各式盤碟瓶罐，器皿口緣常呈扇貝形，或繪以羽狀圖案來表示貝殼的形狀。法王路易十三承繼亨利四世的貝類收藏，繼續添購。全歐最大的貝類藏品則屬法王路易十五，聞名的法國塞弗爾瓷廠便於他在位期間展開運作，他也提供自己某些貝類收藏作為設計參考。沙皇彼得大帝首開俄羅斯王室向西歐採購瓷器之風，同時也在荷蘭購買貝殼；丹麥和瑞典的君主同樣不遑多讓。王公貴族之外，平民仕紳包括業餘科學家、有識的實業家如瑋緻伍德，也熱中蒐集貝殼，瑋緻伍德的伊特魯里亞廠知名的貝殼造型甜點餐具，便命名為「鸚鵡螺系列」。（彩圖七）

十八世紀初期製作的瓷器組，如瑋緻伍德的「鸚鵡螺系列」，往往迎合洛可可的風格時尚（洛可此字可能源自法文 rocaille，意指「貝殼紋飾」），強調優雅迷人的視覺效果，紋飾精巧、曲線盤纏，講究非對稱的起伏，以及穴窟、植物和貝類特有的蛇形線條。麥森製作出一座璀燦的瓷鐘：鐘面上方是維納斯小像斜坐於鍍金貝殼造型的裝飾，下方則是多幀時髦男女置身於中國情調背景的小圖。事實上，洛可可熱的流行，瓷器的確功不可沒，尤其在裝飾藝術方面。各式器皿上的中國風圖案，在在強調自然界的造像與情境，如曲紋形飾的母題。種種跡象顯示，西方人默默贊同中國人的看法：貝類，無論是鸚鵡螺或子安貝，的確與瓷有一層特殊關聯。[104]（彩圖八）

當然，帝王級的堂堂鸚鵡螺與普羅百姓的小小子安貝，兩者天差地遠不在話下；一個搭頭等艙，一個卻擠在最低賤的大統艙。不過馬可波羅卻用同一個詞彙 porcellane bianche，來指稱中國瓷與這種貝類，足證兩種材質之間長久的聯繫。除了其中「小仔豬」的意涵不大體面之外，porcelain 可說是個相當理想的命名。

海神和火神：近世初期的科學以及瓷器的祕密

據威尼斯人的說法，聖馬可大教堂庫藏有一只中國瓷碗，正是該城最鼎鼎有名的那位市民自遠方攜回的。[105]雖然我們幾乎可以肯定那位旅人和此碗並無任何關係，但這只「馬可波羅碗」在十四世紀的確非常罕見，或許是首件在西方現身的真瓷。看起來其實貌不驚人，是福建窯專為外銷東南亞製作的普通貨。馬可波羅記載自己去過福建，但他顯然未曾造訪鄰省江西的景德鎮。就在他抵達中國的一個世代以前，景德鎮於宋末發展為瓷器重鎮，更早在七百年前就已經開始生產瓷器。唐代建國初期，地方官甚至將當地所產製的陶瓷進貢遠在中國北方的都城長安。不過當時一流的製瓷中心都在北方，景德鎮陶業雖然也很興盛，卻全靠模仿北方。

十八世紀才來到中國的殷弘緒，對這些悠久的製瓷歷史背景一無所悉，就算他把考察範圍擴展到景德鎮之外，仍然會面對不可能的任務，因為沒有書面文獻可供他蒐集。瓷器史向來未曾引起文人階層的重視；直到進入二十世紀，中國才在這方面進行有系統的研究。景德鎮可說負有一定責任，因為它最後如秋風掃落葉般一鎮獨大，稱霸天下瓷業，導致其他歷史更悠久的古老瓷窯相繼敗落。早在殷弘緒抵達中國之前，有關它們的存在就已不復記憶。

從「不吝下交與我為友的滿大人」唐英那裡，殷弘緒肯定學到不少有關瓷的知識。讀書人當官，卻對製瓷細節興趣盎然，唐英可說是個特例。在天下第一瓷都任職二十多年，唐英本身已成大師，督造的瓷器甚至有「唐窯」之稱。令人稱奇的是，一七四〇年代唐英還進行了景德鎮首次地下發掘，此舉領先中國境內所有正式的田野考古工作將近兩百年。要遲至一九八〇年代，景德鎮明初官窯遺址才出土，而且是在窯址舊園鋪設水管和瓦斯管時方才意外發現。[106]

和陶工一起共事和生活，唐英將他學得的製瓷知識銘刻於石板，立於御窯旁。一七四三年又奉乾隆皇帝御旨，就景德鎮陶業寫成《陶冶圖說》，全冊絹本設色，是一份極珍貴的瓷器史文獻——雖然把實際上髒汙辛苦的陶作描繪成迷人的田園景象。某本類似的圖冊曾由法國耶穌會士錢德明從北京寄往塞佛爾，可能就是依據唐英本所作。

十九世紀初期，鄭廷桂補輯其師景德鎮人藍浦的《景德鎮陶錄》，特別稱道其中所收的唐英陶論。不過他也抱怨：

> 從來紀陶無專書，其見於載籍者，或因一事而引及一器，或因一器而引及一事，或因吟賦而載一二名……是編陶務事宜，多得於訪問……[107]

在《景德鎮陶錄》成書百年前來到景德鎮的殷弘緒，想來同樣別無選擇，只能依靠詢問鎮上的店家與陶匠。雖然他並未尋獲可供其同胞複製的機密，失敗原因卻完全不在他：他和他的上司根本不知道，這是何等棘手的任務。

其中一項主要障礙，在於西方現代科學方始萌芽，概念與技術未臻成熟，無法有效掌握根本問題，也就是瓷的本質。殷弘緒曾把一份瓷土樣本送給歐里，後者又轉給對熱力學與岩石頗有新貢獻的列奧米爾。此人曾是知識圈中的聞人，因研究瓷器而開發出測溫的新方法，可惜他的列氏寒暑表後來輸給日耳曼人華倫海特的華氏溫度計和瑞典人攝耳修斯的攝氏溫度計，否則列奧米爾大名今日一定家喻戶曉。他還率先開創新法探討地球的歷史，曾在法國南部考察含有大量貝殼的沉積岩，日後學界提出地球年齡遠比聖經所言古老，他這項考察是極重要的一步。列奧米爾也深深捲入當代所稱的「製瓷熱」，他分析殷弘緒的樣本獲致靈感，一七一五年協助指揮在法國各省搜尋合適的黏土材料。這位大學問家曾表示：「歐洲這麼豔羡中國的東西，因此不得不自己設法，造出類似的東西來。」[108]

列奧米爾成功地辨認出殷弘緒黏土樣本的主要成分，他的沉積岩石學實驗（當時稱作機械礦物學）顯示，物質在窯內發生變化，或許可用晶體的形成加以解釋。但是，列奧米爾始終無法對瓷做出正確分析，因為他和他的同代人一樣，都以為晶體只能從水溶解生成。這個假設根植於《舊約》的創世紀故事，大洪水傳說直接影響了西方人對地表形成的看法，也用以解釋為什麼高山頂上的岩石會嵌有貝殼與魚的化石——這個令人困惑的發現，曾引起古希臘人尤其是亞里士多德的注意。列奧米爾之前曾有丹麥學者史丹諾，之後亦有蘇格蘭學者赫登，分別將高山出現水生動物化石的現象，納入他們的地質學假設論述。[109]

極為推崇史丹諾的萊布尼茲，提出當時學界的壓倒性觀點，稱為「水成論」。大洪水湧自地球內部的無底深淵，結果造成「巨大泡沫……四處爆裂，使得部分岩石層沉陷，形成溝谷。其他比較牢固的部分則一直保持直立如柱，因此形成高山。」[110]列奧米爾也同樣認為，水是形塑地球的主力，也是固體物質的構成根基。因此他得出結論：某種具有「寶石化作用的汁液」，在分子層級上（借用今日術語），溶解了石質材料，從而造成結晶附生。[111]

到了十八世紀後期，這類觀點遭到淘汰。赫登和霍爾實驗火山噴發物，判定結晶現象發生於玄武岩，這是一種質地細密的黑色火成岩。二十世紀末的地質學家更指出，大陸板塊主要由花崗岩組成，懸浮在五公里深的玄武質熱熔漿上方；而近乎等量的玄武岩，也在海床那層薄薄的沉積物之下。[112]過去幾百萬年間，玄武岩歷經化學變化，產生了液態岩漿。有時如同溢出壓力鍋般，經由地幔裂隙口噴至地表，亦即火山爆發。玄武岩遍布各大洲，赫登、霍爾的晶體形成論一出，自然便使火山成為地球史辯論的中心。

赫登的研究，深受漢米爾頓一七七二年的著作《維蘇威火山觀察所得》影響。漢米爾頓曾任英國駐那不勒斯全權代表長達三十六年，熱中蒐集所謂的伊特魯里亞古典陶器——多數是他在這座知名火山腳下非法挖掘所得。[113]（雖然多數專家認為這些器皿屬於伊特魯里亞遺物，亦即來自義大利中部，漢米爾頓卻主張它們的來源是希臘，日後證明他的看法正確）。維蘇威火山最著名的一場大爆發，發生在西元七十九年，摧毀了龐貝和赫庫蘭尼姆兩城，此後除了小小迸發過幾次，始終保持靜止，直到十七世紀後期。漢米爾頓派駐那不勒斯期間，維蘇威再次變得極為活躍，因而引發眾多揣測，他的《觀察所得》便是其中極受注目的著作。

因為受到這本書的啟發，一七八五年霍爾遠赴義大利親睹維蘇威爆發活動，並蒐集熔岩樣本。火山volcano來自義大利文火神的大名Vulcan，時間約在十七世紀後期。從此火神擊敗了海神——新興的地質科學證實：地表源自於地底深層的火熱熔岩，而非原始海洋凝結生成的巨大晶體，亦非地下深溝洪流的產物。火山地位確定是地質形成的主力；某位與漢米爾頓通信的人士指出，如此一來，所有地上生命都必須重新進行檢視，因為它們都「屬於熔而再興的大體系，一隻小雀、一座城市、一個地區和一整個世界，都循此自然共律而生滅。」[114]

火山和瓶器：查爾斯・達爾文和約書亞・瑋緻伍德

一八三一年，查爾斯・達爾文登上「小獵犬號」，展開五年之久的航行世界之旅，一場重新評估地上生命的行動於焉揭幕，影響也最為深遠。一八三五年，達爾文在智利海岸親歷火山爆發和地震；經此事件，他指出這是確鑿的當代地質證據，證明從此必須揚棄基於聖經洪水紀事的地質學說。他發現智利海岸線因此上升了幾英尺，不禁想起萊伊爾一八三〇年出版的《地質學原理》卷首那幅版畫。畫中是一棟位於那不勒斯灣帕茲瓦里小城，人稱塞拉菲斯埃及神廟的建築；萊伊爾檢視廟柱，認為它們之所以發黑變色，是因為沉陷水下數百年，由於維蘇威火山的爆發再加上地震，才重新使之浮現。

一八三九年，達爾文在《小獵犬號之旅》中宣稱，徵諸火山在安地斯山脈上升所扮演的作用，「即使結論再怎麼駭人，我們都無可避免。也就是說，有一大片熔質形成的地底湖，面積約有黑海兩倍大，就攤在區區一層固態地殼的下方。」[115]因此，他了悟地球上的各個巨大地塊，其實都是萬古以來陸續浮出表面而成。漫長的地質時間當中——漫長到足以讓他日後所稱的大自然「物種製作工廠」出現。[116]毀滅又再生的地質活動不斷進行，火山正代表其中一個零星事例。一八五九年達爾文的《物種源始》一書，更將自然世界形容為一個可以自行改善的「工坊」：無情的競爭、充沛的生產力、基於專業而進行的「分工」，皆為其特色。

這些理念的形成和表露，背後有達爾文家族本身的傳承，以及工業革命初發的時代大環境為背景。達爾文的「小獵犬號」旅費係由瑋緻伍德家族出資，因為他是創辦人約書亞・瑋緻伍德的親外孫，他的妻子艾瑪則是他的親表妹，不僅是瑋緻伍德家族成員，更帶來一份豐厚的信託基金嫁妝。達爾文的書房不但藏有大量談論經濟、工業革命的書籍，還掛有一幀外公約書亞的肖像。達爾文一生，亦與掌管伊特魯里亞廠的瑋緻伍德表親極為親厚。瑋緻伍德一生投入激烈的商業競爭，而工業化作坊所表現的驚人生產力，瑋緻伍德工廠的專業分工現象，在在相助於達爾文形成物競天擇的革命性理論。[117]

具有冒險開創精神的英國文化，尤其是瑋緻伍德陶廠提供的實例，達爾文直覺相信自己的進化理論有其根據。而在化學和地質學的初期創新理念發展上，瑋緻伍德本人也發揮了明確的催化作用。列奧米爾分析殷弘緒的黏土樣本之後，將近一世紀間各種新科學的進步，其實都與瓷器和窯爐變化的研究有重要關係。[118]陶窯是研究火山活動的現成實驗室；瑋緻伍德又發明了測溫計，可以測量攝氏一千度以上的高溫，不僅有助於燒煆陶瓷，也可用以研究火山噴發。當代有人記載，著名科學家斯巴倫札尼以華氏溫度單位測量維蘇威火山的輻射熱度，「非常高興有瑋緻伍德測溫計可用，能以測定熔融火山熔岩所需的溫度。」[119]

瑋緻伍德和漢米爾頓交換有關火山與古陶的意見，也與赫登通信，討論赫登開拓性的創新理論：地殼係由火山熔流形成。他又提供陶窯與陶器資訊，以供霍爾的火成岩融化實驗參考。瑋緻伍德與達爾文的祖父伊拉斯謨斯・達爾文二人，自然都曉得德比郡的峰區有裸露的玄武岩礦脈。此區在川特和莫西兩河之間，就在他們兩家位於西米德蘭的住家北面。兩人也都喜歡到那裡採集三葉蟲和雙殼貝化石。伊拉斯謨斯是位直言不諱的無神論者，更把「E conchis omnia（萬物源於貝）」這句銘文，添加到由三個扇貝組成的家徽上。[120]一七六七年，瑋緻伍德寫信給合夥人賓利，提及接通川特、莫西兩河的運河在陶廠附近開挖，出土了一件不尋常的化石：「上月某日在泥底離表層五碼深處，發現巨大的肋骨連同巨型魚脊。」[121]當時知識人口漸豐，沉迷地質研究者所在多有，瑋緻伍德及斯塔福德郡各家陶廠自然也投客所好，推出飾有化石與貝殼紋飾的茶壺。

火山與瓶器攜手，而且在不止一件事上如此並進。一如瑋緻伍德所述：「我領悟到伊特魯里亞古陶器胎的輕盈，是因為摻有某種火山灰，也許是天然混成，也可能是人工加入。」[122]一七六九年他開設新廠，即以伊特魯里亞命名（此器因漢米爾頓而聞名歐洲）。開幕時他坐在一具陶輪後面拉坯，隆重做出六只炻器花瓶。配方由他獨創，特命名為「黑色玄武岩」，因為他看出因火山熔結而成的天然黑石，與自家伊特魯里亞窯廠燒造的黑色新品之間有某種關係存在。正如瑋緻伍德所見，就某種方式而言，他的窯廠可謂複製了維蘇威火山與古陶匠的作為。他還在他的黑色玄武岩瓶器銘上拉丁文「Artes Etruriae renascuntur（伊特魯里亞藝術復生）」，並根據漢米爾頓的陶器收藏圖錄以古典紋飾裝飾。後來更燒製了一幀漢米爾頓肖像匾，背景上色做成希臘「伊特魯里亞」古器模樣，原料當然就是他的黑色玄武岩配方。[123]

對瑋緻伍德來說，世界似乎正如一只在陶輪上旋轉的盆子，大地深處不斷湧出新的原料，以供自然力量摶製成型。一七八五年赫登的《地球理論》出版，他把自己的預購本寄了一份給另一位同好瓦特，此君也是業餘科學家，喜好研究火成岩與瓷器成分。[124]他們是友人也是同行，兩人都擁有陶廠，更有共同興趣——蒸汽動力、窯爐改造、礦物晶化和火山熔岩。因此他們都很能接受如下觀點：地球內部運作就像一座巨大窯爐，是一具供熱引擎，不斷噴出岩漿，吐出山脈，重塑大地形貌。

但是，必須再等一個世紀，也就是一九〇〇年左右X光衍射發明之後，結晶學研究才終於可以揭露黏土礦物的內部結構，解釋瓷之所以如此獨特的真正原因。接下來又要等到一九六〇年代，才由化學、物理聯手，揭櫫開創性的板塊構造理論，破解了在地表不斷毀容又重建的無情過程當中，火山所扮演的真正角色。板塊論的出現同時闡明了另一重大連結：火山爆發噴出的熔岩，與燒造瓷器所用的黏土之間，具有一層密切關係。

殷弘緒寫自景德鎮的書信，多集中於生產作業細節，因為有關陶瓷根本性質的問題，此時仍遠超出當時科學程度所能理解的範圍。然而後來的發展證明，這些生產細節也極具啟發性。殷弘緒描述一件瓷器如何通過七十多名工人之手而完成的生產過程；瑋緻伍德讀了大為著迷，一七四三年特地收入他的「札記」。四分之一個世紀後，瑋緻伍德更據此原則組織他的伊特魯里亞新廠。第一家完全基於分工原則建立的工業化事業於焉誕生，同時也是第一個將蒸汽引擎直接應用於生產作業的先鋒。[125]

瑋緻伍德的伊特魯里亞，為現代工廠系統建立了典型，因此工業革命的勝利顯然有一部分必須歸功於景德鎮陶匠。為使西方也能在中國最出名的產品上一較長短，殷弘緒的任務最終獲致了他自己做夢也未曾想到的成功果實。他不辭辛苦的調查成果，以及天下瓷都本身的驚人成就，都獲得瑋緻伍德的認可。達爾文的祖父伊拉斯謨斯，以他一向癖用的誇張辭令頌揚瑋緻伍德的新廠——「新生的伊特魯里亞，妝點了英倫女神之島」，他更誇稱伊特魯里亞古陶年代之悠久、製器之精良，可與中國匹敵。[126]瑋緻伍德的回應則是請他好好讀一下收入赫德《中華帝國全志》的殷弘緒書信，必可從那位法國耶穌會士學到「中國人運用他們的技藝，造出輝煌作品，諸如建造、裝飾和貼磚，包辦整幢寶塔，以及其他各式宏偉的建築。」這位英國陶業大亨告訴他的老友，公道應該「還諸我在遠方的兄弟，雕塑藝術的同行」。[127]

三、瓷之生　中國與歐亞大陸

西元前二〇〇〇年至西元一〇〇〇年

若有哪位現代殷弘緒，打算探尋瓷的歷史與性質，會發現這樁任務現在容易多了。然而對新手而言，相關的定義和闡釋依然不易理解。核心問題出在中國與西方的陶瓷分類不同。根據西式分類學，依材質組成、燒成溫度共分三類：瓷（白瓷）、炻、陶。依中國傳統，卻一向只有陶與瓷兩大群組，後者包括西方定義下的炻與（白）瓷。由理化分析的角度來看，炻與瓷的分辨有其道理，因為兩者的礦物成分與材質成型有異。可是若把這個分類用於歷史敘事，就會導致極大混亂與困惑。現代著作指涉的所謂「瓷」，歷史時間點往往一差就會差上兩千多年，從中國周朝一直到元朝都有可能。這段期間內的任何一段時期裡面，都有相當於西方定義的瓷品出現。

陶、炻、瓷

一般所稱黏土，令人聯想到的是淤泥或沙子這類物質。但實際上黏土是指衰敗或「腐爛」了的岩石，一種顆粒細密的土屬材料，潮溼時具可塑性，加熱後變為堅硬。黏土由花崗岩分解而成，後者是質地粗糙的火成岩，主要分布在大陸地殼。黏土是柔軟、非惰性的沉積物質，成分複雜多樣，顯微粒子多帶負電荷並參與化學反應。因有這項特點，也成為地球生命起源的可能來源——蛋白質與核酸的原型或樣板。[1]

許多種黏土都可以製作陶器，燒成溫度介於攝氏六百度至一千度之間。但若高於一千度，胎體就會膨脹崩塌，熔為液態。燒過的陶坯呈紅、棕或淺黃，胎土未完全熔合，質地軟而多隙，因此需要上釉，釉基本上是一層薄薄的玻璃質。然後二次進窯，如此燒成後才比較不會透水。炻器的燒成溫度是攝氏一千一百度至一千兩百五十度，硬度介於陶器與瓷器之間，具有玻化質地，幾乎沒有隙孔，扣聲清亮，顏色依胎土含鐵量多寡可從淺灰到黑色。炻與瓷之別，主要即在白度與透明度。七世初中國北方即採用通稱瓷土的高嶺土製作瓷器，同一時間景德鎮則使用瓷石。[2]

「高嶺土」是地質名詞，因景德鎮東北的一座土丘——「高嶺」而得名，景德鎮所產的高嶺土不含雜質，其他地方非常罕見這麼純的黏土，歐洲人直到十八世紀初期才開始使用這類礦物製作陶瓷，在此之前主要當成化妝品及假髮撲粉之用。至於多數瓷器書籍都會出現的所謂「白墩子」一詞，指的是一種白色小塊，屬於產業用語，出於中國陶匠的行話，意思是指經過加工處理的瓷石物料。根據殷弘緒所記，瓷石運抵景德鎮後，陶工必須先去除石中雜質，因為「那些人會把細漿粒裹上胡椒粉，混在真的胡椒粒裡一起賣，難保他們不會在白墩子裡也攙上一些假貨」。

進入十三世紀後期，景德鎮陶工開始將高嶺土與瓷石合為二元配方。瓷石在高溫下會熔合成一種天然玻璃，使胎土變硬並呈現半透明，但是不易單獨使用；高嶺土可以軟化胎土，提高可塑性、平滑度和潔白度。亦如十八世紀初期列奧米爾所發現，加熱至攝氏一千三百五十度時，兩種成分就會熔為一體進行玻化。最後成品音色清亮，完全不透水，非常潔白，胎薄時呈半透明。景德鎮也用瓷石製作釉藥，加上幾分石灰與草木灰助熔。燒成後形成一層玻璃釉，與胎體結合密實堅硬如石。宋應星形容釉汁「似清泔汁」。[3]泔汁也就是淘米水。

二十世紀初期，X光透射顯示高嶺土與瓷石都含有氧化鋁，這種氧化礦物會在高溫下產生莫來石微晶。殷弘緒也提到「高嶺土中有銀粒閃爍」，雖然他並不了解，但顯然這就是雲母顆粒，意謂著有氧化鋁存在。中國陶匠同樣也描述土中似「有銀點如星閃耀」。[4]英國人庫克威爾茲是藥劑師也從事陶業，一七四〇年代讀了赫德《中國書簡》收錄的殷弘緒書信，注意到英格蘭西南康沃爾郡聖科倫巴教堂的花崗岩壁也有閃閃星點。這個線索，促成他發現這裡的瓷土與瓷石礦藏。及至今日，康瓦耳郡的黏土礦四周，都是瓷土和瓷石處理後所留下的白色殘餘小土堆。[5]

高嶺土和瓷石內的莫來石晶粒呈直角排列，窯中加熱後會相互覆蓋，如簇狀伸入黏土基質之中，形成一種玻璃似的格狀結構，使母土熔合成為一體。攝氏一千度以下，高嶺土和瓷石可燒成陶，一千度至一千三百度之間則是炻。因為瓷本身就不透水，所以上釉只是為改善外觀，或於回窯複燒時保護繪於坯體表面的色料。

唐代北方瓷器或宋代景德鎮瓷器出現之前，就有某些成品的化學成分及物理特性與瓷相近，現代學者把它們稱作原始瓷、準瓷或類瓷炻。長久以來，中國都把高溫燒造的黏土器合稱為瓷（涵蓋西方所說的瓷與炻），雖然避免了令人困惑的術語，卻也因此忽略兩者之間的實質差異。

中西雙方不同的分類觀點，也直指兩者迥異的陶瓷經驗。唐代瓷器或景德鎮瓷器問世以前，中國就已展開長達數百年的炻器史。也許早在七世紀初，也許更遲在十三世紀末，西方定義的「瓷」出現了，但是中國人將它視為與炻同類，「瓷」只不過是悠久的摶泥作器傳統之下，根據已知成分調整配方比例逐漸增益改善，一點一滴發展而成的新成果。而且就外觀堅實、扣聲清脆與不透水特性而言，瓷與炻的確難以區別，因此中國陶工和鑑賞家將新品看成只是既有的「瓷」品變得更好一些，也就情有可原了。

中國瓷於十六世紀現身西方，在此之前，歐洲人主要只會製作陶器。北日耳曼地區遲遲才發展出炻器，不過極受重視，尤其在英國和荷蘭兩地。一六〇〇至一六四〇年間，至少曾有一千萬件「萊茵產」炻器載入倫敦港，時間恰在中國瓷器浪潮大量湧入之前。這些炻器極受歡迎，用途多樣，包括：酒杯、藥罐和夜壺；而且因為幾乎密不透水，用以裝運啤酒、葡萄酒、礦泉水、水銀和荷蘭琴酒是最理想的容器。

萊茵產炻器繪有美麗悅目的紋飾，梅姆林的祭壇畫以及老布勒哲爾和小特尼爾茲的農村歡慶場面，都有它們的身影。荷蘭藝術家經常將炻器瓶罐畫入宗教畫，器中或插滿鮮花，或飾以代表耶穌聖名的三個希臘字母。荷蘭酒館以炻罐裝啤酒奉客，這些容器也進入當地富裕人家。斯庫頓的〈廚房一景〉畫中，只見一架架各式器皿：白鑞盤碟和青花瓷碗，還有圓鼓鼓的炻罐，頂著白鑞蓋子。德奧的〈年輕女子梳妝〉裡，女主角披著貂皮，四周環繞昂貴的家飾：波斯地毯、布面坐椅、鎏金銀壺，還有一個炻器酒罐置於墨色大理石上冷卻。然而，儘管自十四世紀以來炻器已在北歐地方傳布，卻未激起任何仿效或分析行動，因為良好的釉陶成品，無論價位、聲譽都與萊茵炻器相當接近，但中國瓷就完全不可同日而語。歐洲人認為，這些美麗的器皿無論在各方面，都遠勝他們自家到處可見的陶器。[6]

西方急於與中國競爭；十七世紀後期起——也就是中國瓷器開始大量抵達之後不久——他們就不斷研究瓷的成分，試驗各種可能配方，亦即基於科學心態，一探製瓷祕方大業，殷弘緒只是同此心理的其中一員而已。結果他發現景德鎮窯完全不諳化學解析，比方不知道可以用硝酸和鹽酸溶解固體材料。於是他宣稱：「他們的發明……其實性質都極為簡單。」他似乎和萊布尼茲看法一致，認為中國人完全漠視抽象思維，不懂得批判式考察方法，而這兩項卻正是西方實驗科學的精髓。他建議「藉由必要的風險及各型實驗開支，或有可能為過去原只是偶然碰巧的結果，發掘出確定無誤的答案。」他的說法是一個先聲，預示了二十世紀初期推動棉紡、釀啤、製革與製陶等傳統產業再度猛進的力量，亦即回頭考察傳統工法背後的科學成因，這些手藝歷來只是默默傳承，從不曾清楚解說。[7]殷弘緒主張，正如歐洲人或可透過實驗技巧，重新找回已經失落的彩繪玻璃製作工法，或許「歐洲也有哪個人，可以發明出中國人現在已不知其所以然的」瓷器知識。

殷弘緒出入景德鎮陶坊、進行探訪調查的同時，契恩豪斯團隊也在為奧古斯都二世效命，進行同樣的任務。契恩豪斯出了重金，資助可能號稱史上最大規模的研發計畫。今日材料學將黏土燒製的器皿歸類為陶、炻、瓷三大項，正是十九世紀初期歐洲對陶瓷材質進行理化成分解析的結果；其中炻類係透過「逆成法」而得：西方科學家首先了解了瓷的物理特性，炻的特性自然也就隨之了然。

這項分類學上的成就，源自於歐洲對中國瓷器的欽佩與豔羨。事實上，中國雖然不具備這項科學成果，卻絕不能就此認為中國人缺乏抽象思維和批判式的考察。殷弘緒以為景德鎮陶匠只會沿用一成不變的低階技法，但他其實也曾親眼目睹他們採用某些明顯帶有實驗性質的做法。比方在熔銅上灑水，做成氧化銅釉，然後剝取氧化的表層加以檢查。[8]他在一七二二年的信中描述這個程序，緊接著便離開景德鎮前往北京就任新職。事實上，一七二〇年代景德鎮和北京兩地都在展開有系統的實驗，因而創新技法，使用絢麗的琺瑯彩及出奇的釉藥效果，全面轉換了瓷器美學。然而，中國人並沒有把關注焦點放在瓷本身的組成；原因很簡單，對他們而言，瓷之於中國久矣，不過就是古老的高溫燒陶技術經過不斷改良之後自然延伸的結果而已。但瓷在西方人眼中卻是初逢乍識的異國產品，新奇、美好、價昂，因此非得好好研究一下它到底是什麼東西不可。

板塊、火山、黃土

中西陶瓷史最引人注目的對比，在於中國高溫燒陶的經驗足足領先西方超過三千年之久。如此早熟的成就，基礎卻奠基於久遠不可測的遠古，也就是今日稱做中國所在處的地質形成期。[9]這個超級陸塊「盤古原始大陸」的形成，發動於六億年前的前寒武紀，由平均厚達一百公里的地殼板塊上層陸面集結而成。當板塊相遇，一塊遭推壓潛沒，沉到另一塊之下，巨大的碰撞產生高熱將岩石熔為岩漿。因為含有氣體及水分，岩漿流動性高，遂從高達攝氏一千四百度——正是瓷器的燒造溫度範圍——的頂層地幔（地球的岩層）底部向上噴出。這個溫度上的一致性，若是赫登或瑋緻伍德知道了也絕不會覺得意外。岩漿爆發湧現，火山誕生。接下來登場的事物雖不及火山亮相那般戲劇化，卻更為普遍。隨著岩漿冷卻、結晶，變成了花崗岩，衝破地幔缺口冒出，從而推擠板塊移位，平均每年二公分，約等同手指甲的生長速度。大約兩億五千萬年前，中國的北方（也就是整個中韓段）和南方（揚子段），與西伯利亞撞在一起，洲際大陸整合宣告完工，也造成阿爾泰山和天山山脈在中亞的隆起。[10]

北方中國與南方中國來自不同的板塊構造，因此呈現截然不同的地貌和自然資源，氣候迥異更加劇了南、北兩地的鴻溝。中國北方，亦即祁連山以北沿黃河兩岸地區（今山西、河南、陝西、河北四省），冬季氣溫平均在冰點之下，這片一望無際的中原大地，成為小米、小麥和高粱之鄉，景色相當單調。而南方就不同了：長江流域涵蓋今日中部及東部省分所在（湖南、湖北、江西、安徽、江蘇、浙江），全區逐漸形成樣貌駁雜的亞熱帶氣候區，湖泊無數，河川切割丘陵，海岸線曲折如鋸齒。這裡冬季氣溫平均在冰點以上，成為米、糖、橘和棉花之鄉。北方旱田處處、平地走車，南方則密林坡谷、江溪行船。一頁漫長悠久的中國史，實可視為板塊大碰撞發動的結果，繼之以人為努力的延伸——利用一組四方共用的書寫文字、一部四方共奉的文字正典、一套四方共統的文官轄治制度，以及一條貫通南北水域（兩大河同發源於喜馬拉雅山，又各自奔往太平洋入海）的人造水路大運河，將歧異分離的區域熔合接鑄為一體。

大約一億四千萬年以前，恐龍稱霸地表，這是地質學的中生代中期，巨大的火山噴發出現在中國南方，或許和菲律賓板塊滑過歐亞板塊上方向西移動有關。幾百萬年之間，大量火山煙塵、灰渣不時籠罩此區，最終安定下來成為化學組成與火成岩相同的沉積。又經過億萬年的壓緊、夯實，蒼白的火山碎屑變成瓷石，成為南中國最早瓷器的製作根基。經過開採、槌成粉末、池槽濾過，瓷石由是重新經歷了一場人工模擬的風化作用——只是原先不知幾世幾紀的萬古時光工程，壓縮在幾小時之內完成。然後進窯受火，又飛快短暫地重返它太古原初的熔岩狀態。摶泥幻化，景德鎮潔白的瓷器，根本上就是火成物質在窯火下再度熔化，然後又凝結固化為人造岩石：在人造火中重新再造，並依人類用途所需加以形塑。[11]

南中國的火山停止噴出灰燼很久很久之後，輪到北中國領受它的新土沖積。大約四千五百萬年前，此時恐龍已因一顆小行星撞上地球而絕種了兩千萬年，地殼最後一次大抽搐發動了。因印澳板塊的推動，致使今日印度次大陸的絕大部分從南極洲剝離，向北漂移。又歷經三千七百萬年，一場慢動作相撞的巨大災變上演，印度一頭劇進歐亞大陸南緣，拱出了西藏高原和喜馬拉雅山脈，峰峰相連綿延三千公里以上，形成地球上最年輕也最大的高山高地區，經由《馬可波羅遊記》的介紹，以「世界屋脊」之稱名震歐洲。時至今日，印度依然繼續向北推進，因此喜馬拉雅山也繼續長高，平均年增十公分，也使這裡成為全世界最危險的地震帶。但土壤侵蝕同樣無情地削減它的隆起，因而使群峰平均維持在海拔五千公尺，顯然是本星球上山脈所能達到的最高高度。

印度與歐亞大陸的劇烈相逢，造成了多重後果，對人類生活的演化甚至具有決定性的影響。這場板塊碰撞使南中國向東位移，更深入太平洋區，結果凸出一塊成為東南亞的大型半島。西藏高原的拔起，阻障了南面來的雨流，致使中亞草原的滋潤養分、特提斯海的補充水源從此斷絕。這個巨型的史前內海原本一路延伸，由歐洲直及東亞，終告乾涸之後，浩瀚的沙漠在高地的逆風地區擴張，此區從此失去它原有的溫和氣候與肥沃土壤，變成荒涼的地面，日後更令絲路旅人吃盡了苦頭。西藏這驚天動地的隆起，同時也造成了南亞和東亞的季節風雨系統，這是一個巨型的自然引擎，忠實無誤地定期加速印度與中國之間的船舶航行。而東亞地區眾大河的流域模式也自此浮現：黃河、長江、紅河、湄公河和薩爾溫江，都由這個巨大高地的冰雪之中發源，彼此上游源頭相離不及七十公里，最終奔流入海時，卻遙距以千里計。

喜馬拉雅山與西藏高原的形成，導致地球冷卻，因為如此遼闊龐大而光禿裸露的火成岩區——面積約一百八十一萬七千四百平方公里，是美國德州、加州、蒙他拿州和新墨西哥州的總和，使得大氣中二氧化碳減少，地球因此失去了將太陽光熱陷鎖於地表的溫室效應。季節風的雨水也浸透了板塊相撞與侵蝕之後形成的岩層粒子，從大氣中沖刷掉更多二氧化碳，益發加速全球冷卻。中部非洲亦因地球溫度降低，造成雨林面積縮小、熱帶型草原擴張。面對這個愈來愈困難的生存新環境，樹居的靈長類動物開始探究在平原地帶直立行走以尋找食物的好處，發動了又一次漫長的演化：最終在幾百萬年後達於高峰，發展出他們最成功的後代：現代智人。

地球冷卻，造成厚達三・二公里的冰川出現，在一連串冰河年代裡輾過洲際大陸的岩床。中亞地區花崗岩峰頂遭受冰河的強力擠磨，機械與化學雙重風化作用之下，產生了無法估計的大量黃土（黃土的英文 loess 源於德語 löss，有鬆散之意）。這是一種黃色的岩塵，細如麵粉，主要由石英構成，後者是矽與氧的結晶混合體。兩千四百萬年前左右，黃土開始從包括戈壁在內的中亞沙漠環帶區吹進中國，在一段段長時間的乾燥期中，鋪天蓋地籠罩了北方高地，至終掩埋了寬闊大陸地面原有的豐茂森林與厚層黏土。乘著冬季蒙古吹來的東南向寒風，這些石英粉末堆積成深達三百公尺的黃土層，成為整個地球上最厚的表土。

這層駕風遠來的「鬆」土，中國人稱為黃土；它們也沉積於水中成為淤泥，「黃」河因此得名，成為世上最混濁的一條大江。滾滾黃河，有時泥沙含量高達三分之一；據紀錄記載，某條支流含沙一度甚至幾達三分之二。[12]如此現象，生動地反映於中國諺語「千年難見黃河清」。利瑪竇說，這條河「毫不尊重中國的法律與秩序」，經常決口，打破專為阻擋它而興築的黃土高堤，肆虐蹂躪整個地區，與之所至更任意改變河道。[13]黃河也不似長江利於水路交通，只在出海之前有一小段可供航行，因此不論貿易或交通，都是個令人沮喪的不良水道。黃河每年吐出十億噸泥沙，赭色沉積物充塞黃海。

然而，黃土卻是異常肥沃的土壤，因為它可以利用毛細作用，固定大氣中的氮，並帶出土中的礦質營養；因此儘管中原地帶植被稀疏，卻因有黃土，為北方中國提供了文明興起的農業根基。小米耕作養活了每平方公里四百人的人口密度，高生產率的穀物農作更培養出小栽植面積的獨立農戶，他們是日後所有中央集權官僚體制的稅基。中國之所以少有歐洲那種封建巨頭，以及中國能長時期處於帝國一統的狀態，或多或少，都可以歸因於狂風自中亞吹送來的豐厚表土。早在周代，這個號稱「中央之國」的國度就已開始以黃龍象徵自況；歷代作者也將黃河河水的蜿蜒流動，形容為如同一條巨龍靈活盤蟠翻轉的身姿。兩者都是非常恰當的比喻。

於是遠古時代的中國陶工，便將他們的工坊置於這片黃土沉積之上。一直到今天，儘管災難級的地震頻仍，依舊有數以千萬計的中國人選擇以黃土崖壁挖出的寬敞洞穴為家。埋在中國首位皇帝（秦始皇）知名陵寢內的七千座真人尺寸陶俑，主要也是由黃土構成。大約在同一時間，無數民工建造出日後統稱為「長城」的頭幾段牆垣：牆基是黃土夯實、牆面是黃土燒磚。許多世紀之後在明朝統治期間，黃土又將它的色澤賦予了帝國國都紫禁城的屋瓦，官員也使用黃瓷製成的禮器在地壇進行祭祀儀式。

黃土本身很難成形，作為陶瓷材料用途有限。但經過千年以上的雨沖水洗，黏土成分逐漸增加，可塑性已經提高。高嶺土則是花崗岩沖洗出來的沉積土，經常在有黃土處發現，是捏陶作器的最佳材料。早在新石器時代，工匠即已開採適用的黏土，在黃土層最薄的地點設立窯址，以方便取得埋在底下的高嶺土。而這種黏土也成為商代白陶的物質基礎，北方陶工將它們燒成高溫器皿，歷時超過一千多年。[14]

中國的製陶與冶金

黃土的利用，決定了西元前一七〇〇到五〇〇年間的中國青銅時代製陶發展。[15]因為它主要由石英構成，熔點極高，是構築高溫窯的最佳建材。此外，它的黏土含量低，意謂在乾燥與燒製過程中不會收縮，非常適合製作陶模陶範，澆鑄商代主要的藝術傑作：青銅禮器。這些銅器的形制多從陶器而來，雖然上面的裝飾圖案——獸首、異獸和渦紋——多是淺浮雕或陰刻，而非彩繪。常見的紋飾主題是饕餮紋（現稱獸面紋），是一張面具般的獸臉，這個神祕生物有角、巨睛凸出、血盆大口。[16]陶匠先在模子上雕出紋飾，有時需要不止一塊範模；若是鑄鼎，有時更需要多達十一件大小部位。鼎是有三個立足的圓形容器，陶匠組合外範與內模，中間留下器形厚薄所需的空隙，倒入滾燙的銅錫溶汁。冷凝後撬開土塊，剖出裡面的鑄器，然後打磨拋光。黃土材質一致性高、收縮率又低，是絕佳的模具，可確保鑄器成品完全複製重現精心刻飾的圖案。

黃土製作的模型，即使在高溫下也能保留原狀，因此可供澆鑄工藝精湛、紋飾細密複雜交纏的高品質銅器。做為禮器，無論祭祀、陪葬、廟堂和宴飲，青銅器都是身分的象徵與追求的對象。它是階級秩序與宗法禮制的中心，天子朝廷主控其生產製作，擁有這些金屬器物，代表物主地位崇高、權勢顯赫。商代的婦好大墓內有超過四百件青銅器，包括五十三只高腳酒杯；此外還有陶器、象牙雕刻、玉飾，以及一具漆棺和七千枚子安貝。[17]墓主婦好是商王武丁的王后，時間約在西元前一二〇〇年。進入東周春秋時期，冶煉技巧增進，愈發導致大規模的青銅產製，單單是一處鑄坊的考古遺址，就挖出了數萬件的模具。

這些禮器是青銅時代流傳下來的遺產，對中國藝術與文化的歷史曾發揮深遠活絡的影響，一直到二十世初清代落幕為止。西元前一一三年，工人挖坑時發發現一座銅鼎，據說出土時有一片神祕的光彩熠耀地籠罩著它。士大夫將它呈獻給皇帝，指出上古只有過一件「神鼎」，後來成為帝王祭祀天地神明之際實際用器的模型。[18]因此在一定程度上，所有古鼎都一脈相承，共有著那件原初神聖典範的吉祥、崇高與威信。從漢代到清代兩千多年以來，歷代帝王無不致力於蒐集各式古代彝鼎，因為他們認為，這些器物體現了傳奇的過去、神靈的力量與政權的合法性。而陶工也借用青銅作為重器的聲譽地位，早在商代就已開始用他們的媒材複製這些金屬器形。

隨著冶金術的進步創新，在新石器時代享有最高禮器、葬器地位的陶器，到了商代只好把第一名拱手讓給青銅。[19]進入漢代，金銀器開始廣泛使用，陶器再度屈居次位。儘管如此，因為陶器能夠擬仿複製他種材質，因此不致淪為只是功能性一般的器具。陶土可以模仿昂貴的金屬器，使得宮廷外的富家大戶也能享用流行的形制、色澤和紋飾。商代工匠以陶、炻複製青銅器，更以釉色模仿古器綠鏽，刻畫螺旋紋仿效銅器上的飛龍。到了戰國時期，以陶代銅作為禮器的風氣大盛，上層社會接受它作為「明器」，專門作為陪葬以供逝靈之用。青銅器價昂，製作一件可抵兩年工價，陶器替代品自然有明顯的吸引力，尤其在經濟不振的年歲，如西元二二〇年漢帝國終於瓦解，天下分崩離析，出現的正是如下景況：青銅器產量銳減，釉陶在權貴之家的角色變得更為廣泛。[20]

以黃土製作陶模，意謂著製陶、冶金兩大技術在中國攜手發展。同一批人必定既是鑄匠也是陶工，因為這兩項工藝彼此依賴、相輔相成。在銅錫熔液真正傾入範模的步驟之前，這件青銅器的生產階段可說全由陶匠掌控。製陶業的高效窯爐、陶模製作和陶藝發展，在在刺激了冶金技術：從高溫冶煉、銅器鑄造，到以銅鑄仿製陶器形制，比比皆是。歐亞大陸西部和世上其他地區的鍛冶傳統，都是以槌、砧敲製金屬器開始。但敲打法卻不屬於中國傳統冶製技巧，中國最早的金屬器物是從製陶背景衍生，如此脈絡在世界文化中獨樹一幟：銅器以陶器為範式、陶模又決定了銅件的形狀與紋飾。

一種重大的科技模式於焉建立：青銅時代過去了，製陶、冶金的互惠關係卻持續不斷。及至商代晚期，日益強大的冶煉爐已促成高溫窯在中國北方出現。西元五〇〇年，窯爐的大幅改進更把整個時代帶入鐵的使用：因為鐵的熔點為攝氏一千五百三十五度，高於銅的一千零八十三度和錫的兩百三十一·八九度。最重要的是，中國工匠再度倚靠他們長期的製模經驗鑄作鐵器：他們「鑄鐵」——將鐵加熱成汁，倒入範模之內，一如澆鑄銅器，而不是世界其他地方採用的敲打式「鍛鐵」。雖然澆鑄法比較浪費礦砂，但是中國鐵礦蘊藏豐富，不虞匱乏。進入唐代中國，北方原始森林終於砍伐一空，又有煤礦起而代之作為燃料。

鑄鐵生產，對中國經濟造成多方面的巨大連鎖效應，尤其是伐木、農耕、工程、採礦和製鹽。利用陶質模具，鐵匠鑄造出用於蒸發鹵水的薄盤、斧、犁、鍊、鋤、鋸和壺，以及西元之前的歷代軍備。初唐那位惡名昭彰的女帝武則天，熱情贊助佛教，曾下詔用鑄鐵建造一座三層寶塔，塔頂是一隻象徵她的高聳鑄鐵鳳凰，塗滿黃金。北宋時期開封也豎立了一座鐵塔，十三層高（五十四公尺），披掛琉璃。進入十一世紀，由煤渣煉得的焦煤成為北中國鼓風高爐的燃料，鑄鐵產量大為提高，每年超過十一萬三千噸。宋代的國家軍備工業，為一支百萬大軍提供全套裝備，包括矛、鏃、劍、盔和甲。必須再過五個世紀，歐洲才開始使用如此大量的鑄鐵。[21]

陶工與鐵匠關係密切、相輔相成，加以天然資源提供一流的陶瓷物料、煤炭和鐵礦石，遂予中國關鍵性的優勢，勝過天下其他地區。由以下事物出現而定義的「文明」：作物栽植、家畜蓄養、聚落定居、信仰崇拜、書寫符號和疆土政權，在西元前四千年左右首次誕生於美索不達米亞（亦即今日伊拉克），地點在底格里斯、幼發拉底兩河下游的蘇美人神廟社區。不出幾個世紀，蘇美－阿卡德村民就有三百五十種不同的陶器名稱，更有陶工組成的行會使用大量生產的技術。[22]相對而言，中國地區的文明出現較遲，美索不達米亞的重大成就發生兩千年後，相同定義的突破性發展才在黃河流域出現。

由於早在有文字紀錄的歷史年代來臨之前，人類就已橫跨中亞進行溝通交流，因此我們並不清楚哪些突破性的發展是中國文明本土自行開發，又有哪些是受到美索不達米亞影響而生。總之，中國在陶瓷與冶金兩方面突飛猛進，後來居上，一下子便超越了西南亞的古老成就，原因正出於這兩項技術的相互刺激和彼此強化。雖然也有其他因素，包括地理位置相對隔離、帝國一統形勢成形甚早等，致使中國循著一條獨特的軌線發跡、成長，迥異於歐亞大陸其他文明；但是談到令萊布尼茲及其同時代人豔羨不已的中國技術成果，數千年之久的「陶金共生」背景，的確功不可沒。

唐瓷誕生：青銅時代至唐代的陶瓷

黃土提供物料、陶冶相輔相成，再加上陶冶而造窯經驗豐富，此三大因素結合，歷經了許多世紀，中國人逐步發展出精湛的燒窯技術。[23]人類摶土作器，但無論使用哪種黏土，如果窯溫未達足夠高度，都只能燒成一爐陶器。法皮克巴薩指出，義大利陶匠「認為造窯方式是最高機密，整個作陶藝術盡在其中」，好窯才能造出一流器皿。[24]當然，中國陶匠也不例外地抱持同一觀點，而且他們更占優勢，因為中國造的窯效率高又耐燒。反之西南亞地方的黏土耐火性差，理想窯溫範圍在攝氏一千至一千一百度之間，一旦超過一千一百七十度就會熔化。這項先天限制，促使早期的美索不達米亞和埃及陶匠必須依冶爐模式建造陶窯，也就是材料與燃料必須近距離接觸。他們的磚爐由地面築起，呈矮胖的瓶狀結構，火膛直接就在素坯下方。這種方法可以產生均溫，卻無法達到高溫。

最好的方法是，把器物隔離窯爐火源。中國人使用耐火土建造高溫窯的經驗久遠，他們的下風口式陶窯也成為鑄鐵用的回熱反射式鍋爐模型，也就是導引火焰由爐頂反轉朝下向金屬加熱。這類窯爐採用黃土築造：直接在凸起的高處掘出窯室，夯實窯壁，再挖出一條孔道通向地面。只要排煙、通風良好，火勢就強。中國耐火窯還有一個長處，就是耐用，至少燒六十次才需要維修。反之，西南亞的陶窯幾乎每燒十二回就得停工，因為他們的造窯用土很容易被高溫燒壞。

很早之前，中國窯匠就把一部分陶窯結構造在地下，藉用這些富於石英質的土壤提供有效絕緣。新石器時代築造的四四方方小窯，可燒達攝氏八百度，大約也是人類原始篝火燒坯所達的相同溫度，不過，這種溫度只能燒出多孔隙的粗陶。[25]接下來出現的窯爐，已可高達攝氏一千兩百度，早在商代就已經問世，也就是炻器形成的溫度。進入戰國時期，窯身一部分築進黃土坡內的北方窯開始呈馬蹄形建造，有兩個並排的煙囪，窯溫更高，可達攝氏一千三百五十度，正是瓷化現象開始發生的溫度點。周代的長江下游地區使用「龍窯」，窯址依坡而建，產生自然通風，遂使窯溫一躍而升，溫度高到歐洲窯爐直到十九世紀才能企及的高溫。這種多窯室構築的長條形窯，觀之彷彿一道極度斜臥的煙囪，利用下風口式循環散熱的方式運作，火頭在窯口位置，預熱上升空氣。周代長江谷地的陶匠利用一千二百至一千三百度的高溫燒造炻器，成品被當成奢華精品輸往黃河流域。及至宋代，南中國的巨型龍窯沿坡而上，長達一百四十公尺，呈二十度斜角，一次可同時燒造數萬件瓷器。

明末的景德鎮開始廣泛使用蛋形窯，因為這種窯的形狀就像半顆蛋臥在地上，不過唐英覺得它有點像翻倒的水罐。不再採用龍窯，是因為景德鎮附近的柴薪供應開始稀少。蛋形窯加熱快速，絕緣尤佳，所需燃料比龍窯少，成本因而降低。殷弘緒描述這種窯通常高三十六公尺，寬七十三公尺；一次作業，可以不同溫度同時燒造各式器皿和各色釉藥。他還告訴讀者，圓弧的窯頂「極厚，可容人在上行走，完全不受下方熊熊火干擾」，或許是記述他的親身體驗。

殷弘緒的信花費很多篇幅談論釉料，這項陶藝技術的實現必須倚靠精良的陶窯才能畢竟其功。一七二二年那封信完全在報告釉料配方，顯然因為他看出這層施在胎面的塗料比胎土容易仿製，對法國陶匠而言難度較低。高溫釉早在青銅器時代即現身長江盆地，歐洲人首度開始使用高溫釉是在整整三千年後。[26]這些以木柴為燃料的古窯，燒到炻器所需的溫度時會產生一種自然的草木灰釉，有些掉落到正在燒製中的器表，構成斑駁不勻的釉面。此外還會出現釉晶，並隨著窯愈造愈大、冷卻時間變長，效果益發顯著。總之，早在商代，陶匠就已經注意這些現象，於是開始特意追求複現，以人為方法操作釉料在窯內的變化效果。

進入漢代，陶工在釉中加鉛；鉛可助熔，也就是降低必須的燒成溫度。這是技術上重大的轉捩點，因為經鉛釉覆蓋，氧化鐵的發色在平滑反光的器面上益發鮮豔明亮。鉛釉的應用，促使陶器大量改採彩繪裝飾，形成唐代陶器的一大特色。中國瓷器的精美釉彩，是致使這項商品出奇受人歡迎、尊崇的一大重要因素。陶匠得以用高超技巧仿效金屬品與寶石面，創出各式濃淡變化來模擬其他材質，比方玉石、青銅和漆器，更可以在器表畫上精細多彩的繪飾。

如此高明的技藝，先決條件是必須對控火技術具有完備認識與控制能力，尤其是窯中的氧氣量。還原氣氛（亦即燒造時減低氧的供應）燒成的器色，主要以灰冷（或青綠）色調為主；氧化氣氛（氧氣供應充足）燒成的器色則呈暖色系的褐、黃。[27]唐代意外發現了不同窯溫的燒成效果，宋代發展出更有把握的窯溫控制技巧。這一切其實並非偶然，需要非凡的發明創意與精通、熟練的技能。這些古代陶匠沒有精確的測量工具，完全憑仗嘗試錯誤的法則鑽研，學習如何測度窯中此刻的氧氣含量，以燒成想要的色彩，同時還要顧及溫度對釉料黏度、各式色素，以及胎土本身的影響。一如殷弘緒信中強調，製瓷是件異常不確定又昂貴的事情，使用大窯、高溫，追求微妙、複雜，必然會產生大量失敗廢品。

一點一滴的嘗試與改變，包括實驗各種原物料、改進窯爐構造、開發製釉施釉技巧、學習控制窯內環境。若沒有這些人為努力，只憑中國陶匠可用的自然資源，包括從黃土到高嶺土以及瓷石，也不可能在唐代便創出真正的瓷器。西元二二〇年漢室傾覆，中國陷入紛亂，天下分裂成好幾個小王國，北方落入南下入侵的異族手裡。又有接二連三的天災來襲：乾旱、洪水、疫疾，造成中國人口銳減。大批難民逃離北方，其中也包括陶匠，他們有些在長江以南重建自己的陶作。及至西元五八一年隋代興起，中國再度統一，才緩緩恢復元氣；瓷的出現，很大一部分必須歸功於這個復原時期各地紛紛崛起的陶業中心。隋唐兩代經濟復甦、政權回歸中央，陶業也出現前所未有的蓬勃發展，不但國內市場競爭持續增長，也為海外新客源產製外銷器皿，同時更競相爭取最最重要的客戶垂青——帝國朝廷。

唐代製陶中心如雨後春筍出現，窯址至少遍布十四個州郡、五十個縣，數目是隋代的五倍，絕大多數都產製各式器皿。[28]激烈競爭之下，最純淨的黏土、最時興的形制、最具新意的裝飾、最如絲般柔滑的釉質、最耀目的釉彩，成為炙手可熱最受重視的特色與目標。一如慣例，陶匠迅速參考——意思是竊探、抄襲——競爭對手的最佳工法，因此更促進整體陶瓷標準提升到更高水準。默默準備了兩千多年的陶藝，終在唐代開花結出瓷實，也就不足為奇了。

中國與歐亞大陸其他文化的互動關係，此時也出現轉型，愈發刺激「陶」在七世紀初過渡為「瓷」。隋代商人開始大量進口西南亞商品，數量之高前所未有，其中以東地中海地區及波斯銀器最受矚目，上從帝王下至民間，人人珍愛，並以青銅、漆器材質仿效。這些外來銀器和中國仿製品既新奇又好看，不到一個世代的時間就成為陶藝業模仿的對象。唐代北方陶匠紛紛以銀壺、銀碗和銀碟為師，抄襲它們幽黯的色澤、修長的器形、瓣形的器身。[29]

當然，他們使用的主要黏土是高嶺土，它的礦物成分在各方面都可以滿足這項模仿任務開列的條件：高嶺土燒成的器色出奇潔白、可塑成極為精微的造型細節、又能耐窯火高溫而不會熔化變形。唐代陶匠從而創造了世上第一個真正的瓷器，雖屬新材質，卻源遠流長，從漫長的高溫製陶背景自然地、悄悄地、幾乎無形地生發演變而來。並在最後關頭臨門一腳，受到新文化力刺激啟發，終而誕生。也正是透過這一股又一股新的文化驅動力，中國與世界其他地區產生連結。

黃中國與藍中國：東與西、大地與海洋

與歐亞大陸西半部進行廣泛的文化接觸，其實只是唐初中國眾多改變的其中一個面向。唐代以隋制為基礎，略微擴大了政府用人的管道，透過考試甄選人才，試題以儒家經典為主。一千年後，歐洲哲學家最佩服的中國制度之一，就是以考試選拔官吏的方法。隋代還有一項開創之舉：開鑿了聯絡黃河與長江水域的大運河，這個人工水道隨著時間演進，證明了其重要性不下於考試制度。大運河全長在十四世

紀臻於巔峰，高達一千七百九十四公里（約等同從紐約市到田納西州孟菲斯市的距離）。對照之下，同類工程在歐洲，最大規模要屬一六八一年完成，切過法國西南部連接地中海與大西洋的朗格多克運河，總長二百四十公里。而英國境內銜接川特、莫西兩河的人工水道，流經瑋緻伍德那幢喬治亞風格鄉間大宅邸伊特魯里亞莊的門前，始建於一七六六年，費時十年完工，被愛國人士譽為「世界第八大奇蹟」。[30]從此可以從北海邊上的赫爾出發，搭乘大型平板船一路向西，直抵愛爾蘭海口的利物浦，再轉運河從塞文河連到布里斯托灣。全程卻僅僅一百五十公里，只及中國大運河長度的百分之八。

人造大運河開通，成為中國一條重要交通動脈，南方盛產的稻米可以運往帝國的權力中心。漕運供應了國都一百萬人口以及邊防駐軍所需；駐軍捍衛疆土，以防游牧民族入侵。及至八世紀，長江下游地區已成為帝國不可或缺的糧倉：南方的富裕與資源，成為北方政治與國防的財政擔保。利瑪竇記載：「南方各省，為帝王提供了即使在北京貧瘠地帶也能舒適生活的一切所需所要：水果、魚、米、絲綢，以及林林總總六百種其他事物，全都必須克日定期送達。」[31]明代有位官員也曾引述已經沿用數百年的老比喻——大運河如人咽喉，一日不能吞食，必死無疑。[32]這條人工水道同樣令南方受惠：農產品及各式製造品的運送成本大為降低，幅度高達八成。江西來的瓷器，就是一種最早由大運河北送的貨物。

總的來看，中國長期處於某種可稱為「黃中國」對「藍中國」的緊張關係之中。[33]簡單地說，前者代表黃河、長城、農業優先、大陸至上、命令式經濟體制、儒家文官制度、漠視海洋世界。後者則意謂長江下游、市場經濟、自給自足、文化互動、長距離貿易、迎向海洋。黃色的北方擔心游牧民族入侵搶劫：防守的心態之下需要一個只有黃土大風橫掃、駱駝行商來往、靜態不變的邊防國界。藍色的南方卻面對不斷流動改變的邊疆：唐代行政區域擴展，直入廣東、廣西和越南北部的炎熱地區。漢代覆亡之後，北方有人評論：「南方遠地，風土殊異，氣候亦不同。」[34]十三世紀後期，馬可波羅也將中國南北兩地幾乎視同異國，南稱「蠻子」，北為「震旦」。

如果大運河工程從未發生，一個持久的藍色屬性中國或許可能在南方出現，成為獨立存在，甚至向外擴張，納入越南海岸地帶以及東南亞部分島嶼——變成一個因為同有海洋導向定位、投入長距離貿易交流而結合的區域。可是中國精英階級始終堅持大陸觀點，將視線固守在由北方發號施令。[35]對他們來說，海洋是商人的場域，是逐利而非逐位者或追求原則者的天下。海洋代表著無法治理的陌生異域，他們往往心懷憂懼視之，而且務必盡可能地避而遠之。十八世紀晚期以前，荷屬東印度公司和英屬東印度公司對亞洲的文化影響力有限，是因為它們和各自的母國有牢不可破的臍帶關係，也因為替公司為股東求利是其不懈目標。中國的出洋航商，在海外的文化影響力同樣有限，原因卻出於中國官方認為這些商人為求營利，與母國聯繫鬆動。因此，這片從南中國海直至暹羅灣、被視為「亞洲地中海」的廣大海域，在中國的世界觀裡只扮演了有限角色。[36]

相較之下，西亞始終有一個明顯的海洋觀。陸續出現在美索不達米亞的各個帝國，都認為控制波斯灣並取得入海通道，是其商業繁榮與國家安全的首要之務。對古埃及、腓尼基、古希臘而言，東地中海代表著貿易高速公路與兵家決戰場地，這方面的考量促使各個王國和沿海城邦都致力於設置港口、建立艦隊。對羅馬來說，整個地中海將帝國結為一體：運兵靠它、從尼羅河運糧到義大利更靠它；這些糧船一程一程接力，不可或缺也永無止境。最重要的是，羅馬之所以無比穩固又具靈活彈性，正是因為控制了地中海，因此能成為鐵器時代西方眾帝國中最強大的帝國。位於地中海西北方向的國家——葡萄牙、西班牙、法國、荷蘭和英國，也承續了羅馬遺留的海洋觀點；它們朝西看向大西洋，同時又經由水路與地中海區域進行交易往來。

因此，商業、戰爭和海洋，從西方誕生就交織不可分離。哥倫布更將地中海和大西洋兩項傳統結為一體，因為他土生土長於熱那亞港，居於葡萄牙多年，且呼籲歐洲各國君主資助他的探險大業，最終航過大洋成就他最偉大的發現。早年熱那亞與威尼斯兩大商業宿敵，更是將戰爭與貿易結合，把權勢與利潤綁在一起拚個你死我活的最明顯例證。接下來，荷屬東印度公司、英屬東印度公司諸人，為他們所屬的貿易帝國扮演戰士兼商者的角色，其實就是承襲熱那亞和威尼斯兩地形成的制度與思維。[37]荷屬東印度公司奉行「以軍事武力強行貿易」的政策。[38]一七一八年，英國駐孟買的總代辦奉勸英屬東印度公司董事會，務必建立海上軍事力量，以防印度王公控制商貿活動，「無海軍無以成商貿；威不立則友誼不在」。[39]根據利瑪竇的記載，十六世紀初葡萄牙船隻開抵中國南方港口，船上所載的大砲，以及葡萄牙指揮官不惜迅速訴諸暴力務要取得貿易管道的決心，都令中國海關官員為之震驚並極感憂心。[40]起先他們反對讓外國人進入中國，但是見到非法獲利的誘惑，旋即讓步。這場東西相逢，儒家官吏系與西方航海系各自代表本身的傳統：前者是大陸導向思維，遵奉以陸地為根基的權力中心；後者則屬海洋導向，以軍事武力為後盾開創海上事業。

利瑪竇認為，中國南北兩大地域具有根本不同的性格：「北方人比較驍勇好戰，心思卻不及南方人機敏靈活。」這個看法影響了孟德斯鳩，還寫入他的《法意》，書中大量採納赫德對耶穌會士報告所做的編纂整理：「北方中國的人比南方英勇。」[41]的確，連中國人自己都說長久以來南北對比分明：北方人勇猛會打仗；南方人精明會做生意（或曰貪婪）。不過，黃與藍對峙的緊張關係在唐初有所緩和，北方的行政性格和南方的商人性格彼此相安，找到了共同的立足點。及至游牧民族再度攻占北方，中國國都南遷到長江南岸的杭州，有史以來第一次也是最後一次，藍色中國在南宋時期取得明顯的指揮權。

大運河的開築，將帝國控制勢力以及中國文化向南延伸。這片廣大地區，從漢朝起開始納入今天稱做「中國」的這個本體。唐代至十一世紀期間，全國人口激增，成長了五倍。[42]漢亡之後天下大亂，北人向南方遷移，其後又見作物栽植的擴展，尤甚是稻米品種改良，收成量豐，在在解釋了人口爆炸背後的原因。唐宋期間，海上交易對南方省分益發重要，亦可從人口增長看出端倪。福建和廣東兩省臨海、丘陵遍布，群山之間環境狹窄擁擠；生活所迫，居民擁抱海洋變成事所必然。一三世紀擔任地方官的泉州詩人謝履，曾寫〈泉南歌〉刻畫當地人面對的生存困境與機會：

> 泉州人稠山谷瘠，雖欲就耕無地辟。
> 州南有海浩無窮，每歲造舟通異域。[43]

沿海居民以各種功能迎向海洋：他們栽種出口作物，如糖、酒、鹽、麵粉；製作出口商品，如陶瓷、紙張、絲綢、鐵器；進口外國貨物，如珍珠、蘇木、硫磺、珊瑚、翠羽和印度棉布，他們甚至移居到台灣、韓國、越南和東南亞島嶼的華人聚落。中國商人將蜜餞、荔枝運銷東南亞群島，金屬器、醃豬肋賣到印度，絲織品、瓷器銷往日本和波斯。一位宋代學者指出：福建全省咸賴海運貿易維生。[44]

唐初商業運輸及海外貿易大增，廣州和泉州首度成為重要港埠。當時有人造訪廣州，看見「來自印度、波斯和南海等等各地的船舶無法計數，滿載薰香、藥材和珍品，堆積如山。」[45]佛教自西元初起在中國逐漸興起，因應宗教儀式所需，東南亞的芳香木與其他林木產品的貿易大盛。[46]進入唐代，進口貿易轉為摩鹿加群島的調味香料和印度胡椒。佛教類商品屬奢侈品，小噸位船隻載送利潤即已可觀；相對而言，胡椒的價位、體積比極低，意謂必須以大型船隻大宗運送才划算。經濟規模優勢所趨，九世紀以後，中國式大帆船開始主宰對印貿易，取代了印度洋開來的較小船舶；製陶業尤其因此獲利豐厚。

唐代的中國海運事業，也從西南亞方向獲得類似的推動力。[47]波斯的薩珊王朝（二二六～六五一）

君主推廣印度洋和印度洋以東的貿易，最遠到斯里蘭卡收購絲品、香料和檀香。七世紀時阿拉伯人征服接管波斯，新統治階層延續舊日商業政策。西元六一八年成立的向外型唐王朝，恰與先知穆罕默德同時期（約五七〇～六三二），此時伊斯蘭勢力在阿拉伯世界建立根基。接下來阿拉伯穆斯林征服伊拉克（六三七）、地中海東岸（六四〇）、美索不達米亞（六四一）、埃及（六四二）以及波斯（六五一），造成西南亞貿易區全面重整：原先語言和信仰分歧、交戰無已的眾家帝國，如今在伊斯蘭下一統。八世紀起，西南亞船舶開始來到廣州，大批阿拉伯人和波斯人在此定居。阿拔斯王朝（七五〇～一二五八）初期，波斯船載貨往返中國，一趟來回一萬六千公里可獲取高額利潤。這些來自亞洲西南部的商人，在印度洋、東南亞和中國的集散港埠形成海外穆斯林僑民，對日後景德鎮青花瓷的發展舉足輕重。

然而，由於唐代皇族血源可追溯中亞的突厥——蒙古部族，因此位於長安的朝廷對北方車隊商旅的興趣勝於南邊的商業船隊。事實上，初唐是西南亞與中國兩方進行文化與政治接觸最廣泛的時期，只有五百年後興起的蒙古大帝國年代可以與之相比。長安的東市展銷來自中國境內各省的貨物，西市則是中亞及東南亞外來商品，還建有六座祆教和摩尼教廟宇。[48]

中亞工匠擅長製作銀器、玉雕。西南亞商人自敘利亞引進紫染毛料、從波斯進口地毯，還有撒馬爾罕水晶和阿富汗北部山區青金石。西元七三二年，長安附近有一處墓地埋入了千件貴重的陪葬品，足以想見當時沙漠商隊載貨規模之盛、品類之多。這批大量陪葬品包括珊瑚、砂金、布匹、波斯薩珊硬幣、銀器、波羅的海琥珀，以及一塊又一塊的玉石。[49]它們或許是由粟特人運到長安，這批人則可能是當時長安人數最多的西南亞裔居民，許多遷自羅馬人所稱的中亞河間地區（目前主屬烏茲別克和塔吉克兩國）。唐代有人記載，粟特人重商，每每逐利而至。[50]他們以銀錠和銅錢計價，賺得的利潤大量運回中亞河間地區。值得注意的是，唐代專門監管外國人的官署稱作「薩寶府」，即粟特語，但源自梵文，意思是「商主」。

絲綢之路：唐代中國與西南亞

唐代墓葬常見陶製雙峰駱駝，連同犬、馬、房舍和穀倉等各種陶質明器。這些駱駝通常施有黃、綠、棕三彩，造像生動寫實、動作逼真；駝峰背著貨物袋與烹飪器具，馬鞍懸吊著香客瓶和腰腿肉——供逝者踏上最終旅程的裝備。有些駱駝峰間，甚至難以置信地乘坐八人樂隊，演奏著弦樂與木管樂器；也有侏儒、雜耍藝人在其他駱駝背上騰躍。它們是幾百年間中國北方相當熟悉的動物，早在西元前四世紀就出現於喪葬雕塑。駱駝帶翼，在中亞地區象徵好運；進入漢代，中國人也視駱駝為瑞獸，因為它們從遠方載來豐富貨品。[51]總之，無論這些唐代陶製駱駝原本的明器功能為何，都無可避免地喚起當年駝鈴叮噹商隊行走絲路的貿易意象。

駱駝行路一小時不超過四公里，絲路之旅因之意謂著漫長艱苦的跋涉，穿越亞洲的乾燥地帶。[52]由駱駝和篷車組成的商旅，從長安出發，穿過長長的甘肅走廊，一路迤邐向西，貼戈壁沙漠南緣而行，沿線有中國小鎮招待過往行旅。絲路在敦煌岔為南北兩道，分繞塔里木盆地的塔克拉瑪干沙漠周邊。北有天山，南是西藏高原的崑崙山脈，夾著這一片砂石惡地；荒涼、無情，不知曾取去多少生命，旅人將動物白骨堆積起來，作為地標記號。多數車隊走北線，沿途沙丘與鹽殼較少，鹽殼是太古內陸海的乾涸遺跡。南線高嶺陡峭，山徑通過西藏與尼泊爾，進入印度東北的恆河河谷。

絲路沿途會出現綠意與牧草地，是冰川路徑與黃土遺下的禮物，稍解岩地、砂石的荒蕪景象。一連串通曉多種語言的綠洲聚落，包括吐魯番、庫車、阿克蘇、和田與且末，便是靠來往商旅謀生。不過他們並非只是中立、被動的休息站，這裡的居民擔任文化經紀，轉手改造四方各大農業文明中心流濾至此的物質事物、宗教觀念、裝飾圖紋和象徵符號。唐代佛教大僧玄奘前往印度取經，來回十六年歲月，便曾在絲路沿線聚落接受維吾爾人可汗（突厥部族）以及軍閥藩鎮的款待。當然，他的佛門同行也接待過他。單單庫車一地，就有百間佛教寺院和五千名和尚，為旅人提供投宿服務，並兼有銀行、棧房功能，並提供商隊駱駝和車駕駐放的空間。[53]

南北兩路又在喀什格爾交會，朝聖人士如玄奘，轉身向南，翻過帕米爾高原和興都庫什山脈的峻嶺，向印度的佛教聖龕與佛塔而去。但主要路徑則是繼續往西，通過中亞河間地區，來到繁華的大都會撒馬爾罕，再從那裡轉西南往波斯，或西行前往美索不達米亞。跨越底格里斯河和幼發拉底河之後，是一段相對較短的路程，將疲憊的駱駝客帶到地中海東岸和埃及。全線始於中國最西端，終於地中海東岸港口，漫漫長途共七千公里，一天最多卻只走三十二公里。馬可波羅能在一年內走完全程抵達中國，實在該感到相當幸運；在此之前，因為沿途政治紛亂不安，他的父親和叔父必須走上三年才終於返抵家門。

絲路之旅歷史悠久，或許可以回溯到銅器時代初期。但在唐代以前的中國人心中，仍將西亞那塊地面視為傳說與仙鄉、異獸神禽之境，是道家西王母的地界，是一座玉石仙山的所在處；而玉則是天下最神奇、神聖的物質。西藏高原似乎是世界的邊緣：道家相信杳無邊際的荒沙崇嶺背後，就是仙家天堂；中國民間故事則將遙遠的西方想像成一片流沙，寒霜逼人、長夜不盡；又有紅蟻、黃蜂為患，前者大如象，後者巨似葫蘆。[54]

這層迷霧面紗，在唐初開始揭起，因為自漢代以來，中國首度將眼光投向熟悉的北方國界之外。七世紀中期，唐朝軍隊甚至取得塔里木盆地四周綠洲社會的控制權，將中國影響力向西延伸幾達波斯。為維繫軍隊也為結盟，唐政權每年送百萬匹絹給中亞河間地區大宛國的粟特人，換取十萬匹戰馬，以維持軍中馬匹所需。據說有一回疫疾流行，一下子死了十八萬匹馬，唐代史官寫道：「馬者，國之武備，天去其備，國將危亡。」[55]購買大宛國天馬，是國庫財力最大的耗損之一，因為百萬匹絹足等於八千四百萬平方公尺的面積，如此高額的出口，造成整個中亞地區把絲絹視同通貨。波斯和美索不達米亞兩地商賈支付中國兩倍的價錢，再運到地中海東岸以高價出售。根據旅人報導，中國絲氾濫於亞洲西南部。

唐初政權之下，佛教進香客、敘利亞商賈、波斯教士（包括摩尼教、拜火教、景教派基督徒）、粟特工匠、猶太醫生、阿拉伯珠寶商、西藏傭兵、維吾爾馬商，絡繹行走絲路。唐代經濟富庶，長安大都會市面尤其繁榮，猶如一塊大磁鐵，吸引各地雜耍人、畫師、舞者、魔術師和樂師紛紛沿著駝路前來。波斯薩珊王朝一些精英顯貴，包括皇室成員，逃離穆斯林征服者的鐵騎也遠來中國避難。然後一個世代之內，方新改信伊斯蘭教的波斯商人又已擠滿長安街頭。外交使節、傳教士和商賈，沿中亞走廊來往，他們的活動集體拉近了相距遙遠的各地區域，比以往任何時候的接觸都更為密切。七世紀中期，唐室四度派遣使節團前往印度，北印度諸邦也派人至長安求取軍事援助對抗西藏（吐蕃）。

唐初的目光向西面聚焦，意謂著七世紀是佛教在東亞大傳播的年代。中國人自印度進口佛教儀式所需的器物，包括珊瑚、珍珠、薰香、青金石、棉布和玻璃器在內。中國和尚有時會擔任外交使節，以大批珍貴絲綢交換印度佛骨，例如據傳是佛陀的顱頂骨。玄奘自印度歸國，帶著二十多匹馬馱了六百五十餘部佛教經典、各式佛祖像以及佛祖舍利。遺憾的是，他唯一的大象在帕米爾高原遇匪陷落河谷。[56]

應唐太宗之請，玄奘為他的西行寫了一篇記事；接下來幾代中國人將他的冒險經歷納入中國通俗文化，以口傳、民間故事、詩歌和短篇故事的方式流傳下來。其中最令人矚目的是吳承恩根據這些材料所作的《西遊記》，一部具有高度影響力的喜感奇幻巨著，由一隻調皮的猴子而非那位虔誠的取經大師領銜擔綱。這部小說知名度之高，一猴一人（三藏）搭檔的超自然冒險故事，遂在十七世紀成為瓷器常見的紋飾。

玄奘取經之旅帶他參拜了多處佛教菩薩。在印度北部恆河附近，他曾在一尊觀世音菩薩的檀香木像前祈禱。菩薩是已證性空之理的覺悟眾生，卻願意捨己救度一切有情。佛陀本身既已達涅槃，超越人世事務，因此信徒視諸菩薩為可以接近又汎愛眾生的祈求對象，菩薩助凡人解決日常煩惱，幫他們修成佛境。西元初始幾百年間，觀世音已成為最能代表佛陀慈悲的化身，是神聖之境最完美的象徵。於是隨著時間過去，亞洲各地佛教地區都開始膜拜祂；祂也成為絲路旅人崇敬的對象，因為祂聞聲救苦。據唐宋時最流行的佛經《法華經》，「是菩薩能以無畏施於眾生。汝等。若稱名者。於此怨賊當得解脫。」[57]

玄奘回國之後，致力宣揚崇奉這位聖者，其後武后也續此聖教大業。接下來觀世音的事業生涯卻發生奇妙轉換：及至十世紀際，祂已在中國民間信仰的影響下搖身變為觀音，專責慈悲與子嗣，更後來觀音女像又化為基督母親的形貌。而觀世音菩薩一路行來，在這趟文化進香之旅的所有階段，不論是斜倚蓮花的觀音法相，或懷抱男嬰的送子觀音，或化身童女馬利亞手持玫瑰念珠，全都透過瓷塑具現其實體形象，令信徒得以親近膜拜。（彩圖三）

唐代的歐亞文化交流

瓷器與中國其他工藝，也呼應了唐代的西向開放態度。[58]絲路沿途的綠洲聚落扮演了中間人的角色，將印度和波斯的圖飾技法以他們的版本傳給中國，比方律動的變化、循環連續的阿拉伯式花紋，格式化的花卉、幾何圖形、模壓浮雕、交錯圖案和豐富多彩的用色等等。許多植物紋，包括莨苕、棕櫚葉飾、牡丹型各色花卉，都隨著僧侶和工匠摹仿無數佛窟、巨墓內的這類紋飾，進入中國藝術主流；主要來源在敦煌，位於絲綢之路的東端。最典型的佛教主題蓮花，便是長途跋涉經由波斯與駝隊商旅足跡從南亞來到中國，在中國的藝術與建築開花結出勝利果實。中國瓷的一大紋飾配置技巧亦是深受外來影響的結果：一圈纏枝花環繞，中心一個圓飾，或鯉或鴨或又一花。這個設計一直傳至今日，化身成為現代餐盤上常見的標準圖案。

佛教的吉祥事物，如菩提樹、寶傘、法輪和法螺等，都成為中國常見裝飾。孔雀、牡鹿、野生羊、鷹隼，則透過西南亞銀器紋飾進入中國圖案總匯。紡織品也於圖案的傳播有功，因此翼馬、獅鷲和獅頭羊身獸的圖像，也在此時紛紛自西南亞抵達中國。連同而來的是新奇度不下於它們的真版實物：孔雀、獵豹、椰棗、無花果樹、茉莉花、杏仁樹、生菜、馬球、棋戲。中國也回以餽贈，派出杏樹、大黃與蠶繭西行。

西南亞的玻璃和金屬器皿也來到中國；時機一成熟，陶工自然開始摹仿。飾有鳥首的銀壺從波斯翩翩抵華（也有可能來自地中海東岸），中國精英消費者稱之為「胡瓶」，將它們陪葬墓中。陶匠依樣製作，遂使此物大為流行，蔚為時尚。一頁陶瓷史，可說迂迴反轉，幾百年間彼此影響回傳：商人又將唐版的鳥首瓷壺回銷西南亞，進入十一世紀，那裡的手工藝匠不分陶匠或金屬匠，紛紛起而仿效。西南亞製作的香客隨身壺銷至中亞各地，與游牧民族的皮革水囊合而為一，中國陶匠又將它們轉為瓷製，稱做「扁壺」，經常掛在唐代駱駝明器身上，有時邊緣還仿塑有皮革接縫。扁壺的紋飾，源自希臘化時代東地中海區諸國，包括女舞者、有翅的獅子與馬上弓箭手種種浮雕。瓷製的香客瓶成為唐代的高級墓葬文物，商人也將這些明器和其他器件一起銷到西南亞。[59]（彩圖十三）

在西南亞許多地方，考古學者已經發掘出唐代的陶瓷碎片：伊朗瑟羅夫的一間清真寺下方，出土了五世紀的黑釉陶殘餘，波斯灣北岸更發現目前該區內最早的中國器物。這些器皿幾乎可以肯定是搭船來到波斯，水路一直是這類商品偏好的運輸型態。中國與西南亞之間海運商貿往來的考古證據，遲至一九八九年才首次問世，因為調查一艘九世紀初的阿拉伯或印度沉船而發現，地點在蘇門答臘與婆羅洲之間的勿里洞島旁邊。中國瓷器只是全船貨物的一小部分，卻包括北方的精美白器、多彩釉碗以及廣東出產的大甕缸。該批白器是目前所知第一批中國出口瓷。[60]

正如絲路商旅必須熟知敦煌至撒馬爾罕之間綠洲與山脈分布的地理知識，廣州至波斯灣各港之間的海上貿易也取決於對南洋季節風的理解。中國人稱此風為「舶棹風」，是支配船期啟航的氣候構成要素。[61]至少從西元一世紀起，羅馬、西南亞和印度商人就已經掌握印度洋的季風時間表。當時有位佚名作者，或許是位在埃及的希臘商人，製作了一本小冊《印度洋、紅海、波斯灣航季》，列出何時可以安全航行於阿拉伯與印度西岸之間。[62]唐宋時期，各國商人和貿易團體也蒐集東亞各地風向資料。唐代航海商人的事業，便根基於這類知識的積累。藉由中國與印度洋之間穩定、可靠、可預知的舶棹風，他們為中國與西南亞建立了首度大規模且長久的海上聯繫。進入宋代，海上貿易擴張，中國人更因此項知識成就而深得其惠。

儘管如此，唐初最重要的商道始終是陸上絲路，而非海上瓷路；絲路，是該時期活力與富裕程度的先期指標。然而大約在八世紀中葉，唐王朝的統治遭遇重大麻煩，家國遭變，與亞洲其他地區的往來也受到破壞。突厥——粟特裔的唐將安祿山叛變，帝國陷入混亂，原本繁榮的經濟阻滯，激起了強烈的懼外心理。數萬人喪生，長安城部分市區變為廢墟。城內原本眾多的佛廟和寺院，除極少數外全部消失。異國服飾與娛樂也銷聲匿跡，佛教失去了貴族與士紳階層的認可；八四〇年代出現大肆的破壞，摧毀了全帝國境內的佛教壁畫與雕塑。唐室政權開始反對外來宗教，八四五年甚至下詔驅逐；許多世紀後同樣禁令將再度出現，令耶穌會士掙扎面對。爭戰、叛亂和疾病重創最富裕的地區，包括長江下游。七五五年，暴徒在廣州屠殺了幾千名穆斯林。數十年後商貿恢復，又有海盜和其他叛亂份子劫掠各港，再度令海外活動受到打擊。許多航海商人，無分中國或西南亞人，都往越南北部避難，並從那裡繼續進行他們的海外業務。唐政權也失去了對高麗與川緬之間邊區的控制權，陷入四面受敵的局面。[63]

遠在天邊之外，發生了一個事件，成為安祿山叛亂以及之後一連串災禍打擊唐帝國的前兆。西元七五一年，在撒馬爾罕之東、巴爾喀什湖之南的塔拉斯，阿拉伯大食帝國的阿拔斯軍打敗了唐將高仙芝的部隊。勝利者將數千名中國人擄回巴格達——阿拔斯在底格里斯——幼發拉底河畔的國都。或許就在那裡，中國將造紙、織絲和製釉的知識傳授給了當地人。一場不起眼的衝突，發生在兩大帝國最邊緣處，卻代表著歐亞大陸命運的轉折點。數年之後，安祿山叛亂造成唐帝國財政破產，中亞河間地區的汗血寶馬價格飆升到四十匹絹一匹。面對勢不可擋的敵軍以及財務危機，中國軍隊只好從絲路沿線的軍事據點開拔回師，從此讓伊斯蘭勢力在這裡擴張，佛教則步入長期衰頹。[64]唐代陶匠塑製的陶馬，無論是結實精瘦的牧馬，還是肌肉賁張的戰馬，自此以後皆停止生產。而後的宋代馬型身量較小，圓圓的鼻頭、粗短的腿，模樣不及先前宏偉。

塔拉斯一役結束了一個時代，中國從此失去在中亞地區的主導地位，直到十九世紀前，華夏帝國都不曾重伸它在此的權力。但是唐朝繼續尋求與阿拔斯王朝建立良好關係，先後曾歡迎好幾批使節來到長安，還獲得阿拉伯軍隊之助對抗安祿山叛軍。貿易量雖然減少，仍繼續在絲路進行，阿拔斯派往中國的使者回國時也帶著瓷器禮物。一名波斯總督向哈里發哈倫拉希德獻上二十件御瓷，是「從所未見的極品」，另外還有兩千件一般陶瓷。[65]九世紀時，阿拔斯哈里發在兩河邊上起造巨型宮殿，同樣刺激了對瓷器以及其他各式中國產品的需求。

無論絲路形勢變得多麼危險不穩，總是有商人認為有利可圖，值得冒險跋涉。然而，塔拉斯一役、安祿山叛變、吐蕃（西藏）搶得河西走廊的控制權，以及北方游牧民族強大聯盟的崛起，一連串發展使得進入宋代的中國與中亞之間的政治關係完全轉型。中國從而只抱著憂心看待絲路，不再受舊日的神話與奇想迷惑。駱駝商隊沙漠路徑的另一邊，是搭帳篷而居的游牧民族所馳騁的草原，這些馬上戰士將重新繪製中華帝國的版圖。為本身安全計，北宋必須與中亞強國建立外交接觸，直到契丹族的遼國征服北中國，結束了宋王朝的第一階段。接下來女真建立的金國又擊敗遼，幾乎切斷了宋帝國與中亞的所有接觸，[66]女真甚至每年向南宋索銀二十五萬兩以及同樣多匹的絹。從一一二六年至一二七九年蒙古滅宋為止，中國君主只能從長江之南、位於浙江杭州的臨時國都，治理他們殘存的帝國疆域，統治面積僅餘原有中土的三分之二。北方強權橫亙阻絕，絲路不再可及，南宋毅然轉身，迎向海洋。

四、中國的瓷文化

商業、士大夫、鑑賞家

西元一〇〇〇年至一四〇〇年

宋代《嶺南代答》作者周去非稱讚大型海船「舟如巨室，帆若垂天之雲」。[1]的確，不論朝廷、民間，看見這些巨大的平底海船都很有理由感到滿意，因為它們出海對經濟繁榮作出重大貢獻，儘管北邊的游牧政權對國家施加無比沉重的壓力與無情的威脅，宋代中國經濟的富庶與成長卻更勝唐初。

商業

中國大多數地區直至村里層級，此時都捲入一個商業化與貨幣化的全面網絡之中。[2]銀錠流通量從一〇〇〇年不足百萬，及至一三〇〇年已躍升千萬。政府發行的銅幣——北宋時共達兩億貫（約兩千億枚）——流出中國，成為東亞的國際強勢通貨。一〇七四年有位官吏抱怨，這些大型海船出洋什麼都不載，就只裝了滿船銅錢，彷彿想把全中國的錢都倒進南中國海哪個洞裡。次年，另一名官員寫道：「邊關重車而出，海船飽載而回……錢本中國寶貨，今乃與四夷共用。」[3]又有位海關官員抱怨：「闍婆（爪哇）……胡椒萃聚，商船利倍蓰之獲，往往冒禁（走私），潛載銅錢博換。」[4]

為增加銅幣供應量，南宋高宗皇帝下詔禁止以銅製作居家器用，並為了替特權階級樹立榜樣，以身作則採取驚人之舉，一口氣銷鎔了皇室收藏的一千五百件銅器，悉付鑄錢司。十三世紀時朝廷更明令要求瓷器外銷，以遏止現金與昂貴的金屬外流。正如一二一九年某份政府公文指出：「以金銀博買，洩之遠夷為可惜。乃命有司止以絹帛、錦綺、瓷漆之屬博易。」[5]幾年後有位官員寫道，瓷器已銷往所有與中國有接觸的外邦。

貴重金屬外流嚴重，為求止血，南宋政府發行了相當於四億貫銅錢的紙幣。這項權宜之計造成通貨奔騰膨脹，一直持續到明初。同一時間，經濟革命也在信貸機制、農業生產、水路運輸和冶金工業各方面發生，使中國成為世上最富有、經濟活力最強的國家。西元一一〇〇年的中國約有一億四千萬人口，城市居民達六百萬，比當時全世界城鎮人口總加起來還高。海運貿易成為政府財源的一大支柱，占總稅收百分之二十。進口稅收表現績優的通商口岸官吏，朝廷也予以獎勵；獎勵措施之下，百年之間關稅收入激增，當時政府規定稅率為一成，由十世紀後期的五十萬貫躍升為六千三百萬貫。[6]於焉，有史以來第一次，中國開始將海洋視為商業區域，並創出「海商」這個名稱，專指依靠海洋交易為生的人。[7]中國成為海上強國，有海軍維護國防、有運輸船隊將糧食和貢品由南往北運。駛進長江的出洋船舶數以萬計，九大船塢一年造船超過六百艘，需要五萬株樹的木材量。沿海森林砍伐殆盡，見此破壞，一二八二年有位佛教僧侶哀嘆萬木倒地，群山為慟。[8]

航海技術也有進步，如磁羅盤、大燈塔、航海圖等等，在在降低了海洋的危險不可測。信鴿在船楫與海岸之間捎遞價格與採購訊息。商船隊伍的數量與容量都大幅成長，有些平底大帆船可容納千名乘客，有六枝桅杆、四層甲板、防水艙間。在當時，它們是歷來所見最大船隻，將大運河與長江的繁榮經濟與西南亞市場連成一脈。宋代的穆斯林商人如此形容中國：「世上唯有他們兩眼並用；阿拉伯人大概用一隻，歐洲人一隻也無。」[9]中國詩人描寫舵手掌船出海時放聲高歌：「無限權在手，誰怕浪滔天！」[10]

失去了北部稅收的南宋高宗，提倡海外貿易，以寬緩南方子民的稅負重擔。他宣布：「市舶之利於國入最厚。故循故例，鼓勵遠民來售外貨，務使豐沛。若拱置合宜，所得動以百萬計，豈不勝取之於民？朕所以留意於此，庶幾可以少寬民力爾。」[11]福建和廣東都設有官方造船廠，提供民間海運興業之用，交易利潤三七比，七成歸朝廷。某些宗室避難泉州，也以投資者與貿易商的身分投入航運——雖然國法禁止他們從事這類活動——後來納入南支宗室機構，員額迅速由三百人增至兩千三百人，成為這個二十萬人口城市的一股強大貿易力量。[12]宋代官員鄭俠如此描寫泉州：「海商輻輳，夷夏雜處，權豪比居。」[13]

人口成長和對外貿易兩項，尤其刺激了陶瓷業的成長。中國歷代窯址總數，兩宋時期高占百分之七十五；全國有十九個州府一百三十個縣投入瓷器生產。[14]在北宋最主要的陶瓷中心河北，曾有一處遺址挖出十五公尺多深、占地廣達三十公尺寬的陶器碎片場。南宋時浙江龍泉窯獨霸全國，經考古學家確定的窯址已逾五百，許多都使用大型龍窯。廣東省主要服務海外市場，一百座窯日夜出貨。福建南部人口三百餘萬，賴製作和外銷陶瓷為生計者足有一成。境內一百五十個窯區，產值每年一百萬貫錢。泉州取代廣州成為中國最繁忙的口岸，部分原因就是出於陶瓷外銷的巨大增長。[15]沿海地區林木砍伐一空，主因更在燒窯燃料所需，而非只為建造船舶。

南宋時期擴大海運貿易，陶瓷業受惠尤深。傳統絲路載送的主要商品，多屬價值高而體積小，如玉石、翡翠、琥珀和茉莉油；或價值、體積均高，如絲帛、棉織與地毯等高級商品。在某些特殊情況下，遠從中國攜回單單一件陶瓷品即可獲致巨利。唐代有位阿拉伯商人帶了一只黃金頂蓋的中國黑釉瓷，內有「一條金魚，紅寶石為眼，漆以上等麝香。」[16]當然，多數瓷件沒有這麼精緻奢華，只是以沙漠車隊運送的日常普通器物，如西班牙商人克拉維霍約一四〇五年在撒馬爾罕所見，有時車隊規模甚至高達八百頭駱駝。這位西班牙卡斯提爾的旅人指出，「所有遠方來物之中，以中國貨品最為華麗珍貴，因為中土工匠技藝最精，遠超其他任何國度。」[17]駝隊載來的貨物裡面，絲最大宗也最有價值，此外還包括一袋袋鑽石、珍珠、香料和地黃。其中也有陶瓷產品，可是這種商品行走絲路有其困難，正如明代某位官吏指出：

在帝都北京，從蒙古、滿洲、波斯和阿拉伯國家來的車旅，回程都載滿中國貨物，堆積三丈之高。包括大量瓷器，裝上幾十輛車；並為漫漫長途計，每件器內都用泥土和豆子塞滿，再用繩子綁成一綑一綑，小心地置於潮溼條件，不時灑水，直到豆子發芽，豆根蔓延使整個包裝保持緊密。以這種方式運抵亞洲內陸的瓷器，售價可為原來的十倍。[18]

在西南亞出售中國瓷可獲豐厚利潤，即使一路必須費心費力照料，還是非常划算。但是，能夠運送的數目畢竟有限。印度波斯的紋飾循絲路東來影響中國，比瓷器從中國反向而去容易許多。隨著海上瓷路的開發，古老的駱駝商道有了一條對等的海路，瓷器成為這個新途徑的首選，方便、大宗、價值又高。宋人朱彧描述商船駛離廣州的情景：「貨多陶器，大小相套，無少隙地。」[19]連最小件的器皿裡面也包著價值不菲的貨品：鐵針、雕犀和玳瑁梳等。正如菲律賓的西班牙人發現，每年一度橫越太平洋駛往阿卡普爾科的商船，行前在馬尼拉裝船，中國籍碼頭工人裝貨技巧之高果然名不虛傳，類似大小的一艘船，在馬尼拉裝船可比在塞維亞多上兩倍。

海上商人特別喜歡載送瓷器，因為瓷器既重又不透水，是最實用的壓艙貨，可提高船隻在波濤洶湧大海中的穩定度。擔任壓艙的貨物通常都屬低利潤類型：子安貝、岩鹽、鉛錫、黑胡椒、砂石和木材等。瓷器卻提供了另一類壓艙寶貨的選擇，其份量重、價值也高，大大提升了船東收益。[20]以瓷器壓艙利潤之豐厚，使得日後西方商人一加入亞洲貿易圈便迅速效法，一六七二年英屬東印度公司駐越南代表回報倫敦總部：「此地以粗瓷壓艙，極有道理」，全都是運往菲律賓、泰國的現成船貨。[21]

荷屬東印度公司的船隻從爪哇巴達維亞回國，有時會載運大型中國瓷罐，裡面塞滿糖漿浸漬的生薑，一船五百罐正好提供船載平衡。西班牙大帆船從塞維亞開往新世界，也習慣裝上瓷磚和橄欖罐壓艙，抵達後罐子還可以出售，回收提供教堂建造拱頂之用。一艘荷屬東印度公司中型商船可裝一百六十箱瓷器，每箱長寬十八公尺。一七〇二年一位董事指示如何裝船：

首要之務，是找到重如生鐵的壓艙貨，好穩固船身適於遠行，而且這些東西也必須最先上船……（尤其是）各式有用的中國瓷器，特別是盤碟之類，可以裝得很緊密。再買一些大中小各種尺寸的碗、大到可以種橘子樹的中國大花盆、種小樹小花的小盆……你買來的任何中國容器，都把它們裝滿西谷米椰子澱粉或其他利潤更好的貨品。[22]

荷屬、英屬東印度公司都用鉛襯的箱櫃運茶以保新鮮，再把茶箱放在裝瓷的條板箱上方。瓷器可保茶葉乾燥，茶葉則提供減震緩衝以減低瓷器破損。荷屬東印度公司的船隻駛回阿姆斯特丹，平均只有百分之五的瓷器破損率，而且連破片也可以當作泥水建材出售。此外，陶瓷還有一項優點：沒有氣味，不會影響茶葉的味道。

走海路運輸瓷器，而不走陸上絲路，意謂如今有比以前更多的陶瓷抵達西南亞地區，那裡的消費者可以用較低價格購買這些中國器皿。而中國方面，陶器產量的提高對價格也有類似的作用。各地陶匠響應政府號召，因應國內市場需求，不斷開發新技術，將產量提升到前所未有的水平。他們開始大量使用印模，將刻好的圖案直接壓於胚體，機械複製取代了人工手繪。此外，他們又採取疊燒匣缽，一次入窯可比從前一件一匣的舊法多燒出四倍的器件。

價格降低，但品質也同時稍見滑落。數量巨大的盆、盤、罐不斷燒成出爐，這些製品多數都是粗陋的次貨，專供國內外普通客戶使用。使用印模，表示每件都一模一樣、毫無變化趣味，覆燒則意謂著器緣露胎無釉。不過上等瓷器依然大量燒造，且更吸引朝廷注意。後面這件事尤其重要，因為瓷器的崇高文化地位，正是因為帝王的惠顧所促成。御樣與官窯，為精英族群的瓷器活動設立了最高標準，好古學者鑽研它、賞鑑行家品評它、富貴人家附庸風雅收藏它。

自西元初以來，各地窯主就將燒造作品進呈朝廷。起初數量不高，但很快就爬升至千餘件，甚至一次五萬件之多，因此政府在位於河南的京師開封設立倉庫貯放。十一世紀初的徽宗皇帝異常寶愛他的御用瓷器，下令用約一萬盎斯的金銀把露胎口緣全扣上邊。[23]皇帝贊助、民間普及，遂使瓷器首度成為賞鑑品評的焦點。而奠定這門深厚學養的根本，正是宋瓷。宋瓷一直為歷代收藏家珍視，文物價值與藝術地位僅次於青銅重器與玉器。後代如此全面遵奉宋代精英立下的典範觀點，以致即使進入二十世紀，中國考古學家對新出土陶瓷的分類與闡釋方法，依然深受宋人尊古好古復古觀念的左右。[24]

儒家

唐三彩雙峰駱駝，代表唐初政權的世界觀以及帝國聲威的遠播。宋瓷則體現了宋代看重並提倡的精神性靈：優雅、含蓄、古典、自得。即使時至今日，宋瓷依然能觸動現代情愫，傳遞這些相同特質，正如詩人艾略特在〈四首四重奏〉詩中，以一只中國瓷瓶為縮影，具現藝術的超越：「在它的靜止不動之中，永恆地不斷地移動。」純粹的形式取得全然勝利，遠遠勝過時間無情的消滅力量。[25]的確，由唐至宋，精英品味在各方面都發生巨大變化，特別是佛教在唐代的傳播，菩薩的異國情調造型幾乎成為權貴階級的某種時尚典型，從而觸發了一股時尚熱，講究精美繁複的頭飾、蓮紋雕琢的銀飾、鑲玉鑲青金石的扣帶等等。

進入宋代，內斂風格再度建立主張，衣著偏好素靜淡雅，首飾絲綢的圖案也改採不張揚的藤蔓與草葉紋飾。瓷器亦然。唐代陶瓷的特色是異國情調的母題、充滿活力的自然風格、雄渾的氣質與彩繪的裝飾。宋瓷則追求紋飾低調、比例均衡、形態流動，以及冷色系的單色色調，體現輪廓、釉色和紋飾最圓滿完美的整合，躋身陶瓷史上最優秀的成就。

同樣是在宋代，瓷器逐漸成為用餐、家飾和書房的固定元素。經由行家的鑑賞、委製和蒐藏，瓷器文化整體納入上層社會的禮制、文化觀與自我觀感之中。在學者士紳眼中，它代表文雅、教養，集道家隱者的節制寡欲與儒家恂恂君子的謙樸內斂於一身。晚明宋應星如此描繪瓷器：「掩映幾筵，文明可掬」[26]正是文明的實體表徵。至於社會中間階層，財力不足，買不起昂貴的古銅複製品，瓷器也可充當身分認可與一種向上看齊的姿態。英國青花骨瓷至今仍裝飾著許多美國中產階級家庭，展示於復古櫥櫃，正出於同樣心理。即使在普通村人與一般都市老百姓當中，瓷器也慢慢成為日常生活的一部分，如宋代某首無名詩所言：

> 道旁三兩戶，共營一店家；
> 乾淨且明亮，無粥亦無茶。

勞者農戶耳，不是鑑賞家；
卻見一瓷瓶，綻放一枝花。27

瓷器成為權貴生活的重要內容，正如儒家士大夫集團轉變為朝廷要角。宋政權發揚光大大唐律例，正式確立依儒家經典考試的遴才制度，所有國家公務職位都必須透過如此機制選才任用。從此科舉制成為文官系統的根基，直到一九〇四年方才廢止，而千年來中國讀書人始終持守宋代的道德理念，直到帝制告終；28更重要的是宋代因此創造出一支文官階級隊伍，他們共有著同一種集體身分認同，假以時日，這個儒官系統更獨立存在，不受朝代更迭或朝廷寵信所影響。宋之後，元明清三代的統治者都發現，自己必須靠著這個自存並永續的儒家官僚系統治理國家——這些士大夫代表社會認可的價值觀、文化奉行的傳統，同時又擁有管理政務的知識技術。背後其實還有一個務實層次，具現於歷來中國政治的典型場景：外來征服者往往必須承認，雖然自己以劍征服了華夏帝國，卻得用筆才能統治這個天下。不過意識形態面同樣重要，因為儒家文人自視代表著一脈相承的道統，行使根基於宇宙秩序的道德權威，因此就理想境界而言，他們獨立於倏忽短暫的人間政權。

宋初帝王推動科舉考試作為政府用人工具，成功削弱了擁兵自重的貴族勢力，一反唐代朝政受藩鎮把持的情況。在新體制之下，讀書人亦即文人的地位，優於武人與世家門閥。這個政策擴大了拔擢人才的社會來源，不論在原則上或某種程度的實務上，科舉的確只論實力不論出身。考試競爭非常激烈，西元一〇九〇年的地方考試，單單福建福州一地就有四千人報考，競逐四十個舉人（被拔舉之人）名額，通過者才可進入複試。一〇〇二年共有一萬四千名考生會集首都開封參加考試決選，人人都希望自己可以成為一千五百名新科進士（進階之士）的一員；成為進士就能保證入仕，通常是縣級的一官半職。及至十二世紀初期，共有四十萬人在州縣級應考，但全國只有不到兩萬五千個官職——用以管理分布於五百萬餘平方公里的一億四千萬人口，名額實在不多。考生若覺得單憑一己之力不足中選，可乞求文昌君和文魁星之助，這兩位道教神明據說專門負責考運，難怪是明代青花瓷愛用的圖像。

在科舉考試的制度下，全國創造出大量的讀書人口，遠遠超過朝廷職位所能吸收的數量。科舉等於直接將落第者轉向其他識字性質的生計；謀官既已無望，他們轉而投入開班授徒、私人講學、宗族組織、地方稅務、慈善機構、製造、文學和藝術等行業。及至宋末，在擁有仕途的士大夫階級外圍，有一圈圈讀書人與半識字階級，渴望加入儒家管理精英的行列。就士大夫本身而言，他們集體認同的身分意識來自於共同的價值觀，以及在官僚體系中占有一官半職。至於學而不得仕的落第者，建立自身尊嚴與集體身分認同的方式，就是也去從事一些理想上最能表現在位階層氣質的儒雅活動。維多利亞時代的淑女藉由學習彈鋼琴作為自己身為中產階級的教養證明。同樣地，進不了官場的中國文人，也使自己儼然猶如上層文化圈的一員。

由儒家人文教育塑成，中國讀書人不分為官或無官，都信仰一種透過文藝手段流露自我性靈的方式，尤其是藉由所謂詩、書、畫三絕，三者結而為一，詩以文字形式表達，畫則用書的技巧。[29]瓷器和絲繡作品若也能具現三絕，尤其受到讀書人的喜愛。詩、書、畫又與文人四藝並觀：琴、棋、書、畫。其中精微內斂之處，正與宋代山水畫沉穆含蓄的筆意相通。身懷三絕、四藝，表示此人是個雅士，等於領有文化素養執照，可在儒家圈中更上層樓（至少男人如此）。對失意於仕途的人來說，這種消閒逸趣可為退隱生涯提供慰藉，證明科場失利並不意謂著人生就不能享有更美好的事物。

宋代瓷器與前朝形成對比，也意謂宋代精英觀點的重新定位。隨著這個新王朝的創立，風格發生巨大改變，徹底放棄了唐代的形制、紋飾，以及唐代採用異國主體的作風。[30]對舊品味的排斥，源於仇外心理和八世紀中葉以來震撼中國的動盪。宋代名瓷的歷代愛好者，往往覺得它們散放一種不假外求、雍容自得的氣度；然而它們的製作者——飽受游牧強敵威脅、急於鞏固帝國合法統治性的宋王朝，事實上缺乏這種從容與自足。他們建立了史上最強大的軍隊，卻無力遏止北方的敵人，必須支付巨額歲幣購買和平，致使帝國破產，終於災禍臨頭。這段時期最輝煌的成就，其實掩蓋了殘酷的現實——這是一個因缺乏自信而產生的極端保守文化，源自於無法抵抗外來入侵、不能維持帝國一統的悲哀。[31]

宋代帝王與文人都在古老傳統中尋求振興與法統。儒學的再興，使得全套儒家經典在十世紀中葉首次以印刷版問世，有助於時人直接關注過去的物質遺產。一一四三年，宋室恢復漢代建立郊壇祭天的舊制。同樣出於保守心態的反射作用，宋代也愈發注重本土佛教傳統。自從數百年前這個外來新宗教抵達中國以來，漢傳佛教就不斷建立本土教義，智性理念上已能自足。因此雖然中國僧人依舊繼續赴印度朝聖，並帶回珍貴文物，卻不再把遠方那塊次大陸視為佛門經典、儀式和聖物的必然（以及最佳）來源地。

強調儒家經典以及不復記憶的古制，宋代君主將自己的治理與傳說中的聖王聖治等量齊觀。南宋的理宗皇帝曾命人將他自己的肖像繪成上古的文化英雄，《道統十三贊》的〈聖賢圖〉。[32]同樣地，宋室諸帝與臣工提倡以古為師一以貫之的藝術風格。宋代絹本畫作〈唐十八學士圖〉顯示他們尊崇古老價值觀、支持精英文化、以身作則樹立治世典範。[33]徽宗皇帝本身就是卓有成就的畫家，也是古文物權威，下令在全國各地搜求古器，因為使用古器行祭祀禮，可以顯示並證明他的為政之德。[34]他蒐集了由漢到唐一千兩百五十七幅大師畫作，都是傳達「高古」精神的佳品。[35]他還推動一系列重大編纂專案，運用新式科技雕版印刷，以視覺方式佐證他的王朝體現了悠久偉大的古老價值觀。

根據大量的皇室藝術收藏，學者編出了《宣和博古圖》（宣和為徽宗年號）。這是一部圖錄，圖文並茂地登錄了二十類八百件古器物，並給予商代青銅禮器最崇高的地位。北宋覆亡，皇室收藏大批流失，高宗更力行尊古復古政策。身為徽宗之子、欽宗之弟，高宗逃到長江之南即位，史稱南宋。他不但背負著沉重的失土之責，棄守了帝國大好河山心臟地帶，連列祖列宗神聖陵墓都棄於敵人之手。為了加強本身的統治合法性，高宗全然獨尊儒學思想。他親自抄寫儒家經典供科舉取士之用，並命人刻於石碑，將拓片交與全國官學與書院。還下詔勒石作孔子及其（據稱的）七十二弟子畫像，又命宮廷畫師將《詩經》三百零五篇逐篇畫在絹上（《詩經》成書約於西元前一千至西元前六百年，相傳為孔子所編）。然而，高宗如此賣力地公開尊孔崇孔，身後卻為此付出代價——明代學者批評這位皇帝根本是在利用聖人形象，操作自己的政治目的。[36]

徽宗、高宗下令繪製的宮廷畫作，對中國文化的發展產生巨大的影響：一個悠久連續的藝術靈感傳統從此確立長存：以古為師，並遵循一定的運作典型，在世界史上獨樹一幟。若置入西方脈絡比喻，就好像法蘭西卡沛王朝（九八七～一三二八）的君主，公布範本法則，以供接下來一直到法國大革命時代的歷次文化復興奉行；做為典範的法則，則可上溯至布列塔尼巨石文化建造者遺留的產物。而這個新石器時代文化最知名的作品，是英格蘭威爾特郡的巨石陣，始建於西元前兩千六百年。

其實，以上比喻並不能真正傳達中國文化獨特的延續性，因為它的傳承延續大部分有賴於帝國儒家精英使用的文字。建造英格蘭巨石文化的史前居民，距離孟德斯鳩與伏爾泰所用的語言以任何形式出現之際，足足有四千年之遙。卡佩王朝時期的法蘭西語，又與啟蒙時代的版本完全不同，而且當時地位最崇高的文學語言是拉丁文。然而中國情況不同，晚至清代的中國精英，依然使用事實上遠在西元前最後一個世紀即已固定的文字。古典中文於西元前五百至一百年之間形成，今日所稱的文言文，即以此為範本，在其後幾個世代裡因標準化而成型；尤其在唐宋時期，儒家經典成為讀書人的思想根基，也是國家社會認可的意識形態基礎、文官考試的內容來源。[37]

利瑪竇指出：「從太古之初，（中國人）就傾全力關注其書寫的發展，卻不甚關心口說。」因此一如古希臘人，中國人所有宏論都現於文字而非演說。[38]文本語言日益與日常語言隔絕，成為知識與資產階級的專屬語文，更可與遙遠古人留下的書寫進行對話。反觀西方，及至十八世紀，歐洲各地本土方言已經推翻了拉丁文，後者不再是受過教育的共通語言，只有科學書寫依然沿用，林奈為植物命名分類就是採用拉丁文。

清代儒家官員與知識份子所使用的格式化語文，幾乎自體獨立存在，已與日常生活斷絕將近千年以上。這就好比孟德斯鳩的《法意》，使用了古典拉丁文注解政府的概念，而其來源則是成於凱撒正在進軍高盧年代的希臘、羅馬古卷。這還不足，又彷彿孟德斯鳩還認為這些古代手稿背後的語言與文化家譜，可以再上溯千餘年，回到朦朧的凱爾特人遠古。然而對中國來說，這卻是實際狀況：周代青銅器上的表意文字，銘記著王朝的尊榮與統治，透過漢代文本的傳抄，確實形塑了後來中國敬祖與治統的觀念。漢代帝王將自己塑造為古代聖君形象，事實上等於創造了第一次古典復興；漢代學者亦將政治權力立基於一種想像的古制，因此必須不時回顧過去，以服務當前王朝。[39]周代成書的文獻如《易經》，孔子很容易就能識讀。而孔子的《論語》更設立了禮樂文明與倫理道德的崇高理念，歷代學者以古文體一再討論、辯論，直到二十世紀初期帝制於中國結束為止。

然而，儘管日後西方以為有一個所謂「不變的中國」，中國綿延的悠久傳統卻不表示它是一塊千古不易、鈍化不動的巨石。實際上中國知識份子經常向他們心目中的本國歷史高峰，尋求典範，重塑文化；頻率之繁，決不下於西方精英的同樣作為。儘管知識階級每每宣稱，自己是在還原真正的古代典範，事實上他們是在進行創造性的想像發揮。無論是十二世紀的蘇州儒家文人，或十五世紀佛羅倫斯的文藝復興人文主義者，其實都是從一組當時看來似乎最有用處、最有魅力，而且絕大部分純屬想像建構的傳統之中，揀選自己所需。他們宣稱自己是在傳承、在遞嬗古代的習俗與價值，多數時候其實是在重新詮釋；他們宣稱完全遵古循古，其實是在創新。

中國傳統，始終是一股充滿動能、充滿變化，歷時更迭、改造的力量。大史學家司馬遷說，聖賢若意有所鬱結，「不得通其道，故述往事，思來者。」[40]他們心中想要恢復的過去，因各個時代要務的輕重緩急和政治情勢變化而異。外來的游牧民族征服者、特立獨行的文人，各自將眼光投向各自的傳統，驗證自己受之於天的統治權柄，以及消極抵制的道德義務。讀書人談文論藝，也是以互動和變異的觀點，定義所謂的傳統，不時以「仿古」也就是回歸典範的姿態出現。[41]常言說，木根於土、溪源於嶺，傳統也始終如新，因為後代不斷以共鳴和創意，重新詮釋古代典範。

元代趙孟頫向唐代與北宋畫家汲取靈感。他宣稱：「作畫貴有古意……古意既虧，百病橫生，豈可觀也？」[42]但中國人同時認為，世間事物都有其「時」與「勢」，知識階級因此認為，復興古制這項作為必須與時並進，因勢制宜。劉勰的《文心雕龍》首創中國文學批評，便強調借古事新，「若征聖立言」……必能孕育成新思路、雕琢出原創表達。[43]

在實際事務上，這種彈性用古的觀看傳統角度，也促進了文化的變遷。宋代的藝術焦點在朝廷重構古文物，以賡續、重生古老的價值觀。這個努力至明代也未全然放棄，不過此時市場經濟蓬勃興起，產生了宮廷之外的藝術家和工匠，為因應精英級消費大眾的需求，以各種媒材展現古老形制，達到藝術表現與裝飾目的。仿古傳統雖是為服務帝王與政治而發動，卻同時取得自身的生命力：這些鑄金、摶泥作品的地位不僅因其復古意義，也因其美感價值受到高度重視。

儒學同樣展現了適應變化的能力，從而也使藝術上的變革獲得認可。相傳孔子整理古代文獻如《詩三百》，被宋代視為創作力的典範。他們認為孔子承先啟後，積極重塑過去，傳諸後世。日後被稱為「新儒學」（道學）的理學發展，朱熹是其中最具影響力的促成者。他本人以及眾多起而效法者，對儒家經典所做的集注，形成科舉考試制度的實質內容。朱熹認為，當今其實已與傳統斷裂，因此「古」本身無法作為當前理想典範。他堅決反對食古不化，致力於以新意修訂古文本，他相信「學貴知疑，小疑則小進，大疑則大進。疑者，學悟之機也」。[44]他宣稱後代子孫雖位於系譜的底層，卻是祖先之動力，此說等同重新設定古聖先賢與當代人的關係——將重點由以往透過儀禮祭祀告慰偉大祖先，一轉而成祖先感激當代子孫使其精神權威得以長存。由復古式的重建，變為審美性的鑑賞亦然：保持與古老傳統之間的聯繫，同時又為傳統帶來重大更新。

借古之力而合理化創新，這種心理反射作用彌足珍貴，因為意謂著外來影響可以得到吸收、安置，卻不致造成文化衝擊感。因此元明兩代的瓷器紋飾，很輕易便適應了與中國截然不同的伊斯蘭造型趣味，將之納入本身固有的裝飾模式範疇。十六世紀後期，耶穌會士引入歐洲版畫；中國藝術家也以同樣的心態，對其逼真寫實的特色做出因應，方法是通過複製古代（對當時而言是指宋代）的繪畫技巧，因為他們認為宋代的寫實畫風與西方相近。[45]因此對藝術家、古文物學者和鑑賞家而言，「過去」決非一個巨大不變的靜態重擔，它活生生地存於當下現場，是力量、靈感的源泉，永遠不斷地重新製作與評估。

傳統還可以被藝文之士用以寄託當前的政治胸懷。六朝詩人陶潛辭官回鄉，以維護自己的人格情操，他的〈桃花源記〉描寫某個烏托邦所在，那裡的居民擺脫了改朝換代的動盪與貧窮。文中的山水情境，被元代以及清初的士人假託運用在他們的瓷器上，因為其中寓有微妙的訊息：在異族王朝統治下，讀書人需要保持個人節操。十七世紀中葉的文人，還令陶工畫上《水滸傳》的情節；這本施耐庵原著、羅貫中改寫的小說，敘述宋代梁山英雄對抗惡勢力的故事。徵諸明末政治的腐敗狀況，儒者痛心疾首，這則前代冒險故事想來具有切身意義。明代最後一位皇帝崇禎看出其中蘊藏的譴責意味，下令禁止該書刊印。不久後上台的清室，同樣遭到文人階層以瓷器紋飾抵制，他們要陶工在器上飾以商代臣子寧死也不願事周的圖像——顯然用以影射他們鄙視的滿族統治者。[46]

因此，「過去」其實代表著一個寶庫，貯滿了可歌可泣的前例與資源。宋代陶匠仿照古青銅器製作鼎式香爐，又飾以取材自《易經》的符號圖案。同樣的好古脈動，進入元代跳動得愈為激烈，此時北宋宮廷收藏已大量散佚，進入中國南方文人之手。由於許多士人拒絕在蒙古王朝任職，保存維護文化傳統的重任愈發重要。到了明初，宋代依古形制製作的瓷器，成為宣德皇帝宮中無數青銅器的範本。曹昭在其《格古要論》中指出，古銅器書畫知識是紳士事古必備。[47]宣德時期的陶匠仿效古銅器銘記族徽的作法，開始在器底寫上年款。明代工匠抄襲北宋徽宗的《宣和博古圖》，製作出宋代風格的瓷器，又依據仿商周銅器形制的宋瓷，再創明瓷版本。他們燒造畫著博古圖樣的瓷器，圖中展示著古式的銅器，飾以婉約的花枝。還有瓷製的香爐，仿古銅器的形制，繪以商代的饕餮獸紋。明代帝王在北京天壇舉行的祭禮，改採瓷為祭器，「其式皆倣古簠簋登豆」，因為「『郊之祭也』，『器用陶匏』……今祭祀用瓷，合古意」。[48]

清代陶匠同樣採用青銅時代的紋飾、唐代的形制和宋代的釉色。鬃金與青釉，複現了古青銅的光燦與綠鏽。唐英在景德鎮模仿宋代青瓷，還飾以龍紋與古銘。清代內務府造辦處在仿古器形上添加了現代筆觸：鮮豔明亮的琺瑯彩，包括玫瑰紅、桃紅、檸檬黃，最早是由耶穌會士引入。有些清代鑑賞家更認為，由於某種神祕窯變的結果，宋瓷「久則異香噴發」，甚至在朝代遞嬗之間，香氣還會發生改變。[49]

由北方中國邊疆入主中原建立清代的滿族皇室，傳到雍正及其子乾隆，依循宋代統治者傳下的文化路線以確立本身政權的合法性。他們提倡尚古、支持仿古，並遵宋徽宗與宋高宗的前例出版古文物圖錄，做為當代各式工藝的形制範本和圖樣指南。其中最著名的大部頭圖錄，即十八世紀中期編纂的《西清四鑒》，共輯錄一千四百件宮中收藏，包括多件名列六百年前宋代圖錄的商代青銅，其中由梁詩正等編撰的《西清古鑑》共錄商周至唐代銅器一千五百餘件。[50]此外還有《石渠寶笈》、《祕殿珠林》等收錄書畫、硯台、玉器、錢幣等。這些圖錄的編撰，原為緬懷過去並確保文化延續，有時卻反而招致新奇效果。書中有些木刻圖錯將某類祭器拉長成原件所無的模樣，結果金匠、陶匠依樣作器，新款於焉誕生，進入中國美術工藝形制總匯，而且還經過古文物典範認可。（彩圖九）

清代的乾隆皇帝不但研讀宋高宗時期刊行的《詩經》，還下令為之繪圖，並親自寫詩配圖。他命人依商代出土的青銅為範本，製作白瓷酒爵。他又叫玉作依唐代詩僧貫休的〈十六羅漢圖〉雕製人物，以示對此名畫的敬意。[51]這位清朝皇帝珍愛宋瓷，宮中蒐藏了數百件宋代御用青瓷，以及同樣也是數百件的當代仿品。他著人將自己的贊詞刻於器底，其中一首寫於一七八六年：

只以光芒嫌定州，官窯祕器作珍留，
獨緣世遠稱稀見，髻墾仍多入市求。[52]

清朝皇帝急於顯示他們是個承先啟後的光榮王朝，足堪百姓效忠，下令御瓷紋飾取材漢唐書法與山水畫意。[53]文人書房裡的瓷製筆筒也銘以漢代文本，諸如「明主生良吏」。這些舉動都含有精明的用意：將注意力集中於過往輝煌，同時也高舉清代成就。一七四二年乾隆吩咐唐英燒造一種可以掛於轎子內壁的瓶器，稱作轎瓶，刻上御製詩「宋汝稱名品，新瓶制更佳」。[54]

由宋至清，朝廷推動復古風氣，令知識階級與富貴之家皆以古為尚。利瑪竇指出，極高的敬意「總是給予那些展示對古代有任何知識的人」。[55]明代大畫家仇英的〈竹院品古圖〉，捕捉了這類活動的無比雅趣：畫中三位文士，正在品鑑銅器、扇畫與瓷器，背景是一處高雅露台，圍以畫屏。[56]文人園中鑑古，也成為清初瓷器常見的裝飾母題，而此時正是殷弘緒初抵中國之際。他發現雖然現代瓷器也吸引不少人讚賞，「但是中國無疑也有喜好舊東西、尊崇古文物的人士。」

殷弘緒的觀察判斷，在小說《石頭記》（更普遍的書名是《紅樓夢》）中有極好的著墨。作者曹雪芹描繪南京一個顯赫家族，住在豪華的府邸，堂上高掛御題大匾，下方：

> 大紫檀雕螭案上，設著三尺來高青綠古銅鼎。懸著待漏隋朝墨龍大畫，一邊是金蜼彝，一邊是玻璃盒……。[57]（第三回）

進入裡間，陳設雖沒有外堂那麼氣派，卻還是擺著一個文王鼎四足小鼎和一件罕見宋瓷，「右邊几上汝窯美人觚，觚內插著時鮮花卉」。

朱琰指出，一件真正古瓷是「傳世可久，價亦甚高」。[58]自宋代以來，無力購藏真正古玩的人士往往委請銅匠、陶匠複製，促成造假市場蓬勃興起。這些贗品的出現，正代表詐騙業對老字號文化價值的獻禮。明代有位鑑賞家便抱怨宋瓷「真假混雜」難以品鑑；清代某位專家告誡買家謹防「魚目混珠，假貨攙真」。[59]利瑪竇寫道：「假古董極多，詐術亦高，明知是沒有價值的假貨，卻哄騙一些沒有防範的人買下不值錢的東西。」有時候，甚至只要看起來舊就已足夠，利瑪竇便發現了這個事實。某一回有尊聖母像掉在地上摔碎了，「若是換在歐洲，價值就會全毀，但是在中國反增不減。碎片黏合之後，模樣反而看似古物，比整器更值錢。」[60]

周丹泉是十六世紀末景德鎮知名陶匠，善於仿製古器賣給藏家。藍甫《景德鎮陶錄》記述周「為當時名手，尤精仿古器。每一名品出，四方競重購之」。[61]周的作品可不是沒有價值的假古董，他曾偷偷複製了某位藏家的宋代瓷香爐，甚至在揭露仿品真相之後，藏家本人仍願意出重金以四十盎斯黃金購下，好和原件配成一對。一個世代之後，據聞有位不知情的高官，竟然硬是說服那位藏家的後人，以一千盎斯黃金的價格把那件仿品賣給了他。

鑑賞家和茶文化

手中有了巨大財富，宋代新興上層階級的興起也刺激了對奢侈品級瓷器的需求，包括古瓷和當代精瓷。因為銀器生產無法跟上需求，從而擴大了以黏土複製的市場。[62]儘管宋初富貴人家的餐桌用件仍以銀器、漆器為主，瓷器使用卻愈增，部分原因出自有錢人開始接納一種新穎概念：使用金銀器飲食有害健康。新禮儀品味的標準也發生作用，某位作者主張：「貴瓷銅，賤金銀，尚清雅也。」利瑪竇指出，瓷器成為「喜愛雅聚卻不愛浮誇展示者珍視之物」。[63]然而，並不是每個人都同意這個觀點，上層階級依然不乏忠於貴金屬的成員，認為使用瓷器是故作清高。某位明代批評家不屑表示，真正有品味、有才氣、有性靈的紳士，絕口不提「雅」字。[64]

進入南宋，瓷器得到更廣泛的接納，此時正是中國烹飪開始取得其鮮明特色之際。稻米成為主食——北方征服者占去了北方的小米，醬油、麻油、醋、豆腐、蒸包和炒青菜，遂成為標準食物。酒坊、茶館、小吃店在帝國一千二百座城池內興起，為宋人帶來比唐代悠閒而多樣的飲食環境。唐代城市主要是官方所在，是有土地的貴族門閥聚集之地；而宋代城市卻成為文人雅士與富商階級進行休閒活動和社交往來的中心。[65]

十二世紀初，張擇端畫了一幀五米長的巨幅畫卷〈清明上河圖〉，描繪（可能是）京師開封的市景，畫中有一家掛著市招的瓷鋪，一旁是麵攤、小館。高檔餐廳也開始出現，桌上餐具必是瓷器或漆器。宋代孟元老的《東京夢華錄》詳細記載了開封的餐飲細節，特別強調城內有超過七十家有名有姓的酒樓供應多種地方菜色，此外不能遍數。他說：「吾輩入店，則用一等琉璃淺棱碗……舊只用匙，今皆用箸矣。」[66]還有一家幾層樓高的餐廳，同時可容納上千名客人，進餐時還提供短劇、戲曲、雜耍等表演。連徽宗皇帝偶爾也會向他最喜愛的餐館御購外賣，更令這些新場所備增名氣威望。

用餐不再是席地或席墊而坐，椅子出現了，這種形式的家具在五世紀時已從印度引入中國佛教寺院。[67]佛祖和相關的菩薩法相經常以坐姿出現，或坐蓮花或坐蓮形座。最後朝廷也開始採取這型高式座位，十二世紀初皇帝還為宮中訂購進口檀木桌椅。富裕人家也以椅子取代席墊，促使食具由大型改為小型杯碗盤碟。最後發展成一桌多椅圍坐，各人一份餐具，過去大家共用大碗進食、共飲大杯的公食方式逐漸消退。個人化食具的演進，在歐洲直到十七世紀後期才終於出現，主要同樣是由於引進了中式餐器。歐洲人使用椅子的歷史相當久遠，事實上利瑪竇認為在某些日常生活習俗方面，中西若合符節可謂相當稀奇：「在歐洲以外所有地區，只有中國人與西方完全一樣：用桌、睡床、坐椅。中國鄰邦卻完全不諳此習，都把席子鋪在地板或直接鋪在地上，把席子當成桌椅床鋪使用。」[68]

宋代中國已有到府的外燴服務，在富有客戶的豪宅現場擺辦酒席，外帶全套餐具設備：瓷器、餐巾、帷幔、家飾等，一樣不缺。當然對瓷器和瓷匠來說，提高自我聲譽的最重要辦法莫過於讓瓷器擺上皇帝的餐桌。宋徽宗畫作絹本掛軸〈文會圖〉中，只見八位官紳人物（或許包括藝術家本人）每人一椅，圍一張黑漆大桌而坐，桌上陳設了一排花飾。每人面前各有一份瓷器餐具：一杯、一托、一碟，以及一雙筷子。侍者手持酒壺近旁服侍，還有一只可攜式器櫃置有更多食器。前景還可見僕役備茶。[69]

及至宋代，如徽宗所繪的這類高雅聚會都必以瓷盞奉茶。[70]這位藝術家皇帝愛瓷也愛茶，還親筆寫過一篇茶文〈大觀茶論〉，盛讚此飲料之美。茶葉來自茶樹，是一種產於中國西南的常綠灌木；耶穌會士凱末耳（Kamel）自菲律賓將乾燥的標本送回歐洲，林奈為紀念他，特將此植物的拉丁文名命為Camellia sinensis。最早在漢初，中國人把茶當作藥飲，常與生薑、橘皮或薄荷一起煮開。及至西元初，已不再加放這些配料，茶飲取得獨立身分，不再被視為只是保健藥膳或調味的成分而已。

大約在同一時間，飲茶習慣也使得「茶盞」的使用取代了傳統「耳杯」。耳杯呈橢圓形，兩側有翼狀凸出，通常用於啜酒；茶盞正圓，杯壁相對較高，盛裝熱飲更為安全。[71]當然，瓷杯飲茶也最為實用，因為導熱性低，不似金屬、玻璃燙手。殷弘緒討論景德鎮瓷器時同樣特別強調這項優點：「中國人發現他們的瓷器比（玻璃）好用，可以盛裝熱飲，你可以手執一盞滾燙茶水卻不用擔心燙到……換作同樣厚度、形狀的銀杯卻無法辦到。」

唐代佛教禪宗大師行走各地弘法，也有助於茶飲的普及：禪坐的無眠長夜，只能靠飲茶維持體力。據傳印度高僧達摩於六世紀初來到中國，終夜不眠直到眼皮掉落於地，發芽長成中國第一株茶樹。八世紀詩人高適寫道：「讀書不及經，飲酒不勝茶。」[72]唐代繪畫一大主題是僧人一邊研習經文，一邊啜飲白瓷碗中的茶；佛教徒認為白色寓意吉祥。這類題材也進入中國高層文化，如明代中葉的仇英手卷《趙孟頫寫心經換茶圖卷》，反映佛教僧侶與茶文化之間的長久關係。[73]

茶也在唐代贏得了朝廷青睞。九世紀封演的著作《封氏聞見記》記載：「茶道大行，王公朝士無不飲者。」[74]早在八二一年就有官員宣稱：「茶為食物，無異米鹽，於人所資，遠近同俗。」[75]七九三年，政府將茶列為專賣，建立榷茶制度，此時茶貿易稅已高達四十萬貫（四千萬錢）。進入宋代，茶更成為全中國家家戶戶的飲料，備茶方法也逐漸由研末煎煮，演變為沸水點注，最終而為沖泡散葉（並延續至今）。飲法改變，茶具自然也因而不同。舊法是將茶粉末投入一釜熱水之中，沸後將茶水舀出傾入茶碗。新法則需要將茶葉焙乾，飲時以茶壺泡開。

品茶的口味也發生演變。唐代消費者青睞紅茶，北宋喜好白茶，綠茶在南宋最為流行——有時攙入花香、麝香，至今依然。也是在宋代，茶與社交開始凝結為不可分的關係，脫越了源起於僧人冥思的場域。正如日後葡萄牙修士克魯茲的描述：「無論任何人來到任何好人家，都會以漂亮的托盤、瓷製的杯子……奉上一種溫熱的水，他們稱之為『cha』……是由一種帶點苦味的藥草調製而成。」[76]耶穌會士陸若漢也報告，明末有些愛茶富人會在茶中投入少量杏子和杏仁以消苦味，飲畢再以銀或銅匙舀起吃下。根據另一位耶穌會士記載，有時中國人會打兩個蛋黃，加進一大堆糖粉，勻後傾入茶水，就可以快速成為一餐。不過這類把茶飲變成甜湯的做法，許多愛茶客期期以為不可，明代便有人認為在茶裡加果品、果仁、鹽、胡椒、薑和苦橘等，對茶來說簡直是災難。[77]

不過，無論如何烹製、哪種顏色、加不加調味，眾人一致認為務必以瓷配茶。這個山茶屬植物的葉子大規模進入有錢階級的飲食內容，時間上正與瓷的廣泛使用若合符節，而這其實並非巧合。朱琰指出，唐代使用各式杯子盛裝飲料，材質包括「紫金、白玉、銀鑿落、水晶、玻璃製，甚華美，專以佐飲」。但是宋代多採以瓷製：「至宋，則瓷盞為鬥茶之勝具。」[78]類似的轉變也在十八世紀的英國發生：由中國傳入的茶，挑戰麥芽酒、啤酒和杜松子酒在當地普及的地位；而在此同時，瓷茶杯、瓷茶壺也進駐桌面空間，與滿桌各式材質杯盞摩肩推擠。

茶一路演變成中國文化一大特色，促成多項文化元素的聚合，瓷器可謂功不可沒，在其中發揮了核心作用，尤以精英階層為然。中唐詩人陸羽的《茶經》影響尤其深遠，後人甚至尊他為茶神。陸羽教導一代又一代的飲茶者對自然事物培養出一種溫雅的靈敏感受。他告訴讀者，沸水傾入壺中時，從茶浮上的白色泡沫應該令人聯想起大自然的現象：「沫餑，湯之華也。華之薄者曰沫，厚者曰餑，細輕者曰花，如棗花漂漂然於環池之上。又如回潭曲渚，青萍之始生；又如晴天爽朗，有浮雲鱗然。其沫者，若綠錢浮於水渭，又如菊英墮於鐏俎之中。」[79]

把蛋黃、糖粉倒進他珍愛的飲料，這種做法對陸羽恐怕亦屬災難。他規定茶之道是中庸節度：「為飲最宜精行儉德之人……茶性儉，不宜廣，則其味黯澹。」並標示「二十四茗器」，從濾水器、竹夾到瓷盞，應有盡有；若要泡出一盞上好的茶，所有這些都是他認為不可或缺的器具，「城邑之中，王公之門，二十四器闕一，則茶廢矣。」[80]他也是首位對瓷器本身流露真正興趣的人士，按地區將茶盞一一分類、排名，正如他對某些茶所做的研究。朱琰指出，及至宋代，飲茶之事「自初采而製造，而收藏，而烹點，有條有理。水則某上水，某中水，某下水；火則時一沸，時二沸，時三沸……擇焉精，語焉詳，其用器必審辨於曆試之後，非率然也。」[81]陸羽的影響結果，茶文化也進一步搭配上層階級對復古好古的追求，陶匠依商周古青銅器的樣式，製作大件茶器如水罐、爐釜。

帶有較勁意謂的品茶文會，對茶具的要求更是一絲不苟。正如朱琰解釋：「鬥試之法：以水痕先退者為負，耐久者為勝。」因此比賽的重點就在能夠清晰顯露茶跡，盞面自然必不能透水，以防茶色也就是丹寧酸滲入，才能保持茶水清澈。許多專家都遵循陸羽的首選，認為青瓷最能提升茶色，使其綠如遠山葱鬱。[82]其他也有人偏好厚實的黑釉碗，特色是各式奇異的釉色效果，如「鷓鴣斑」（珍珠光澤的白色點痕）和「兔毫」（橙褐色條紋）是福建建窯的特產。徽宗皇帝在他的〈大觀茶論〉中品評，綠茶襯暗色瓷最為好看，「盞色貴青黑，玉毫條達者為上」。明代則特別喜愛「瑩白如玉，可試茶色」。[83]

進入南宋，消費者漸漸轉向沖泡茶葉的方法，茶壺成為不可或缺之物。朱琰指出，行家認為瓷壺屬必備用器，「香不渙散，味不耽擱」。[84]及至明代，最受鑑賞家推崇的壺來自江蘇省太湖岸邊的一個小鎮宜興，地理位置緊鄰皖東。[85]十二世紀時那裡的陶匠或許受到佛教影響，依一種大口酒壺的器形製作茶壺，燒造成的炻器呈柔和的玫瑰棕色，梨形器身、曲線壺嘴、環形把手。器面打磨（卻不施釉），修飾樸實無華，線條簡潔俐落——換句話說，這就是最終在各地都被視為經典之作的宜興茶壺。十六世紀葡萄牙人選用另一項特色稱呼它：boccarro（大嘴），並以此名進入歐洲。茶壺對日本人沒什麼用處，因為他們不採沖泡法，但依然非常欣賞宜興版的作品，稱之為「朱泥器」。

宜興茶壺的出現，容或可歸功於佛教徒，但是正如許多世紀之前那個山茶屬植物葉子的際遇，茶壺很快便脫離了寺院和宗教背景。茶的愛好者熱切地尋求好壺，甚至願意付出六兩銀子一只的高價。他們也訂製有書法題字的茶壺；有些壺主更遺命心愛的茶壺陪葬。大詩人蘇東坡也是茶壺鑑賞家，傳說他曾設計一種壺形，是宜興流傳最久的壺種，後稱為東坡提梁壺。當地某位知名陶者，就因為善仿東坡砂壺，聲名大噪。

有位宜興壺愛好者聲稱，他這只壺在窯中燒造時曾發生匪夷所思的變相，每注熱水，「則雲霞綺閃，直是神之所為。」[86]瓷與茶是絕配，可沖泡出奇茗。讀茶葉占卜源遠流長，或許早在唐代即已開始，日後更傳到歐洲。正如十八世紀英國詩人丘吉爾形容：「婦人搖盞，看茶觀命。」[87]宋代周必大送茶盞給窮朋友，老天爺察覺即予嘉許，歸來喝茶，立時出現超自然現象，飲畢方才消失，「以湯盞贈貧友，歸以點茶，才注湯其中，輒有雙鶴飛舞，啜盡乃滅。」蘇東坡：「家藏十八羅漢像，每設茶供，茶水則化為白乳，或凝為花木、桃李、芍藥，僅可指名。」[88]

瓷與「好茶大夫」

天下瓷鎮景德鎮，與紅茶茶鄉安徽祁門關係密切，早自唐代就已開始製作茶器，到了明代也以青花仿製宜興壺式，但是無法與真品競爭。十七世紀中葉，荷屬東印度公司開始輸入茶葉，同一時間宜興茶壺也抵達歐洲，結果和在中國一樣，大受歡迎。[89]西方銀匠迎戰中國壺，很快就抄襲這項新穎的設計，並據以造出各式變化，知名的英國安妮女王銀茶壺造型，便源自一只梨形宜興壺。有位荷蘭陶匠專門仿製宜興壺，一六七八年在報上登廣告吹噓自己：「製作之紅色茶壺取得如此完美之成就，顏色、純度、耐久度，毫不遜於東印度進口原版。」[90]宜興壺在中國也以其自然主義風格聞名，作品常採「象生」形制，如蓮花、瓜果、石榴、葫蘆、竹子等等。西方也紛紛摹仿這股異國情調，因為這種有機造型令他們的客戶著迷；當然，歐洲人其實並不知道，這些植物在中國是根源於佛教、道教的象徵意涵。（彩圖十一）

在阿姆斯特丹的荷屬東印度公司拍賣會上，奧古斯都二世購入許多宜興紫砂器，契恩豪斯相信這種紅色炻器握有解開瓷方奧祕的關鍵鑰匙。他研究十七世紀後期十八世紀初荷蘭的米爾德「奔馬款」仿品，此人擅長仿造宜興壺，自稱「製壺先生」，是阿姆斯特丹西南外四十八公里處臺夫特的陶匠。一六八〇年代，其「王冠茶壺坊」版的仿宜興壺榮獲十五年專利。荷蘭畫家也在他們的畫作中為這型中國茶壺留下永恆紀念。[91]十七世紀荷蘭哈倫畫家羅斯徹敦的靜物畫〈茶什〉描繪一張漆器黑桌，上面放了一把宜興茶壺、一個氣派茶甕、數盞青花瓷杯，還有一塊水晶。他的另一幅靜物畫〈銀器烏木盒〉則有一只銀鑲鸚鵡螺，旁邊也是一把宜興壺，蓋上還繫了金色丘比特像，顯然是暗指這種流行的中國飲料具有春藥功效。[92]

雖然不是每個人都同意茶可助「性」，這項飲料普及之後卻的確浮現一種共識：飲茶有益健康。陸羽寫道，「與醍醐、甘露抗衡也」，如果一天飲用五次，可解緩關節炎、眼睛疲勞、便祕、憂鬱。[93]一五七八年成書的李時珍《本草綱目》亦稱，喝茶可消食、解膩、排毒、止痢、潤肺，治療熱病和驚癇。[94]或許是受到荷屬東印度公司贊助啟發，一六七九年有位所謂「好茶大夫」戴克寫了本《草茶良飲論》，向讀者保證喝茶可以治癒百病，這個驚人範圍包括了壞血病、喉嚨痛、腹痛、痛風、口臭和眼睛紅腫等。他建議：「不分男女，每天每時飲茶，一開始日飲十杯，然後份量一直增加，只要胃容得下、腎排得出即可。」[95]嘲弄他的人自然也有，聲稱他有時一天灌下兩百杯，「關節嘎嘎作聲如同響板」。照方全收的喝茶族還真的不乏其人，孟德斯鳩就聽說荷蘭主婦每早灌下三十杯左右的茶，[96]一六七〇年代某首流行詩也贊成喝茶：

茶，裨益我們的頭我們的心
茶，幾乎療治每個部位
茶，令老邁者重新得力
茶，令冷寒者小便得暖。[97]

波斯特爾斯威特認為，茶可強化大腦和胃，具有促進消化、排汗等功能，還可「增強體力以防慢性病，因為它有一項很棒的優點：可令血液變甜而稀釋」。[98]日本人也和歐洲人、中國人一樣，視茶葉為靈丹妙藥。日僧明庵榮西曾赴宋求法，將茶種帶回家鄉日本最南端的島嶼九州。一二一一年他寫了《喫茶養生記》，聲稱茶可奇妙地增加人體對疾病的抵抗力：

> 中國人喝茶，是為心提供它喜歡的味道。我們日本人卻不喝茶，因此中國人擁有健康的心，活得長壽……心為五臟之首，茶的（苦澀）味至為重要，也就是說，苦為（五）味之首。這就是為什麼心喜歡苦味。心健康，要感謝它汲取有苦味的飲食，因此保護其他次要器官的健康。[99]

然而卻是利瑪竇、陸若漢二人，指出了喝茶最重要的健康效益。利瑪竇說，在中國：

> 他們的飲料，或酒或水或稱作 Cia 者，一直都是溫後飲用，即使在炎夏也不例外。這項習俗背後的想法，似乎是因為如此更於胃有益。而且一般來說，中國人比歐洲人長壽，七十甚至八十高齡都保有體力。這種忌冷的習慣，或許也可解釋他們從來沒有膽結石，喜好冷飲的西方人就常受其苦。[100]

陸若漢除了宣稱茶可解酒、消熱、淨體（去除腎臟中的熱血），還指出：

> 茶還有其他多項有利特性。中日人口稠密，而且居住來往異常擁擠，尤其是中國。但是傳染病

在這兩國卻極為罕見，不似歐洲等地常有瘟疫流行，許多人認為這是因為 cha 舒解了所有導致惡體液的多餘物質。他們從早到晚不間斷地喝茶，而且從來不碰冷水，不分寒暑都以熱 cha 為日常飲料，通常飯後都會來上一杯。[101]

事實上，茶所賦予的主要健康效益，來自必須以沸水沖泡，從而減少因水井、河流汙染而致病——即使在今天，全世界每年還有三百萬左右人口因飲水汙染而死亡。[102]雖然說茶本身並不能包治百病，但是烹茶手法無疑提供了極佳的預防。至少在宋代中國，茶的普及可能也同時促進了對乾淨飲水更廣泛的關注。十二世紀初期的醫者莊綽指出：「即便小民百姓行走道路，也必飲煎水。」[103]煎水就是開水。而沖泡茶飲成本極低，下層階級也喝得起，從而確保大多數城鎮人口即使在擁擠、多疾的居住環境，也可獲得較大的保障。

除了與茶息息相關而外，瓷器本身也直接降低了疾病發生的機率：瓷表面不透水，令細菌滋生感染的機會減少，而不像木製、陶製、白鑞和貴金屬等材質器皿，孔隙、刮痕之中易藏腐敗的食餘顆粒。一五八一年蒙田在義大利對當地的錫釉陶碟極表激賞：「如此潔白，簡直就像瓷器一樣」，卻對客棧餐桌上髒兮兮、有刮痕的白鑞器皿懼而遠之。[104]某本十七世紀中期義大利的家事手冊指出，有錢人認為高品質的陶瓷器「比錫（即白鑞）安全，不會滲入異味，而且也比錫乾淨，正如王公貴族雖擁有各式鎏金、玻璃杯盞，實際使用卻選擇水晶杯。」[105]

此外，唐代之後中國釉藥不再含鉛，而世界其他各地卻持續使用低溫鉛釉陶，這種器皿在加熱或儲放食物時會釋出微量的鉛，使用者蒙受重大的健康風險，甚而死亡。酒中的醋酸尤其會溶濾出這類釉陶所含的鉛。一七六〇年英國伯明罕的「工藝、製造、商業促進會」，聽取一項反對陶器的報告：

臺夫特器皿不但笨重，品質又差，其釉還有害健康，因為裡面用了石灰鉛和錫。即使玻化之後，仍會受微酸溶解。同樣的不良後果，也見於他種施了鉛釉的陶器。106

一七九九年的某幅佚名版畫顯示，骷髏死神攫住一個正在從陶碗中舀湯喝的英國佬。在一七七三年出版的《家居餐器指南》中，作者梅森也勸告「只可用中國瓷盛裝酸性食物」。107

宋代中國、近代初期的日本、十八世紀的歐洲，統統經歷了驚人的人口成長。儘管無法具體衡量或證實，但是茶在這三大地區的普及，以及瓷作為食器的使用量增高，其準備、進食、儲放三項功能，都有助於一般人健康的改善。

鑑賞家和瓷文化

在帝王贊助、餐廳使用、私人宴會一層層推波助瀾之下，茶文化確保了瓷地位的提升，令瓷器在儒家知識份子的精神宇宙中占領一處重要的角落。瓷器此物，最宜展現文人雅士品味與其精美器物之契合。愛瓷者聲稱，瓷器簡單高雅，遠勝黃金之俗，只有暴發富商和武夫之流才選擇後者。常出以令人生畏的冷傲，宋代鑑賞家的基調是謙抑、質樸。然而，正如某位作家清楚地流露，一件備受珍愛的藏品不幸發生憾事，雖僅餘實用價值，仍不免牽動某種微妙情緒：

一件美器打破了，你知道毫無希望修復。於是把它交給廚子，請他當成任何一件老舊器皿使用，同時命令他：永遠別讓這個破碗進入我的視線。啊，這不也是一種幸福嗎？108

宋代有位行家引用杜甫詩句「傾銀注玉驚人眼」，認為瓷器優於其他華麗材質的容器。蘇東坡的詩句也顯示瓷杯在桌上的地位，尊榮不下於貴金屬器皿：「銀瓶瀉油浮蟻酒，紫碗莆粟盤龍茶。」[109]學者與士紳都認為，為保持焚香氣味不變、朱泥印色鮮豔，惟有瓷盒，遠勝傳統以玉匣盛裝。他們也將自己有學問的腦袋靠在瓷枕上歇息，因為如此「最能明目益睛，至老可讀細書」。[110]宋代花藝在晚明張謙德的《瓶花譜》裡發揚光大，而這項藝術同樣需用各式瓷製花器與配件，比方何花配何器、何器又配何種家具等等。專家一致同意，「貯花先須擇瓶，春冬用銅，夏秋用瓷。」[111]（彩圖十二）

書法家也喜好澄泥為硯，而且認為瓷筆筒不似銅製那般易令筆毛脆化，「銅性猛，貯水則有毒，易脆筆，故以陶瓷為佳。」仿古銅器製作的瓷香爐只需「磨去滿面火氣」即可賞玩，不過那些器表綴滿玳瑁釉斑紋者，則太過精心裝飾，不合樸質學者之用。文人雅士意氣相投，認為書房用器應該以適度內斂為尚，器形亦應師法自然，做成「窯器如紙槌、鵝頸、茄袋、花尊、花囊、蓍草、蒲槌形製，短小方入清供」。[112]據某位權威之言，缺乏雅趣的瓷器只能放在仕女妝台之前，「雖甚絢采華麗，而欠雅潤精細，僅可供閨閣之用，非士大夫文房清玩也。」[113]從宋代直到清季結束，文房瓷器的器面裝飾往往也採自文房常見之陳設什物：如花盆、器架、掛軸、筆筒、青銅古器等。採自然主義器形設計的象生瓷獨霸文人桌面：桃狀硯台、石榴硯滴、桃形香爐、竹意筆筒、豌豆莢式筆托、畫軸狀印泥盒，以及龍踞雲端形鎮紙等。

宋代鑑賞家特別青睞某些窯址的出品。傳稱的五大名窯：汝、定、鈞、官、哥，主要依地名或窯名稱呼。這套分類名稱雖然實用有限，時至今日卻依然主導有關宋瓷的討論。不過「五」這個數目，在中國可稱法力無邊——西元初的儒家道家學者設計了一套精細複雜的對應關係系統，以供事物的歸類與理解之用，原本只有五行（土、火、水、木、金），後來更把「五」這個超級象徵數字推而廣之，涵蓋天地自然與人世社會一切重要物事，舉凡內臟、氣味、星宿、香料、色彩、經書、德性、欲念等等，盡可成「五」。

簡單地說，中國人不直接列出某類事物的全部清單，卻用「五」做為一種修辭簡稱。[114]元代規定皇家器用上的龍飾必有五爪，文房筆山則有五峰，用以代表五隻地龍之脊。乾隆皇帝細品三清茶：「五蘊淨大半，可悟不可說。」人生「五蘊」則與「五福」對照。[115]梅花有五瓣，一九三〇年選為中國國花，共產中國的國旗則有五星。因此所謂「五大名窯」概念，並不在具體特指當時的主要窯址——有些仍待考古發掘調查——卻足以顯示及至宋代，瓷器地位已在文人眼中充分提升，足以配予它一個具有經典定名的「五」氏家族。

除受皇室青睞之外，五大名窯釉光璀璨、釉色多樣，包括青色、深青、海水青、橄欖青、琥珀色、鴨蛋青、青白、象牙白、銀白。唐末出現「南青北白」一詞，總結了當時瓷器最重要的特色。[116]進入宋代，最受重視的「北白」、「南青」分別出自河北、浙江（龍泉）等地。近代西方稱中國青瓷為 celadon，源自某佚名作家依據十七世紀杜爾菲小說改編而成的法國田園劇。劇中女主角愛絲翠麗的愛人名叫 Celadon，在台上現身時總是一襲灰青色衣裳或繫著灰青色緞帶。後來在路易十四一朝，此色便成為假面劇中牧羊人的代表色。而牧羊人和他的牧群畫面，也經常出現於十八世紀的法國瓷器，到了十九世紀，法國收藏家使用 celadon 一詞稱呼宋代的單色釉瓷。當然，宋代中國沒有人使用這個稱呼，但「青」一色，就足以描述從青綠一直到琥珀的色譜。[117]（彩圖十）

鑑賞家和玉文化

玉（或稱閃玉）的色相度範圍和五大名窯若合符節，依此礦物的含鐵量高低而異。[118]中國陶匠特意將瓷做成近似如玉，最能博得顧客歡心。事實上，推進宋代瓷業的一大原動力，就是企圖複現玉的外觀與質感。玉，在中國具有重要的儀式象徵與藝術意義，是日月之精華，主要產地在新疆，尤其是位於絲路的和闐礦藏與河床。沒有斑璺的大塊玉石，被視為「價值連城」。[119]

即使在尚未加工的原石狀態，玉就已經價值不菲，再經玉匠巧手玉石雕飾之後，愈發昂貴：因為玉比任何金屬都要堅硬，磨玉、琢玉是一樁非常費工、耗時的任務。一七三五年，玉從亞洲抵歐未久，拜若在《各類工藝辭書大全》寫道，玉「因其硬度備受重視……只能以鑽石砂切割。」[120]正由於這項特色，愈顯示乾隆朝的玉匠技藝非凡。一七八〇年他們雕了一塊兩百公分高、五千公斤重的巨玉，表現「大禹治水圖」，畫面精細，呈現治水重任的眾多人力與大量工程細節，並刻有乾隆御詩，讚美玉器因永存不朽，藝術價值可比繪畫。[121]清宮玉匠這項裝飾藝術傑作，成就之高，的確足堪與其作品所紀念的曠世治水之功比美。

也因為玉這個物質似乎永遠不朽，早在新石器時代就已化為追求生命不朽的象徵。當時人以穿孔玉器陪葬，以示死者身分的尊貴，還用玉封住人體孔竅。玉似乎蘊有創造生者、保全死者的天力，因此成為最適宜的喪祭器用材質。及至商代，玉器琢磨已在長江下游地區成為一項專門分工。[122]商代婦好墓中共有七百件玉器，有些甚至屬於更早之前的新石器時代製品，在當時可能就已經被視為傳家珍物。青銅時代國君採用圓形穿孔玉璧作為禮器祭祀天地，雕有動物紋飾的玉面具覆蓋貴族逝者的臉龐。玉圭象徵權力，玉佩、玉版、玉飾表其高位。

及至戰國時代，儒家已授予玉以崇高的道德寓意，《禮記》說「古之君子必佩玉。君子無故，玉不去身」，又說「君子比玉以德」。[123]聖人之言後來自然更加發揚光大：

石之美。有五德：潤澤以溫，仁之方也；䚡理自外，可以知中，義之方也；其聲舒揚，專以遠聞，智之方也；不橈而折，勇之方也；銳廉而不技，絜之方也。（清代段玉裁《說文解字注》）[124]

而孔子在西方的形象，從一開始也與玉不可分。孔子學說的首部拉丁譯本《中國哲學家孔夫子》，一六八七年經法王路易十四資助在巴黎出版，書中的孔子圖像便是手執象徵政治權力的玉圭。[125]

漢代王公貴族下葬時，全身包在玉片縫綴而成的玉匣內，因為當時人相信只要身體保持不腐，靈魂即能返回。死者口含象徵轉世輪迴的玉蟬，頭墊玉枕，手握象徵財富的玉豬。墓中陪葬的玉璧飾以細密交錯的獸面紋，類似商周青銅器上的饕餮紋，不過意義和作用未明。

中國醫書建議吞服白「玉」粉末消除內疾，並使用「玉」針（有時亦以瓷針代替）進行針灸。道教的「玉」皇大帝是天界與帝國眾神之間的聯繫，是世俗統治者在天上的對應角色。「玉」門關標誌著中國進入絲路的關口。唐玄宗迫切想將和闐的「五色」名玉據為己有，據說曾派四萬人馬前去執行任務。唐代最重大的一次政治儀式，就是天子遠赴山東攀登泰山之巔，舉行封禪大典，以祭祀天地、昭告上天賜予他的統治權力。典禮的最高潮，就是皇帝親手將一個石匱埋入地下，裡面裝著金線縫綴的玉冊。

玉，因此代表了永恆、貴重、崇高、神聖。此外，由於玉和高溫瓷的分子密度都很高，敲擊時會發出清脆響鳴。從古代起，鐘聲就傳達重大的精神靈性意義，早在紀元前三千年初，陶鐘就用於禮儀場合，數百年後由青銅編鐘取代。商代樂師藉擊鐘召喚祖靈降臨祭祀饗宴現場。音樂也可以安撫權貴逝後的魂魄：西元前第五世紀時，今日湖北地區便有一位貴族帶著一組六十件的編鐘浩浩蕩蕩入土。[126]樂師敲打銅鐘和陶鐘之外，亦有玉磬同奏。唐代有些大寺院還有玉鐘，如某位詩人題贈浙江一處廟宇：「山鳴和闐鐘」。[127]宋代大鑑賞家趙希鵠讚美玲瓏玎璫，如入「瑤池仙境」。[128]

琵琶樂手將這種樂器的精緻「如玉」之聲，歸因於用玉粉修補器縫。唐宋社會的上層階級敲擊龍泉窯青瓷杯奏樂，「其聲更勝玉磬」，一時風行成為時尚。[129]明代文人喜歡瓷棋相擊之聲，除此只有玉才能發出這種效果，但是價位相對高昂許多。殷弘緒曾描述一種稱作「雲鑼」的組樂器：九只微凹的小瓷碟懸於架上，以槌擊之聲如揚琴。瓷器開始大量湧入歐洲不久之後，西方人也發現類似的作樂方式。英國王家學會成員暨藝術鑑賞家艾佛林在日記中寫道，一六四一年在阿姆斯特丹一間小酒館看到一件奇物：「瓷碟組成的鳴鐘，可發出各種變化、音調，卻保持不破。」[130]

瓷，是唯一可以再現玉音、玉澤、玉潤的材質。於是宋代陶匠澆、淋、浸、刷，以各種方式將一層層釉施到他們的瓷器器面，堆出比唐代厚達十倍的釉層。最令人驚奇的是，有時釉竟然比胎更厚。如果碾得粗，燒石灰釉會產生半透明質感；若磨得細，更變為透明，加深器色。或粗或細，這些含有無數石英粒子和微小氣泡的釉層，造成散射與折射現象，令瓷面發出無限光澤。[131]

宋代鑑賞家將某些釉色效果比做冰、雪、銀；他們頌讚「正白如玉」[132]的絕佳瓷器。他們稱最好的玉如「羊脂」，因此自然也把釉質喻為豬油或雞油，「汁水瑩厚如堆脂，將淌未淌」。[133]九世紀的徐寅〈貢餘祕色茶盞詩〉則用比動物脂肪更崇高的詞彙盛讚一件極品青瓷：

捩翠融青瑞色新，陶成先得貢吾君，

巧剜明月染春水，輕旋薄冰成綠雲。
古鏡破苔當席上，嫩荷涵露別江濆，
中山竹葉醅初發，多病那堪中十分。[134]

景德鎮瓷器的創作

早在唐初立國，江西窯主便進貢所謂「假玉」給朝廷。[135]根據一位宋代作者所記，江西工匠擅長製作「如冰似玉」色澤的瓷器，[136]稱為「饒玉」——因為由昌江運送的瓷器是在饒州抵達鄱陽湖。景德鎮在唐代稱為新平，主要是作為市集中心而興旺，而非製陶中心。宋真宗給了它那個天下皆知的永久名稱，賜名景德（他的年號之一），並正式立為鎮。此時，這個河港只是周遭十多處產瓷村莊的轉運站，有些村莊甚至遠在六十公里外。宋代有外客來訪記載，他看到窯接窯從這村連到那村，無處不窯。[137]當時的生產必須倚靠季節性的勞力供應：男人半年種地，為窯主耕田，農歇時從四月到十一月半年作陶。

北宋期間，從江西西北部貢來的瓷器引起朝廷注意，因此在景德鎮燒造御器，[138]專門製作潤色如玉的瓷，一時成為風尚，南方沿海地區也開始仿效。進入南宋，這型瓷器得到朝廷大規模支持，此時陶匠也開始注意海外市場。政府要求增加出口，窯廠生產專為外銷的商品：楊桃形星形小罐專銷菲律賓，源自印度器物的球莖狀軍持瓶風行東南亞群島，成為當地薩滿巫師的卜器。[139]

朝廷青睞、海外貿易，不但使景德鎮的交易與運銷功能愈發興旺，也帶動它轉型成為工業中心。南宋時，經紀商開始在此設立店面，充分利用運河網絡可及遠方客戶的優勢。元、明兩代，窯主開始關閉邊遠村落的窯址，將工廠遷移到景德鎮。產量激增，河川水路的利用愈形重要；加以數百年開採砍伐之下，單憑當地資源極難持續支撐巨量的生產水準。黏土與木柴必須由安徽順流而下，明初諸帝對瓷器的需求極大，乾脆在景德鎮設立官窯，監督御器的製作與運輸。由南宋到明代，景德鎮一路發展成天下瓷都，四圍鄉人都到此覓職就業，陶工成為全職工作，督造的官員將工人組成行會，專門製作某型瓷器的窯廠開始出現，工坊全面採取大量生產的作業方式。

在這漫長的產業轉型過程當中，景德鎮的基本器型也發生改變。從十世紀末開始，江西主要的產品稱作青白瓷。根據一位唐代學者所言，青白原指「白玉微青之色」。進入宋代，開始專指胎白釉色微青的景德鎮瓷。清代有位鑑賞家盛讚青白古瓷「白如玉，明如鏡，薄如紙，聲如磬。」[140]到了宋末，這些精采特色卻開始消失，因為此時已經發現了豐富的瓷石礦源。瓷石含鋁量低，氧化鋁卻是令陶瓷耐得窯爐高溫的重要成分。為維持產品品質，景德鎮陶匠開始加入高嶺土（即瓷土），形成二元配方。瓷石加上瓷土，因此恢復造瓷所需的最佳礦物成分比。[141]

正是此舉，帶來了陶瓷生產的轉捩點，因為這個新配方比先前任何配方都更優良。即使在今天，瓷石與瓷土二元配方也依然被視為「真」瓷的標準成分，其他都只是仿品假貨。及至南宋覆亡，這個定義已然成為中國普遍對瓷的看法，尤其因為廣東、龍泉等其他陶業中心，不是屈居次位、就是已經關窯打烊。十七世紀某篇論陶文字宣稱，瓷是由「糯米土」（瓷石）加「粳米土」（瓷土）配成；前者使之白，後者令骨細。[142]殷弘緒記載，中國瓷商告訴他，有位荷蘭商人曾取得瓷石送回阿姆斯特丹分析。但是沒有瓷土，他的國人當然還是造不出瓷來，「中國商人一笑，對我說：『他們只想要一副徒有肉卻無骨支撐的胎！』」

瓷石中添入高嶺土，容許窯匠將窯溫升高至攝氏一千三百度以上。兩種材質得以融合，大大提高了器胎的半透明性和強固度。大約在同一時間，他們也製成新型的無色透明釉，完全消除了過去青白瓷固有的微青色調，提升了最後成品的白皙度。如今瓷器的表面光亮潔白，呈現新的裝飾可能。而黏土的超級強度也意謂著尺寸可以愈做愈大、式樣可以愈發精細繁複。景德鎮陶匠已經發明出一種全新材質，它將改變全世界的製陶傳統。但是這些改變，卻必須等待他們又向西南亞陶匠引入一項重大的創新元素之後，方才得以全面展開。

五、青花瓷之生

穆斯林、蒙古人、歐亞大陸文化交流

西元一〇〇〇年至一四〇〇年

從殷弘緒的角度來看，景德鎮最知名的產品——青花瓷，簡直是個大謎團。當地方志明明記載自古只作白瓷，他不懂為什麼眼前「歐洲卻只見白底畫著鮮豔青花的瓷器，鮮見單純白瓷」。他問自己區內的教民這青花色料從何而來，據他們回答，傳說有位瓷商在外洋遭遇船難，在一處小島上發現「到處都是可以製作這種最美麗青料的石頭，於是大量載運回國。他們說景德鎮從未見過這麼可愛的青色，可是後來再回去找，卻再也找不著當初幸運發現的那個地方了」。

殷弘緒聽不進這套神話傳說，景德鎮瓷的「美麗天青」，一如中國陶瓷史的其他面向，對他而言一直無法摸透。不過謎題的答案可能在明代大收藏家項元汴的話中已有所透露，他如此形容一只依漢代玉杯為藍本的十五世紀瓷杯：「釉色勻透潔白，如羊脂又如美玉，似小米凸起。青色如此純淨耀眼，因是回青。」[1]由此可知，這種色料與伊斯蘭世界有關係。伊斯蘭教，中國舊稱回教，穆斯林信徒稱回回或回族。這類稱呼首見於宋代，或許是中亞維吾爾族的中文音譯，此族在唐朝失去絲路控制權後的年月裡，信奉了伊斯蘭教。回青即回回青，又稱蘇麻離青、蘇勃尼青，是阿拉伯語 samawi「天空色」或「天青」的中文音譯。[2]

「回青」一名，直指宋代以來世界文化經濟的相互依存現象。青花瓷的出現與發展，是宋瓷對西南亞造成衝擊的結果。穆斯林商人從伊斯蘭的心臟地帶，將鈷藍色料運到景德鎮，元代最後一代陶匠開始用它繪飾瓷器，中國境內與國際市場，從此引發了一場意義深遠的藝術發展：元末明初，中國與西南亞的紋飾傳統開始發生前所未有的接觸，中式的流動空間與西南亞的幾何式布局相遇、彼此學習。青花瓷藝術在明代完全發展成熟，也在同一時期登上出口貿易瓷的大宗，而且還繼續開疆闢土，攻城掠地，影響既遠且廣，重塑了（有時甚至是破壞了）從菲律賓到葡萄牙，但凡它所及之處任何社會原本的製陶傳統，幾乎無一地例外。

新瓷器風格的創造與成功，表明發生於西元一千年進入二千年之交的長距離交流，將人類已知的「寰宇」結合成一個世界性的體系，一種交互重疊的經濟體網絡。其中最重要的部分就是中國；而促成其產品流通散播的主要元素，則由伊斯蘭提供。白圖泰那段不平凡的旅程，從摩洛哥一路來到中國，主要便是走過一個又一個的穆斯林社會或王國，最後他卻表示：「世上沒有比中國更富裕的地方。」[3]宋代中國已達一億四千萬人口，再加上其各色產品的吸引力，一旦面向更廣闊的世界，自然可以發揮無遠弗屆的巨大影響力，遠及法蘭西北部及勃艮第的市集。

中國貿易和西南亞

西元七五五年安祿山叛變，導致中國沿海港口的對外貿易與當地的伊斯蘭社區急劇衰敗。進入宋代，重新恢復繁榮，宋朝皇帝鼓勵海外交流，他們在底格里斯河與幼發拉底河畔的同業——阿拔斯王朝的歷任哈里發國王，也推動龐大的建設計畫來刺激經濟、吸引長途貿易。哈里發默達西姆將國都從巴格達遷到上游一百三十公里處的薩瑪拉，在那裡大興土木建造宮室，比路易十四的凡爾賽宮還大上許多倍。不出數十年，新都就已沿底格里斯河擴張延伸了三十五公里。[4]國際海路復甦，主要由中國商人營運，他們已取代阿拉伯人，成為中國與印度洋兩地貿易的主導者。然而，國際秩序雖然重建了，未來發展卻仍繫於來自各地多元族裔的穆斯林商人：埃及、阿拉伯、波斯、東非、印度、東南亞。不過他們和中國商人並非兩個完全獨立不屬的類別，因為中國商人也有人信奉伊斯蘭教，穆斯林商人也有家庭世居中國；兩者都對海上運輸貿易採取積極主動的角色。

住在中國海港城市的穆斯林，雖然依照自己的教規生活行事，但是在對外貿易一事上必須遵守市舶司執行的中華帝國律令。這個管理海事的官方機構，在唐代首創，負責收取關稅、接運貢品、國家權利專賣（對象為進口貨品如珊瑚和象牙），並監督商家船舶。穆斯林在廣州建造了一座氣派的大清真寺，尖塔上的旗幟與烽台用來指揮平底大海船出洋入港。泉州有六座頗具規模的清真寺，其中一座是某位瑟羅夫商人出資興建。還有一處「聖墓」，據說是穆罕默德幾位門徒埋骨之所，相傳他們在大先知逝世後不出幾年便已來到泉州。[5]

據十一世紀泉州某位地方官表示：「驛道四通，海商輻輳，夷夏雜處。」[6]後者多數是穆斯林，根據城內一處大型墓地的發掘調查，可約略推出他們的人數，墓碑上則刻有庫法字體的阿拉伯文句。其中最引人注目的是浦家，控有大批船隊又主導市舶司業務。考古學家在波斯灣多處港口發現的中國銅幣，便多由抵達此間的中國商船載運而來，船主則是居於中國沿海城市的穆斯林商人。[7]

宋代有位地理學家將波斯灣描述為「中國海」，可見中、穆商人事業規模之巨，他們將中國商品帶到瑟羅夫與鄰近港口，貨物由這裡轉為陸運，通過扎格羅斯山脈，抵達波斯法爾斯與克爾曼兩省的城鎮。船隻向北再行三百五十五公里，到達更遠的巴斯拉，此城位於底格里斯河和幼發拉底河的三角洲之後，再通往哈里發王國的其他大城。波斯最偉大的歷史學家塔巴里引述某位哈里發誇口：「這是底格里斯河，我們和中國之間沒有任何障礙，海上來的一切都由此河來到我們這裡。」[8]一些宋代瓷器碎片，主要是餐具和香瓶，已在薩瑪拉宮及後宮廢墟發掘出土。此外還有當地的陶器殘跡，都揭示美索不達米亞的陶匠抄襲中國進口瓷的形制與釉彩。[9]

將中國貨載到西南亞可以獲致厚利。根據當時一則伊斯蘭記載，十二世紀的亞丁（位於阿拉伯西南部），有位瑟羅夫的百萬富商拉米許「把天房*的銀質落水口取下，改為金質，又以價值無法估計的中國絲覆蓋」。[10]這類大生意人通常在海上有好幾艘船，他們的利潤，取決於隨時關注從中國到波斯灣十幾處港區市鎮的風吹草動。不過實際上親身走遍全程的商人很少，順風全程需時約一百天。這個連結了海洋亞洲的貿易大網絡，其實是由許多短距離航程以及地方市場交織組成。

西元一千年前後數十年中，長程貿易商將他們的資源由波斯灣轉移到紅海地區。九七七年一場大地震毀了瑟羅夫，從此商業疲弱不振無力重建，再也不曾恢復原先的繁榮。經濟危機、破產也陸續打擊巴斯拉、巴格達和薩瑪拉等地；哈里發政權衰弱、政治騷動，不確定因素增加，致使行商車隊安全不保。中亞殺來的突厥穆斯林戰士侵入美索不達米亞，並建立了自己的政權，其中最優秀的是塞爾柱王朝（一〇三八～一一九四）。波斯灣港口成為內陸紛擾的犧牲品，失去了關鍵的轉運地位，銷往地中海、底格里斯河、幼發拉底河、中亞河間地區的進口貨物不再取道這裡。政府的進口稅捐收入降低，一〇六〇年之後的兩百年間，全波斯灣地區沒有一個政權再鑄銀幣。然後是毀滅性的打擊：蒙古人入侵，並於一二五八年推翻了阿拔斯王朝的哈里發。[11]蒙古人在波斯建立的伊爾汗王朝（即史稱「伊兒汗國」）最終恢復了穩定和繁榮，吸引海運貿易重返這個區域，但是先前蒙古入侵帶來的大破壞已造成立即結果，也就是強化了紅海的優勢，使它的重要性更勝波斯灣。巴格達城破遭受洗劫之際，一些商人和工匠即已遷移開羅。

在埃及，法蒂瑪王朝（九六九～一一七一）和阿尤布王朝（一一七一～一二五〇）先後建立，進一步促使貿易重心由波斯灣轉向紅海。埃及經濟成長，自然是得益於伊拉克與波斯的情勢不穩，但它本身人口眾多、政府需款孔急，也同樣吸引了印度洋商貿來到此地。埃及蘇丹對關稅收入的依賴遠超過阿拔斯王朝哈里發，因此他們積極推動商業擴張，接下來的馬穆魯克政權（一二五〇～一五一七）更是不遺餘力延續相同的政策；此時義大利諸多貿易共和國的商業活動大幅活躍，也使埃及同蒙其益。在埃及購得的亞洲香料，正使威尼斯、熱那亞和比薩等地欣欣向榮、勢力提升，成為中古歐洲商業革命的先導。[12]他們在前領路，重新復興了高度發展的都市生活以及長距離貿易，使地中海地區重振古代聲威，再度擔任自西元五世紀西羅馬帝國傾覆以來就失去的商業大道角色。因此及至十一世紀，受惠於歐亞大陸東西兩端經濟同時勃興，埃及已成為世界商貿大交易的重要中介站，地中海與東亞之間的貿易樞紐。

伊斯蘭教在海洋亞洲的擴張

西元一千年後之所以會誕生一個世界性的體系，是中國商業向印度洋擴張，以及伊斯蘭教傳入印度和海洋亞洲的結果。不過就整體世界歷史而言，後者更為重要，影響所及也更為久遠。十五世紀初葉之後，中國帆船就不曾駛過麻六甲之外；因為麻六甲這處完全拜中國惠顧與保護之賜而興起的港口，此時已發展成印度洋與中國兩地商人進行交易的所在。麻六甲之名源於阿拉伯語，意指「集結地」或「會面場所」，用以形容商人或季風在此相會最恰當不過。麻六甲港位於馬來半島與狹長的蘇門答臘島之間夾

＊天房，一種立方體建築物，位於麥加的禁寺內，是全伊斯蘭最神聖的地點。

成的海峽，免於西南、西北兩面暴風吹來的首當其衝；季風之間，又享有一個漫長的赤道無風季節。印度洋來的船舶在四月抵達，中國船正好揚帆離開；六個月後後者歸來，又是印度人、阿拉伯人起身返鄉時節。對中國商人來說，麻六甲是個方便的暢貨轉運中心，省卻自己既辛苦又昂貴地長途遠航印度。

相對於一四三三年後中國船隻自印度洋撤退，伊斯蘭信徒卻從其信仰的原生家園向東、向南大舉挺進；因此西元一千年後的五百年之間，便成為這個宗教最偉大的地理擴張時期。穆斯林突厥的伽色尼王朝（一〇〇一～一一八六）從阿富汗征服印度北部，他們的後繼者建立了德里蘇丹國（一二〇六～一五二六），及至十三世紀初已統治印度河——恆河平原。[13]伊斯蘭在其他地方的擴張進展方式則相對平和：約於西元一千年左右開始，伊斯蘭商人在東非斯瓦希里沿岸港口以及印度東西兩岸的馬拉巴爾和科羅曼德，陸續形成社區聚居長住，建立了一支散布他鄉的海外「穆商」隊伍。向外擴張，代表他們尋求更安全的利潤來源，因為阿拔斯王朝哈里發和印度北部地區此時都正經歷嚴重的政治動盪，擾亂了長途貿易。

及至十四世紀，穆斯林已全面掌握印度洋港口的海外貿易，尤其是在印度教商人中間，反對出洋營商的力量增強——他們相信出洋有玷汙種姓之虞。[14]位於馬拉巴爾海岸的古里是黑胡椒的主要貿易中心，當地信奉印度教的統治者自稱「海洋之主」，崇奉航海女神。但是他其實只管監控穆斯林商人並向他們收取稅金，那些穆斯林商人才是真正掌管日常實際航運事務的人。十五世紀中期至十六世紀初的義大利商人魯多維科迪指出：「這些異教徒（印度教徒）自己根本不怎麼出洋，其實都是摩爾人在運送商品。古里至少有一萬五千個摩爾人，而且大部分是土生土長。」[15]卑利士也有同樣觀察：「馬拉巴爾從事海上貿易的人全是摩爾裔，這些生意全都是他們的。」[16]

印度西北部的古吉拉特、科羅曼德和孟加拉等地的穆斯林，十三世紀大膽向東南亞冒險進發，把他們的貿易管道與宗教信仰一起帶入那個地區。百年之內，東南亞群島便已發展出相當可觀的穆斯林人口，多到可以經營進口墓碑的生意——當地土著沒有這項喪葬傳統——這些米黃色大理石碑飾以庫法書法，遠自古吉拉特進口。蘇門答臘北部年代最久遠的伊斯蘭墓碑是一三二〇年，爪哇是一三七六年。穆斯林商人從古里引入黑胡椒植物到蘇門答臘和爪哇，他們還在東南亞港口當官，負責港務。[17]白圖泰記載，在蘇門答臘朝中任事的穆斯林，虔信程度比起他們在伊斯蘭信仰早已行之有年的西南亞地區同道毫不遜色。原本信奉印度教——佛教的麻六甲統治者，受到蘇門答臘和中國穆斯林的感召，一四一四年轉而成為伊斯蘭信徒。從此之後，宗教擴張便與麻六甲貿易在東南亞群島間攜手並進。根據皐利士報導，十六世紀初的麻六甲統治者甚至主張把他的城市「建造成麥加，而不再堅持祖先的看法，認為應該往麥加（朝聖）」。

十五世紀初葉，爪哇北岸港口的眾邦主也陸續接受伊斯蘭教。皐利士寫道，阿拉伯、古吉拉特、波斯、孟加拉各地來的穆斯林：

> 開始在這裡做生意並且發財。他們還成功地蓋起了清真寺，從外面延請「毛拉」（老師），因此來的人愈來愈多，這些摩爾人的兒子輩都已是爪哇當地人，而且又有錢，因為他們住在這些地區已有差不多七十年了。有些地方連爪哇本地邦主也改信了穆罕默德的宗教，可以說這些毛拉和摩爾商人接收了整個地方。[18]

相傳第一位接受伊斯蘭信仰的爪哇人名叫馬利克，此人以經商為生，並在北部海岸任港務長。一個世紀之後，沿海的穆斯林各邦組成聯盟，發動攻擊打敗位於爪哇內陸信奉印度教——佛教的王國滿者伯夷（約一二九〇～一五二八）。最後，迫使該國王室逃往緊鄰爪哇之東的峇里島。十六世紀初的峇里政權，不似滿者伯夷內部不和、易遭外侮，峇里在歷任強悍的印度教——佛教統治者之下，不但政治鞏固，也進行宗教改革。他們利用爪哇人的忠誠，塑造出一種「君權強大乃屬合理正當」的意識形態。[19]因為如此，才能使巨大的伊斯蘭浪頭掃過而不入，峇里成為印尼地區唯一堅守舊有信仰的大前哨站。

正當伊斯蘭教開始向爪哇的心臟地帶進展之際，穆斯林聖者和商人也從婆羅洲的汶萊蘇丹國，將他們的信仰帶入菲律賓島嶼鏈最南端的民答那峨島。但一五六五年西班牙人抵達菲律賓不久，便對中央大島呂宋島的穆斯林聚居區大肆劫掠。[20]過程當中，發現某位穆斯林領主家裡滿是瓷器，西班牙人震驚不已，似乎也看見自己未來可能的財富。雷格斯比報告，菲律賓明多洛島附近擄獲的中國大商船上，「船艙底層堆滿了各式陶罐和瓷器；有大瓷瓶和碗盤，還有一些精細上等、他們稱為 sinoratas 的精緻瓷罐。」[21]既有安全可靠的美洲大陸作業基地，又有美洲白銀充當運作資金，總部設在馬尼拉的西班牙軍隊於是征服了菲律賓。基督教修士開始忙著叫當地人皈依；西班牙總督則警告汶萊蘇丹，停止在菲律賓呂宋和南部散播伊斯蘭信仰。

因此，伊斯蘭信仰便以如此極端纖毫之差，輸掉這場意外的競賽，最終未能贏得全部的東南亞島嶼區，而其對手正是繞過大半個地球另一邊的敵對宗教。正如西班牙人門多薩在一五八五年出版的《偉大國度中國的歷史》中所說：「吾主有極大的悲憫，如此及時地為他們的靈魂送來救贖；因為，如果西班牙人遲來一步，多晚幾年抵達，現在這裡所有人都會是摩爾人了。」[22]菲律賓群島，遂以基督教世界最遙遠衛星的姿態登上全球舞台，成為西方勢力與商業的東方堡壘。距離哥倫布受《馬可波羅遊記》的激勵，自上世紀從西班牙的加底斯啟航，決心繞過西南亞的穆斯林勢力，從另一個方向前往尋找傳說中的東方古國，新世紀又過去一大半了，西班牙人終於將馬可波羅所形容的富饒中國，以及那裡數不清的新奇事物，拉到唾手可及的近距離內。[23]

不過，儘管西班牙一路挺進至菲律賓群島北緣，最終伊斯蘭教還是成為東南亞島嶼區的多數信仰。不論是蘇門答臘、爪哇、婆羅洲的海港邦，還是滿者伯夷內陸國，或中華帝國官僚，穆斯林都能靈活適應自如。他們的宗教可以促成一種實用性的融合：文化上有彈性、信仰上則團結；兩項因素加在一起，使他們在陌生環境中也有能力開創商貿。所有穆斯林認為自己身屬 umma（烏瑪）——意指全體信徒組成的天下共同社區。無論到何處，信徒都聚集在一起，遵奉相同的社會規範和習俗，諸如施捨濟助的美德、飲食齋戒的規定，以及公開祈禱的儀式。他們為自己擁有的高等識讀文化、共同的學問正典，以及超越狹隘地域觀的共同體背景感到自豪。[24]

前往麥加朝聖，或曰朝覲，是伊斯蘭信徒的一大義務。朝聖以一種震撼人心的集體儀式，將來自不同文化的信徒結合一處。正如白圖泰親眼見證，一群香客來到聖地朝拜的景象：「如此多人，大地也因他們如海洋奔騰洶湧，他們前進的步伐如同天上雲層移動。」[25]他們還帶著繡有經文的旗幟橫幅，以阿拉伯書法寫就，這是伊斯蘭信仰全體共用的文字。香客們同時也利用朝聖的機會，參加一場巨型的短期市集，地點在紅海邊上離麥加不遠的吉達港。穆罕默德成為先知之前同樣從商，信徒引用他的金言：「今生來世，商人都享有快樂幸福。」[26]伊斯蘭信仰給予商人崇高的敬意，《古蘭經》也塑造出一整套商規，將內在連貫性與外在合法性賦予穆斯林普及的海洋文化。

白圖泰由位於摩洛哥的家鄉丹吉爾前赴北京，一路上幾乎走遍他教友所稱的「伊斯蘭之地」（Dar al-Islam）。伊斯蘭烏瑪遍及兩大洲，形成一股驚人的交通流、貨物流、香客流。在印度北部和中國海岸，他還兩度遇見同一位虔誠的學者，這位學者來自離丹吉爾不遠的休達城；後來又在撒哈拉沙漠之南近尼日河處，遇到此人的兄弟。白圖泰在孟加拉時曾有過一件昂貴的羊毛袍，最後竟輾轉到了北京一位穆斯林聖者手上——他認為這真是天意帶領。白圖泰，這位來自摩洛哥的朝聖者，途中曾在馬爾地夫島做過伊斯蘭法官，在馬拉巴爾港口靠穆斯林商人的接濟和借貸度日，在斯瓦希里海岸承穆斯林要人熱情款待，每到一處都與當地的信徒同誦古蘭經。值得注意的是，只有在中國——原本應是這趟旅程的高潮終點國度——他的好奇熱情終於一點點消弭了：

中國這塊地方，儘管一切都很宜人，卻不吸引我。相反的，我非常難過異教徒在此勢力如此強大。只要一走出門，隨時隨地都會看到或多或少令人作嘔的東西，令我非常沮喪。只好經常閉門不出，除非必要決不出門。在中國一遇到穆斯林，就覺得好像看見我自己的信仰和家人。[27]

雖然白圖泰譴責中國是異教徒之邦，但至少南部的港口使他有一些回到家的感覺。他認為泉州是個國際大都會，一三四二年曾在此地住過一段時間。當地居民使用波斯話作為國際語言；中國官員則把這裡的大量外國人口，尤其是阿拉伯人、波斯人和印度人，一律稱為「色目人」。[28]穆斯林聚居於城中一區，由他們自己管理；白圖泰提及清真寺塔傳來的提醒禱告呼聲響遍大街小巷。據這位旅者報告，泉州的穆斯林聽說有教友從域外抵達此間，無不興高采烈，「他們說『他是從伊斯蘭之地而來』」，而且「他們要讓他（而不是孤兒或窮人）領受他們的什一財物奉獻，以使他可以像他們自己一般富有。」[29]

廣州，同樣也是個多元文化的海港城，白圖泰在這裡逛市場，其中最大的集市是瓷市。看見這些高品質瓷器竟然可用不及丹吉爾平凡陶器的低價買到，他不禁大感驚訝。當然，他也從親身經驗獲知，將瓷器運銷普及各地的人，正是與自己抱持相同信仰的貿易商。他寫道，瓷器出口外銷「到印度等國，甚至遠及我們自己位於西邊的家園，是所有陶瓷之中的上上之品」。[30]

宋代瓷器和西南亞陶器

中國的白瓷、青瓷，如同天啟般降臨西南亞地區，尤其因為那裡原先只知道實用陶，而且通常無釉。而這些外地來的美麗器皿，卻帶有寶石般的神奇質地；西南亞現存最早對瓷器的描述，便特別強調這項獨特之處：在八五一年出版的《中國印度見聞錄》中，某位曾遠抵中國的阿拉伯商人蘇勒曼寫道：「在中國有一種很細的土，可以製成像玻璃那樣的透明器皿，連瓶中的水都可以穿透看見，卻是用土做的。」[31]中國陶瓷的這種神奇名聲歷久不衰，多少世紀後依然如此。白圖泰造訪中國三十年後，中國派員出使波斯帖木兒王朝（一三七八～一五〇六）的沙魯克汗宮廷，在撒馬爾罕看見當地所做的仿品，「做得都非常漂亮，卻完全比不上中國瓷的輕、藍、透、亮，敲了也發不出聲音。因是土性使然。」[32]

當然，更精確地說，這就是西南亞的陶土性質。這裡的陶匠努力模仿中國瓷，用的是該地區古老傳統——以高妙的手藝，創意的替代方案，彌補劣質的天然材質。當地缺乏良好石材，工匠改採泥磚並在灰泥上雕刻、鍍金、漆繪，也照樣蓋出有模有樣的不朽建築；[33]缺乏豐富木材以供燒窯，窯匠轉用乾草、雜草、秸稈和動物糞便；缺乏高嶺土與瓷石，九世紀巴斯拉的陶匠開發出一種陶胎：把石英搗碎，加上白土、碎玻璃（玻璃質熔塊）。這種新式配方，現在通稱玻璃料釉下彩繪陶，結果燒出來的成品異常堅硬，且無需高溫亦可製成。雖然土質尖脆、黏稠，作胚不易，卻可製成極薄的器皿，就像瓷器一般；也可塑成各式美妙的形狀。[34]於是在伊斯蘭世界多處地方，新配方成為製作精細陶器的標準材料。

還有一項創新，結果證明是陶瓷史上最重大的事件之一。因為西南亞燒出的低溫陶無法複現白瓷器表那種奪目光澤，當地陶匠又開發出一種新奇釉藥技術，約與玻璃釉陶同時出現。為模擬中國白瓷效果，他們把氧化錫作為乳濁劑攙入透明釉中：細密的氧化錫顆粒如雲擴散、滲入鉛釉塗層，形成一種柔和、無光的白色化妝土，覆蓋住下面的褐胎。[35]錫釉技法既實用又可盈利，從此形塑了世界各地的製陶發展，長達許多世紀。幾百年間，它都是西南亞的標準技術；十三世紀起更席捲歐洲，促成馬約利卡陶、法恩斯陶、臺夫特陶的興起，直到中國瓷與其西方仿製品，在達伽馬以迄奧古斯都二世之間陸續出現為止。

十世紀時波斯灣的貿易開始走下坡，法蒂瑪埃及治下的法斯塔特（開羅舊稱）成為伊斯蘭世界最大的城市之一，也是貿易和工業中心。阿拉伯地理學家穆卡達西宣稱：「和平之城（巴格達）也無法比擬埃及之大。它是西方的寶庫，東方的百貨地。」[36]法斯塔特支付高價購買瓷器，因為從紅海港口必須行經一千一百公里的陸路運送，成本勢必極高。埃及人稱這類進口器皿為「hindi（印度器）」，和數世紀後葡萄人的稱法「a louça da India」類似。法斯塔特考古出土的七十萬件陶瓷碎片，百分之二十產自中國，直至十三世紀皆以龍泉青瓷最為常見，之後則改由景德鎮青花瓷領銜。當地工匠用銅絲和鐵夾修復數以萬件的宋代白瓷，顯示物主珍視的程度。堆積如山的陶器碎片，也透露埃及陶工極力模仿中國白瓷煞費苦心的程度。[37]

因為錫釉陶缺乏白瓷閃亮的光澤，西南亞陶匠只好施加彩繪提升它的魅力。事實上，單色的宋瓷美學恰與當地以彩色紋飾妝點玻璃與陶器的古老傳統背道而馳。西元前四千五百年左右，埃及人便已用氧化鈷和銅染成皀石藍——此色被視為具有魔力，代表生命和復活——以模仿珍貴的天青石。幾個世紀後，他們又複製出了玉髓的鮮紅以及綠松石的藍綠。西元前二千年左右，埃及人發現了製造玻璃的方法，並借用鈷為著色劑。新王國時期的十八王朝期間（約西元前一五七〇～一二九三），工匠用氧化鈷裝飾陶器以及牆磚、地磚。美索不達米亞新巴比倫帝國（西元前六二五～五三九）的尼布甲尼撒二世，在巴比倫建造綠松石色的伊希達門，是古代最宏偉的釉磚藝術成就。其後阿契美尼德王朝建立的帝國

（西元前五五九～三三〇），繼續以彩釉磚建造宮殿與紀念建築；雖然日後被馬其頓來的亞歷山大大帝和希臘征服，結束了這項悠久傳統，直到阿拔斯時期才又恢復。進入西元第五世紀，埃及與美索不達米亞的玻璃工匠，使用銅和銀提煉製成的色料妝點他們的器皿。但是除了儀式重典之用以外，陶匠很少在他們的器物上施釉。[38]

十世紀時，法斯塔特陶工開始將玻璃加彩的古法用於他們新穎的錫釉陶器。這種技巧稱作虹彩釉，使用一種銀、銅化合塗料在釉器表面繪製圖案。三次入窯，第三次時間短、煙霧重，燒成後金屬發散成一層極薄的膜覆於釉層。然後拋光，發出虹彩般的色澤，從銅紅、青銅到淡檸檬黃不等。[39]波斯卡珊有位世代製磚的大戶哈沙尼，一三〇一年在一篇專文中聲稱，虹彩陶的釉色「熠映如紅金，又如陽光閃耀」。[40]塞爾柱帝國時期，經濟惡化以致貴金屬供應稀少，虹彩陶頗能滿足有錢客戶的喜好，提供他們餐桌上熟見的金光閃閃。加以《古蘭經》向來譴責人使用金銀吃喝，虹彩陶正好可以派上用場，成為貴金屬器的時髦替代方案。學者引用穆罕默德的教導——誰用銀杯飲酒，就會有地獄之火在他腹內咕嚕作聲。[41]他們也勸告富人戒用貴重金屬器，以防下層民眾憤慨，因為窮人見到有人竟能如此富有，可能鋌而走險，「一想到這些人可以用金盤銀盞，自己卻連土器陶碗都用不到，難免眼紅。」[42]

白圖泰寫道，在某些穆斯林宴會場合，僕人會「以金銀器皿，配上金勺」，送上石榴等鮮果美點，其他食物則裝在「玻璃器中，配以木勺」。[43]他又記載德里的圖格魯克蘇丹晚餐或宴客時使用瓷器。許多守戒嚴謹的穆斯林絕不使用貴金屬器皿，雖然十六世紀鄂圖曼帝國的蘇萊曼一世寶座廳中盡是鑲金嵌玉，珠光寶氣逼人，蘇丹本人和他的大臣進餐卻都使用青花瓷和木勺。一個世紀後有位法國觀光客記載，聖月齋月期間，信徒白日必須禁食，鄂圖曼高官在日落後放懷吃喝，使用黃色瓷碗。

不過，大多數富有的穆斯林對餐桌上如此謹慎素樸嗤之以鼻。《古蘭經》的簡肅禁令，畢竟無法消除長期以來金銀代表貴重、豪華、節慶與宴飲的聯想，權貴行列也從不煩惱自己的高調消費是否會激怒連陶器都用不起的階級。儘管白圖泰極其虔敬，但他顯然認為，伊斯蘭世界的要人顯貴之所以用金銀杯盞豐盛筵席款待他，是表示他這位客人頗有分量值得看重。當他斥責波斯某位地方權貴，指著後者的金杯教訓：「君不似君，莫過於此！」並不是指權貴用了不該用的器皿飲酒，而是他醉得太不成話。[44]

除了貴金屬器本身難脫精英氣息之外，另外還有實際考量，也限制了虹彩陶的使用範圍。施虹彩需要使用昂貴的化合塗料，製作技術卻很難掌控，因此廢棄率極高，最後成品也因此身價極昂。更重要的是，這種嬌貴的器皿中看不中用，幾乎無法清洗，每次清洗必定傷損於它之所以吸引人購買的美麗器面。[45]因此虹彩陶從未真正進入日常使用，僅限於慶典和儀式場合，諸如宮廷盛宴和宗教紀念活動。在這類場合布置中，光彩熠耀、經常飾以日月星辰圖案的虹彩陶，每每能激起人們對神性、神威的想像，如同神在，也令人想起《古蘭經》（二十四章三五～三六節）的〈光詩〉：「真主是天地的光明，他的光明像一座燈台，那座燈台上有一盞明燈，那盞明燈在一個玻璃罩裡，那個玻璃罩彷彿一顆燦爛的明星。」（馬堅譯本）

蒙古人和歐亞統一

日後的發展證明，陶瓷未來的最大希望繫於天空的顏色，而非太陽與星子的顏色。就在埃及陶匠開發出虹彩釉的同時，波斯工匠則在實驗另一型新的設計：以鈷藍為色料，在他們錫釉產品的白色器面繪製圖案。藍色之所以獲得青睞中選，是因為氧化鈷在波斯中部極易取得，接近地表，以粉紅色或金屬黑的晶體存在，華麗叢集如花。其他地方則必須費工開採，接續的處理工序也充滿危險。英文 cobalt 源自德文 kobald，意指「醜怪的地底精」（goblin），因為這種礦石冶煉時會產生有毒的氣體砷，被奧古斯都二世薩克森尼境內的銀礦礦工視為地下發出的惡靈毒氣。波斯工匠稱鈷為 lajvard，形容青金石光芒四射特有的藍彩。[46]

不過波斯陶匠的鈷料易得難用，很難做出優良效果，因為往往會在錫釉上發散，模糊了繪飾圖案。但這項技術問題，結果卻促成世上兩大陶瓷傳統產生前所未有的密切接觸。事實上就在差不多同一時期，重大變化已在兩大文明傳統各別出現：南宋末年最後幾十年間，景德鎮工匠開始為他們的青白瓷實驗新配方；而西南亞陶人在進口宋瓷刺激之下，也創發出一種全新釉料，並探討某些極具創意的裝飾技巧。然後，發生了世界史上最不尋常的大事之一，提供了背景環境，讓東西兩地的新發展相遇相合，創造出青花瓷的果實，促成中國與伊斯蘭圖案的相逢。

西元十三世紀初，蒙古首領成吉思汗統合了馳騁在中亞大草原上的弓箭手，建立一個強大聯盟，並且開始將他們的力量向各大城市文明中心推進。一二三四年，中國北方的金朝亡於蒙古，雖然南方的宋政權繼續堅持，又撐了一代才終告屈服。一二一八至一二四一年之間蒙古西進的軍事行動，陸續在中亞和俄羅斯興建了蒙古汗國，征服者聯合這些鬆散結合的疆域為「大蒙帝國」。一二五〇年代初葉，成吉思汗第三個孫子旭烈兀率領一支二十萬人的大軍進占波斯和伊拉克，領頭先鋒是蒙古人和突厥人，但是也包括俄羅斯、亞美尼亞、喬治亞和中國部隊，以及一些歐洲的圍城專家。一二五八年旭烈兀攻陷巴格達，殺死了最後一任阿拔斯哈里發，成立新王朝伊爾汗王朝，意思是「附庸可汗」。[47]

蒙古人入侵，意謂掠奪和破壞，而且程度恐怖地巨大，包括屠滅、奴擄某些都市人口，撒馬爾罕十萬住戶失去四分之三的居民。即使在旭烈兀大肆破壞多年之後，白圖泰與馬可波羅分別經過波斯北部，發現部分地區依然人室一空、無比荒涼。此時波斯已變為較傾向中國，而非西南亞，反映了這個橫跨歐亞新帝國的政治現實面；伊拉克則脆弱無助地卡在埃及和伊爾汗王朝之間。只有馬穆魯克領導下的埃及，於一二六〇年擊退了旭烈兀的軍隊，其餘整個西南亞的人民和文化都飽受摧殘。當然，陶匠與當地陶藝傳統也不例外：舊有作坊一一消失，倖存者沒落為地方土產，精美陶品如虹彩陶也逐漸枯萎，終而死亡。

蒙古第五位大可汗忽必烈是成吉思汗第二個孫子，一二七二年在中國宣布建立元朝。一二七九年南宋終於敗亡，從此開始，成吉思汗的子孫統轄著一個寬鬆結合的巨大疆域，是歷史上占地最廣的帝國，東起高麗、越南，向西延伸直至匈牙利與俄羅斯，全部面積介於兩千六百萬至三千一百萬平方公里，相當於整個非洲大陸。他們創造了一個跨越歐亞大陸的郵遞系統，通訊加速到前所未有的程度，沿線共有一萬個驛站、二十萬匹馬供信差疾馳。蒙古軍隊把守交通網絡，保證絲路商旅可以安然通過，比如馬可波羅一家即是。一三三〇年代後期，大約在白圖泰取海路前往中國同一時期，有位旅行經驗豐富的佛羅倫斯人裴哥羅梯寫了本《商貿實務》指出：「根據實地走過的商賈報導，從塔納（位於亞速海海頭）前往東方古震旦的這條路線，不分晝夜，都絕對一般安全。」[48]

史無前例的跨文化交流巨洪，在蒙古的歐亞大一統下傾瀉而出，連初唐盛況與之相比都只是小巫見大巫。事實上如此驚人現象，並非所謂「蒙古治下和平」可以預見的後果，因為游牧戰士其實並不善於建立長期和平，尤其在他們自己之間。相反地，蒙古戰略滋生的文化互動，源於蒙古族征服者利用被征服子民的技能、科技和傳統，以促進他們本身的號令與財富。十四世紀有位中國作者誇稱：「來自各方各國忠心、善良、勇敢、有才華的人士，都心悅誠服地為皇帝服務。」[49]或許這是事實；但考慮到成吉思汗在世時蒙古族本身人口之微——全數只有七十萬，包括十萬騎兵——與他們鐵騎下征服的壓倒性數量人口相較，這個歐亞大帝國的統治精英實在別無選擇，只能依賴其域內子民基於自利而共謀的合作。

第二任大可汗窩闊台利用歐亞大陸的資源，在蒙古中部的鄂爾渾河河畔，平地起造他的汗國都城喀喇和林，並供給其日常所需。此城距貿易路線頗有距離；可汗吩咐，每日必須有五百輛車滿載食物飲料從中國境內送抵都城，這項任務需要六萬名車馬伕全職負責才能達成。伊爾汗王朝大臣朱韋尼在他一二六〇出版的著作《世界征服者之史》中宣稱，窩闊台的大手筆令四面八方遠近商賈生意興隆，「不管他們載什麼貨來，無論貨好貨壞，他都明令以全價收購。」[50]這還不算，可汗還下令在豐厚的利潤之外，另發給商人一成額外津貼。想當然耳，瓷器商人自然也身列這支大發利市的幸運隊伍之中。

蒙古人將十萬工匠，包括撒馬爾罕城破時擄來的兩萬人，從中亞河間地區移到喀喇和林與中國。種植小米的中國農民遷往亞塞拜然，中亞突厥族則在波斯和中國落戶。長春真人丘處機從中國前往中亞，將途中所見記錄下來，撒馬爾罕「隨處可見中國工匠」，那裡的家用器皿「多為黃銅、紅銅所製，亦有瓷器。」[51]匈牙利擄來的日耳曼、法蘭西工匠，在喀喇和林熔煉金屬、製作武器；波斯人在中國港口擔任駐軍衛戍；中國廚子、匠師、大夫和官吏行走絲路前往西南亞；波斯文書、翻譯、建築師和地毯織工則朝反方向行去。中國專家將印刷術和火藥帶到西邊，西南亞工匠則把蒸餾法、煉糖引入中國。在伊爾汗王朝任官亦是蒙古史家的拉施德，斬釘截鐵地認為，上天將帝國大業賜予成吉思汗王朝，因此促成「哲學家、天文學家、學者、歷史學家，來自四面八方、各族各民：北中國、南中國、印度、喀什米爾、西藏，維吾爾人、突厥人、阿拉伯人、法蘭克人，不同信仰、各種宗派，全都大量結合，共為這個宏偉的天堂效力。」[52]

忽必烈以降的歷任元代君王，對中國精英的儒家思想頗為冷淡，也命令蒙古本族人與其保持距離。但他們對藏傳佛教卻青睞有加，覺得密宗思想神奇超自然的面向頗與蒙古固有信仰契合。元朝諸帝決心全權操控帝國官僚系統，因此許多年間停止科舉，並禁用漢人為官。中文之外，波斯語、蒙古語也成為政府官方語言。西南亞來的穆斯林主導財政、商業政策，更獨占海事港務一職。最引人注目的是賽典赤·贍思丁，這位來自中亞河間地區布卡拉的穆斯林，獲忽必烈任命掌管新征服的雲南地區。這個邊境省分成為無數穆斯林移居之處，賽典赤在信仰上顯現折衷寬容，是蒙古統治的典型宗教態度；他成立清真寺、資助佛教寺院並支持儒家教育。他的兒子納速剌丁指揮一二七八年蒙古初次入侵緬甸的戰事，讓此事因而在《馬可波羅遊記》裡提及，並接任賽典赤擔任雲南平章政事。53

當蒙古勢力在人煙所至的絕大部分「寰宇」建立之後，各地君主開始將它視為施展外交手腕的舞台，尤其此時正是拉丁基督教世界首次與中亞進行直接接觸之際。十三世紀中葉，羅馬教宗的方濟會使節前往喀喇和林宮廷，力陳蒙古人應和基督徒結盟，共同對抗在埃及和敘利亞的馬穆魯克政權。一二六〇年，馬可波羅的父親和叔叔抵達中國，為那裡已經頗為興旺的義大利社區再添成員。忽必烈大汗請他們轉致教皇，送一百名有才學的基督徒前來他的國都——也就是這類的帝王建議，日後促成殷弘緒被派往中國。54

忽必烈還資助景教僧人梭馬由中國前赴聖地；伊爾汗王朝的統治者阿魯渾派他更向西行，出使法蘭西和英格蘭。一二八七年梭馬的話令羅馬的樞機主教團大受鼓舞，激起無窮希望；他告訴他們：「現在已有許多蒙古基督徒」，包括大可汗的後代和他們的妻子。55阿魯渾的繼任者合贊，是該王朝第一位皈依伊斯蘭信仰的可汗，他的夢想是與基督教君主聯手對付馬穆魯克政權。一三一二年之前的半世紀之間，伊爾汗王朝十五度派遣外交使節前往歐洲尋求協議；這項策略，導致蒙古形象在基督徒眼中逐漸轉型，從反對上帝的末世叛徒，變為聖地耶路撒冷的可能救贖者。

蒙古年代的歐亞文化交流

蒙古時期的歐亞文化交流還擴及圖案紋飾與藝術領域。[56]Sini一詞，原是西南亞地區對中國的稱呼，此時成為繪畫與其他媒材表現的最高成就標準。及至十三世紀末，被蒙古王子遷到中亞河間地區的中國紡織工人，已促成東亞紋飾設計傳入西亞地區。中國和中亞文化採用的款式與材質，影響了拉施德在大不里士創立的一派波斯藝術家。這兩個不同的東南亞繪畫傳統，之所以能促成彼此在藝術上的互動，乃是因為它們都採取平塗上色，沒有陰影也沒有明暗對比。波斯畫家在手稿上所作的袖珍畫，對葉子、山脈和視野的描繪風格來自中國，不過缺乏中國畫面特有的流動感與空間深度。他們還接納了中國人對容貌的審美標準，如滿月臉、高挑眉、小巧朱唇、杏眼黑眸等等。

中亞織工把中國龍改頭換面，龍於是在織錦緞上出現原產地所無的兇惡模樣，從令人敬畏的帝王象徵變成嚇人的噴火怪物。[57]同樣地，原本在中國象徵皇后的鳳凰，搖身一變成為好戰善鬥，在西南亞的手稿裝飾畫和書籍裝幀上和惡龍、獅鷲進行生死搏鬥。十七世紀初期的蒙兀兒繪畫裡，鳳鳥則與獅身象頭的怪物嘎加新瑪扭成一團。中國的神獸麒麟，鹿身、馬蹄、牛尾，移民到西南亞後蛻變成一種鬃毛豐沛的帶翼獨角獸。波斯藝術家還將麒麟再做修改，用以描繪西南亞神話裡長著鹿身、鵝翅、雞冠的靈言鳥。

源自中國商周青銅紋飾的富麗雲朵，也透過中亞和中國絹匹圖案傳入，現身於波斯陶器和石雕。波斯工匠自中國繡品、蒙古雕鞍取材，抄來上面的龍鳳裝飾，搭配自家的獅鷲獅身人面獸。波斯大詩人甘地耶的史詩〈七美人〉，十四世紀時由巴格達、大不里士的畫家配上圖片：只見詩中大英雄波斯王巴赫拉姆高爾，正在斬殺一隻中國式的惡龍。屠龍，日後發展成印度蒙兀兒王朝、鄂圖曼土耳其帝國、波斯薩非王朝（一五〇一～一七二二）以及拉丁基督教世界藝術作品的常見主題。中國有個古老諺語說，龍必須好好尊敬，「因為無法活捉」。[58]但是在西亞，死了的龍才是條好龍。

中式的植物紋飾，原是唐代由波斯傳入的直系嫡裔。日後又沿著絲路回傳，在伊爾汗王朝境內扎根，幾世紀間經過改裝，被凡事都崇尚中國的伊斯蘭上流社會改造得更上層樓。蓮花圖案處處綻放，不斷再現於織毯、金屬器、灰泥壁、書籍裝幀、屋瓦牆磚和陶器上。事實上，蒙古統治下的波斯，可謂親歷目睹了「中國情調風」首次登場，這是一種反映中國影響的藝術風格，表現為創作者對中國文化懷有的奇思幻想。[59]幾個世紀後，約於法王路易十四之時，「中國情調風」更達全盛頂峰，在西方開出輝煌燦爛的花朵，特別在陶瓷、建築和室內設計方面。波斯人和歐洲人可以如此毫無保留地欣賞、推崇中國，因為中國離他們的具體地理距離夠遠，不至構成政治威脅，而交通傳播的距離又夠近，足以激起模仿靈感。不過回到蒙古人的年代，中亞和中式藝術主題對歐洲的直接衝擊不及對西南亞的影響，主要出於此時抵達西方的中國瓷器數量相當零星。

熱那亞和佛羅倫斯商賈在亞速海畔收購大批中國絲，然後以三倍於原產地的價格在歐洲售出。基督教世界的織工和石匠抄襲這些繡品上的中國龍鳳，裝飾他們自家的織品與大教堂的外牆。大畫家喬托借用蒙古的八思巴文做為母題，裝飾帕多瓦的競技場（又稱史格羅維尼）小禮拜堂內的知名壁畫；在此同時，一條大龍正在巴黎聖母院合唱席後方壁上俯視下界。以所謂國際哥德式的畫風，林堡兄弟為勃艮第諸位公爵效力，在他們的傑作裡描繪著中亞和突厥服飾人物。十五世紀初，巴黎的手稿裝飾畫大師貝德福德畫出了〈大汗宮廷喜慶〉，呈現身著亞洲衣冠的大臣的熙攘情狀。[60]

十四至十五世紀的義大利畫家，諸如洛倫澤蒂和比薩內洛，將中亞的服飾和人物納入他們的作品。喬瓦尼為佛羅倫斯大教堂所繪的〈聖塞巴斯汀的殉教〉中，蒙古射手弓箭上弦，瞄準這位殉道聖者。一位深具影響力的西耶納畫家馬提尼，畫了一幅祭壇作品〈土魯斯的聖路易〉，畫中央的人物身披一襲飾有金環的波斯大氅，身下座椅則覆以中亞絲綢，繡著各式小動物圖案。馬提尼〈報喜〉中的天使加百列穿著的那件蒙古人白金二色長袍，和教宗博義八世庫房中的那件法衣是如此驚人地相似。[61]繡金的「韃靼緞」對西耶納的紡織業曾有重大影響，馬提尼開發的新型繪畫技法顯然就是企圖複現這種異國布料熠耀閃光的圖案與質地。一三二四年馬可波羅去世，身後財物清單就包括韃靼緞以及繡有「奇異動物」的中國絲綢。[62]

烏切洛所繪的〈聖喬治格鬥龍〉畫中，顯示這個怪物身上覆有華麗的玫瑰花紋，靈感同樣來自亞洲織毯或錦緞。六世紀時，拜占庭藝術裡的奇石林聖鬥士典型造像，不是正在拷打那些迫害基督徒的暴君，就是正砍下他們的腦袋，比如三世紀羅馬帝國皇帝戴克里先。龍進入西方傳說甚遲，十二世紀時方才抵達。彼時甫從中國來到西南亞未久的這隻帶翼怪物，又跟著在敘利亞和埃及打完教宗十字聖戰的武士、僧侶回返歐洲。但丁在《地獄》中描述龍狀怪獸革律翁的尖尾巴和可怕惡臭：

> 牠有兩個爪子，毛茸茸直到腋下；
> 他的背和胸，以及兩脅下至腿脛
> 都畫上了繩結與圈紋。
> 韃靼人或突厥人，從未編織過任何布匹
> 比這個場面和形象更為多彩。[63]

維洛納的領主、但丁的贊助貴人斯卡拉，安排自己逝後穿著中國絲袍入土，對於這位自號「大可汗」頭銜的小國之君而言，如此安葬也算適合。

斯卡拉顯然完全被中國迷住了，幾乎可以肯定的是，他的中國印象完全來自《馬可波羅遊記》。此書極度風行，有時還出插畫版，配上歐風打扮的中國龍。然而，這位維洛納專制君主可能從未親眼見過任何一件瓷器，因為當時在西方，中國瓷仍屬稀有——絲路運送的數量畢竟有限。除了少數例外，駱駝商隊載送西去的瓷器大多留在伊斯蘭世界，那裡才是中國商品的主要出口市場。值得注意的是，裴哥羅梯那本全面探討貿易實務的著作，從未提及任何瓷器流入他義大利老鄉在亞速海和地中海東岸兩地的貨棧。[64]大量瓷器往往由海船載至波斯灣和紅海，西南亞市場就近輕易全單吸收。如果歐洲人想要得到瓷器，就得跋涉遠赴它的源頭。

一二九一年，馬可波羅從中國返歐的前一年，也是馬穆魯克攻占基督教在聖地最後要塞亞克城的同一年，維瓦爾第兄弟搭乘兩艘大帆船駛離熱那亞，打算繞過非洲前往印度洋。穿過直布羅陀海峽之後，沿摩洛哥海岸繼續向南，他們卻從此永遠消失了。[65]當年這次大膽遠航如果如願成功，歐亞兩洲可能早達伽馬兩個世紀就已由海路相通，世界歷史也會改寫。既然事實上並未發生，歐洲就只好再等兩百多年，直到西元一五〇〇年之後，才能直達中國瓷（以及其他多種商品）的原產地，而世界上其他地方早就把這種接觸門徑視為理所當然很久了。馬可波羅和但丁的年代，瓷器在西方可謂絕無僅有，這個現象從而證明了一件事：在當時由穆斯林商貿、蒙古強權和中國經濟力量三大勢力掌控運作的世界體系裡面，西方只處於邊陲位置。誠然，大蒙古帝國境內各地統治者確曾派出使節前往拉丁基督教世界，但這些零星的外交嘗試，從不曾改變拉丁基督教世界在蒙古帝國心中的真正形象——一個邊陲地區，一群微不足道的小國，亞洲商品最偏遠、囊中最為羞澀的市場。

今日稱為「蓋涅雷斯－方特希爾瓶」的名瓶，正顯示少數能夠在蒙古時期抵達西方的瓷器，在那裡取得何等貴重的價值。這只白色的景德鎮器皿，釉色微青，十四世紀初取道絲路來到歐洲，或許是由正前去亞維儂覲見羅馬教宗的景教基督徒攜往。銀鎏金座鑲嵌，銘有哥德體金字，這件青白瓶陸續成為十四十五世紀匈牙利和那不勒斯安茹王室的珍藏。接下來又在勃艮第和日耳曼等地歷經多主，再添加一些紋章飾記，最終落腳巴黎附近的聖克勞，進入當時全歐最尊貴的瓷器藏家：法國太子路易手中。[66]此瓶顯赫的經歷、歷久不衰的罕見度，都吸引著這位貴人。正如殷弘緒所指出，太陽王統治期間的歐洲，畢竟鮮少看過青花瓷之外的任何瓷器。

事實上，「蓋涅雷斯－方特希爾瓶」本身象徵著一個時代的終結，因為十四世紀初葉之後，青花瓷已主宰景德鎮出口貿易，也正是這只大名鼎鼎的青白瓷啟程前往歐洲之際。以鈷藍裝飾瓷器，早期歷史朦朧，但是顯然在該世紀初始年間，陶工開始試驗新的繪飾技巧，此時景德鎮仍以青白瓷以及他種白瓷為製作大宗。[67]起初，青花只是專為東南亞群島那些不大挑剔的客戶製作的小件，器面笨拙地塗著藍白相間的花樣——景德瓷鎮，可不顧忌為自己最粗製濫造的貨品尋找買家。

二十世紀發現的一艘中國沉船，顯示在十四世紀最初二十年間，景德鎮尚未量產青花瓷。一三二三年，這艘船從中國啟航開往日本，卻在高麗西南海面沉沒。一九七六年海底發掘透露，全船共載二十八噸銅錢（相當於當時日本一年供幣量）、一件青釉觀音瓷像，可能是為某間家廟或神龕專門訂做。主要載貨為一萬八千件瓷器，包括龍泉青瓷、浙江黑釉茶碗、景德鎮青白瓷。[68]值得注意的是，裡面沒有任何鈷藍紋飾的器皿。

然而情況很快發生改變。雖然龍泉窯繼續在出口貿易占有一定分量，直到一六〇〇年代終於關門停產為止，但在十四世紀第一個二十五年結束之後，景德鎮的青花已日益改進，龍泉窯從此步上不可逆轉的長期頹勢。一三四〇年代初期白圖泰來到中國時，藍白花新品正進入量產和質產未久。這位遠道而來的訪客徘徊廣州瓷器市集之際，必然也目睹一樁歷史性轉變的證據——成堆的青花瓷盤碗，正準備裝船駛往「伊斯蘭之地」。

青花瓷的源起

元代最後幾十年間，泉州的穆斯林商賈和景德鎮的窯主共同展開了一項世界史上前所未有的商業冒險大業：鈷石由八千公里外的波斯向東運往中國，為伊斯蘭顧客專門製作的大宗瓷器則向西銷往西南亞市場。青花瓷的誕生，是由泉州商人接生的，接下來他們繼續扮演重要的推手角色，推動青花瓷一路發展進入明朝。一方面，他們熟悉迫切需求高品質瓷器的西南亞市場，同時也知道波斯陶匠嘗試在錫釉陶上繪製鈷藍圖案卻感挫折。另一方面，他們查知景德鎮陶匠已發展出一種更優良的瓷胎：潔白的器面，繪製紋飾最為理想；堅固的材質，極適合複製西南亞使用的大型金屬容器。

此外，泉州商人也在家中擺滿西南亞金屬器，以供景德鎮藝匠做為藍本，此外還有地毯、織品和皮件等，做為伊斯蘭風格圖案的參考。為了實驗鈷藍裝飾效果，這些商人甚至可以提供「回青」的料樣，原本是在他們的藥局裡當做藥材出售。[69]而景德鎮陶匠這方，也發現他們的無色釉黏度恰當，可防止回青在煅燒過程中發散，因此能在白色器表上施作複雜精細的圖案。他們還有一項勝過龍泉窯的決定性經濟優勢：青花瓷的燒造成本較青瓷低廉。青瓷要求嚴格，必須精確控制窯中的氧氣量，有時還得靠幾分運氣，失敗了會有許多廢品。而青花瓷燒造的成功率較高，廢品相較之下大幅減低，因此景德鎮的利潤比對手龍泉窯為高。[70]

忽必烈宮廷和他手下的穆斯林臣子也支持泉州商人的新猷。一二七八年，南宋都城陷落的前一年，新皇帝設立浮梁瓷局督管景德鎮御瓷生產，這是中國君主首次指派專員負責這類任務。瓷局隸屬專為宮中採辦奢侈品的將作院，及至一二九五年人員已增四倍。外國人，尤其是蒙古人、波斯人，主導將作院業務。他們將各式掛毯、繡帷、軍旗和皇袍的母題紋飾送到景德鎮，供陶匠裝飾瓷器；他們也提供氧化鈷給官窯使用。[71]元代青花瓷初期得以發展，朝廷贊助的確功不可沒。

然而，元帝國如此著意於景德鎮陶務，主要出於財政與商業動機，與美感毫無關係。元代稅制的設計，就是要從鹽、茶、瓷和金屬的生產銷售兩端抽取最大收益。景德鎮稅負沉重，稅率依窯廠規模與工人人數計算；店家、港口搬運工也都首次開始納稅。[72]除了通過課徵手段以富國庫之外，朝廷也全力推動增產。元代諸帝比南宋君主更致力於推廣外貿，以增加國家收入。因此他們鼓勵龍泉青瓷和景德鎮青白瓷出口，同時也支持前途非常看好的青花瓷生產。根據政府紀錄，忽必烈一即帝位，便派出使節遠赴東南亞各國宣揚政令招商，邀請他們到中國進行貿易。[73]蒙古政權對待商人相當優渥，這種親商態度建立於游牧民族長年的渴求心理，希望可以吸引商人將自己需求、渴想的商品，帶到他們貧瘠的草原。元代依據宋代先例，創建一套稱為「官本商辦」的船制，結合官船與民商參與，共同從事海上貿易：造船給本，令人商販，官有其利七，商有其三。一二八五年，朝廷特地投入十九噸白銀造船。這些舉措獲致良好成果：草原來的大征服者，為中國商人和其他國籍的人在海上開疆營利。元代一位作者表示，中國商賈出入各國朝廷、不同疆域，猶如在自家東西州縣之間行走。[74]

儒家思維卻與蒙古上層社會的想法剛好相反，儒家向來鄙夷商人。從漢代起，商人就被儒家排名在社會階層的底部，士農工商四民之末。這種輕商的官方意識形態為商人打上烙印：商者，是社會的分裂因子，永遠需要受到監督管理，是不得不有的寄生蟲，他們的物質至上主義違背了儒家道德倫理與和諧社會秩序。[75]不過罵歸罵，通常其實只是傳統看法的慣常詞令，而非現實狀況的忠實描述。事實上從漢到宋，歷代以來從未因蔑商思想而嚴重阻礙商業活動，正如同西方教會嚴禁高利貸，卻也未曾停止過人民在拉丁基督教世界中支付利息或以高利放債為生。歷史上所有政權都已發現：幾乎不可能阻止人類賺錢的欲望。明代試圖以嚴刑峻法執行海禁，十六世紀中葉一位中國作者便指出純屬徒勞，因為華夏和蠻夷之邦各有其獨特產品，貿易互通難以終止。利之所至，人必隨之。[76]

總之，元代政府強力認可商人，完全不管儒家的社會排名觀，並因此引入了許多新的社會角色類型。蒙古王公與商人合夥，蒙古統治者把外國商人（如馬可波羅）置於行政大位。[77]因此當泉州穆斯林商賈打算利用景德鎮陶匠以服務西南亞市場之際，自然可以指望朝廷必會支持這項官民兩利的冒險事業。此外，青花瓷貿易對元朝廷還有另一項吸引力，也就是可與元代中國最忠實的盟友——波斯的伊爾汗王朝，建立對彼此都有利的聯結。

從十四世紀初起，泉州商人開始自波斯進口氧化鈷料到中國，有時是以加工形式，也就是俗稱「大青」（鈷料、鉀鹼、矽石製成的藍玻璃粉末）的形式輸入，但多數時候仍屬生鈷料。中國陶工稱最上等的「回青」為「佛頭青」。[78]鈷料入爐烘烤二十四小時之後，殷弘緒記載「再以無釉瓷鉢、瓷杵」連續搗磨數周，由年老、瘸腿者負責搗磨，直到研細成粉末。根據朱琰所記，景德鎮窯主認為鈷料「價值是黃金的兩倍」：每十六盎司的粗氧化鈷，只能研磨出〇．六盎司的純鈷料。然而，一星點鈷就能成就大器，因為它的著色力道非凡：只要五十萬分之一就能見彩，五千分之一即可燒出明亮無比的青。[79]

雖然及至十六世紀中葉，陶匠已開始將中國國產的氧化鈷加入外來青料一起使用，但波斯鈷依舊奇貴無比。因此殷弘緒向上級建議，如果在歐洲發現同類礦石，不妨運銷中國換取「最美麗的瓷器」。[80]他還發現，甚至連施繪時滴在紙上乾掉的一星半點鈷料，畫匠也會刮下來再次使用。這玩意如此有價值，御窯廠的匠人經常竊取鈷料盜賣給民窯。明初御用監為防範這類盜竊，只發給確切的需要數量。明中期有位浮梁瓷局的官員為了遏止盜料行為，更一度檢查使用前後的重量；有些督察甚至強迫畫工兩臂穿過木屏作畫，以防他們順手摸走珍貴的青料。[81]

及至十四世紀中葉，景德鎮陶工已開始製作大型器皿，紋飾精細，圖案複雜，「白底青花，明亮鮮豔」，殷弘緒如此形容。有一對如此的傑作，是專為供獻江西某道觀而作，瓶上還寫明年份一三五一年（元至正十一年四月），成為青花瓷斷代的標準器。這對高六十三公分的大瓶器，通稱「大衛瓶」（大衛為英國收藏家），瓶身繪有八道橫向紋飾，包括蓮紋、蕉葉紋、菊紋、雲紋、鳳紋和龍紋。無論規模、布局、做工，在在都是令人印象深刻的實據，證明十四世紀的景德鎮已在這項新穎工藝上達到無比高妙的程度。[82]

正當青花瓷臻於成熟水平的同時，元朝政權卻步入衰敗，終而滅亡。背後因素不止一端：蒙古內鬥、經濟艱困、疫病流行；致使這項新商品的發展也隨之停滯了二十年。一三五二年農民反抗軍占領了景德鎮，迫使陶工棄窯四散。同年，泉州的波斯駐軍在貿易世家浦家的領導下也奮起抗元，這場叛亂令福建陷入動盪，時間長達一個世代。在這個過程當中，漢兵和暴民屠殺泉州的穆斯林，毀掉他們的清真寺和聖龕。[83]

從世紀中直到一三六八年末代元帝逃往大漠，中國陷入戰禍連綿：抗元行動、軍閥交戰，都在蹂躪這片土地。整個長江下游地區受到震撼牽連。長江下游是朱元璋，未來的洪武帝明太祖的大本營。他與敵軍的最後重要決戰是場長達一個月的水戰，地點在鄱陽湖，離景德鎮不遠。一三六八年元月，洪武皇帝在南京登基，依例祭告天地；經歷了四百年後，全中國再度統一於漢族統治之下。

青花瓷在中國的稱勝

依照所有中國新帝王的慣例，洪武皇帝也很注意朝廷百官與後宮必須遵循一定的衣冠制度。根據當代一項記載，就位第一年他就下詔太廟用器全部更新換為金器……次年又決定祭器一律改為瓷。[84]他規定禮器釉色用單彩吉色，對應帝國域內的宇宙秩序，依次為月壇用白色、天壇用藍色、日壇用紅色、地壇用黃色。他任命官員監督重建景德鎮窯，又規定國都南京的宮殿屋頂覆以白瓷，瓦當飾以紅色龍鳳紋。起建南京宮室、重新打造都城，一共動用了七十座窯。[85]

洪武皇帝又以富含象徵意義的舉措，指定紅釉器為宮中器用。國號大明，意指紅或火，是五行之中的中國南方屬色——南方正是抗元的先鋒基地，而元廷的權力中心自然位於北方。「明」也可以視為代表「紅巾」，一支摩尼教會黨，當年曾投入未來皇帝的旗下，因為他們認為朱元璋是千年預示的「明王」，注定要擊敗蒙古人的黑暗勢力。更妙的是，紅色即「朱」，正是太祖皇帝的姓。[86]凡有助於確立其正統性的政治手勢，朱洪武都十分敏感，選擇他的御用餐具之時，自然也不免操作這些極具渲染力的聯想。

明代開國之君的次子，推翻了洪武之孫，也就是繼任的建文帝。篡位者攬得天下大權之後，帝號永樂；新皇帝表示：「朕朝夕所用中國瓷器，素潔瑩然，甚適於心。」[87]他青睞白瓷，或許是因為他和妻子徐皇后特別尊奉觀音，後者的形象總以這種理想純淨、近乎無彩的色調出現。皇后甚至特別抄寫一篇佛經，紀念她夢見觀音手持瓔珞念珠、立於千瓣蓮花的景象。景德鎮出土的永樂朝碎瓷片大部分都屬於「甜白」，這是十六世紀特有的一種釉色名稱，而此時白糖正成為重要商品。身為佛教密宗信徒，元代皇帝的首選也是白瓷；所以儘管洪武和永樂皇帝都鄙視蒙古征服者，並明確依漢唐舊制建立治國基礎，他們卻延續前朝的選擇，在重要場合使用與元代相同色系的瓷器——實際行事與官方宣告顯然有所違背。雖然明初諸帝表面上維護儒家學說，實際上卻依賴軍事武力，對儒家勢力抱持某種敵意——顯示他們骨子裡無異於自己取而代之的異族統治者。然而在對外貿易方面，洪武、永樂兩帝採取的政策則與元代大異其趣。致使進入十五世紀，中國外洋商務面臨重大障礙，瓷器和其他商品的出口都出現衰退。

白色也表示哀悼和孝道。一四一二年永樂皇帝下旨，在南京建造九層高的報恩寺以紀念他的父母，並特令其泥水結構全部罩以景德鎮燒造的L型白色瓷磚。這件輝煌的孝親禮物傳遞了一個政治訊息：儘管以暴力奪取了親侄兒的寶座，他仍然是聽從父親旨意的兒子。這座八面琉璃寶塔高八十公尺，飛簷掛了一百串風鈴，還有一百四十盞燈於入夜後在窗內照耀。[88]殷弘緒稱讚此塔是全中國最高也最美麗的一座，景德鎮窯廠還燒造了一人高的模型，有幾件於十八世紀流入歐洲和美洲。

荷蘭人紐霍夫發表《荷屬東印度公司出使中國皇帝報告書》之後，此幢建築物在西方也開始大有名氣。這部暢銷著作描述一六五六年荷蘭使節團在北京的經歷，同時也向歐洲提供了有關中國建築的第一手資料，全書附有一百幀版畫，建築部分就占去極大篇幅。紐霍夫特別著墨於報恩寺，並將之譯為「瓷塔」。英法兩國陶匠便是參考書中提供的圖片作為設計母題，日本工匠也把它畫在荷蘭人為母國訂製的茶壺上面。西方人依據紐霍夫的形容為準，將此塔名列世界第八大奇蹟——他們以為整座塔都是用瓷蓋成。日後瑋緻伍德告訴老達爾文，中國陶匠以瓷裝飾整座寶塔，真可謂「透過他們的藝術，造出輝煌絕倫的作品」，心中顯然就是在想著「瓷塔」。

正是因為紐霍夫報告提供的靈感，法王路易十四推出他向中國致敬的最奢侈豪華之舉：一六七〇年由勒沃設計，為國王的情婦蒙特斯龐夫人在凡爾賽宮花園蓋了一座特安農瓷宮。這是歐洲眾多中國情調風建築的首座。一層樓高，多立克柱式立面、曼薩爾式雙斜屋頂，其實和南京寶塔毫無半點相似之處。

但是設計上出現無數與中國有關的元素：屋頂沿邊鑲上法恩斯錫青花陶甕，連金屬花盆也漆成藍白二色，木質推窗飾以取材自青花瓷的圖案，房間一律配備中國繡帷、中國漆器屏風和青花陶磚。外牆同樣披掛荷蘭青花磚的特安農瓷宮，完全不適合凡爾賽的溼冷天氣，一六八七年路易十四下令拆除。三十二年後，對法國毫無好感的狄福在他的《魯賓遜漂流記》中嘲笑，某個所謂中國瓷宮其實只是木材房子，「貼上那種製作中國陶瓷器的土而已」，極有可能就是在狡猾地影射特安農瓷宮。

雖然景德鎮也為洪武、永樂製作過少量青花御瓷，但是兩位皇帝都不太感興趣，可能是因為這玩意和他們藐視的蒙古人關係太近吧。此外，洪武是一介武夫得天下，教育程度本就不高；永樂雖然不是沒有文化，但主要精力投入領軍深入草原對付蒙古人。這兩位君主對藝術的關注都可謂微不足道，然而對那位倒楣的宮廷畫家盛著而言，這微少關注卻已經沉重到承受不起，此人畫了隻水母乘坐龍背圖，要知道龍可是帝王象徵，當然惹得龍顏大怒，下令棄市。一三七五年御旨又殺了另一名宮中畫家趙原，因為他突破常規的古聖賢像，比方〈陸羽烹茶圖〉，冒犯了皇帝的保守品味。[89]總之，新王朝不支持青花瓷，直到洪武的曾孫宣德皇帝方才改觀，此時離青花新品問世已有一個世紀，蒙古政權也終結五十年了。

洪武和永樂狂風暴雨般的統治過去之後，明朝回歸悠久的傳統舊制，急於透過效法古聖先例以鞏固自家政治法統。宣德以宋徽宗為師，不但贊助獎勵藝術，本身也成為造詣極高的畫家。他下令為太廟鑄造銅器，包括數百件仿古風格，均依宋代圖錄樣式而作。鑄匠參考宋瓷作器，有趣的是這些宋瓷本身，其實就是同類圖錄中古青銅器的摹本。宣德熱心推展瓷器，還模仿青銅器鑄銘先例，也將他的年號寫在御瓷器底為款。他把宮中畫作交給御窯廠做為裝飾參考，某幾年間甚至訂購了四十萬件瓷器供宮中使用。喜歡鬥蟋蟀的宣德，吩咐臣子每年提供一千隻這種昆蟲，還特地訂製瓷籠供愛蟲涼爽消暑度夏。[90]

（彩圖十三）

元末明初已有某些富戶以青花瓷陪葬，表示青花瓷已具有一定的吸引力。但是精英階層還是普遍看它不起，直到青花瓷榮獲宣德皇帝青睞方才改觀。幾個世紀以來，鑑賞品味都以高雅低調的白瓷、青瓷為尚，鈷藍裝飾的青花令宋瓷愛好者覺得庸俗過飾。在他們眼中，宋瓷因其美好的塑型與釉彩已臻化境：那流動的體態、千變的釉色，似與花卉的自然意境以及美玉的精練意境和諧共融。在青瓷或青白瓷上作畫或繪飾？想都別想。這些單色瓷只使用含蓄、內斂的裝飾，比方在釉層或胎體輕剔刻花，這種技法稱作「暗紋」。有些最纖微的設計，必須持器對光或器中有水，才能看出上面的花紋。

另一種裝飾手法則在實際入窯燒造時發生：器燒成後在窯中冷卻，由於釉的收縮度大於胎土，釉層往往出現裂紋，結果出乎意料大受崇拜者喜愛，宋末陶匠甚至刻意燒出精細的冰裂紋絡作為器飾，稱為「開片」。開片技法需要在燒造過程中精確控制窯溫，乾隆皇帝稱讚一件宋瓷雖有無數交錯細紋，質地卻溫滑潤密，器面雖光素無飾，價值卻可比未經琢磨的寶石。[91] 宋代鑑賞家和文人認為開片最符合他們的審美原則，因為其效果非人工做作，而是從材質與技法之中自然生發而成。反之，青花繪飾的瓷器只是一般工匠例行勞力活的成品，完全違反學者與士紳熱切推崇的簡素與中道。

然而，在宣德朝帝王支持之下，青花瓷達成重大突破——打入精英階層。陶匠放棄了務求微妙的釉色講究，改採以繪畫式的裝飾新法；青瓷的喪鐘就此敲響，龍泉窯失去大量市場。朝廷領頭帶動風氣，鑑賞家迅速跟進，紛紛修訂他們的觀點和假設。他們學會了欣賞青花瓷鮮亮的藍色圖案、新穎的繪畫風格、奇特的動物畫法、取自古典場景的圖繪、吉祥寓意的紋飾，以及在三度空間平面上展現的山水景觀。官窯新樣大受推崇，為後世樹立了難以超越的高標準。宣德青花如此受到珍視，進入同一世紀末期，陶匠甚至開始在器底冒寫宣德年款以提高產品價值，或許也是向這門藝術先前的巔峰期表示致敬

吧。[92]據說到了明末，上好的宣德瓷可以賣得比精美玉像更高的價錢。（彩圖十四）

不過，明初的創新品味並非全面拒斥舊有的審美原則，而是做出不同區隔。單色釉宋瓷取得崇高的古董地位，表記著備受尊崇的過去，是值得讚揚珍惜蒐藏的寶物。文人士紳階層崇古愛古，賦予宋瓷崇高獨特的身分，與古玉、古銅器並列——儘管這些古器的美感原則與新興的審美趣味完全背道而馳。

總之，及至十五世紀開頭數十年結束，精英品味已悄然改變，認為瓷器上的彩繪裝飾比器形、釉色更重要也更為可喜。這個變化深深影響了瓷器與其他媒材之間的關係：宋瓷強調形式與色澤，一向不太留意其他裝飾藝術的手法，唯一例外是為了因應朝廷追求復古與上流階層喜好的需求，以古銅器為典範，製作過優異的瓷材仿本。青花瓷新風格則改變了這一切：瓷器與其他藝術形式發生密切關係，舉凡繪畫、印品、書法、編織、木雕、繡件、絲帛、書刊和漆器，都成為紋飾與母題的取材來源，而且愈來愈為頻繁。[93]

瓷器，從而加入了各型藝術長期匯融的過程；瓷器向其他媒材的圖案借鏡，其他媒材也自瓷器紋飾尋求靈感。明清兩代的內府行政程序也鼓勵這種發展；他們採用元代首建的集中採辦制，令出於中央，意謂著同一種設計可由宮廷發給專為御用服務的陶坊、印坊、織坊、畫坊、家具坊。不同的藝術形式，基本上可以交互使用——乾隆皇帝喜愛的多寶格可謂明證；它們設計精巧，專用以貯藏各式小型物件：玉雕、牙雕、漆器、書畫與瓷器，而且是來自不同時期與背景的作品。

青花瓷在明初勝出，意謂中國的藝術常規與角度再一次遭到打破，而且程度之巨前所未有，比起由唐入宋之際發生的審美趣味斷裂，轉折更甚。宋代陶匠拋棄了唐代的彩繪圖飾與異國母題，轉而投入比例勻稱、澤如美玉的單色釉系。宋瓷的轉型，表示向內退縮轉身背對外面的世界，流露一種文化孤芳的排外心理。元明兩代走向青花瓷，則顯示再度擁抱外來風格與技術。以繪畫而不再以雕塑的美感準則施於瓷器，意謂著中國人在穆斯林與蒙古人的影響之下，其實已接納了西南亞地區的傳統審美價值。

瓷器藝術與跨文化交流

不過，雖然中國瓷器的裝飾手法轉為繪畫，但構圖原則依然遵照自家傳統，可資取用的祖傳元素猶如萬花筒千變萬化、琳瑯滿目：植物（百合、木蘭、牽牛、山茶、海棠）；動物（孔雀、獅子、蒼鷺、麒麟、鵪鶉、母雞、蟬、鶴）；象徵長壽、堅忍、財富（萬年青、竹、梅、葫蘆、龜、鹿、金魚）；表現季節（夏蓮、秋菊、冬梅、春日的牡丹），還有無數源自釋道的吉祥表徵（寶螺、蓮花、法輪、寶杵、華傘、寶瓶、寶珠、聖菌、葫蘆、盤長結）。[94]（彩圖十五）

種種傳統美術元素集中在盤面或軸面，往往藉由圖案內藏的密碼傳遞豐富的意涵，也就是形成某種圖謎、字謎與聲謎的多關組合：圖必有意、圖必吉祥。中文是聲調式語言（字有定「聲」，不同聲表不同義），同音字異常豐富，不因文法分類而有字形變化；也不靠語言性的結構，如：語調、衍生和複合等，以區分動詞、副詞、補語、主詞、形容詞、屬性之別。沒有這些定型式的語法標記輔佐，每個表意字賦予的音義幾乎全視上下文而定。亦如利瑪竇的解釋：「許多字符有相同字音，雖然書寫時字形大不相同，字義也完全有別。因此之故，中文或許是所有語言當中最模稜兩可的一種。」[95]正是這種聲覺性的模糊多義，令中國讀書人在文學與圖飾都著迷於複雜的雙關語和多層次的意涵。

比方金「魚」的「魚」，就和豐「裕」的「裕」同音，只是聲高有別；池「塘」亦可為廳「堂」；因此一幅池塘金魚圖便形成一組圖謎：富貴之家。[96]「鯉」是「利」，所以鯉魚逆流而上象徵學子苦讀準備科舉應試。同性質的學而優則仕的努力，也透過「蓮」塘白「鷺」（「連」「祿」）傳達。蓮花、雙蟹、蘆葦，則代表考場連捷。公雞立於牡丹花旁，更是音義大匯集：「富貴冠蓋」。瓶置案頭，配以佛教寶「杵」（「祝」），表示「祝您平安」。

鵪鶉被視為吉祥鳥，原因很明顯，因為發音有「安」。所以兩隻鵪鶉、蝴蝶、牡丹和菊花，配成「富貴雙安」或「富貴不斷」。雍正皇帝命人畫了一只瓷瓶，上繪九隻鵪鶉和一隻長尾雉，形成一幅鳥禽吉圖：「國安有秩」。「豐登」好年頭，則以黃蜂掠繞燈籠表達。蝙蝠是「福」，「紅」為「宏」，因紅蝙蝠是意指「巨大福氣」的圖碼。以此類推，五蝠比喻「五福」（壽、富、康寧、攸好德、考終命）。蝴蝶與「迭」同音，翩舞於五蝠之旁，表示祝願福上加福、五福連連。

要理解這些裝飾元素背後隱藏的意義，必須具備相當才學與藝術賞鑑品味。喜愛玩賞這類文字遊戲的人，正是同樣文人圈中的老手：他們嗜好書畫、品茶、插花、評鑑銅器和瓷器。想當然耳，應試連捷、加官晉爵之類的圖文謎，最迎合他們的心意。一家人的富貴與前途，完全仰賴這位學子在試途或仕途是否如意，他的未來成就在親族家人眼中，因此充滿了預言、徵象、神示與夢兆。[97]

不過，繪瓷的本身魅力，並不能只用寄託功名利祿之心簡單解釋。對於知識份子來說，這類紋飾圖案的最大吸引力正在其多重寓意：同樣一組設計，可以品味其內含的事業成就訊息、可以牽動觀者心靈的宗教感應、可以聯想畫中引經據典的譬喻、可以欣賞它對傳統母題所做的巧妙應用、也可以純粹享受取材於自然的景色。正如一位中國上層君子，可以同時儒家為官、道家為心，鑑賞古銅器、品評當代藝術、沉醉自然美景，他也能津津樂道於瓷器帶來的樂趣：一瓶、一器所繪的圖像，可以就好幾層蘊意進行思考。

當然，這些裝飾元素的意象聯想，只對中國社會中的一個特殊小群體發話。深受中國文化影響的韓國、日本、越南亦然，只有優雅的官宦之家，才懂得中國動物花鳥的象徵寓意。一旦這些繪瓷出門到了遠地，紋飾中的多層含意自然有所損失。因此在南洋群島和西南亞地區，以及後來在歐洲，種種中式圖像脫離了原生土壤，變成純粹的裝飾圖案，或取得當地文化脈絡之下的新意涵。

中國精英稱松、竹、梅為「歲寒三友」，認為這三種植物可以忍耐惡劣的天氣，因此是毅力、誠正與純潔的象徵。某只清初瓶器上繪有三友，就是暗示「遺民」效忠大明之心，拒絕在異族征服者的朝中任官。[98]不過離開這個脈絡，植物母題一般並無政治寓意；一旦去到遠地，更只是區區植物紋飾。一只雙葫蘆瓶，象徵道家的天地觀，上面的紅蝙蝠代表神明賜福。出了中國，不論形式或圖案的意義都不見了，但是它獨特的風格顯然還是具有某種吸引力。一隻喙中銜珠的瓷鸚鵡，在中國代表觀音的伴鳥，到了別的地方只是隻鮮活生動的熱帶鳥造像。鶴在中國被視為仙禽，是長壽的象徵，配以八卦圖則傳遞道家複雜的宇宙觀訊息。西南亞照樣抄襲，他們的顧客看見的卻只是一組古怪的幾何圖案，圍繞著一種熟悉的動物。遠方的陶匠任意挪用中國的藝術風格、圖案，卻全然不解這些異國紋飾原本的寓意。白鷺到了德里、大馬士革、德勒茲登，就只是又一種鳥而已。

千里之外的遙遠文化誤讀中國符碼，自是不可避免的現象，雖然規模程度也有不一。有時異域工匠照單全收中式形狀與圖案，不做任何更易變動；有時則極具創意地結合當地元素。面對中國瓷器上難以理解的佛教和道教符號，波斯陶匠偶爾會胡亂錯置。他們把中國海棠和牡丹混合成一種新植物，再把這株想像中的雜配奇花植於柏樹之旁，後者是西南亞本地的常綠樹，與《古蘭經》中的天堂有關。他們不知中國瓷器上所繪的中國蓮花屬於水生植物，於是不時賜予它龐大的軀幹和細小的葉片——某些鄂圖曼帝國時期的陶器器表，只見巨龍闊步於高聳的蓮花叢林之中。原本的中式雲朵，幻化成套於獅首的花環；中國牡丹蛻變成各種混合形狀，偶爾在文化鴻溝的另一端化身為鬱金香或康乃馨。

某只宜興茶壺繪有赤身小兒圖，在佛教圖像語彙中代表新生的魂靈，換到埃及盤子上影射寓意完全改觀。神聖的觀音造像，在波斯藝術裡轉化為一個漂亮的女僕在買魚，雖然無法解釋的是：她手上明明拿著一串念珠而不是菜籃。一株桃花現身於中國瓷盤代表春天意象，到了波斯壺變成一樹盛放的玫瑰灌木叢，在伊斯蘭神祕教派蘇非的寓意裡表示與神格進行神祕的結合。中國瓷瓶上手持延年仙丹的白髮道君，到了西南亞酒瓶上變成一頭灰白斑駁頭髮的酒鬼。中國讀書人身置寒冬的景象意謂著節操冰清，消極抵抗蒙古滿清征服者；畫面遷到波斯陶器，變成朝中武士貴族彼此大套交情的場景。[99]這些中式的母題符誌飄零異鄉，已失去原本意義、取得新的意涵。物質事物跨越邊界，遠比文化寓意為易，這的確不足為奇。

西南亞與中式紋飾喜相逢

景德鎮為伊斯蘭市場生產青花瓷，製作出許多異於中國品味的器皿，諸如大肚深腹的罐甕、帶邊柄的大口水壺、弧形噴嘴、大啤酒杯、魚筐、臉盆架、葫蘆形瓶、玫瑰水噴頭、穿帶壺、大型矩瓶、深碟等等。工匠模仿埃及、敘利亞與波斯等地的金屬器造型，這些樣本有些是穆斯林商人特意送往中國以供參考，有時是由泉州、廣州當地穆斯林家庭提供。少數情況下，甚至可以辨識出某些範本的來源。比方十五世紀某件瓷架上的繪畫筆法，顯示當時畫者面前一定就擺著實物——十四世紀埃及馬穆魯克黃銅架。還有一只宣德時期的瓷質燭台，也顯然衍自十三世紀的波斯黃銅原件。[100]（彩圖十六）

當然，景德鎮陶匠不得不配合採納這些新奇器形，因為西南亞飲食方式與他們自家如此不同。以族眾聚食共飲方式進餐，需要闊盤、深盆、大口壺。此外，西南亞也不似中國人坐在椅上、飯菜置於桌上，而是直接坐在地上、或鋪有毯席的地面，因此必須以盤架加高到方便取食的高度。青花瓷發展初期，器面往往擠滿紋飾，完全不管整體布局或所謂優美構圖。但是中國畫工很快就學會運用他們自己的圖案與方式美化器面，分門別類，將不同的花紋統一有序地隔為一道道水平裝飾（如大衛瓶所示），並在四圍留下充分空白。

景德鎮陶匠也大量援用源自伊斯蘭文化的圖案，包括阿拉伯書法與紋樣，這是一種以花卉與幾何元素交織而成的華麗圖案。他們還概括使用自然圖像，尤其是抽象化的花卉紋；通過多少世紀的相互影響，中國、西南亞兩地對此型紋飾都已非常熟悉。然而，在明代朝廷終於採納新裝飾風格之前，青花瓷的生產與紋飾主要是出口導向。官窯工匠「不願冒風險」（如某位清代名家指出），因此這類作品有時呈現公式化的設計，平庸不具神采，即使精心製作、品質一流亦然。相形之下，出口貿易瓷雖包括不良次品，器形稍現扭曲、釉中含有雜質，紋飾卻活潑、多樣、新穎。[101]宣德朝接納青花瓷之後，官窯大為受益，注入了原屬於外銷市場才有的活力和想像力。

中國陶匠為伊斯蘭客戶製作青花瓷，西南亞陶匠抄襲複製中國青花瓷，這是世界設計史的驚人大事件：兩大圖案傳統喜相逢，相互適應學習。兩大系統原先幾乎是在彼此隔離的狀態之下各自發展而成，因此自然體現不同的美感價值與概念——而審美觀本身，又是基於雙方對現實事物迥異的觀點。[102]

西南亞的圖案取向強調對稱、數學化結構空間、直線紋樣，以及一絲不苟精細地豐富美化整個裝飾面。七世紀起，這種風格成為伊斯蘭裝飾傳統的代名詞，並納有阿契美尼德王朝和薩珊王朝的波斯趣味。設計焦點在重複圖紋與延展效果，將二維紋飾無限延長。幾何圖案出現在各種表面——灰泥牆面、磚面、拼花地面、金屬品、文稿、馬鞍、服裝、錢幣、書籍裝幀和陶器。阿拉伯書法同樣無所不在，也無可避免地化為幾何形態，褶襉、星辰、格式化的花卉圖案，錯綜複雜地藻飾著華麗的字母。波斯的陶匠和金屬匠，自蘇非神祕主義得到靈感，將組成真主之名阿拉（lam-alif）的根本字母，隱藏在草書、花飾和苞蕾組成的格子花紋之中。更在迴繞繁複的書法之間——或許帶著點反諷意味吧——暗藏了敦促世人言詞自制內斂的格言，甚至漏掉必要的標音認讀記號。[103]在一個文盲居絕大多數的社會裡，愉悅的視覺美感圖案遠勝文本實質本體。

典型的伊斯蘭裝飾元素如下：方形、菱形、Z形條紋、重疊交錯的圓形、輻射多邊形、榫接六角形、太陽光芒、四瓣式花卉、星狀格紋等等。[104]最能具現西南亞花樣設計原則的作品是波斯地毯，充分體現據稱是伊斯蘭藝術特色的「憎惡留白」。瓷器圖出現於十六世紀的波斯「花瓶地毯」，成為中央的大圓飾，四圍以縱軸向外四散鏡像反射，有時多達六層彼此精細疊加。地毯織工也借鏡於實地園林，採用其井然有序的架構創造設計圖案。觀者將這些作品視為象徵天堂的意象：毯中央的主圖或瓶、或泉、或一株盛放的花樹，象徵東南西北四大方向的中央軸心。[105]

西南亞藝術喜愛使用植物元素，因為《古蘭經》中有極突出的樂園意象：綠意蔥蘢、灌溉充足，因此花園、噴泉和花卉圖案在伊斯蘭文化占有重要地位。最風行的主題之一是天堂的生命之樹，自古巴比倫以來就是西南亞信仰中的一大象徵。伊斯蘭信徒將生命樹置於天堂的最高界，它的樹幹如此粗壯巨大，騎馬繞行必須花上一個世紀。同一母題到處可見：窗花、禱毯、宮室外牆、城市關卡、禮袍和陶盤。[106]清真寺的壁磚、地磚上，可見《古蘭經》經文穿梭在生命樹枝椏之間，文字交串整合於錯綜深邃的植物迷宮之內。如此設計，傳遞著一項重要訊息：經上所述的屬天真理，乃是深植於受造世界。蘇非神祕派闡述《古蘭經》，便認為所有受造之物都聯合起來讚美造物真主，包括花的香氣、蜂的嗡鳴、夕照之色。

西南亞陶匠以中式孔雀、鴨禽的圖像妝點他們的作品，更巧妙借用植物圖案，諸如點點的花瓣、起伏的枝莖，構成這些禽鳥的外型輪廓；如此做成的效果，令這些圖像幾乎融於整體花樣之中。這是一種伊斯蘭式標準手法，將中式動植物造像予以扁平化、抽象化，得以無盡連續重複，或深陷於幾何圖案結成的網絡之中。中國工匠筆下的龍，是深具動感的生物、是元氣活力的表徵，或翻飛盤旋雲中、或畫過天際追逐火珠（火珠是佛教象徵，意表完美）。埃及馬穆魯克的陶工和磚工，渾然不覺中國傳統龍的意義，將龍的母題化為連續性的裝飾特色，靜態地安置在一系列模樣相同的鳳凰兩側。

每一片伊斯蘭地磚、壁磚，都是一只組成元件，共同構成一個更大的整體配置，邊接邊、緣靠緣，一片片排列成概念上可以無限延伸連續的裝飾圖案。撒馬爾罕、伊斯法罕、伊斯坦堡清真寺的圓頂上，覆貼的藍白兩色八角星大圓章即是一例。的確，伊斯蘭裝飾圖案似乎正是取材於織品，彷彿將圖案母題、圖形符號與幾何元素，視為織錦緞般的紋飾，可以用來圍繞任何物件，不論此物或大或小、是動是靜。[107]然而更重要的是，無處不在、無所不包的裝飾與書銘，反映出伊斯蘭一項核心觀念：那超越宇宙一切的創造，充溢於凡間人世，透過人生所有面向體現。

相較於亞洲西南部的傳統，中國傳統審美原則強調不對稱、流動空間感、取法自然、曲線式圖紋、旋型圖案如雲朵、波浪與牡丹渦卷紋。[108]商代青銅器上密密麻麻的紋飾，的確也有幾分「憎惡留白」的意味，可是漢代之後，這類設計卻讓位給空間餘地與氛圍效果。中國山水畫與水墨畫講究捕捉轉瞬即逝的素質，蜿蜒的雲、奔流的水、氤氳不去的崖霧。典型的中式藝術表現，可見於南宋名畫〈瀟湘臥遊圖卷〉：以一種稱為「魍魎畫」的風格而作——人造的結構，包括舟楫、小橋、亭台與幽徑，都置於霧氣繚繞的天然景色之中，一片高聳的峭壁漸淡漸遠。[109]

中國藝術鮮見純粹幾何式的設計，重複與交替往往以不引人注目的形式存在，掩蓋在流暢律動以及裝飾元素四周的大量留白之下。值得注意的是，那種飾以全面交串連續圖案的瓷磚，在中國建築裡完全沒有任何角色，儘管殿頂房簷有時可見大型陶製神像或聖獸駐守。[110]中國瓷磚多為白或黃色，做為其他建築元素或山水的素色背景，最是理想。

事實上，選擇素面瓷磚顯示中國美學不喜歡太鮮豔的色調，偏好低調柔和，而這正好反映了晚唐之後水墨畫成為主流趨勢。濃豔誘人的強烈色彩撤退，專注於單色系，使得繪畫與書法更形密切。唐代張彥遠是名書法家也是重要的藝術評論家，他在《歷代名畫記》中主張：「山不待空青而翠，鳳不待五色而綷。是故運墨而五色具。」[111]只要有墨，五色俱全；這個說法可把利瑪竇完全弄糊塗了，他不懂名家山水為何如此受到歡迎：「那些中國畫根本都只是黑色線條輪廓，沒有各種顏色啊。」[112]

中國陶匠和鑑賞家從效忠單色轉向青花，當然意謂著他們開始擁抱一種明亮的色彩。但是這項轉變並非憑空達成，因為青花新調亦如同書法，只使用一種顏色描繪輪廓、表現體積。更有甚者，甚至連文人最看重的書法藝術價值：自發性的流露表達，也在看似例行匠作的青花繪飾過程中發揮作用。一如在絹上作畫，瓷也是個無情媒材，揮筆而下不容二思。因此正如唐英指出：畫者絕對不能分心。而且難度甚至超越在紙、絹上揮毫，瓷器畫家必須掌握筆端色料的微妙特色——畫時，鈷料看起來一團烏黑；經火之後，卻變為深淺不同各色的藍。正如殷弘緒所述：「自然溫暖的陽光，造出最美麗的蝴蝶，帶著牠們所有的繽紛色彩，破繭而出。」

中國藝術家著墨於輪廓與體積感，令觀者覺得那流動不定的場域朝向三度空間展開；他們重視興之所至、印象寫意、酣暢淋漓。西南亞的空間是一片無窮大、同質性的廣袤，裝滿了固定元素；中國空間開向無邊無垠的遠方，一個「事會變、境會遷」，事物居於會發生進展變化的空間環境之中。伊斯蘭畫家筆下呈現的松樹，是優雅的幾何圖案，枝幹蜿蜒、一絲不苟地細密纏繞；一切元素都以扁平、對稱的輪廓呈現，它是迎頭正觀，不變秩序的靜止一刻。中國畫家描繪松樹，以其體現動態張力與自然律動，樹幹多瘤而盤結，叢葉簇簇；松枝曲折，垂懸地面或衝入天際，是從四方八面觀之，展示無窮盡的生命力。徽宗朝宮中畫師韓拙在《山水純全集》指出，松樹：

又若怒龍驚虬之勢，騰龍伏虎之形，似狂怪而飄逸，似偃蹇而躬身，或坡側倒起欹於水中，或巔峻倒崖而身復起，為松之儀，其勢萬狀變態莫測。[113]

韓拙說，畫家努力捕捉那稍縱即逝的片刻，一株巨松，是眾木中可敬的古賢，「松者公侯也」。[114]元代大畫家吳鎮自跋〈曲松圖〉（絹本）：「可懸之廳壁，夜遁風雲中。」[115]

伊斯蘭藝術精細的幾何式畫面，顯示一個超凡神性於世間無所不在。中國的宇宙之氣概念，則無所不入於世界的內在秩序，因此誕生了一種看重轉發、自發、潛發的審美觀。兩大傳統之間的對比，也具現於兩者的陶瓷作品：伊斯蘭陶器器面，呈現由矩形庫法字體環環相扣而成的一組組單位；中國瓷則畫著仙鶴展翅，飛向杳不可見的視界遠方。[116]中國與西南亞，對現實世界的概念如此驚人地不同，自然也以殊異的美感價值、技巧，流露他們各自獨特的世界觀。

不過，儘管雙方永遠不可能化解歧異，更未達成融合，兩大設計傳統卻的確自對方學到了某些東西。十五世紀初期，埃及、敘利亞與波斯陶工開始模仿中國青花設計，慢慢地採取了更自由、解放的律動和空間感，他們的圖案逐漸開放，迎進中式特有的某些生命力與自發性。中國方面，則採納了伊斯蘭構圖元素，諸如帶狀紋飾以及更嚴整的空間規範。他們也變得擅長使用西南亞式的空間組織脈絡，傳遞自身的視覺語彙風格。如此製作出來的藝術結果，毫無疑問是中國作品，卻融入了中國文化以往所無的新元素——不同傳統的匯合，成就了一種魅力，最終證明無論在伊斯蘭之地或在全世界，都令人無法抵擋。

六、中國瓷居首

韓國、日本、東南亞大陸區

西元一四〇〇年至一七〇〇年

利瑪竇敘述自己第一次把歐洲製作的世界地圖拿給某些中國官員看時，他們大表不解，怎麼中國竟放在最偏遠的右緣。後來為萬曆皇帝製圖，他便把「中華帝國置於比較中央之處。」如此修訂，自然是為了尊重地主國（同時也是可能的信徒對象）的感受，然而利瑪竇也的確相信，中國疆域本身的獨特性當得起如此地位：「其疆界之廣、地域之袤，超越目前地上所有國度之總和；而且就我所知，甚至勝過歷代所有國度。」[1]的確，正如利瑪竇所理解，一份輿圖的製作是否得體合宜，無分中西都認為，文化信念的分量更勝於純粹地理因素的考量。

在儒家統治階級眼中，中國慷慨大度，將自己的文化傳揚給其他國家。這些教化程度較低的四方之民，則以進貢方式向天子表示臣服感戴。文化，是中國最重要的出口，為這個「中央或中央之國」，建立了它乃是古制、先賢與聖典之泉源的形象。各國之中，韓國、日本、越南，自然最強烈地感受到中國地心引力的作用，共同構成了一個以中國為核心、相互作用影響的東亞圈。泱泱華夏則以文明教化為己任，向域外輸出它的文字、典章、衣冠、律令、官制、經典，以及絲綢、繪畫和瓷器。中文在東亞地區成為通用語言，中文書寫是文字論述的共同媒介。中國的考試制度與儒家學說，儘管有時只是被奉為形式，卻依然成為天朝文化圈內的官方思想、行政官制、知識學問的基礎。[2]

中國文化在東亞圈扮演的角色，正如希臘化文化之於東地中海區，以及羅馬文化之於阿爾卑斯山以北區域，也就是為其他各民族的精英傳統，提供一個可供表達的框架。韓國、日本與越南三地的統治階級，甚至也採納「中國」概念，分別自居為政治上與文化上的「中央之國」，將普世共通的準則推及四方邊陲。東亞共奉的北極星：中國，吸引四鄰眾多佛教僧侶前來，將他們習得的文化帶回各自所來之地。他們長期駐留中國僧院佛寺求法，歸國時所攜之物除了神聖的經籍、高僧的遺骨，也包括瓷器、繪畫，以及對茶的熱愛。

及至宋代，瓷器已成為中國文化的象徵標誌，是其他國家人民夢寐以求、試圖仿效的對象。他們熱切購買瓷器，將瓷器納入自己的社會，有時方法甚至令人驚訝。一般來說，具有製陶傳統的地區，如果本身也具備較為成熟複雜的文化特色（諸如城市生活、組織性宗教、一定的識字程度），在中國瓷的衝擊之下往往最能做出極具創意的回應。而發展水平相對較低的地區，有時甚至完全放棄本身原有的陶器風格。其實就陶瓷此物而言，韓國、日本和東南亞半島區三地在共有的文化脈絡之外，還同有一項更根本的元素。構成南中國的同一個地質板塊，也延及東南亞大陸區（包括越南的大部分、柬埔寨、泰國），然後地勢陡降沒入黃海，再於朝鮮半島南半部以及日本列島的南區島嶼重新出現。[3]因而韓國、日本和東南亞大陸區，都擁有製作精美陶瓷所需的火成岩基本原料：主要是黏土。加以三區地理位置優越，可以就近學得中國的窯爐、釉藥與工藝，不必自己從頭開發先進的陶瓷技術。有此多重本錢，再加上本身才華與特質，他們不僅精通了中國陶瓷成就，也創造出具有獨特風格與作品類型的陶瓷傳統。

相對之下，婆羅洲西北部的沙勞越雖然出產優良的白色黏土，可供燒製炻器，當地陶匠卻只會作簡陋的陶器與坩堝工具，用以熔化金粉。雖然中國工匠可能曾將某些施釉技術帶到婆羅洲，沙勞越陶工卻沒有任何經濟誘因生產高品質的內銷器皿，因為中國來的瓶罐壺盤已經充分供應了這類需求。早在兩漢時期，中國商人就已乘船到婆羅洲，以陶瓷和其他商品進行貿易，換購這裡的珍珠、黃金、鐵、樟腦、犀鳥、香木和燕窩（養生極品）。[4]此外，沙勞越陶匠的工作環境，還缺乏一項足以激發進步改良的強大誘因：這裡不似韓國、日本和東南亞大陸區，背後沒有王室或貴族的贊助傳統。

「天下第一」：韓國的瓷器文化

北宋郭若虛的《圖畫見聞誌》盛讚異域諸邦之中，「惟高麗國敦尚文雅，漸染華風，至於伎巧之精，他國罕比。」[5]根據中國鑑賞家的看法，陶瓷名列高麗最大成就之一。至晚自漢代開始，韓國陶匠即已模仿中國陶瓷，不過主要影響來自南中國，而非相鄰的北方。西元初始數世紀間，他們便開始生產炻器，是目前所知中國境外的最早高溫燒造。及至九世紀初更已由炻器進展至瓷器，他們燒出的青瓷如此成功，連宋朝都大為激賞高麗國進貢的作品。

北宋書畫家徐競在《宣和奉使高麗圖經》中形容他在高麗所見的瓷器，以一種香爐最精采，其餘則類似中國南方越器：「陶器色之青者，（高）麗人謂之翡色……狻猊出香（獅形香爐），亦翡色也，上為蹲獸，下有仰蓮以承之。諸器惟此物最為精絕，其餘則越州古祕色，汝州新窯器大概相類。」[6]越州指中國南方吳越之地，所產青瓷稱作「祕色瓷」；北方省分陝西的耀州窯也產青瓷，亦稱「越器」，但當時風尚的青瓷主要產於江浙一帶。至於一般所稱的饒州器，其實是景德鎮生產，宋代以質地如玉的青白瓷著稱。[7]總之，徐競的記載反映了中國江南的精湛技術，對韓國陶藝貢獻良多。

朝鮮半島西部沿岸形狀極不規則，海灣、島嶼羅布，不似東岸平坦不利船泊，這裡張臂迎向海洋，歡迎水路交通，船舶航行於半島與中國南方港岸之間十分便捷。西南部的全羅道生產全韓國最好的陶瓷器，全羅最西端如同一支箭矢，隔著黃海指向五百公里外的長江三角洲。黃海不深，平均深度只有四十五公尺，是個極易通航的水道。漢代傾覆，西元第三至六世紀間中國陷入分裂，兩地之間靠貿易繼續保持聯繫。西元二二〇年漢帝國亡，是四百年來韓國第一次脫離中國掌控。然後，半島本身也進入戰爭肆虐期，三國——高句麗、百濟、新羅——全部野心勃勃，彼此征伐擴張；國家組織嚴密，各與蒙古、中國和日本的強權勢力結盟，在半島進行生存、稱雄的殊死戰。最後東南方王國新羅擊敗對手（在唐朝協助之下），結束了韓國分裂的局面，進入統一的新羅時代（六七五～九三五）。

韓國三國爭戰期間，位於半島西南部、國土包括未來全羅省的百濟王國（西元前十八～西元六六〇年）擁有一大經濟實力，也就是它獨占與南中國的貿易。[8]百濟不理會中國北方諸國，派遣無數使節前往據有浙江和福建沿海的南朝，許多佛教僧侶也從百濟渡海前往中國南方朝聖。根據一項最早出現於唐代的記載，有位百濟和尚曾在浙江某個寺院看見觀世音現身。六世紀百濟國王武寧和他的王妃，葬在一座中國南方沿海典型的磚式墓中。陪葬物包括金冠、銅鏡、一具漆棺，以及中國風格的銀飾。還有一隻形似中式瑞獸麒麟的石雕動物把守王陵入口，黏土磚上飾以中式蓮紋，墓內牆龕立著中國炻瓷瓶器。隨葬於西元四世紀新羅王國（西元前五七～西元六一八年）墳墓裡的中國南方瓷器，有些便是從百濟港岸進入朝鮮半島。

中國南方有些陶匠為避當地戰火逃到朝鮮半島，全羅的陶匠可能便是從他們那裡學到一些技術，諸如建造簡易版的龍窯等。據某位在唐代赴華求法的日本僧人記載，跨海移民其實是雙向進行的：也有百濟與新羅家庭移居中國沿海，在那裡以養殖、貿易和駕船為生。中國和韓國南方的眾多港口，也成為半島諸國通向世界其他地區的門戶。其中以百濟最具國際氣質，文化也最為精練，與日本保有密切接觸。日本飛鳥時代（五五二～七一〇），佛教藝術與文化東傳日本，百濟扮演了關鍵作用，此時期亦成為佛教信仰在日本的形成時期。百濟僧侶還搭船遠赴印度取經。在某個可上溯至西元三百年的新羅古墓裡，曾經出土一只來自埃及亞歷山卓港的玻璃酒杯，便極有可能是取道海路來到韓國。時間上稍晚的某部阿拉伯文作品，形容新羅是個「金光閃閃的國家」。[9]

韓國三國時期的統治者嚴密管控域內人口和資源，他們設立機構監管集體勞役、階級地位、商業貿易和工藝生產。新羅王朝統一半島之後，繼續在全國推動類似的集權政策，歷經千年由高麗王朝（九一八～一三九二）而朝鮮王朝（一三九二～一九一〇），始終不變。韓國沒有龐大的官僚體系，加以幅員緊湊，有利於中央集權制。不似中國和越南，這個朝鮮半島國的發展很早便及於它的自然疆界限制：由日本海、黃海、寬闊的鴨綠江三面包圍在內——如此封閉的領土，賦予了它無與倫比的穩定性。[10]全部統治地域只稍高於二十二萬五百平方公里，相當於英格蘭的面積；英格蘭剛好也是在高麗王朝取代新羅王朝的同時，進入有效的中央統治。唐、宋帝國擁有極大的疆域，可供許多窯業中心在各地興起，其中只有極少數接受朝廷指揮運作或監督。但朝鮮半島的統治王室和它們的貴族文人（稱為「兩班」），卻有能力以集中統一的方式，全面控制陶瓷生產，從而保證其審美質素的驚人一貫性，長達十二個世紀。

官方設有專責機構督造瓷器，為朝廷及權貴製作官用器皿和香爐。陶官將陶匠組成行會、登記在冊。黏土開採與色料供應全歸政府掌管，並確保紋飾製作正確無誤。專門負責營建宗廟、宮室與陵墓的官署，半數職責即在管理瓷磚生產。十一世紀的高麗國王顯宗任命官員監管服制和主要的工藝用品。宣宗頒旨規定技匠、商人必須以他們的專業與技能為王效力，不得為官。[11]整個政權都嚴格執行階級地位的隔離：為數約一千五百名的兩班精英在朝服務，他們的居家區域農民不得進入。陶瓷也依階級、品秩分配，只有權貴才可以使用上等好瓷，下層百姓只有竹盤、赤陶器和粗糙的炻器可用。大批奴隸人口擠在社會最下層階級，及至朝鮮時期共占全島人口三分之一，大致和美國南北戰爭前的比例相同。[12]

政府嚴格控管手工藝品，促成了高品質的生產，專為一群特定的客層服務。中國景德鎮那些自力營生的陶商把目光集中於機會風險與投資報酬，朝鮮半島的窯主卻鮮有機會將他們的一流產品銷售海外市場。儘管如此，朝鮮半島的陶瓷工藝在官方的監督、惠顧下，又得益於來自南中國陶匠的影響，很快便結出了美麗的果實。及至高麗王朝第一個百年告終，他們已製成連中國人都欽佩欣賞的卓越青瓷。一般而言，日本陶匠刻意避免抄襲宋代青瓷，或許是因為他們的仿品和真品相較實在差上一大截。韓國人卻無此疑慮，而且理直氣壯；他們的青釉瓷造型雍容、風格自然而不造作，加以紋飾創新，可比美最優秀的宋窯出品。[13]

在此同時，高麗精英與陶匠極度看重作品的自然生發與活力，卻也意謂著韓國瓷的生產者，缺乏追求技術精純與明亮色澤的熱忱，而這兩項正是他們中國同行的特色。高麗人認為器形稍呈傾斜不正、器面斑點變化難測與釉色駁雜，才最鮮活引人——這種嗜好品味同樣也傳給了日本人。韓國陶工也製作各式自然、可人的動植物造型，如鴛鴦、石榴、龍頭龜；獅形、公雞形、鰲魚形香爐；葫蘆狀、猴狀、蓮狀的文房水滴。這類器用之外，上流階級也學會中國人的飲茶習慣。據徐兢一一二三年出使高麗朝廷的觀察指出，高麗人：

> 邇來頗喜飲茶，益治茶具，金花烏盞、翡色小甌、銀爐、湯鼎，皆竊效中國制度……日嘗三供茶，而繼之以湯。麗人謂湯為藥。[14]

高麗有一項獨特的飾瓷技術，稱為「鑲嵌」，靈感或許來自中國漆器上的螺鈿。他們在灰黏土上畫花，填入稀釋過的黑或白色化妝土，然後再施釉、入窯。窯溫需精確控制，上等的燒成效果猶如在乳青器面精筆作畫。畫面通常是格式化的白鶴、流雲、楊柳、牡丹和菊花。[15]最出色的高麗鑲嵌青瓷，贏得當代人莫大讚譽。十一世紀某位赴高麗國都松島（今開城）的中國特使，便因其文化精緻而讚美有加，文卷、服飾、酒、硯、絲綢、錦緞——都衍自他的家國——唯有當地瓷器不凡：「高麗祕色，天下第一，他處雖效之終不及。」[16]毅宗在松都城外有座夏閣，簷頂全用青瓷瓦，造價驚人，也令眾中國來客留下深刻印象。十二世紀高麗詩人暨學者李奎報下面這首詩，令人不覺也想起同一時代對景德鎮青白瓷的讚譽。他盛讚高麗陶匠的成就，詠歎南山林木伐盡、窯火煙霧蔽空之下，十中選一方才燒成的青瓷碗，猶如人間巧匠借來的天工祕技：

「影影綽綽如青玉，玲瓏剔透如水晶。」[17]

兩班制度之下，朝廷集中控制督造，說明了韓國製瓷風格突兀變遷的背後原因。改朝換代意謂王朝權力交替、局勢改換，陶工必須為新主子效力，但西元六七五年後，改朝換代在韓國歷史上卻鮮少發生。蒙古屢次入侵半島，一二三一年後高麗青瓷的偉大年代兀然中止。高麗朝廷逃到西岸一處小島，陶瓷監造與控制於是告停。一二五九年蒙古終於征服高麗，允許國王重返松島，但是必須接受聽話的附庸國地位。比起中國這個大獎，高麗不過是蒙古人的一個餘興節目，只要在他們進行伐宋大業之際，半島上別出亂子即可。高麗朝廷進貢繪金的鑲嵌青瓷給忽必烈，大汗的反應是訓斥此器太為奢華，禁止繼續生產。[18]一三六八年，明洪武帝迫使最後一任元帝奔返草原，信用掃地的高麗王室面臨暗淡的前景。

一三九二年韓國大將李成桂發動政變奪得政權，成為朝鮮朝的第一任統治者——朝鮮由洪武裁定賜名，取自中國古代對此地舊稱「箕子朝鮮」，韓國本國紀錄多稱為「李朝」。李成桂在首爾另建新都，並開始改變新王朝的思想傾向。佛教早已從中國傳入韓國，在韓國，佛教從未如安祿山叛亂之後唐代對佛教所施的迫害，遭受過任何取締待遇。高麗統治半島期間，佛教更等同國教，王室用以鞏固其神聖光環與統治權威。這個信仰也及於一般百姓，觀世音菩薩眾法相之中的觀音化身，取得地母女神的地位。為精英階級製作的鑲嵌青瓷，許多即是作為佛教儀式法器或供奉於家廟。[19]

朝鮮王朝跟隨明朝的帶領，接納新儒學為治國思維，限制佛教對政治、文化的影響——其中一大主因，當然是因為新統治者認為佛教僧侶忠於被推翻的高麗王室一脈。的確，朝鮮治下的半島，發展成一個比中國本國更專一的儒家政權，儘管儒學思想的影響主要僅限於兩班層級，並未滲及普通百姓。朝鮮王朝唾棄舊式青瓷，認為這型器用奢華、腐敗、做作，是沉迷享樂之嫌的高麗君主的象徵。儒家提倡儉樸，朝鮮也隨之青睞素淨實用的器皿，主要以帶有微青的白瓷為主，以及質樸的粉青釉炻器（施有一層白色化妝土）。根據十五世紀初的一份調查，全國共有三百二十四處瓷窯。產品裝飾圖案簡單，比方以印花、刻花方式製作的花草鳥魚紋。氣質活潑、自然，並不企求達於高度藝術或精細層次。未做任何繪飾的素白瓷，則專供王宮和各種官方儀式之用。[20]

朝鮮政府嚴禁生產或進口裝飾多彩的瓷器，不過可以接受青花瓷，因為明室是韓國的政治靠山和文化典範。明朝皇帝把景德鎮瓷器賜給朝鮮統治者作為禮物，朝鮮的回應是下令本國陶工模仿。儘管一開始只是照樣複製，獨立性格卻很快就冒了出來，新樣式出籠，兼具白瓷和粉青的素雅。此外，由於他們缺乏細純的鈷料，青花紋飾始終趨於素樸、產量也不高。雖然一四六〇年代朝鮮發現了本土鈷礦，但色調灰暗不堪使用，依然必須以高價進口波斯青料，由陶官依需要發放，對象僅限於特選窯廠的畫工。一如白瓷，青花瓷也禁止庶民使用。朝鮮入貢使向中國皇帝獻上青花瓷，雖然樣式可喜、手藝精良，卻始終不似數世紀前的鑲嵌青瓷得到中國鑑賞家的好評。

一五九二年春，一支外來軍隊再度入侵朝鮮半島。十五萬大軍在日本幕府將軍豐臣秀吉的率領下，從首爾東南的釜山撲襲而來。敵人以高破壞力的火藥武器開路，三周內就進逼三百五十五公里。豐臣秀吉雄心勃勃聲稱其跨海大業是由天所授（但他對於即將面對的對手卻非常欠缺了解），最後目標是征服中國，然後再挺進東南亞和印度。[21]然而，豐臣秀吉的軍隊不似三百年前進攻韓國的蒙古大軍，最終未能取勝，部分原因是明朝派出數萬大軍越過鴨綠江，支援朝鮮。

半島人民歷經說不出的苦難折磨，日本此番入侵只是其中微不足道的小插曲，卻令他們的陶瓷發展受到重大破壞。日本軍隊蹂躪全羅以及首爾四鄉，這裡是陶瓷生產中心，窯爐被毀、陶工四散逃命。六年之後，一五九八年冬天，豐臣秀吉死去，日本軍隊撤出韓國，擄走至少六萬居民，有時甚至全村皆空。數以百計的陶匠及家人，也身列這支俘虜隊伍。

朝鮮瓷就此一蹶不振，花了兩代時光方才恢復活力，因為等到朝廷終於把注意力放到陶業之際，還必須重新開採黏土、重建窯爐、重新培訓陶匠。連年戰禍已使粉青瓷的生產告終，而這顯然是因為日本人殺害、擄去了如此多的鄉間陶匠。十七世紀中葉開始，青花瓷和白瓷成為半島精英的「顯器」，平民則使用粗糙的褐色炻器。隨著進口鈷料的增加，青花瓷的設計、製作比先前更為全面，帶著一種纖雅的銀藍基調，筆法生動自然。（彩圖十七）

因此，日本入侵雖令朝鮮陶業受到一時打擊，但畢竟未完全毀滅其高度發展的陶瓷傳統。從此時起，直至十九世紀，朝鮮王室——世界史上最長久也最穩定的王朝，奴隸社會與專制階級制度的頂峰——始終鼓勵陶瓷生產，產品特色揉合了自然不造作的素樸與溫暖、精緻與人性化、內斂的設計與柔和的色澤。而那些被日本擄去的朝鮮陶工，也成為促使日本陶業在進入十七世紀以後漸臻成熟、展現出同樣特質的部分原因。

「唐物」：中國文化在日本

豐臣秀吉入侵朝鮮，對所有參與國都意謂著痛苦和損失。日本貴族武士階級「大名」蒙受慘敗和嚴重傷亡。一直要到數百年後，一九〇五年的日俄戰爭贏得驚人勝利，日本才再度以武力重返朝鮮半島——這一回日軍如入無人之境。中國方面，大量挹注人力與資金支援朝鮮的結果，亦使明末政權面臨財政告急的危機，一代之後，終於未能頂住來自北方的滿族威脅。朝鮮自然受創最劇：農村、城鎮一片焦土，經濟凋蔽，損失慘重無法計算——在這方面日本人倒是頗為盡力：他們切下朝鮮死亡者的鼻子，醃在桶中送回京都，豐臣秀吉帳下的小吏一個月內便數了好幾萬隻，計算結果由九州地區的肥前藩（今長崎縣）鍋島勝茂藩主統領的支隊，於一五九七年拔得頭籌，短短五周內蒐集了五千四百四十四隻鼻子。[22]

然而，世人記得鍋島勝茂，不是因為他在沙場上殺人如此豪氣，而是他擄去眾多朝鮮陶工，將他們遷入他的領地。和其他「大名」抓到的俘虜一樣，這些朝鮮人從此未能返鄉，他們被限制居住，遭受鄰近村落日本人的鄙視，沒有遷移與行動的自由。大名派警衛看守窯廠，規定工匠佩戴標幟以監督他們的行蹤。有名陶匠乞求放歸故里，結果遭地方權豪軟禁六年。一個世紀後，有位日本人來到九州一處所謂的韓國村，此地隔著對馬海峽距離朝鮮半島兩百公里。他報導當地有一千五百位居民，主要都是鍋島勝茂俘虜的後代，他們依然時時凝望大海，渴望回到可望卻不可及的祖先故土。[23]

鍋島勝茂監督九州對外貿易，並將域內陶業發展成全日本最大的陶瓷生產者。但他的興趣顯然不在陶藝的美感，而是希望藉此提高自己的收益，並作為禮物贈與其他氏族領主。十七世紀揭幕，他手下的朝鮮人已在有田附近，距長崎四十公里的泉山開採出高嶺土。這裡地近溫泉，證明遠古曾有火山活動。不久，陶工便引入韓式龍窯，日本稱為登窯，不僅令產量躍增十倍，也為日本「首次」提供了燒造瓷器必須的高溫。如是之故，一五九二至一五九八年間的半島戰事稱為「陶瓷戰爭」（或「茶碗戰事」）。此一命名似乎意謂，日本陶藝幾乎可說是透過盜竊行為而成就的，全靠著俘虜將新窯技術與高嶺土的使用，引入其劫持者的領土而成。然而，早在豐臣秀吉侵入朝鮮之前，已有來自朝鮮半島的陶工在九州工作，他們的作品受到日人珍視也已達數代之久。豐臣秀吉的戰士攻往釜山、位於日本肥前的港口「唐津」，向四方鄰鎮銷售大量韓國風格的陶瓷。[24]而日本人挾持韓國陶工的行為，正好證明日本早有預謀，急於取得更多這類專長，他們冷酷地把握住戰爭提供的大好時機，俘虜陶工前來製陶，並不是什麼全新事物的起始。

早在西元後幾百年間，朝鮮陶匠便帶著他們的釉藥知識、陶輪和高溫燒造的技術抵達日本。在此之前，日本只會製作紅土粗陶。[25]根據傳說，三世紀初時百濟國王曾派一名師傅到日本，指導某位王儲學習儒家經典與中國詩歌。連同陶瓷，中國文化的其他諸多元素也在同時期經由韓國傳入日本，包括青銅技術、騎戰、表意文字、曆法、修史，以及觀音崇拜。日本攝政王聖德太子授予佛教正式的官方承認，聘請韓國營造工匠設計中式廟宇，並迎來一位韓國僧人到朝廷監造紙張、筆墨、硯台。攝政王對佛教奉獻有功，身後受佛門追封為 Kannon 化身，也就是日文的觀世音。而他在世期間，佛教徒建立了朝觀觀世音的進香路線，沿路有三十三座廟宇，以紀念這位菩薩的多樣法相。

七世紀後期新羅王國統一半島，高句麗和百濟兩國精英紛紛逃往日本避難，也帶來唐代風格的繪畫、雕塑和寺廟建築。很快地，日本就派出二十餘次遣唐使前往中國，帶回大量中文經卷典籍。在飛鳥和奈良（七一〇～七九四）時期以及平安時代（七九四～一一八五）初期，日本視唐政權為帝國中央集權制的範本。唐朝首都長安，是日本先後打造兩處國都的藍本：六七〇年的平成京（今奈良）、七九四年的平安京（今京都）。日本天皇規定唐裝為朝服，以高價進口中國青釉瓦，亦即綠色琉璃瓦，鋪設他們在京都的宮室殿頂。國家大典場合，天皇端坐於御座，身後壁面飾以大型絹帛，上繪儒家古聖先賢。九世紀初的嵯峨天皇擅長書法與漢詩，極其推崇儒家道德教誨和政治理論，他依據中國禮制安排國家儀典，贊助編纂了三部極具影響力的漢詩文集。他追隨海另一邊的皇室前輩曹丕，曹丕在《典論‧論文》中宣布：「文章，經國之大事。」嵯峨天皇把這個名句附為其中一部詩文集的書名。[26]此時的日本國，首度與大陸區的商業活動密切掛勾，大量輸入中國商品，同時也成為絲路貨物最東端的目的地。嵯峨天皇及其他平安朝君主，在奈良的御庫正倉院貯有波斯的銀器和金線錦緞。

由於本土的高層文化尚待大量發展，日本自家的傳統在飛鳥和奈良時期可謂幾乎被精英偏愛的中國事物覆沒。不過，無論日本君主多麼推崇中國文化本身，他們也利用它為工具，鞏固自己的權力與威望，從而樹立風氣榜樣供貴族仿效。西元七七九年之前，日本宮廷至少派出十七次使節赴唐，每次由數百人組成。天皇遣使的目的，尤其是為了控制「唐物」（中國事物）的進口，特別是青瓷、掛軸、銅爐、書籍以及文具。[27]對日本的精英階層而言，身居「天下」的地理邊緣，中國事物代表著文明生活的具象符號，是精緻文化的實證。大約在中國和尚玄奘啟程遠赴印度求取佛經和聖物的同時，日本僧人也得到唐朝許可，參拜浙江、福建的佛教寺院，收集經文與唐物。

然而，及至十一世紀中期，政府管制的效率已經趕不上社會對中國商品需求的速度。隨著日本由官控貿易體制移向民間商業體系，天皇的朝廷失去了對中日來往的壟斷獨占。在此同時，日本經濟擴張、地方軍事貴族權勢上升。宋代中國經濟強勢，特別是銅錢的出口，更起了至關重要的作用，刺激上述種種變化發生。某些年間，銅錢輸入日本甚至高達億枚，相當於南宋政府每年鑄幣總量。銅錢在日本可賣得中國五倍的價錢，因此韓國和中國冒險商家憑銅錢交易累積大量財富。宋代銅錢，刺激了經濟過渡轉型為通貨交易，促進了集市型城鎮的成長，擁有土地的貴族亦因此致富。中國錢幣的流通，破壞了根基於以貨易貨的日本傳統經濟，當代人哀嘆「錢病了」，這是一二五〇年代中期，隨著職業放債人出現而發出的怨嘆。日本直到十六世紀才開始自鑄銅錢，屆時也已開始開採自家銅和銀礦，並將這兩種金屬大量地反銷中國。[28]

長時間看來，中國銅錢氾濫湧入帶動的經濟發展，為瓷器的文化角色建立了獨特背景。在韓國，王室與兩班擔任中國文化的獨家渠道，監管樣式受到限制的瓷器生產。在日本，佛教寺院僧人、城鎮民間商賈、地方領主大名、天皇及其朝中貴族、掌握實權的大將領（或稱將軍）及其附從人馬，共同構成了險峻、動態的多角合作態勢，從而決定中國事物的價值，以及日本陶瓷的進展。隨著中央權力在十二世紀逐漸削弱，社會變得愈來愈軍事化，大名從多方勢力之中浮現成為焦點群體，聯結其他所有各方勢。即使到了十六世紀後期，日本三大統一勢力的年代——織田信長、豐臣秀吉、德川家康——幕府霸權依然取決於日本各地兩百五十位左右擁有領地的大名。[29]早在豐臣秀吉發動冒險進攻朝鮮的數世紀前，地方強豪勢力諸如鍋島勝茂，就已經與寺院、市場城鎮建立關係，並置辦窯廠、惠顧名匠、控制了中國商品及唐物進入日本必經的口岸。

日本商人自宋初即進口龍泉青瓷、福建白瓷和景德鎮青白瓷。考古學家曾在十世紀九州一處交易站挖出中國瓷碎片。時至今日，每當瀨戶內海——近世之前日本的主要商業大道——暴風雨後，依然有古瓷片沖上海灘。福建瓷、青白瓷都是白色或稱無色的透明釉色，深受佛教喜愛；平安朝末期和鎌倉朝（一一八五～一三三三）初葉的信徒，在佛塔土堆埋下成千上萬的瓷器。在日本廣為流行的淨土宗宣揚末世教義，認為人類已經跨入「末法」時期：佛法將滅，只剩教法，無人修行證悟，社會陷入動盪不安、道德淪喪與痛苦混亂的黑暗期。平安時代後期起，信者將經卷放在土器、金屬器中保存，準備度過他們認為已於一〇五二年開始的人世大衰敗期（亦即佛祖逝世一千五百年後），並等待阿彌陀佛引領他們離世進入淨土樂園。這些瓷器多數來自福建，專為這項功用特製。[30]

「末法」時期的悲觀心態，代表著一種心理反應，既針對十一世紀以來因武士階級興起而來的騷亂而發；同時也流露日本人感嘆生命稍縱即逝的心情，他們通常以詩歌意象具現這種無常——秋葉之散、櫻花之落、冬日之松、破曉之月。[31]陸若漢列舉日本人最喜愛的畫面，以示他們對自然景象呈現的選擇，諸如水中映月或入夜落雪：「所有這一切，都符合他們的氣質性情，令他們生出無比鄉愁，感到靜默地孤獨。」[32]這種人生態度，對日本物質文化的品味發揮長遠影響，尤以陶瓷最甚。它也在十一世紀初的《源氏物語》中出現——這部被譽為世界首部心理氛圍小說的情節，多少世紀以來一直是日本藝術家從中剽取瓷器、絲帷、漆飾圖樣靈感的寶庫。作者紫式部筆下的男主角源氏表示，他聽說中國文人認為春日的花團錦簇最美，我們本國詩歌卻似乎青睞秋日愁思之音。[33]

紫式部的同時代人清少納言也作如是想，她的作品《枕草子》記錄個人的隨想、好惡，書中列出「看來乾淨清爽的東西」，特點都是無飾、無色：「如陶器、新的金屬碗。迭席之薦緣。水注入容器時之透明光影。新之唐櫃。」（林文月譯本）但是觀看宮中某次出巡隊伍之後，清少納言這位十足的勢利女卻又記錄了自己的讚許肯定，認為「樣樣都如此合宜守禮」地採取中式風格，而這正與她自己先前所言乾淨清爽之物的簡單、樸實，完全相反。某次宮中宴集，她又頗為欣賞紙門上的鮮麗繪飾，畫著長手長腳的怪異傢伙，以及「一只大的青瓷花瓶，插了許多枝五尺許長盛開的櫻花，花兒直綻開到高欄邊來。」[34]同樣地，無論源氏多麼愛為秋情染上憂思，他還是很高興地乘坐以輝煌耀麗中國風裝飾的龍船鳳舟，也喜歡和天皇一起大快朵頤，使用銀鑲青金石的中國餐器。[35]

平安時代的日本風格，便是如此展現華麗與低調的兩個極端：鮮亮彩繪對照墨色線條、中式大紅對照手染柔彩、鍍金青瓷對照素面白瓷、唐物的耀麗對照本土的節制、光輝燦爛對照簡約優雅。[36]概括而論，可說公開場合五光十彩，生活用色低調簡素。這種區別分明的二元現象，在日本傳統中始終延續不去，因為陸若漢也注意到貴族家中，「接待客人的地方都金碧輝煌、彩飾濃豔」，可是主人自用之處卻「只用水墨，極具品味」。[37]

顯然，宋瓷的含蓄低斂與冷系色調，正合日本人在私領域的用色趣味。若按事情正常的發展方向，中國的巨大聲望極可能促使日本精英階級也採用瓷為餐桌器用。然而，動盪的國際關係卻排除了這項可能。安祿山叛變之後，唐政權陷入混亂，日本與中國的外交、商業關係隨之惡化，最終在八九四年完全切斷；這一年，是日本最後一次正式派出遣唐使。雖然到了一二〇〇年左右鎌倉時代初葉，經常性貿易再度恢復（包括瓷器進口），日本法律卻嚴格限定：任何時間，港內不得同時泊有五艘以上的中國來船，因此貿易活動嚴重受限。接下來，蒙古與南宋之間的戰爭再度中斷了中日兩國的交流，時間長達一代。一二七四年、一二八一年蒙古兩度渡海東征日本，自然更使一切活動完全停頓。[38]

原本熱烈密切的關係，突然出現超過三個世紀的斷裂，結果證明對日本自身高等文化的發展具有重大影響。因為它給予了空間，使本土態度和價值觀可以脫穎而出，抑制了對「中央之國」的過度崇敬。治國方面，這意謂著儒家平民取仕的用官制度在日本完全流產，世家大族在朝廷、在地方，始終保有權勢，令日本政治貌似唐代貴族門閥體系，而這個體系在中國卻已遭取代。奈良時期以及平安時期初實行考試制度，本來有可能創造出宋式的官僚政體，最後卻僅以空洞形式殘存。在中韓兩地，儒家思想深深形塑了官方心態，對庶民大眾則影響極微。在日本，儒家的道德面向頗有勢力，朝廷努力推動，以灌輸給從權貴到普通村民的所有階級，雖然儒教意識思想鮮少能左右誰可取得一官半職。[39]

宗教領域方面，九〇〇年後日本政府遵循唐代作法，支持建造佛寺。但是又不似中國，佛教並未贏得日本知識圈中人大量皈依；日本佛教是由僧侶扮演推手，加上了儒家倫理元素的花邊，在平民也在精英中間推動普及。十四世紀的後醍醐天皇視自己為聖德太子再世，支持新儒學，身旁禪宗人士圍繞，資助禪宗寺院。此外，「末法」的末世心情也轉移了宗教行為的焦點，因為許多信徒認為傳統佛教已淪為空洞形式。奈良朝和平安朝初，講究儀式、祈禱、研經；到了鎌倉時代，主張冥思、精神經驗和頓悟的禪宗風，透過數以百計在華長期求法的歸國日僧從南宋席捲而來。無數中國禪師逃離唐末亂世，愈發擴大了他們日本禪院同行的影響力。[40]

陶瓷方面，一如政治體制與宗教思想，九〇〇年後因中日交流陷入沉寂，造成唐風不再，本土形式獲得青睞。南中國來的黏土、釉藥供應遭到切斷，日本陶業陷入衰退，窯廠廢棄、生產減少。雖然九至十三世紀之間，宋瓷傳到日本，但數目極其有限，純為收貯展示、埋於佛塔土堆，或用以「傳世」、或作為唐物之用。中國瓷在日本仍屬極罕見、極昂貴的寶物，無法說服精英階級用來作為區區餐器。等到室町時代（一三三六～一五七三）初葉，重新大量恢復進口瓷器，景德鎮已從青白瓷轉為青花瓷，中國時尚已經重新定位，龍泉青瓷已成過時舊物。

因此平安和室町兩朝之間，不見中國單色釉瓷身影的日本，上流階級習慣採用漆器為日用餐具，通常漆為黑色。而且此風一直延續到十八世紀晚期，此時瓷器終於進占餐桌，取得支配性的位置。[41]總之，如果中國陶匠打算在室町時代的日本市場取得一席之地，就必須生產一種可以迎合日本獨特趣味的產品。答案是：茶碗。

瓷文化在日本

茶初臨日本是在九世紀初，由日僧永忠首先引進。他在中國待了數十年之久，時間約與陸羽寫《茶經》同時。嵯峨天皇熱愛茶事，一如他對中國文化其他方面的熱情，下令在國都與地方種植茶樹。許多人都愛上飲茶，不過日本大政治家、學者兼詩人菅原道真卻認為，無論茶對健康有各式各樣的好處，畢竟無法消除個人心靈的憂傷：「當人滿懷悲苦哽噎、臟腑為之鬱結，甚至連茶也無法舒緩。」[42]或許八九四年正式結束遣使赴唐，令他悲痛難安吧。七年後，強大的藤原氏家族在一場權力鬥爭中擊敗了他，將他流放到遙遠的九州，菅原道真寫漢詩、喝苦茶，度過他最後的悲慘年月。據說他的復仇之魂造成疫病流行、天氣變異、皇子死去。為了安撫怨靈，九四七年藤原氏在北野建祠，封他為學問的守護神，從此這處位於京都北郊的松林地成為一大朝聖所在，至終更被豐臣秀吉設立為一場盛大茶宴的地點。然而正如其他唐物，菅原道真死後過了三百年，儘管佛教聖地、寺院廟宇依然保持飲茶傳統，此時日本人對茶的興趣也已消淡。

隨著禪宗大興，日本對中國俗家事物的興趣再度大增，尤其在書法、園林設計、茶文化三方面。這要歸功於求法歸來的鎌倉時代日僧，他們的影響作用比數百年前的同道更甚。在藝術上，禪宗重視自發性、不規則與自然，而這正是日本人如此推崇的韓國陶瓷特色。禪僧帶回大量浙江、福建窯燒造的茶盞，稱它們為天目碗——因浙江天目山而命名，那裡有許多禪宗寺院——這些茶盞表面有一層漆光黑釉與橙褐條紋（或稱「兔毫」）。鎌倉、室町兩朝奉為典範的中國徽宗皇帝，也喜愛這型茶盞，鎌倉後期中國商人將它們大量輸往日本。[43]考古發掘顯示，一三二三年駛往日本途中沉沒韓國外海的貿易船，便載有許多天目釉碗。

一一九一年將茶樹重新引回日本的大功臣是日僧榮西，他在《喫茶養生記》一書中指出：「在日本，我們不喝茶。」[44]受到他的影響，加上朝廷決定性的支持，這個現象迅速改變：茶文化以前所未有的速度起飛，甚至成為對中國事物重新燃起熱情的焦點。有一段時間，中文的「茶碗」甚至成為所有中國瓷器的概稱。[45]不過，散葉的沖泡方式卻始終未在日本流行，日本仍遵循唐宋舊制的點茶法：以竹筅將茶膏攪成綠色湯花，再端給客人飲用。整個過程和技巧費時、費工，需要大約三十種茶具，遂成為「茶之湯」或謂「茶道」的中心焦點。茶道，這套高度結構化的社交、精神儀式，則出現在十四至十六世紀之間。

鎌倉時代結束之際，有位政界聞人寫道，在世家大族有產階段中間，「唐物和茶愈發風行」。[46]武士貴族領銜之下，「唐茶」茶敘大受歡迎，常伴有博奕與清酒。華麗張揚的「客室」自成一隅，與宅中日常起居作息區域分開，成為賞花、誦詩、賽香（參加者辨嗅各式香料）之所。這個茶空間也是炫耀中國事物的場地，以鋪張賣弄的裝飾風格展示，必備之物包括：漆畫屏風、三幅屏畫軸、帶座瓷瓶、青銅香爐與彩繡錦緞。室町時代足利幕府（一三三六～一五七三）期間，茶聚移到地方大名（以及他們的禪宗顧問）精心布置的房間，稱作「書院」：室內有高低擱板架，一處凸起平台供放擺設，還有壁龕和內建書桌，地上鋪滿榻榻米。一如「客室」，如此茶室也可充當炫耀「唐物」的背景：僕役上茶給客人，主人則一面展示珍藏。隨著時間過去，「書院」最後演變為傳統日式住宅的主室。[47]

為了剽取天皇的威望自用，歷代足利幕府也蒐藏中國藝術，藉由文化管理、代言人的角色，證明他們爬居政治高位的正當性。方才一步登天掌握最高權位的足利幕府，對世家貴族批評他們出身低微至為敏感，因此同樣利用他們的中國關係與中國藝術品，確立自己對大名的指揮權。室町幕府的足利義滿自號「日本國王」，遣使覲見中國皇帝，稱自己送去的禮物為「貢品」，接受冊封成為大明的藩國，在日本國內引發了一些不滿的風波。他提倡對中貿易，以供他在文化上進行揮霍。他獎勵能劇、資助賽詩、推動新儒學，可能也命令日本窯仿製宋代青瓷。他建造最出名的日式建築結構金閣寺，地點在京都北區。此寺綜合了皇家與寺廟風格，具現了足利義滿政治為體、文化為用的精心策略：以藝術文化超級提倡者的身分，提升他政治權勢的地位。[48]

室町幕府第六代將軍足利義教的藏畫豐富，包括多位浙江傳奇禪師的肖像、一幅十三世紀的觀音法像，以及多幀中國畫作。每有佛家或文化要人到訪，他就將自己收藏的中國珍品——瓷瓶、香爐、文具、法書、燭台——拿出來展示。他還堅持中國禮儀，招待臣下飲茶必定同時供應椅座。一四三七年，後花園天皇御駕親臨足利義教在室町別墅的「客室」，幕府大人總共拿出超過一千件寶貝供天皇御覽，其中包括徽宗皇帝御筆親繪的紙本四幅屏〈四季山水圖〉。鑑識這些藏品的真偽、安排它們的展示，演變成一門專門知識，從而興起了一個藝術鑑賞行家的階級，稱作「同志」。及至十五世紀初，「同志」還為幕府將軍和地方大名擔任茶道仲裁，評斷所用的儀式是否正確合宜。

第八代將軍足利義政以贊助藝術聞名，尤其是建造位於京都東山一處靜修勝地的銀閣寺。足利義政在政治上的不適任、幾乎等同放棄權力的不作為，也同樣聲名昭彰。他牢騷地表示：「大名們為所欲為，不服命令，這表示根本不用理政。」[49]足利義政於一四四九到一四七三年在位，期間日本陷入「應仁之亂」（一四六七～一四七七），不知是出於絕望或是無情，大將軍轉身不顧政局，從焦心於政治是否穩定，改而完全投入藝術追求自娛。「茶之湯」或謂「茶道」一詞首次出現，就是在足利義政取得將軍稱號之後不久，雖然他本身對茶道儀式的態度屬於守舊派，還是聘用了村田珠光這位茶道大師。後者鼓勵他將整個儀式轉為收斂，一掃室町初期的喧鬧舉止，諸如博弈和飲酒等，並摒棄炫麗展示唐物的舊習。

於是文化魅力愈發傾向含蓄氣質。在村田珠光的指導之下，僕役從茶道儀式中消失，取而代之將焦點置於主人家自身展示教養、技巧，親自接待精挑細選的貴客。整個過程變得愈發儀式性，進行空間也從精心布置的「書院」，移到遠離塵囂的靜室。銀閣寺的茶室成為標準格局，逐漸演變成十六世紀風格獨具的小茶屋。備茶、用茶的空間平面也移到榻榻米，因為「用席之禮」取代了鎌倉時期中國傳入的椅座風氣。[50]

足利義政歆慕高雅的中國瓷，最愛的青瓷不慎打破，甚至送回中國修補。但是他還是聽從大師教誨，理想的茶道之器乃是素重、簡樸之器，茶之道乃在培養自制、沉著之氣。雖然大將軍浪擲千金服用華奢，卻又追求品味素樸的好名聲。新的茶風極具水墨畫意趣，傳達枯寂蕭索的靈氣美，透露一股秋情愁思，一種「清冷枯殘」美學——借用茶道人士的說法。[51]

茶道深受禪宗影響，凸顯日後被稱為「寂靜茶」的境界——寧靜清寂的茶道世界。這種儀式的特色就是不拘泥、不造作、不豪奢，體現一種超脫每日碌碌生活的精神，忘卻外在的常規與因襲的責任，甚至有默然批判的意味。在精英品味方面，「寂靜茶」的崛起，指向幾乎遠達一個世紀之前，同樣發生在韓國的價值系統轉向：反映在拒絕華麗青瓷，擁抱素淨白瓷與質樸的粉青。十六世紀的茶道大師武野紹鷗，將村田珠光在足利義政圈中推動的茶道風格發揚光大，甚至遠赴四鄉，只為尋求一般村人使用的粗器以供「寂靜茶」之用。

茶道不僅在精英社交生活中取得中心位置，也造成某一類陶瓷的使用。中、韓、越三國某些窯址製作的茶碗，被日本的茶專家賦予驚人價值，他們特別珍視粗糙的紋理、帶有斑塊的色調，滴釉、開片，稍微變形的不正，以及燒窯時無心形成的印記。對這類作品執著欣賞的背後，是一種刻意的野趣，是都會世故中人對田園生活的善感崇拜。的確，這股尚樸的風氣，與十八世紀後期令歐洲知識份子為之著迷的浪漫情懷，那種對自然界與民俗文化的崇拜，可謂頗有幾分相似。景德鎮跳蚤市場上騙子低價叫賣的劣品，在日本成為無可比擬的珍品。

十五世紀起，日本商人引進景德鎮青瓷，通常只在進食時使用，餐後才真正上茶。有一種設計成木桶形狀的小型水罐，特別受到歡迎。唯一能在莊重已極的茶道儀式上露相的青花茶碗，只限於「古染付」（老青花），這是十九世紀創造的名詞。通常紋飾簡單拙稚，畫著竹叢、山僧和鄉野漁夫。茶道大師尤其喜好器緣釉層剝落的「蟲蝕」老青花。[52]一部十七世紀晚期的著作，指導天真後輩何為正確合宜的優雅之道：「小茶室中使用的器皿，無需完美無缺。有些人不喜歡略有損壞的物件；其實，這只顯示其人思維尚未達真知之境。」[53]

生產「老青花」、天目碗以供應日本茶道市場的中國陶匠，卻面臨一個棘手問題：這種與眾不同的獨特茶器，不可能大量產製，因為日本茶道迷追求的是碗碗有瑕，各瑕不同。每個茶碗的獨特缺陷，賦予其無法模仿的個性，因此每個碗都有資格獲得賜名。十六世紀的千利休是日本茶史上最出名也最有影響力的大師，與樂燒長次郎合作設計茶碗。千利休在十七世紀晚期，被他的茶道思想繼承者封為茶的守護神；樂燒長次郎是磚瓦業者，也是位韓國移民之子。其中一件出名作品，口緣扭曲不正，黑色的釉面坑坑窪窪，用墨色漆修補之後，得了個綽號「乙御前」，意指其貌不揚的女子。千利休藏有不少知名茶碗，分別稱為「老茄子」、「鷸」、「爆棚袋」、「洶湧底」。他的同道也將其他知名茶碗命名「蘿蔔」、「女巫」、「蜘蛛」、「薯頭」等等。他追求茶道儀式的理想境界，執著於尋找缺陷，培養一種出其不意的趣味感，解脫正統與階級的束縛。有一回，某間小茶屋甚至特意擺了一枝花，卻不用瓶，引起不小騷動。據說他還故意毀損一件瓷碗，因為原狀太過精緻優美。[54]

瓷器、政治、日本茶道

西方人很難相信，明明是有瑕疵的瓷碗、平凡無奇的普通茶件，日本人卻賦予如此巨大價值。十六世紀葡萄牙人耶穌會士阿魯梅達是首位描述日本茶道的歐洲人，便反映出上述不解心情：

這種飲料的飲用方式如下：先將半核桃量已研成粉狀的藥草倒入瓷碟，然後拌以極燙的水飲用。用具包括極舊的鐵壺、幾只瓷碟，一個專門用以沖淨茶碟的小容器，還有一個小三腳墊放置壺蓋……盛放茶粉的碟子、舀茶粉的匙子、從大壺中汲水的長匙——所有這些用器，都被視為日本的珍品，就像我們珍視許多昂貴的紅寶石和鑽石鑲串而成的戒子、寶石、項鍊一般。55

這種獨特的日式價值美學，也令另一名十六世紀修士、耶穌會的東方事務督察範禮安大感困惑：

這些器皿，不論是碗、碟、罐、甕，常常一件就要價三、四千甚至六千金幣，或者更高的價碼，雖然在我們眼裡根本一文不值。九州大名大友宗麟有次給我看一件小茶器，老實說，若換在我們手裡，真是一點用處也沒有，只能放在鳥籠子當作飲水槽。但他竟支付了九千兩銀子（約合一萬四千金幣）買下，我可是連二分銀子也不肯出的。56

陸若漢也觀察指出，為配合日本人「天生愁思善感氣質，遂有這些器皿，雖然只是區區陶器，價位卻高達一萬、兩萬、三萬，甚至更多銀子。其他任何國家聽了，都會覺得這簡直是瘋狂野蠻」。57如此粗陋之物，卻在炫耀型消費中占有如此傲視群倫的地位，可謂空前絕後。即使用以收納保護這些茶碗的中國錦袋和泡桐木匣，都在茶道的精細美學中據有一席之地，因此它們本身也成為價值不菲、被人珍惜收藏的對象。不過，陸若漢比他的耶穌會同事有眼力，他超越直覺的困惑，看出若從社會地位競爭的角度觀之，在貌似荒謬的表象後面，這些昂貴的茶具自有它們的道理：「真正在這類交易之中買賣的標的，其實是雙方的藝術品味，而不是物件本身。」58

最驚人的茶事，根據陸若漢的描述，則是如何永保茶味新鮮的能力：「以長年維持茶葉品質，年底也和年初一般新鮮。」[59]如果製茶工人處理不當，喝起來味道就會不佳，從而破壞茶敘的和諧精神以及東道主的名聲。最極端的狀況，莫過於督茶官規定茶農在採收御茶數周之前就不准食魚，以免他們的氣息汙染了這種嬌貴的植物。而最搶手的茶罐，日本人稱作「呂宋罐子」，是一種由馬尼拉進口的炻器，十七世紀時那裡住了約一萬五千名日人。

根據卡勒蒂所記，這型炻器實際上來自越南、柬埔寨和泰國——足以顯示茶文化與瓷器聯手，已將日本與外面更廣大的亞洲商業世界密切地連結起來。這位佛羅倫斯商人表示，日本官員在長崎港登上外國船隻搜索呂宋罐子，因為豐臣秀吉旨在壟斷這項商品，若有任何人隱匿不交，就會面臨極刑威脅。卡勒蒂表示，日本精英擁有「數不清的這型瓶罐，認為是自家主要的寶物，看得比什麼都重。虛榮心作祟下，為了顯示氣派，他們還比賽誰手上數目最多，相互展示，堪稱最大樂事」。[60]

陸若漢那部介紹日本的大作，投入二萬字篇幅描述茶道的社會與精神意義。它的矛盾令他著迷——遠離塵囂卻又有政治推銷作用，既為獨思之趣卻又為同好之誼，漠視物質的孤高姿態卻又結合了蒐購罕見茶器時的露骨貪婪。他特別指出其中最大的悖論現象：茶道儀式明明是為體現所謂節制、清貧的氣質，卻又少不了昂貴的茶器和家具、中國水墨畫、古瓷、珍饈、絲袍，以及賄賂茶園求得的上等好茶；更別提那故作簡陋的小茶屋，以粗杉木、枝條、茅草蓋成，卻由高價的木匠建造，又配上所費不貲的園林，以求一切看來猶如自然天成。「所以這清貧事實上非常豐裕又富有……」他結論道：「真的，富到窮人可望不可及，貧到連富貴人家都很吃力才能維持這個場面。」[61]

陸若漢認為，茶道之所以極致講究到變成富人「仿貧」，源於堺城的豪商富戶也開始實行「茶之湯」。堺城位於大阪灣，在京都南方五十公里處，面向內海東岸，興起於日本戰國時代（起於一四六七年應仁之亂爆發，終於一五六八年織田信長統合軍事權力），成為一大政治、經濟力量中心。如同日本另外幾處城市，堺城取得的獨立地位，類似波羅的海和北海的漢薩港市同盟，以及中古後期三十多處日耳曼自由城。

堺城因紡織、鐵和漆的生產而致富；一四六九年足利義政指定它為對明進貢的根據地，遂以本城工業建立的財富為基礎，進一步嶄露頭角，成為國際轉口集散港，也是日本獲得中國銅錢和唐物的首要門戶。根據曾在堺城住過好幾年的十六世紀耶穌會士弗洛伊斯報告：「除了京都以外，全日本沒有其他地方像堺城那般重要。它是日本的威尼斯，既大且富，充滿商業活動。同時也是所有鄰近省分的中央大市場，四面八方的人不斷湧向那裡。」[62]堺城又與當地的大名和佛教寺廟結盟，為它們收取租金，擔任彷彿財務經紀的角色。堺城生產並進口火藥，這是激烈騷動的戰國時代不可或缺的商品，尤其是在織田信長和豐臣秀吉將火器兵械引入戰場之後。堺城既富有又冒險進取、積極興業，在贊助文藝方面也與京都爭鋒，不但支持詩人、畫家、能劇，也支持興建廟宇。

正如陸若漢指出，由於都市環境背景所致，當地商人不得不發展出一套更簡約內斂的茶道版本。他們不喜歡足利式「客室」和花俏的「書院」，青睞只放得下兩塊榻榻米的小茅屋（三．三平方公尺，正好容三人入坐）。堺城外只有炎熱、多沙的平野，不見「靜寂而清新的所在」，於是他們投入大量金錢彌補這項不足：直接在擁擠的城內，起造田園式僻靜空間，經常配以涼亭、奔泉、嶙石。[63]小屋為這些商人提供了不如此設計的話根本不可能存在的地點，一處可容他們頻繁聚會、共享都市茶敘情趣的地方。陸若漢解釋，為了使「器用、布置配合小屋空間，他們去除了茶道規定的許多器具、物件」。如此比較簡約的做法，固然依舊十分昂貴，卻可使茶道進入更多人財力可及範圍之內，也更接近禪宗簡素持重、唾棄豪奢的理想境界。雖然即使如此，茶道仍屬少數幸運的特權階級。新風氣更吹到其他城市，京都、奈良和博多（位於九州）的富商紛紛採納，域內各處大名亦不例外。

不過，無論堺城這些寡頭商戶多麼真誠地信奉茶道本身，他們不免也把它用來做為社交平台，好讓自己更有保障地與大名、朝臣和寺院方丈平起平坐。原則上，茶道的特色正是眾人平等，所以它建構了一個儀式空間，在此，商人也可與身分比他顯貴的人士以形式平等的方式同聚一室。[64]儘管如此，堺城商人畢竟是平民百姓，即使身為富商大戶也得戒慎小心。因此他們迴避炫富嫌疑，也不敢延請「同志」級鑑識名家照管他們的唐物珍藏。事實上，茶道與唐物專家正是來自他們的社經階層，寂靜茶風的創始人村田珠光出身堺城商賈之家；武野紹鷗亦然，乃是專營日本武士漆皮鎧甲的商家。所有茶道專家之中，最受推崇的大師千利休，之所以能享有經濟上的獨立，因為他的家族是經營魚產批發生意的堺城富商；他有時也做一點火藥買賣，曾供應一千發毛瑟彈丸給織田信長，織田信長還寫了一張謝條給他。

一五六九年，織田信長在軍火商人暨傑出茶道師傅今井宗久支持之下，取得堺城的控制權。原本這位大軍閥對茶道只抱著無可無不可的興趣，現在卻幾乎在一夜之間，搖身變為狂熱的信徒，並特意現身許多茶敘與當地重要商人同席。他還以威嚇手法，迫使堺城當地領頭的茶道中人交出珍藏的炻器茶罐。織田信長不但將知名茶具賜與旗下重臣，也曾送給家將豐臣秀吉一打茶器，以獎賞豐臣秀吉打完一場重要的艱難戰役。織田信長甚至將茶事權收歸己有：只有他才能決定哪名武士貴族可以舉辦正式茶道儀式或採購昂貴茶具。[65]待得豐臣秀吉上台執政之後，還不忘強調茶文化對他本人以及前任幕府的重大意義：「茶之道是（信長）的政治之道。他允准我舉辦茶道，榮幸之至，永誌難忘。」[66]

賞賜瓷器給追隨者、指定誰可以出席茶道，顯示了一種等級關係，而透過這些動作，也同時強化了這種等級關係。因此，織田信長將茶文化整合入他「政治之道」的構想，撕破了那層所謂「精神、誼交，乃茶道真精神」的保護外衣。自十四世紀起，「茶之湯」已經發展成為一種審美品味的縮影，是

「清冷枯殘」的理想化身；在此同時，也演變成特權行列的重要社會儀式，是精英階級用以溝通、結交的工具。然而進入十六世紀晚期，隨著各大軍閥力圖統一日本，結束動盪的戰國時代，茶道可說成為其本身驚人成就的傷亡者。

在織田信長（以及他的繼任者：豐臣秀吉和德川家康）的眼中看來，「茶之道」已經變得如此舉足輕重，不可能任其遺世獨立自成一個小小世界，更不能忍受有這麼一個不但隔離於「政治之道」、甚至帶有含蓄批評意謂的「對立文化」存在，就算只是名義上亦萬萬不可。此外，至少從織田信長的角度看來，將控制之掌伸及「寂靜茶」還有另一項好處，也就是可以向軍界、商界領袖顯示：本幕府之治乃是有禮儀、有教養之治。他遵循由飛鳥到室町歷任強大統治者建立的傳統，使用具有符號意義的行止並借助文化的彰顯地位，作為政治權勢的支柱。[67]

意味深長的是，織田信長將千利休納入帳下，時間上正是在他談妥堺城的投降條件後不久。織田信長搜刮地方大名和最後一代無能的足利氏幕府所擁有的知名茶具（「名物」），便是由這位茶道大師在旁提供意見。[68]一五八二年織田信長身亡，繼起的豐臣秀吉比他更積極茶事。身為全日本最強大的軍閥，他把織田信長的出色珍藏收歸己有，並延任千利休繼續服務。千利休更就此成為他密切的政治顧問，利用寂靜茶儀式為場地，交結懷柔一些勢力強大的大名，比方大友宗麟，以達其東道統治者的國家統一政策。

一五八五年，在千利休協助之下，豐臣秀吉在京都為扇町天皇奉茶。這起最高規格茶事的時間點，正逢豐臣秀吉登上帝國攝政（「關白」）大位，以及千利休榮獲「全日本茶道大師」尊銜之際。至於地點，豐秀吉當然從未有在一間茅草小屋內舉行的念頭——即使小屋建於皇宮御院。反之，他是在一間鍍金茶室進行這場前所未有的儀式，還鋪上織錦地毯，這席可攜式的華貴配備，日後被他帶著南征北討。

天皇、攝政、大師，啜飲著黃金打造的茶碗中滾著泡沫的茶湯[69]——並沒有任何跡象顯示，這些富麗堂皇的場地和裝備，令千利休纖細的審美神經感到任何一絲不適或不快。

兩年後，豐臣秀吉再次由千利休輔佐，在京都的北野松林舉辦了一場當世最壯觀的茶文化大展，場地就在祭祀學問之神菅原道真的天滿宮。豐臣秀吉邀請了所有知名的茶人，甚至包括窮戶，若有誰不應命露面，從此不准從事茶道。數百名參加者搭起數以百計的茶棚，豐臣秀吉和無數來賓共享美茶，並打開他的鍍金茶室，擺出他天下聞名的茶具，讓眾人看得目瞪口呆。豐臣秀吉是茶文化的獨斷者，是全日本的統一者——茶事、政事，都掌握在他一人手裡，也彼此強化鞏固——這個雙重身分，如今已經毫無保留地在公開盛典之下受到公開承認；豐臣秀吉立刻唐突地提前取消了整場大會，比原定日期早了好幾天。[70]

四年之後，在人人震驚之下，豐臣秀吉下令千利休自殺。時間是一五九一年，千利休被禁閉在京都一間由警衛嚴密看管的宅內，高齡六十九歲的全日本茶師結束了自己的生命。他在絕命詩中暗示，自己的命運猶如早先某位挫敗的政治家；而他的聲譽，由於這不幸的結尾，最終也將達於類似的神界高度：

那傢伙千利休，
真是好福氣：
竟覺得自己會成為
第二號道真！[71]

千利休自殺，是茶道史上最陰暗不明的事件。究其原因，最有可能的是源自於豐臣秀吉心中的焦慮感，見到千利休在「茶之道」上的威望，高過於他自己在「政之道」上的威望，嚴重牴觸了這位統治者無論在任何領域都想要至高無上的欲望。根據當代一位人士指出，千利休的傑出美名，給予豐臣秀吉無可動搖、無法證驗的審美影響力：「遇上喜歡的（茶）物，（千利休）可以把好的說成壞的，用低價買進。見到不屑之物，也可以把壞的說成好的，用高價購入。他把新的叫成舊的，舊的說成新的。否，可以變成是；偽，可以成為真。」[72]

這種刻意設計出來的茶文化癖性，將任性善變與矛盾牴觸的因子引入了公共事務，自然不能見容於豐臣秀吉——這位統治者是出了名地敏感多刺又傲慢。正如陸若漢觀察所見，茶的藝術繫於不可言喻的「藝術品味」，而不是那些平凡碗盞的內在本質價值。茶文化養成一種狂熱崇拜型的宗派排他性，憑藉著一股已達「真知真解」的心態，充滿了只有精英才能獲知的祕密教誨和口授傳統。[73]中國從沒有過像寂靜茶這型事物；在中國，茶文化附屬於文人鑑賞之趣，喝茶本身並無眾階平等的言外之喻，儒家文人與帝國朝廷在上設立審美典範，商人在下模仿跟從，沒有人把任何超越物界的價值，賦予在雜色斑駁的瓷器上。但在日本，禪宗的極端美學藉由茶之道體現展示，並對現有秩序造成挑戰，把茶道儀式這個世界史上最奇特的次文化之一，與社會均平、心靈革新和素樸典範的概念綁在一起。茶道是精英文化的一大表露，卻又隱隱為具有顛覆傾向的原則背書，與權威、品階對立。因此是可忍孰不可忍，織田信長和他的繼任者成功地馴化了茶道，邊緣化了茶道令人不安的層面，並將茶道的進行置於官方監督審視之下。

千利休自殺一事為鑑，城市茶人紛紛投降，將茶道的領導地位讓與武士精英階級。千利休的接班人，出身武士的古田織部成為最富才華、影響力也最巨的茶師，服侍江戶時期（一六一五～一八六八）德川幕府第一代將軍家康。德川家康還封古田織部為大名，穩穩地將茶道置於地方貴族的社會圈中。茶道儀式因此更具上層吸引力，帝國朝臣紛紛傚從——在此之前，他們對這個活動沒有太大興趣，或許是因為過去茶道牢牢掌握在商人手中，平民氣息太強。古田織部指導其他大名如何行茶道之禮，並和大名贊助的陶窯密切合作，生產可以吸引朝臣的茶具。他舉辦茶敘，依社會地位隔離席位，並提供空間，好讓大名貴客可以帶著旗下的家臣武士同來。[74]他的設計創意源源不絕，既提倡千利休式有缺陷的樸拙茶具，也力推釉色奪目的優雅瓷器。但是古田織部一如千利休，最後證明性子太怪、氣勢太盛，超過他專制的主人所能忍受。德川家康最後同樣下令他切腹自殺，大將軍顯然認為他有「冒犯寶物的惡習」，隨興任意割裂寶貴的中國書軸，以布置他的茅草茶屋；還打破原本勻稱美觀的瓷器，再把碎片黏回來，以合乎他那不完美才美的理念。[75]

千利休和古田織部的命運，反映出戰國時代步入最後階段之際，日本社會的公共秩序局限。同時也標示了茶道文化的分水嶺，茶道從此剝除了具有顛覆性的元素，開始進入日本人眾文化的主流。德川幕府期間茶道大為流行，不過只是當做一種文藝消遣，如同書道與競香，而不再是禪宗神祕主義的流露，或激進社會信息的工具。此時的茶道地位，猶如其他各種中產階級休閒活動與歌舞伎劇、偶戲等等，在新興的城市娛樂區並肩發展，也就是江戶時期著名「浮世繪」中的景象。[76]

千利休和古田織部之後，再也沒有任何茶師居於如此高階的地位，或享有如此高規格的官方認可。在德川幕府的總部江戶城內，古田織部自殺後改由內部人員督管茶道；及至十七世紀，這些人已在政府組織中取得頗受敬重的位置。茶事之外，他們也照管幕府的瓷器收藏，包括一千餘件青花瓷。除了職掌繁多，還得組織一年一度數百名農民入江戶城進獻炻器的遊行儀式；茶罐經過之際，圍觀者必須深深鞠躬致敬。為向更廣大的新客層介紹茶道之儀，還印有教學手冊，將每個步驟寫得鉅細靡遺。茶儀規制嚴格，不同社會階層之間必須遵守合乎體制的相待之禮。比方某本手冊指示甫入茶界的低階新手：若蒙貴族「力促你同來用茶，務必雙腿交叉坐於凳上（在小茶屋近旁的涼亭內），決不可讓你的腿在貴人面前懸晃。」[77]

在兩個世紀的相對沉寂之後，全國一統以及德川政權的形成，同時見證了宮廷重返文化的中心地位，再次成為品味的仲裁者，尤其在園林、插花、建築，以及茶道方面。茶道贏得朝廷眷顧，擴及都市客層，奢華配備回歸現場。或許是被擄韓工的創新所致，日本本土的瓷器生產大增，以因應市場對精美瓷器的需求。一六二〇年左右，九州地區有田附近的陶窯燒出青花瓷，圖案花樣卻和景德鎮大異其趣，包括疏朗、抽象的紋飾，具有驚人的現代感。[78]在此同時，中國文化依然在日本保有高度聲譽，中式筆觸、中式母題的裝飾亦然，諸如文士靜坐幽亭置身於理想化的自然意境，依然很受歡迎。（彩圖十八）

受到宮廷與中產階級雙重品味的衝擊，數十年後陶瓷釉色的範圍也擴大了，半透明、帶珠玉光的色彩，畫在潔白光滑的器表，圖案有時取材自能劇服飾。陶匠也參照中國圖譜，諸如一六一六年左右安徽刊印的《八種畫譜》，便在日本廣泛使用。鍋島藩的陶窯在新穎彩瓷上居於領先地位。幾家有田窯的柿右衛門彩繪瓷備受推崇，通常都施以典型柿色，亦即明亮的橘紅。伊萬里燒的色調更多更廣，包括亮金、松綠、鈷藍、鐵紅，因有田附近的港口伊萬里而命名，荷屬東印度公司便從這裡運載瓷器出口。

十七世紀初，景德鎮亦因不斷增長的日本市場而大發利市。德川政權大舉撲滅基督教，一六三九年切斷了大部分的日本對歐貿易，只留荷屬東印度公司，並以出島為基地擔任兩地商業媒介。出島是長崎港內一處陰鬱沉悶擁擠的小島，基本上是個潮泥灘，荷蘭人只准在這裡活動。景德鎮則積極擴展海外市場，因國內需求中斷，不得不尋找新客戶——部分原因是一六二〇年萬曆皇帝死後，朝廷的巨額訂單不再。十七世紀最初幾十年間，百分之二十五左右的中國瓷出口是銷往日本，單單一六三五、一六三七兩年，荷屬東印度公司就運送了八十萬件。可是接下來明朝與關外女真之間的爭戰，使激增的海外行銷嘎然中止，景德鎮外銷減少一半。即使一六四四年清朝建立之後，戰事與變亂依舊困擾江西，十七世紀後期嚴重地摧毀了景德鎮陶窯。為尋找替代供應，東印度公司只好轉往日本。荷蘭人向九州眾窯下的第一張大訂單是在一六五八年，之後許多年間，他們幾乎向海外運銷了一百萬件日本瓷；一箱又一箱器皿載往東南亞大陸區的大小王國；結果原本專為荷蘭市場燒製的大啤酒杯，妝點了泰國貴族和佛教方丈的餐桌。許多日本瓷還在器底加上偽款，冒充中國皇帝年號，因為歐洲客戶認為這是品質保證的符號。[79]（彩圖十九）

日本瓷，這個中、韓製瓷傳統的遲緩兒後代，此時幾乎成長還不到兩代，卻似乎一觸即發，眼看著就要在千年來首次新開闢的海外新市場取代中國瓷了。緊要關頭，荷蘭本土卻出現麻煩，阻止了此事發生。[80]一六六五至一六六六年、一六七二至一六七四年間，荷蘭這個聯合省共和國兩度與英格蘭交戰，一六七二至一六七八年間對法戰爭的結果，更使法軍長驅直入，橫行於荷蘭大部分土地。最後只好採取權宜之計，決堤淹沒通往阿姆斯特丹的道路，方才止住敵人攻勢。等到荷蘭喘過一口氣來，中國瓷業也已再振聲威。一六八三年康熙皇帝下令重建景德鎮窯；一旦生產線重新恢復，中國瓷最終徹底擊潰日本競爭。海外貿易復甦，一年就有九千多位中國商賈，搭乘一百九十三艘中國船前往日本。

日本的競爭力還面臨另一項障礙：德川政權堅守最嚴格版本的新儒學，不樂意將商業利潤作為國庫歲入來源，高度仰仗農業稅收。此外，德川採重商主義觀點，認為貴金屬出口有害經濟。一般而言，西方各國則藉由擴大商業交流為手段，以提升貨幣存量。日本則對外貿表示不屑，專注於自家產品創新，以降低對進口貨的需求，並省下白花花的銀子——幕府可以執行這樣的政策，因為全國銀礦幾乎都壟斷在他們手中。[81]

對荷商業挫敗、德川抑貿政策、景德鎮重建，三大因素加起來，遂使十八世紀的日本只需以本地貨四分之一的價錢，即可買到中國瓷。景德鎮最好的青花瓷在茶之道上大為走紅，因為所謂「蟲蝕」器在多數茶道新手眼中，真不知美在哪裡。天下瓷都也直接切入日本出口瓷市場，熟練地模仿豐富多彩的柿右衛門、伊萬里以專門外銷歐洲。不僅如此，景德鎮還仿製日本仿製的荷蘭青花陶——荷蘭青花則仿製萬曆年間的中國青花——以賣給荷屬東印度公司轉售予他們的西方顧客。面對這波洶洶攻勢，日本窯只有一敗塗地，及至一七二〇年，已有多家關門收攤，包括生產柿右衛門的窯廠。[82]

無可否認，景德鎮經驗豐富，經營大規模海外市場已有許多世紀。然而就長期發展來看，最後來自西方的競爭力卻遠比日本致命。威脅的徵兆首先在十八世紀初現身，當時中國和日本瓷器以空前數量湧入歐洲，歐洲冒險家爭相擠進這股熱潮，想搭亞洲瓷狂熱的順風車大撈一筆。於是荷蘭臺夫特地區的畫工將中國青花瓷改裝成偽日本瓷，用他們自家想像的中式花紋、中式圖案，添上一層又紅又金的裝飾，再入窯以低溫二度燒製。參考來源包括中國青花瓷、日本柿右衛門、伊萬里，以及旅遊指南諸如紐霍夫的《荷屬東印度公司出使中國皇帝報告書》。[83]預示景德鎮命運的另一項嚴重警兆，則在麥森瓷廠浮現，此地是獨領歐洲早期瓷業風騷的重鎮。麥森仿造柿右衛門、伊萬里風格，為歐洲王公貴族桌面製作全套餐具，以紅金二彩畫中國龍、黑黃雙紋繪日本虎、明豔灼熱的色調開出印度花。奧古斯都二世的工匠迎合富有客戶的口味：他們要時髦的亞洲風、色彩豐富的陶瓷器。臺夫特和麥森兩地的產品，真可謂百分百混種文化之作：中國瓷、日本彩與歐式中國情調的紋飾，三者共冶一爐，創造出一種大雜燴的寰宇風——全球各地不同的圖案、紋飾、色調，在他們手上集於一器。（彩圖二十）

景德鎮窯主也知道歐洲的種種創新手法，因為荷屬、英屬東印度公司不斷地延伸這項來回歐亞大陸的文化大循環，下訂單給天下瓷都，要他們仿製臺夫特和麥森仿製的日式陶瓷。景德鎮陶業既無集中式的領導指揮，個別窯主當然看不出在這精巧的歐洲複製品背後，其實隱隱暗藏威脅，遑論有所回應。何況自古以來，景德鎮大量產製高品質成品的強大產能，已經一再打敗天下無敵手，實在沒有理由認為遠在西方的競爭者，會比東隅的日本更為棘手。但是不到十八世紀末，瑋緻伍德以及他在斯塔福德郡的同行就會表示：這一回，情況大不相同了。

「適合造鍋製陶的土」：越南和中國

近年來，考古學家已在東南亞水域調查了好幾艘十四、十五世紀的沉船，而這只是那段期間無數在此不幸發生船難的極少數樣本。[84]巴拉望島位於菲律賓民多洛島及婆羅洲大島之間，在這個延伸四百公里狹長陸地的附近水下，挖出了一艘裝載五千多件中國與越南陶瓷的「班達南沉船」。另一艘中國船「杜里安號」在馬來西亞海岸一百六十公里處沉沒，或許是因為船上載了大量泰國陶瓷，以及部分中國、越南製瓷，頭重腳輕，導致翻覆。還有會安沉船，在越南中部外海被漁民發現，是一艘帶著二十五萬件陶瓷沉入海底的泰國船，船中的陶瓷大部分來自紅河三角洲的陶窯，包括鈷藍紋飾的炻器以及大量軍持瓶。此外，一艘中國大帆船在民多洛島南方海域被人發現，可能正在運送某位有錢貴族訂製的貨品：船上載有五千件瓷器，多數是景德鎮青花，不過也有越泰兩地的製品，還有青銅砲、銅臉盆、文具盒、漆器家具和象牙。爪哇海底有一艘沉船，滿載十萬件福建窯，以及景德青白瓷、泰國軍持瓶、青銅紙鎮，和一百九十噸鐵條。

除了都載有陶瓷以及均遭不幸命運之外，這些沉船還有其他共同之處：一、它們都是在前往東南亞港口途中沉沒。二、這些港埠是海商可以為他們這批不怎麼起眼的杯碗盤碟，找到最佳客戶的地點。三、生產地點來自東亞各地，證明十四世紀貿易的國際性質。四、中國、越南和泰國瓷器形制類似、紋飾接近，意謂它們對相距幾千公里的市場具有共同認識——或許駐於菲律賓與印尼兩地的客戶下單之際，也同時把圖紙畫樣或木製模型，提供給各地的窯業中心。

沉船載運的越南茶碗、泰國炻器茶罐，有些最後原可能在日本出現。它們從菲律賓進口，成為日本商人與大名的收藏，和景德鎮老青花、浙江天目釉、韓國粉青共立於收藏架上。另一方面，也有一些最好的越南青花，或許是專為西南亞市場生產，因為住在昇龍（十六世紀稱「東京」，今河內）的阿拉伯和波斯商人，一如他們住在泉州與廣州的同胞，從波斯進口鈷料，為他們的家鄉委製陶瓷器。越南的炻器工匠熟練地仿製景德青花，技巧之好，據說西南亞客戶甚至分辨不出任何不同。

東南亞大陸地區的陶瓷，一如韓國、日本，深受中國影響。越南接壤中國，比柬埔寨、泰國兩地陶業受惠於「中央之國」的技術與美學傳統更深。根據傳說，西元二世紀時有位中國陶人來到紅河谷地，建造了第一座陶窯，並將自己的技術傳授給當地土著。這個故事可能殘留了幾分事實，因為新石器時代越南北部的陶器的確近似中國南部地方。嶺南與越南沿海關係密切，語言族裔特色也很相近。[85]

南中國與越南沿岸的地形都屬於群島性質，由三角洲、淺水、近岸島嶼構成，中文通稱為「內海」，以對比於「外海」，也就是水面廣濶的南中國海。[86]南中國與越南沿岸包夾於丘陵之間，由河流網絡相連，兩地都由類似島嶼的孤立小區域組成，以海洋貿易為導向，歷史上和東南亞島嶼區的同類型社會連結相通。當初若有不同的歷史軌跡，或許有可能導致中國與越南兩處沿海地區，凝聚成一個「藍色中國」，以獨立國度的姿態長期存在，既遠離草原戰士入侵，也不受北京政權統治。

然而，從西元前最後數世紀起，南中國、北越南就已被納入中央之國的疆域。帝國統治跨越長江以南之後，西元前二一四年秦始皇下令攻入越南北部。[87]秦亡後，因受當地許多有價物產所吸引：珊瑚、玳瑁、朱砂、孔雀石、柚木、樟腦，漢代繼續控有那塊土地。唐代詩人放逐安南，發現了這裡的自然資源，包括林中盛產的桂皮、檜木，以及適合造鍋製陶的土。[88]雖然中國移民在肥沃的紅河三角平原蓋起漢式墳墓、佛教寺院，中國上層人士還是認為越南北部是背信棄義、蠻荒瘴癘之地。越族的統治階級卻接納中國文化的根本元素，諸如表意文字與儒家教育，試圖加入帝國體制為官。

十世紀時，唐代崩亡。一千年的漢族統治之後，越族精英起來反抗外國勢力。經過一段失序混亂的階段，李氏王朝（一〇〇九～一二二五）上台，建立了該地區第一個獨立國家。新王朝將佛教奉為國教，並鼓勵擴張陶業以服務新都昇龍的建設需求，此外也大興土木興建廟宇寺院。李朝、陳朝（一二二五～一四〇〇）時期，安南都充分表露它的中國傳承性格，也視自己為「中央之國」，將禮儀之邦的高度文明傳播到越南中部的占婆地區（今平定省）——這個區域是由境內眾多聯繫鬆散的聚落社區組成，與泰國、爪哇關係密切。安南自居「中央之國」，令中國領導人深感不滿，他們認為這個一度是自家保護國的土地，理應屬於帝國天下的一部分。[89]因此中國文化對安南來說，代表一把兩刃的劍，既給了它自身獨立身分的信心，同時也令元明兩朝迫切感到務必取回這個地區，使之回歸真正的中央之國域內。

在安南精英圈中，中國文化的巨大支配力持續不去，不僅出於越族貴胄的思想觀念受其深刻影響，也因為北邊的混亂局勢，迫使一些中國富戶向紅河地區尋求安身之地。蒙古滅亡南宋之際，就有三十艘船滿載難民逃向河內；一二八四年蒙軍攻入安南，發現這裡住了四百多位宋室高官與朝臣。寄居此地，四周至少有某些事物可容這些離鄉流亡者憶起故園，因為土著陶匠製作極佳的炻器，幾如景德青白瓷、龍泉青瓷的翻版。忽必烈也知道安南陶工技藝精湛，下令白瓷為貢品，連同珍珠、犀牛角一起進貢。元代也有一些中國陶匠模仿紅河流域製品，外銷東南亞地區。[90]

明初，永樂皇帝下令二十一萬五千大軍進入越南，天朝又一次試圖重申這塊直到唐亡前都始終握在中國手裡的疆域權。蒙古入侵此地只維持了四年，明代卻持續將近一個世代，從一四〇七到一四二七年，造成龐大生命損失、重創寺廟，以及佛教導向的陳朝政權覆亡。最後，明代終於負擔不起這筆巨額的占領費用，發現這個所謂的保護國距離中國太遠，交通聯絡線拉得太長，無法有效把握控管。[91]一四二四年永樂皇帝去世，不出幾年宣德皇帝決定罷兵，中國軍隊終於退出這不服管教的南地。他們留下了一個已經全然改變的國家——因為多年入侵、動盪，對越南意謂著重大的轉型，程度不下於同時期的韓國由高麗轉變成為朝鮮。

黎利是黎王朝（一四二八～一五二七）的開國君主，這是一個根據新儒學思想建立的政權，致力於中式官僚政府體制，推進帝國主義式的擴張。東亞的超級大國明朝，先前已用火器擊敗越人的反抗；但是明軍占領的幾十年間，越南也學會這項軍事科技，轉過來以壓迫者的武器對付壓迫者。一四七一年他們更使用火器征服南邊的占城地區，向完成今日越南的疆界跨出了巨大一步。占人燒造炻器已有數代，但是被北越南征服之後，從那裡進口的陶瓷更勝土產，當地窯業紛紛倒閉。十五世紀初重新恢復生產，已改作青花炻器，模仿的對象是紅河地區，而紅河本身又以景德鎮瓷為師。92

十四世紀初開始，中國和穆斯林商人進口景德鎮青花瓷到越南，因為這裡恰好是泉州至波斯灣、印度洋航線的必經之地。多少世紀以來，紅河地區陶匠一直追隨中國傳統，再加上幾分自家特色，比方以活潑筆觸、鮮明色調在青瓷器面添加彩繪，流露出獨立的文化身分。不過一直到明朝用兵結束，他們才全面轉向投入青花生產，因為惟有和平來到、生活安定繁榮，陶業才能生存。他們開發出自己活潑有力的獨特青花風格，特意迴避景德鎮使用的標準化紋飾。佛教勢力深入越南，蓮花圖案自然非常流行，當地特有的圖樣則包括某種龍尾象頭的生物、叢林狩獵的景象、重瓣的牡丹、鳳梨般鋸齒的帶狀飾紋、孔雀、鸚鵡、長有巨型中央鰭的雲龍等等。越南陶工也採納印度紋飾，包括印度大神毗濕奴化身的一種不尋常禽鳥，加魯達神鳥，以及結合了魚、鱷、象特徵的神獸魔羯。93

十五世紀是越南陶業生產成果最豐富的時期，黎朝鼓勵陶瓷出口以增加國庫收入。這段時期的絕大部分時間，明朝政府都實施海禁，限制私人海外貿易，從而提供越南（以及泰國）陶工絕佳機會，向國外市場推銷他們的產品。中國南方海岸的商人，為迴避明朝政府的管制，可能也遷到越南。青花瓷從紅河流域及占婆出口，外銷群島地區及西南亞。至少有一件多彩釉的越南軍持瓶，埋在一座十六世紀的泰國佛塔裡，顯示那裡的佛教徒很看重這件器皿。某些陶窯也接日本訂單，製作日式美學意趣的青花炻器以供茶道之用。[94]

最重要的是，越南陶工還為爪哇滿者伯夷王國的宮廷和清真寺燒製陶瓷。首都特洛武蘭的官員特地委製青花瓷磚，並飾以鶴、鹿、蓮與菊枝的圖樣。紅、黃、黑、金四色的器皿僅限王公政要使用，上等陶瓷的流通也掌握在他們手裡。穆斯林和越南商人也為爪哇北岸大港淡目的清真寺大門和壁面，提供青花與彩繪瓷磚。這些越南外銷瓷磚的紋飾，許多都與輸往西南亞市場的類似，顯示在中國暫時關閉對外口岸期間，爪哇便改向越南訂貨，[95]這裡的伊斯蘭社會與中國、印度洋國家都有貿易往來。不過當地工匠砌磚不似西南亞貼得密密麻麻、連環交扣，而是個別貼壁，當作建築裝飾元素，彷彿每一片都是為了獨立欣賞而存在。

東南亞大陸區的陶瓷出口時有波動，完全視中國對外航運狀況而定：如果中國暫時退而閉關自守，他們就擴張生意；如果中國海外貿易復起，他們就節節敗退。及至十六世紀中葉，景德鎮和福建窯已經再度開始發貨到群島地區，中國域外國家大發這段空窗財的好景宣告結束。可是到了十七世紀後期，明、清王朝更替期間，東南亞大陸區又獲得二次機會。一如日本窯業，泰國、越南等地同樣得益於中國此時陷入的混亂，時間長達兩代以上。他們也使用荷屬東印度公司為貿易中間人：一六六三年到一六八二年之間，荷蘭人從河內運出約一百五十萬件陶瓷到巴達維亞（今雅加達），再從那裡銷往菲律賓南部以及緊鄰民答那峨島西南的一連串島嶼蘇祿群島。但是一六八〇年代景德鎮重振旗鼓，越南陶工就只能把自己的產品賣給本地市場了。[96]

由於景德鎮這一出一進，在海外貿易撤而復歸的結果，及至十七世紀末，已使東亞陶業出現了一個類似共同市場與共同風格的現象。[97]日本、越南與泰國的陶窯都以中國瓷為範本，景德鎮重返外銷競爭後，又反過來模仿他們。此時西方人也已加入這個陶瓷交流的大循環，來自荷蘭的陶瓷圖案開始登上波斯、越南、泰國、日本與中國製的器皿。（彩圖二十一）

「中國來的貨物」：高棉、泰國二王國

湄公河下游畔的高棉、泰國兩國，文化環境與其東邊的紅河流域大異其趣。根據中國官吏的記載，有位印度婆羅門混墳於西元一世紀時來到柬埔寨，娶了位龍公主，並在此傳揚佛祖教義。這個神話傳說，可用來解釋梵文文化很早就移入東南亞大陸區的原由。事實上從四世紀起，印度藝術與造幣、梵文用語、印度教——佛教宗教傳統等，便一直影響從今日緬甸以迄群島區的東南亞大陸。皈依這個新宗教的當地信徒，將本土神明與外來的印度教神祇、佛門菩薩視為一體，而這座萬神殿照例由觀世音領銜占有中心位置。西元初始，印度商人，尤其是來自科羅曼德的，便在暹羅灣聚落區建立貿易殖民據點。強大的印度各邦，其中最知名的是笈多帝國（三二〇～約五五〇），也是印度境內最長壽的政治體，為此地提供了宗教和政治的範本。[98]由於印度次大陸與湄公河國家的交通只靠海路，後者完全無需擔心被強大的印度諸邦征服。另一方面，中國入侵越南卻足以證明：「中央之國」才是活生生存在的真實威脅，因此對於高棉和泰國地區而言，印度式的政治模式是個比較具吸引力的選擇。雖然無數中國商人在此定居，但多來自南中國的港口，遠離（而且往往敵視）位於北方的權力中心。中國對外貿易者也從來不在海外推廣中國政治體制，中國官場更對出海人等抱持懷疑態度：這些人既從商，又棄中央之國自移域

外，全是逐利背義之民。

高棉和泰國兩王國，發展出迥異於中國以及中式國度越南的治理型態。中越兩國的儒家思想和強有力的行政傳統，限制了君權角色的神性地位，[99]而這兩個東南亞王國則是成員變化不定的邦聯組織，缺乏明確設定的國家財政、律法與軍事指揮結構。國王將自己高舉為宇宙天意在政治空間的神聖代表，以維持其國家鬆散的結合。統治者被視為「神王」或「普世之君」，名義上設立了一個與印度教——佛教宇宙和諧相合的地上國度。他們興建反映天體結構的紀念建築和儀式中心，擔任宗教儀式的關鍵要角。宮廷禮儀也戲劇化地凸顯王者身分睥臨一切，超越神明認可王室血胤之外的所有人。貴族必須匍匐在地，國主則一身金衣，坐於銀色寶座，座位比在場眾人都要為高。

為王者一大主要義務，就是興建寺廟——名副其實的石砌聖山——以榮耀他的王朝及守護神。「天界之主」庇佑地上之主，後者的頭銜之一就是「眾山之主」。[100]十七世紀有位荷蘭商人，住在今日泰國（西方人稱為暹羅）境內的阿瑜陀耶王國（一三五一～一七六七，「大城」），描述該國國王必須遵行一項虔敬儀式，以確證自己的合法性：「每年一度……暹羅王乘船行車公開現身於眾民之前，赴諸神大寺獻祭，祈求賜福給他和國家。」[101]雖然行政權柄普遍薄弱，高棉、泰國的國主卻擁有非常崇高的地位，因為王者代表該國宗教原則的化身；國人必須向他政治輸誠效忠，因為王者被視為印度神祇與佛菩薩的人形凡體。他們的王國因此具有相當的復原彈性，這有助於解釋伊斯蘭信仰在東南亞大陸區——一如在篤信印度教——佛教的峇里王國——為何無法獲致重大進展的原因。

起造宏偉的寺廟與宮室，對陶瓷科技的需求極大，尤其少不了瓷磚和浮雕。在今日柬埔寨西北部高棉語地區，佛教徒與印度教徒總共興建了至少一百間廟宇，占地超過兩百五十平方公里。十二世紀大金塔的塔基，有一組黃綠二色的陶質矩形楣部裝飾，描繪佛祖生平。同一時期的蘇拉瑪尼佛塔，飛簷釉瓦繪以蓮花。此外，許多廟頂、牆龕，也都矗有大型陶像。[102]

至於製陶技術的根源，依然來自中國，最有可能的途徑是經由越南和占婆。施釉陶和高效窯兩項技術，在中越兩地是逐步發展而成，但是在湄公河下游的高棉語地區，卻於九世紀突然出現，顯示是受外來影響。九世紀後期的高棉炻器，形塑一如中國瓷，磚瓦也同樣抄襲中國。吳哥工匠用高棉製、也用中國製的陶瓷建材。吳哥，是該區最重要的早期國度之核心所在，主要集中於洞里湖（大湖），藉由這片水面，可取道湄公河與外在世界形成高效率的連結網絡。[103]

吳哥窟建於蘇耶跋摩二世在位期間（一一一三～約一一五〇），專為毗濕奴大神而造，吸引了印度來的香客以及「中國來的貨物」（如某宮殿銘文聲稱）。[104]十三世紀末，中國派往這個真臘王國的使節周達觀發現，此地住有為數可觀的中國人，以及對中國商品的強勁需求，尤其是硝石和瓷器。吳哥窟是由宮殿、寺廟組成的大建築群，共住有上萬人；如此驚人的浩大規模，令一六〇九年某位歐洲訪客如此結論——這處遺址，一定是以宏偉建設聞名歐洲的羅馬皇帝圖拉真所建。

一如其他許多國家，施釉陶瓷是高棉地區王國權貴顯要的禁臠，無論是本地炻器、越南陶瓷或中國瓷器。泰國北部的席撒差那萊（亦稱撒灣加洛，意為「天堂所在」）陶業生產，可能是由中國商人引進的，這處製陶中心最終發展成千座陶窯，分布地域超過六公里。中國瓷的刻花技術與中國的絲綢繡品，是高棉陶瓷紋飾的主要靈感來源。印度金屬器尤其是模仿對象，器形搶眼、底部斜角，是高棉陶瓷器最鮮明的特色之一。中國商人顯然將印度風的高棉樣本送回中國窯參考，那裡的陶工依樣燒製，再運回柬埔寨銷售。蘇耶跋摩二世與南宋建有外交關係，但在他死後隨著該國內部衝突上升，兩國關係逐漸淡化。一一七七年占婆入侵，攻破吳哥，高棉陶瓷藝術消失殆盡，被進口中國瓷取代。[105]

一二九〇年代期間，泰語民族建立了第一個政治體——素可泰王國（約一二三八～一四一九）。傳說該國的蘭甘亨王曾造訪忽必烈汗，據聞還帶回了一位中國新娘與湖北省數百陶工。這則無稽傳聞的由來，大概出自南宋政權瀕死掙扎之際，中國人移民泰地所致。他們在位於泰國中北部的素可泰建造窯爐，介紹青瓷生產給席撒差那萊當地舊有的陶窯。這些製陶中心的產品，延續高棉舊風複製印度形制紋飾，包括與印度教神祇有關的圖樣。最流行的盤碟裝飾是魚，既屬佛教吉祥圖案，也代表印度教神明毗濕奴——大神轉世為魚，救人類於洪水。[106]陶工也產製許多軍持瓶，以供祭司在婚禮儀式上分賜淨水給觀禮賓客。這些極具生產力的陶窯成立之後，泰國陶瓷首次加入中國和越南行列，共逐東南亞群島區的廣大海上市場。（彩圖四）

泰族建立的阿由提亞王國，位於昭披耶河（湄南河）上游，距暹羅灣九十公里。一四三八年納併了素可泰人，海外陶瓷貿易繼續以王室壟斷專賣的形式存在，通常透過住在當地的中國商人進行。事實上，中國商務的擴張促使了首都阿由提亞城的建立。但是一旦中國海外貿易重振聲威，結束十五世紀以及十七世紀後期的中斷，商人就不再能維繫泰國陶瓷的出口了；一如越南，泰國陶業在國際市場上蒙受同樣迅速的頹勢。不過阿由提亞城繼續蓬勃發展，成為東亞最繁忙的國際都會中心之一，甚至連一五六三年至一五六九年間遭緬甸入侵大肆破壞之後，也能迅速復甦。中國商人在其中發揮了重要作用：他們投資種植胡椒和甘蔗園，並利用當地的優良柚木和低成本勞力，在阿由提亞建造船舶，這比在中國可省下高達百分之九十的費用。[107]

阿由提亞與明、清中國進行貿易朝貢，輸出四十四種各類物品，包括胡椒、香木與鹿皮。它也顯示比其他國家善於利用這個外交貿易機會：去時，阿由提亞使節在中國南方港口登岸，千里迢迢走陸路赴北京朝見上國天子；回時，該國貢船在中國船員指揮之下，載著商品揚帆歸國然後又迅速駛回，再裝第二輪（非法）船貨。[108]中國人成為阿由提亞首都城人數最多的外國居民，高達全城一萬人口的三分之一。荷屬東印度公司駐阿由提亞的代理弗利特一六三八年寫道：「暹羅王國內仍住有許多中國人，在全境享有相當不錯的貿易自由，並頗受前任與現任國王尊重，因此其中有些人甚至居高位擔任要職，其他中國人也被視為最好的代理、商人和海員。」[109]

除了中國人和荷蘭人之外，印度與日本的商家在阿由提亞也設有商務代理。正如十七世紀後期某位法蘭西外交官形容國王那萊：這些外來份子令「普世君」也成為謀利的「大商者」，那萊是阿由提亞王朝最後幾位強大君主之一。[110]荷屬東印度公司一六三六年派駐阿由提亞的董事斯高騰，筆下形容那萊王之父，該王朝的創建者巴薩通王：「本身也是商人，旗下有自己的船舶和代理，和科羅曼德與中國做生意，而且因為這個緣故，比其他國主更受青睞和優待。」[111]儘管如此，國王還是特意擺出高姿態，顯示自己對那個聲名不佳的行業鄙而遠之。正如斯高騰所描述，自有一套繁縟儀文可以幫助國王表演這套手法，後盾是他高於祭司、顯要、貴族的王者絕對權力：

> 接見這些人的時候，他一定衣飾華貴、頭戴冠冕，端坐黃金寶座。貴人、侍從，恭敬跪在座前……任何人蒙陛下召見，不論本國臣民或外來陌生客，在他面前都必須一直保持跪姿並俯首合十，向他說話時也必須維持這個謙卑姿勢，不斷加給他頭銜與讚美。王的回答視為神諭，王的命令不可更易。[112]

「亞洲君王的模仿者」：一六八六年的路易十四

中國商人運售大量瓷器到阿由提亞，有上等器也有普通貨。一六八五年駐節那萊王宮廷的波斯使節易卜拉欣，某次出席王宮宴會，只見稱號「白象國主」的泰王身穿波斯服飾，僕役用金蓋瓷器端出五十多道佳餚。同一年，耶穌會士達夏德為法王路易十四出使，抵達阿由提亞，陪同他一起東來的白晉則繼續旅程，前往中國為康熙皇帝的宮廷效力。達夏德記載，泰王宮中處處可見璀璨瓷器，沿牆安放龕內。一行人為路易士採購了一千五百件中國瓷，並與那萊王談議，派遣第一支亞洲外交使節團前往歐洲。法國官員和耶穌會士都寄予厚望，一心打算說服泰王皈依羅馬基督教信仰，讓阿由提亞成為法蘭西在亞洲的灘頭陣地，鋪平對中貿易的道路，從而對抗荷屬東印度公司——法國頭號死敵荷蘭國在東方的臂膀。[113]

一六八六年，阿由提亞派出三位特使抵達法國，這個重大事件很快就由干家博韋作坊織成掛毯紀念：〈暹羅大使在巴黎圖〉。遠方異客每到一處，群眾目瞪口呆圍觀；他們參觀了所有重要景點：巴黎宮室、掛毯作坊、特安農瓷宮（很快就要被鏟平）。那萊王送給路易十四許多禮物，最引人注目的就是一千四百件康熙瓷。在場一位人士描述：「全東方所見最最精采之作。」[114]一位法國貴族告訴泰王特使，法王宮中擺了這些瓷器，「東方似乎更在這間廳中，比東方還更東方，因為東方歷來最美、最好的事物盡在此間矣。」[115]這批瓷器，點燃了法國對中國瓷的狂熱；接下來到了世紀之交，西班牙王位繼承戰爭迫使貴族家的銀盤銀碟遭到銷鎔，中國瓷的熱火將燒得更旺。

路易十四擺出最不尋常的排場，在凡爾賽宮晶光閃閃的鏡廳接待暹羅來使。[116]這位法國國王仔細研究了那萊王的朝中禮儀，也將自己打扮成暹羅王的架勢，氣派地坐上高台的白銀寶座，一身金衣，綴著巨大的鑽石。兩側是華麗銀甕、分枝燭台。而且還一反法國宮中既有禮節，只准同有王室血統者圍繞身旁（私生子也不例外）。眾人目光遵禮迴避，不敢直視天顏奇觀，暹羅使節拜倒座前，鼻頭觸地。打破西方君主的慣例和約束，眼光投向遙遠東方，太陽王終於發現了一個旗鼓相當的王者風範，配得上他輝煌鋪張的崇高標準。亞當斯密對路易十四的評價，恰可抓住這出奇無二的一刻：「他有一種步伐、儀態，只適合他和他的身分地位，換到其他任何人身上都會荒謬可笑。」[117]

在北京任職的白晉，後來也極為讚揚鏡廳這一場前所未有的演出，正如他也向「全地最尊貴榮耀之帝王」（一六九七年他如此奉諛地形容路易十四），稱許康熙皇帝的專制模式。[118]然而，王權的尊榮與財富，卻未能阻止敵人在那萊王自己的宮中幽禁這位又老又病的君主。起因是一六八八年一場革命，而革命又是一個血淋淋的回應，針對他那不受歡迎的政策而發：他竟然配合法國，又容許基督教信仰。推動這項親法政策的大臣們人頭落地，不出數月泰王也死了，表面上是死於自然因素。

而路易十四接待暹羅特使的盛大場面，法蘭西卻始終未能忘卻，印象一直存在，深入下個世紀，從而鞏固了一種負面的君主形象：揮霍、專橫，因此或許多餘。路易十四死後，立刻便有法爾萊侯爵在其一七一五年出版的《追憶、思考路易十四》中寫道，國王在一六八六年透露了他的野心，想要成為「亞洲君王的模仿者，只有奴役才能取悅他們」。[119]阿冉松侯爵也抨擊路易放縱自己耽溺於「亞洲奢華」。孟德斯鳩的《法意》憂心法國君主制，似乎退化為「東方專制政體」，法王「把凡事都歸於自己一人……國家歸於首都，首都歸於宮廷，宮廷歸於他自己。」[120]法國大革命初期的一位領袖米拉波伯爵，在他一七七五的《專制論》中批評波旁王室，將之比喻為亞洲專制君主。

就另一件小事而言，太陽王醉心亞洲王者威風，也為波旁王室招致不良後果。那萊王送康熙瓷給路易十四為贈禮，背後的脈絡與意義，或許應該和另外兩件禮物的命運放在一起思考——暹羅特使還獻給路易十四一對大砲，幾乎長兩公尺，「砲身嵌銀，安放在同樣也嵌銀的砲架上」。一七八九年七月十四日，一群暴民正是從巴黎王宮奪了這兩尊大砲，進攻巴士底監獄。

七、中國瓷稱霸 東南亞海洋區、印度洋、西南亞

西元一四〇〇年至一七〇〇年

照利瑪竇的說法，儒家精英認為帝國文明域外的「四夷」雖非「林獸野禽，其異幾希」，因為他們缺乏「中央之國」特有的社會與政治美德。他解釋道：「在中國知道有歐洲這個地方存在之前，只知道四鄰少數幾國，在他們眼中卻都不值一觀。」一五九八年夏，利瑪竇終於實現雄心進入北京，卻發現那裡的中國人完全分辨不清外國人之間的區別，因此他面臨被誤認為日本人的危險——此時正是豐臣秀吉在朝鮮的武士似乎準備就緒，隨時就要跨過鴨綠江侵入中國之際。[1]

利瑪竇的文字在西方知識份子中間廣為流傳，不免在他們心目中形成長久不去的如下印象：中國是個十足高傲的帝國，超然、冷漠，隱士般遺世獨立，瞧不起外面的世界，不喜歡與外面接觸，對海外貿易嗤之以鼻。歐洲覺得中國人天生就很虛偽，利瑪竇也有幾分功勞；他指出，中華帝國最愛誇耀的所謂入貢制度，藉以在國際間顯示中國文化的優越地位，但其實這是精心偽裝的假象：

> 入貢一詞，根本名過於實……（前往中國的）時間一到，所謂的大使就會假造各國國王名義寫信，信中充滿對中國皇帝最高的讚揚……中國人都知道整件事只是騙局，卻沒有任何表示。反之，卻容許這些人一味奉承他們的王，好讓他相信全世界都在向中國進貢。事實上，是中國給

其他國家貢禮（以誇張的價碼購買其他國家的商品）。[2]

中國的貿易與入貢制度

雖然利瑪竇所言大致正確——中國處理入貢的方式，迎合了帝王自滿的虛榮心，也造成官場的口是心非——事實上整個進貢的意義並不僅止於此。這個制度之所以能歷經多少世紀猶存，正是因為它代表著一種靈活、有效的方式，揉合了文化宣傳、理性外交與經濟實用主義，而且正因其定義模糊而發揮作用。早從漢代開始，向天朝納貢就已發展成制度化作為，展現「中央之國」在對外關係上所居的中心地位。藉由這個工具，與外邦人士打交道可以轉化為傳統的「次者尊優者，下者從上者」的條件關係。

原則上，中國文化的優越性乃是通過禮儀與美學表達：「蠻夷」使節在天子陛前（有時甚至是在他空空的御座之前，如晚明即是）行磕頭之禮，包括三跪九叩，然後獻上本國商品做為貢品。皇帝這方，也不會讓來人空手而歸，必賜下各式禮品，包括官曆、雨傘、朝服與金璽等。事實上對進貢國的統治者而言，承認遠方皇帝高高在上，以貢品名義包裝，換取自家大量產品銷往中國的機會，其實是個很划算的生意。而且名義上低個頭，不僅可以獲得經濟利益；被視為天朝皇帝的入貢屬國，在自己本國也可以取得競爭優勢，有助於對內壓制政敵、對外應付強鄰。

一般而言，皇帝也覺得鼓勵外貿對自己有利，至少，不會去阻礙貿易。一位北宋皇帝命令負責管理海洋貿易、相當於今日海關的市舶司，吸引（島嶼區）外邦入貢，以（中國貨）交換香料、藥材、犀角、象牙、珍珠與冰片（一種以龍腦香的樹膠製成的藥）。[3]南宋和元代帝王獎勵對外貿易更是不遺餘力，庫中經常貯有大量絲絹，以回賜打著入貢旗號獻上商品的外邦貢使。一三八五年韓國送來五千匹良駒、兩百二十五公斤黃金、一萬四千斤白銀以及五萬匹棉布。數年之後，阿由提亞王國的入貢團帶著七萬七千公斤香木來到，只有一小部分獻給洪武皇帝，其餘都推出市場銷售。一隊日本使節團成員一千二百人，搭乘九艘船，載貨五十餘萬公斤，包括一萬二千公斤硫磺（雖然只有四千五百公斤是正式貢品）、三萬七千把劍（只有一百把獻給朝廷）。更有甚者，皇帝回賜使者的禮物往往在國外市場出售。一三九三年暹羅代表獲賜一萬九千件瓷器，回國後賣得可觀利潤。一四〇四年，琉球國王命該國的入貢使就地採買大批瓷器，違反了明朝的朝貢貿易規則。但是永樂皇帝開例允准，理由是「遠方之人，知求利而已，安知禁令。朝廷於遠人當懷之，此不足罪。」[4]其實，皇帝說的只是面子話，因為這些海外屬國深悉遊戲規則，甚至近乎不留情地操弄入貢制度，以謀自身利益。

但是貿易連於入貢的曖昧關係，在明初也的確遭受一致抨擊，結果對中國商人造成破壞性的長期影響。洪武皇帝認為，這種貿貢混雜的非正規積習，實屬欺瞞有害的行為，對儒家倫理道德是一種公然侮辱，對他的臣工造成墮落性的影響。他憎惡蒙古外邦侵占中國，自認天意命定他恢復傳統價值、制度。他取法他自以為的漢唐舊制，並堅守革命性的理念——中國國策，應該在各方面遵循儒家標準。[5]

對於外國人士以及海外貿易，中國皇帝一直採取推動鼓勵的態度，至少自十世紀以來一向如此。洪武皇帝這項改變，意謂從此與過去開放、擴張的對外政策宣告決裂。於是有史以來第一次，入貢關係取得了真正系統化的性格，由虛套、默契轉為一組官僚法規，嚴格限定操作方式和雙方職責，鉅細靡遺，諸如必須供應入貢使者何種飲食，他們的隨行僕從又是何種飲食。[6]甚至到了利瑪竇抵達中國之際，這套系統名義上依然存在，令他誤以為這是古已有之的舊制，是中國歷來對待外面世界的不變態度。

一三七四年洪武皇帝撤銷市舶司的設置，因為該司不但未能督管貿易，反而經常違反「督管」這個根本概念。後來他又頒旨，「若有欲私與外國人做生意者嚴罰之」。[7]他也嚴禁臣民使用太多外來產品，諸如香料、薰香與玳瑁等；他規定所有船舶必須先購得官方許可文書方可出洋。他命令居住海外的中國人歸國，否則處以死刑。或許是為了確立新王朝的合法性，洪武皇帝更踏出了史無前例的一步：派遣特使招請各國與明廷建立入貢關係。同樣空前絕後的一招是，連帶對貢、貿資格設限，只有入貢國家才可以與中國通商，但是又嚴格規定入貢規模、日期與次數。他的目標是全力減少入貢制度的商業面，重組成一種絕對的主從尊卑，也就是帝國中心與邊陲屬邦的層級關係。他認為中國的道德與政治秩序，因蒙古影響以及對外貿易受到重大傷害，他相信自己的極端措施終將使這些傷口得以結痂癒合。洪武皇帝顯然從未看出（或在乎）一件事：種種入貢新規，其實恰恰破壞了已經存在好幾百年的通商慣例與網絡。[8]

洪武皇帝禁止民間海上貿易，全面削減貿、貢，一項立即的結果是，無數沿海居民與外來商人的生計受到影響。不過某些海外貿易繼續進行——只是換了個面貌。皇帝禁令的御筆一揮，立時就地迫使原本只是普通安分的生意良民，變成違法亂紀的走私大盜。為了遏止非法商務，他嚴格控制沿海省分，某些州縣甚至把全縣三分之一的成年男丁都徵入軍隊。就實際意義而言，帝國政府等於發動一場戰役，專門針對自己社會中最具冒險創業精神的一群人開砲。

一四〇二年，洪武之子永樂皇帝奪了侄兒的大位，接下來他得面對父親也就是明朝開國君主留下的混亂局面。永樂皇帝和他老子一般獨裁，卻不像洪武皇帝是個頑固的儒家基本教義派。他採取軍事挺進政策，以擴張帝國控制區域，最值得注意的就是發動入侵越南，以及率軍直入大漠，展開五次艱苦的戰役以對付蒙古。在南部沿海省分，他繼續父親的海禁政策，取締海外貿易，甚至下令福建人將他們的遠洋船隻改裝成「平頭船」，只適合河川行駛。[9]然而，面對沿海地區一片無法無天、民生凋蔽的現象，永樂採取了一項今日聞名全球的重大行動：派出一支當時世界前所未見、規模最大的海上探險船隊前往南洋。

鄭和寶船：一四〇五至一四三三年

永樂皇帝任命卓有戰功的太監鄭和率領一支三百一十七艘船、兩萬八千人的艦隊出洋，一四〇五年由中國出發。接下來這個無敵任務一共又出動了六次，時間跨越一代，每次航期約為兩年左右。及至一四三三年最後一次歸國（已是宣德皇帝在位），這支艦隊已帶著帝國特使和中國商品造訪了東南亞、印度洋與西南亞。永樂並不只是「邀請」各地入貢屬國前來中國——打個比方來說，他其實是出去「遊說招客」。永樂利用海上勢力宣揚國威的方式，打破了傳統的帝國政策，可說是歷來中國君王為重組「中央之國」與更廣大世界之間的關係，所採取過的最大膽作為。第一次也是最後一次，黃色中國試圖涵納、指揮藍色中國的海上事業。這項壯舉，也反映於景德鎮青花的海洋動物圖案——飛蝦、翼鰲、海龜與蛟龍——都屬於明初的獨特時尚。[10]

數十艘寶船組成鄭和艦隊的核心。它們是當時有史以來所造的最大船隻，每艘載重約兩千噸，各配備六百人，九桅，船身可能長達七十六公尺。[11]相形之下，一四九八年達伽馬率領四艘船一百七十人，每船載重從七十到三百噸，三桅，卻沒有一艘超過二十五公尺長；單單是明代無敵艦隊上的醫務人員，就和達伽馬全部船員一般多。葡萄牙在亞洲集結過的最大船隊，是一六〇〇年派出四十三艘船艦馳援麻六甲，以解除穆斯林的圍城攻勢；這個數字，差不多等於專為鄭和人馬運糧供水的平底帆船數目。十六世紀任何時間，在所謂「葡萄牙亞洲」境內的全部歐亞裔外來人口，包括軍人、官員、教士、婦女與僕役在內，總數從未超過一萬人，約為明代出動一次海上探險任務的三分之一編制。[12]

執行永樂皇帝海洋帝國主義的鄭和，是內陸省雲南的穆斯林。[13]原姓馬，世系可上溯六代到忽必烈任命的雲南行省平章，突厥裔色目人穆斯林賽典赤・贍思丁。馬和的祖父、父親都擁有「哈吉」頭銜，表示他們已履行身為穆斯林一生當中必去一次麥加朝聖的義務。一三八一年明軍征服雲南後，許多男孩都被捉去閹割成為太監服侍新王朝。太監內侍系統完全在帝國的正式官僚體系之外，因此明朝統治者藉由使用太監，可在儒家精英之外取得某種程度的自主性。[14]這一點對永樂皇帝的海上遠征至關重要，因為他正是不顧朝廷儒臣的反對，任命自己的宦官隊伍負責。

馬和忠誠、能幹，曾在未來的永樂帝帳下叛變建文帝立有戰功。為獎勵他在某次決定性遭遇戰中的英勇，一四〇四年新皇帝便以其立功地點鄭村壩，賜姓為鄭，日後更欽封「三寶太監」——意指佛教三寶：佛寶、法寶、僧寶。鄭和統領寶船下西洋，代表皇帝出巡海外。

由於明朝艦隊將造訪西南亞多處港口，鄭和的穆斯林背景多少對他的任命起了加分作用。第七次出航中，他手下幾位太監艦長還特地前往麥加朝聖（雖然鄭和本人未去）。根據他們的報告，「天房」之牆是由黏土拌玫瑰水和龍涎香砌成，香氣不絕。[15]中國船抵達阿拉伯海岸的新聞，也傳到了埃及馬穆魯克的蘇丹巴爾斯拜耳中。十五世紀埃及名史家巴耳迪記載：「聖地麥加有消息傳到（開羅），中國開來了許多大帆船抵達印度港口，其中有兩艘停泊在亞丁港。」[16]急於做生意的蘇丹，允許中國船進入吉達，這是紅海距麥加最近的港口。但是蘇丹在香料貿易上最重要的合作夥伴——威尼斯商人，則顯然始終不知道東方震旦古國派出的官方代表，已經可謂近在咫尺，離他們地中海東岸的各貿易前哨站相對而言不算太遠。中國可是自家威尼斯商人馬可波羅的夢中之土。

鄭和沒去麥加，儘管船都已下錨馬拉巴爾海岸。此事顯示他不是位非常虔誠的穆斯林；事實上，他對信仰的包容態度和其先祖贍思丁相同。鄭和曾題匾山西某清真寺，匾銘提及自己那位十三世紀的祖先。但是在打造寶船的南京船廠，他也立了所道觀。啟程赴印度洋之前，他更赴城內佛寺禮拜。擔任南京守備之時，他還奉命督造報恩寺，也就是聞名的瓷塔，工程長十九年。他在泉州徵召穆斯林蒲氏家族出任旗下船隊的司令和翻譯，並在據說是穆罕默德親傳弟子的聖墓前祝禱，祈福保佑大隊出航平安。

福建長樂是大艦隊的中繼站，鄭和在這裡為水手的守護女神重修天后宮，並在自己主艦艦尾一間二層樓高的艙中設了天后神位。他也在東南亞港口的觀音廟獻香上禮，這是出海人的另一位神聖保護者。[17]羅懋登一五九七年出版的演義小說《三寶太監下西洋記》描述，某次遇暴風雨，鄭和向天后祈禱，天后果然持一盞紅燈籠現身，平息狂風巨浪。她也透過「聖艾爾摩之火」宣示她的聖臨：這是一種自然現象，經常發生於雷雨之中，船隻桅杆頂端會出現放電閃光。羅懋登筆下某些內容是參考某位人士的隨航紀錄：有一回強風危及船隊，天后騎著一隻巨龜現身，引導大家安全脫險。又有一次遇到暴風雨，眾人惶惶，主張犧牲船員以息神靈怒火；鄭和唾斥這個建議，改殺鵝獻祭，將鵝血、鵝臟塞滿芻像然後投入海中。[18]

總體而言，大元帥禮敬四方神佛的表現，正足以坐實利瑪竇對中國人信仰態度的不滿。他指責中國人認為「信仰方式愈多樣，愈有益於眾生福祉。」果不其然，鄭和得到恰如其分的福報，正如我們這位耶穌會教士死後榮登天界職等：爪哇北部港口的閩、粵移民後裔為他建三寶廟祭祀，常以青花瓷碗作裝飾。東南亞群島區的傳說中，鄭和則以天神姿態出現，指揮著「滿載船」滿載「中央之國」的驚人財富而來。[19]

鄭和寶船浩浩蕩蕩駛入各國港口的景象，每每令當地人印象深刻，歎為觀止。只見大帆染成棕紅，船欄上黃色綵幟鮮明，船身漆著巨大的白色海鳥，桅杆高聳入雲。然後數千軍士開步下船，搭建起強固棧倉。這一切看在地主國眼裡，肯定覺得與大明皇帝建立藩屬關係是樁無法拒絕的好生意。再考量每支遠征隊伍的兵員人數，都勝過從廣州到古里之間任何一地港埠的人口，動機就更強烈了。根據鄭和旗下穆斯林通譯官馬歡所著的《瀛涯勝覽》，大明皇帝使者所到之處，「蠻魁酋長爭相迎」。[20]《瀛涯勝覽》是今日有關鄭和出航資訊的主要來源。

明代七次派艦下西洋期間，共有七十餘國成為永樂皇帝的藩屬，其中許多更是首度正式接納中國為宗主國。「中央之國」，成為整個東南亞群島區勢力興落的仲裁者。大明艦隊蒞臨之後，爪哇北部海岸一連串港口便紛紛宣示自主，獨立於滿者伯夷王國之外。有了中國的保護，汶萊和巨港也宣布不再效忠滿者伯夷和阿由提亞王國。最值得注意的是，中國艦隊為麻六甲提供了保護傘，不必再畏懼位於爪哇和泰國的強敵。永樂承認滿剌加（即麻六甲）具有入貢藩邦地位，特頒賜正式銘文，大意是麻六甲希望超越蠻夷身分，永遠成為天朝疆域的一部分。[21]鄭和將此地做為他的中央補給站和指揮中心；該港得以迅速崛起，取得政治自主、經濟繁榮，三寶太監正是背後的關鍵人物。十七世紀麻六甲為鄭和興建了一座三寶廟，不啻承認他猶如教父般的地位。時間更證明他的保護和贊助具有重大影響和意義，因為這個城邦不但立即躍升為商業重鎮，最終更因此成為伊斯蘭信仰在該區傳揚的中心樞紐。

在麻六甲也在其他各地，「蠻魁酋長爭相迎」鄭和船隊的翩臨，因為船上所載的貨物太吸引他們了。一如日後卡勒蒂描述中國帆船載貨運抵西班牙轄下的馬尼拉：「他們東西之多，可供應整個世界。」[22]當時另有位葡萄牙人說：「中國人只要聞到銀子，就會載來堆積如山的商品。」[23]鄭和率領的船隊等於是間大商場，百貨滙集應有盡有：鐵釘鐵鍋、斧子鋤頭、黃銅臉盆、青銅飾品、鉛塊鋅錠、硃砂硝石、漆器家具、床具鋪用、扇子雨傘、繡花絲綢、地毯、掛氈、針線、服裝、染料、玻璃珠、紙張、油墨、蠟燭、醃梅子、荔枝、葡萄乾、白糖、乾大黃、雞、鵝、麵粉、醃肉、薑漬以及橙、梨、桃等各式水果蜜餞。[24]

鄭和返航中國，則帶回至少一百八十種各式貢品，最引人注目的是白銀、香料、檀香木、寶石、象牙、烏木、樟腦、錫料、鹿皮、珊瑚、翠羽、玳瑁、樹膠樹脂、犀角、蘇木、番紅花（是染料也是藥物）、印度棉布，以及乾燥後可製香的抹香鯨分泌物「龍涎香」。此外，大明艦隊更帶回大量的波斯鈷礦石，整個出洋任務結束之後，還足夠供景德鎮畫上幾十年。另外還有奇珍異獸，尤其是幾隻鴕鳥、大象和長頸鹿，增添不少船上風光。[25]

雖然絲屬官賣，利歸國庫；而且貨物不論進出，貿易商都必須繳付關稅。但是鄭和下西洋的壯舉畢竟勞師動眾，令朝廷財政嚴重失血。根據一四二四年所做的某次估算，一次出航約費百萬銀兩（等同十億銅錢）。[26]此外，還必須產製巨量的絲、瓷載往外洋，也令織工、陶匠承受莫大壓力，何況官方往往不是以市場價格全額承購。沉重的財政負擔，加上士大夫團體反對宦官勢力，一四二四年永樂皇帝死後總共只再派遣過一次艦隊出洋，原因就非常清楚了。這最後一次出航，宣德皇帝下令將滯留在天朝的十幾國貢使送回他們各自的國家。

寶船從此撤退，最感傷心者或許是東南亞群島的閩粵移民，他們多是在南宋末年或元亡之際，中土大亂時遷來此地定居。就某些方面來說，中國這些沿海省分其實和東南亞群島有更多共同點，勝過它們與中土的相似處——由海路到菲律賓或婆羅洲，比走陸路到湖南或湖北更容易。沿海居民因海上貿易而蓬勃，海洋對他們是四通八達的有利幹道而非障礙。正如一六三九年一位明朝官吏宣稱，海洋猶如福建人的稻田。[27]馬來、印尼兩地的主要語言中，幾乎所有借自漢語的辭彙都來自福建方言。至於英文裡的中國帆船一字 junk，乃是經葡萄牙文傳荷蘭文再傳英文，一般認為源自中文，最有可能來自爪哇的 jong。[28]

海外華人通常和祖國保持密切聯繫，形成僑民貿易網與穆斯林網絡重疊又互補的狀態。根據當地華人傳統說法，爪哇北部海岸的主要貿易中心係由鄭和創立，實際上這些港口由來已久，他只是依賴那裡的穆斯林和華僑協同運作。[29]馬歡記載，爪哇的幾個主要港口，土邦、淡目、錦石和泗水，都掌握在西南亞回回（穆斯林）以及閩粵移民手裡。他說當地居民「最喜中國青花瓷器」，並以當地主要通貨，也就是中國銅錢購買。[30]

中國文獻也不乏把瓷器與鄭和並提的記載。十五世紀一齣為宮廷編寫的戲曲《下西洋》（作者不詳），描述鄭和誘騙一位有敵意的蘇祿頭目，說他有株魔樹不結果子卻結瓷器，騙得頭目上船觀看。又有一次，大將軍送出瓷船為禮，結交了幾名原本不甚友善的國王。他還一面誘以瓷樹，一面暗示他有法術可以從極高之處監看敵人動靜。國王、頭目一聽之下大為入迷，於是欣然登船，上了船，大將軍立刻出其不意逼他們就範。不過在《三寶太監下西洋記》這本小說裡，大吃一驚的人卻是鄭和；羅懋登描寫他在阿拉伯會晤麥加使者，後者拿出的貢品竟是瓷器。怎麼竟會有我大明自家產品？鄭和詢問麥加使者這東西從哪兒得來。答覆是藉由「千里駱駝」而來，意指絲路車隊。三寶太監聽了心中卻暗想：必是天后神力，才可能將這些瓷器送到如此遙遠的地方。[31]

鄭和所到之處，絲和瓷都是最搶手的商品。單單為了其中某次出航，朝廷就吩咐景德鎮燒造四十四萬三千五百件瓷。如果七次出航次次都攜有相同數量，表示一四〇五年至一四三三年之間，共有高達三百一十萬四千五百件瓷器隨同三寶太監遠赴東南亞群島和印度洋——不過這個數字依然遠遠不能填飽當地市場的胃納，所以當時越南和泰國的仿製品也有銷路，原因正在於此。再與十七世紀後期相較即知：此時中國、荷蘭商人每年至少運銷八十萬件瓷器到巴達維亞以滿足區域消費需求，換算成鄭和下西洋的總年數，共等於兩千一百六十萬件。然而，三寶太監在整整一代時光內總共只下了七次西洋，造訪港口也限於最重要的入貢藩國，略過了許多長期倚賴中國進口的貿易中心。因此某些地方如婆羅洲和菲律賓，明初之際可謂經歷了嚴重的瓷器荒，比起宋元兩朝，供量急劇銳減。[32]無論三寶大船裝載再多再滿，也無法饜足海外對瓷器的龐大需求。

東南亞群島的瓷器貿易

一六一一年至一六一五年之間，荷蘭人彼得．弗洛伊斯擔任英屬東印度公司「全球號」的首席代理，遍歷亞洲。這是該公司旗下船隻第七次航行亞洲，卻是它們首次在孟加拉灣和暹羅灣進行貿易。「全球號」一路停泊阿由提亞王國、緬甸與科羅曼德海岸。在孟加拉灣內孤懸的安達曼群島，弗洛伊斯注意到一個有趣景象：「在某個小島上我們發現好大一包破瓷，各式各樣都有……想不透這是打哪兒來的，因為完全看不出會有任何船隻被吹到這兒來。」[33]

遍布亞洲各地海岸線的瓷器碎片，代表著無數船難的漂流物和丟棄物。從廣州通往波斯灣的海道原是全球最長的國際商務航線，直到一五七〇年代初期，才被西班牙開通的由馬尼拉前往阿卡普爾科的航路後來居上。在此之前，多少世紀之間，無數船隻在這個水域因珊瑚礁擱淺或在暴風雨中沉沒，船員殞命、貨物沖散。因此東南亞、印度洋海灘到處可見瓷器碎片，即使時至今日仍可不時挖到。民答那峨島近北的菲律賓中部島嶼宿霧海濱，就曾撿拾出兩噸瓷礫；成千上萬的破片堆積於婆羅洲西北部的河岸三角洲，有些可追溯至第九世紀。碎片也散布於馬來半島沿岸、蘇門答臘島東岸、暹羅灣畔，以及前往南緬甸港口馬達班的沿途。連印度和斯里蘭卡之間危礁暗藏的水域，紅海、南阿拉伯和波斯灣的淺灘，也曾發現大量瓷器沉積。東非海岸沿岸的每個潟湖、島嶼與岬角，都凌亂地布滿瓷器殘片。

任何時候，運抵東南亞群島的瓷器數量，都是最佳的經濟測量計，可反映買賣雙方的繁榮程度。它清楚顯示：中國商人此刻是在乘風破浪前進海外，抑或遭政府強制鳴金收兵。東南亞海島區亦一無例外，呼應著中國的海事節奏：擁有自主地位的港埠、雄心勃勃的頭目、王族的權貴要人，為爭取貿易優勢，紛紛派出使節前往中央之國，並吸引中國商人前來惠顧。比起東南亞大陸地帶，東南亞群島更扮演了中國腹地的角色，開發度雖低卻資源豐富。這裡的森林產品價廉又方便取得，這裡的市場遍布，全都狂熱地需要工藝製品。景德鎮最粗等的出品在這裡找到了最佳的傾銷場地，閩粵陶窯在婆羅洲、爪哇和蘇門答臘尋得了最好的同鄉移民顧客。此外，在某些缺乏主要通貨的經濟區域，中國陶瓷還經常充當商業交易的「小額現金」。十世紀時曾有艘船在爪哇外海擱淺，船上未載足夠的中、爪硬幣以供交易，卻有從最優到一般粗使的各級陶瓷——這顯然就足以令商業活動平順進行了。[34]

唐代發明真瓷不久，瓷器就開始進入東南亞海洋地區。十三世紀初，泉州市舶司提舉、南宋宗室末枝趙汝适，采輯各國風土寫成《諸蕃志》。他說長期以來商人一向以中國瓷器等貨品，交換西南亞的珍珠、玳瑁、大麻纖維、蜜蠟以及香木。又說在菲律賓群島，外人往往懼怕當地土著藏身叢林以暗箭射殺路人，可是如果商人「投以瓷碗，則俯拾欣然跳呼而去」。[35]

且不論趙汝适筆下是否一副施恩口吻，這則記事足以顯示東南亞海域各民族對瓷器的態度，與韓日越三地截然不同。因為此區只會以篝火或小型粗窯燒製無釉粗陶，所以當地人見到中國進口瓷大表歆羨，也從而輕看自家赤土陶器。有些地方甚至一向只有貝殼、草編和竹子可充食具或貯物之用，連普通陶器都無使用經驗，然後就一下子跳到瓷器層級。一六一八年有位中國人便宣稱，中國瓷器來到之後，婆羅洲東南部的班格爾馬辛居民才不再用香蕉葉當盤子。[36]

婆羅洲西北部的沙勞越是煉鐵產區，十二世紀大量進口瓷器，甚至多到以瓷取代銅錢作為交易貨幣。沙勞越河的山都望港至少從宋代以來，即與中國有密切的商業往來，此地進口瓷器，並提供超過五十噸的鐵料給湖北一座佛塔興建使用。沙勞越河之南多沼澤海岸地區的馬拉諾族，則從山都望輸入中國瓷，包括龍泉青瓷和景德鎮青花瓷，用以貯放油類、藥物、化妝品和護身符。新娘家若地位較高，新郎父親送來的聘禮依傳統往往包括一把劍、一副金鐲，以及寫著中國字的青花瓷盤。馬拉諾貨郎則艱辛地跋山涉水深入內陸偏遠山區，為從未見過海洋、以狩獵採集為生的山民送來瓷器。[37]

在婆羅洲以及其他地方，無論任何時候都是由沿海居民構成瓷器的消費主力，雖然自宋代後期開始，內陸地區收到的數量也愈來愈多。及至明代，連居住於海拔一千兩百公尺的婆羅洲可拉必族，也可以得到來自中國、越南和泰國的陶瓷器。他們特別喜愛非傳統的形式和鮮豔的色彩，比方做成鴨子、螯蝦和鸚鵡模樣的壺罐。沿海居民偏好各式小件器皿——小碗、小盤、小罐、小杯和小托碟等。厚重的大甕及其他大型器件，則是內陸社區的主要採買項目。[38]

馬達班罐又稱龍罈或「家傳器」，來自緬甸、泰國和中國。器身高大、狀若圓錐、施棕色釉，這型炻器昂然立於加里曼丹地區好戰部族的長條狀住屋內，有時上方的藤蔓還高掛著瓷盤。（此區地理位置深入，今日婆羅洲雨林正遭大批砍伐，因此數以百計的龍罈登上歐洲的拍賣會且賣得高價）。十八世紀英國旅人福雷斯特曾參觀呂宋島某位頭目的長屋，「看起來簡直像間瓷器鋪」，只見架上展示著三十只巨大瓷罐，每罐容量至少七十五公升。另一位頭目設宴款待福雷斯特，席上五十三個瓷盤，包括好幾只大型蓋碗。這位英國來客還發現，連新幾內亞和其鄰近小島上的小戶村民也往往擁有「一只瓷盤或瓷盆」。[39]

堅固美觀、壁厚底實、內部施釉，龍罈炻器自漢代即已銷往東南亞群島地區，隨後又有瓷製品加入陣營。龍罈價格昂貴，荷屬東印度公司一度必須支付二十一個荷蘭盾（約五兩白銀）的高價才能買到一只，青花瓷卻只需十盾，普通小罐更是連一盾都不到。白圖泰曾在馬拉巴爾港口見過一公尺高的龍罈，可容高達兩百公升。從科羅曼德海岸航向信仰印度教——佛教的東南亞各國，商人有時會帶著灌滿恆河聖水的龍罈；十八世紀初期還曾用來裝鴉片，每球大如人頭，從孟加拉運到中國，倒是方便好用。由於器身結構堅固，商人還用龍罈盛放水銀——這種液態金屬幾乎比水重十四倍，製作朱墨、朱漆，還有煉金，都需要它——也是運到中國。中國貿易商人更往龍罈內塞進各式貨品，包括鹹肉、薑、米、蜂蜜和蜜餞等。更有甚者，一只大龍罈可裝上數目可觀的小瓷件，又成了再好不過的壓艙貨。[40]

東南亞島嶼區域的各民族使用自家生產的赤土陶器裝水，由於孔隙大，水分會透過器表蒸發，降低瓶內熱度，冷卻瓶中盛裝的液體。裝酒精飲料更是非龍罈不可，因為由米和蜂蜜或蔗糖釀成的發酵酒，放在一般無釉陶器內很快就不能喝了。龍罈也可防昆蟲或害蟲入侵當地人大量貯藏的魚露、醃筍、米穀、乾肉和石灰（最後一項為嚼檳榔習俗必備）。

大龍罈鋸為兩半，套進擺成胎兒姿勢的遺體，又成了菲律賓、婆羅洲兩地常用的棺材。死者必須身分顯赫，才能享用如此珍貴葬器，據說可安撫徘徊墓地不去的亡靈。既名龍罈，自然飾有龍紋，被視為重生和死後再生的象徵，特別受到大人物級的喪禮看重。當地人把龍罈視為子宮一般的容器，子宮內似乎進行一種生命更新、再生的過程，一如自然事物的發酵和分解。罐葬是菲律賓古老習俗，或許在新石器時代之後引自中國。進入宋代，大龍罈取代了本地陶器在繁複喪禮中的地位。有時還會把裝盛了屍身的葬罐安置在可以俯瞰懸崖或河流之處，好讓逝者的靈魂尋見最無麻煩阻礙的路徑通向來世。在菲律賓南部的僻靜山區，即使今日偶爾還會用大龍罈作為藏屍骨罐。

中國輸入的瓷器，令東南亞海洋地區的本土製陶傳統一敗塗地。又有越南和泰國的炻品陸續加入，於是在所有重要的文化器用功能上，比方收成、宴飲、婚姻和喪葬各種儀式大事，瓷器完全取代了當地的赤土陶。在菲律賓，切換的時間點始於宋代，此時中國商人陸續與呂宋、民多洛、蘇祿與民答那峨海西部沿岸等地貿易港埠的頭目建立聯繫。許許多多小規模的海上首領（通常兼任海盜），掌控了通往摩鹿加群島的海路。中國本身雖自產薑和肉桂，民答那峨之南八百公里左右的摩鹿加群島卻是丁香、豆蔻與香料的唯一來源。中國商人熱切尋求這些商品。

某些富強的當地統治者甚至親赴中國朝貢，一四一七年兩名蘇祿酋長拜見永樂皇帝，隨行三百四十名人員，獻上貢物包括鹿皮、香料，以及一顆據傳重達兩百一十三公克的大珍珠。永樂封他們為「國王」，頒賜繡有龍紋的金緞朝服、黃金百兩、絹兩百匹、銅錢兩千串，以及精美瓷器無數。及至晚明時期，中國商人已針對頭目們需求的樣式與種類，專門打造一批瓷器，定期出貨到這些島嶼地區。中國瓷器如洪水般湧到，對本土風格造成致命打擊——雖然菲律賓陶匠繼續燒製出巨量的赤土陶，傳統的紋飾特色卻迅速消亡，貿易瓷已完全篡奪本土文化的首位。考古學家在馬尼拉西南一百公里的卡拉塔根，已經發掘出一處十五世紀的墳墓群，墓主的頭部和私處分別墊有、覆以青花瓷碟。而菲律賓本土陶屈居次位的事實，從它們在墓中的位置不是貼身擺放就已充分表露出來。[41]

瓷器，以及其他各式上流貿易精品，對菲律賓等地的經濟、社會造成強大影響，刺激了貿易網絡的興起，提升了工藝生產的專門化。尤有甚者，該區的戰事也增加了；因為首領們為擴大本身勢力，爭相贏取中國承認、購買中國武器，並控制中國貨的進入和分配。及至十五世紀，瓷器已占全菲律賓總陶瓷量的百分之二十。甚至連人跡罕至的港口和島嶼也不例外；在某些外來商人經常造訪的沿海聚落，中國、越南和泰國貿易瓷更高占當地陶瓷總用量百分之四十。[42]從西元前五百年起一直到西元後一千年之間，菲律賓仍處於鐵器時代；但是，成千上萬噸的碎片出土可以證明，宋代以來由於進口瓷器規模數量的龐大，考古學家特別造出「瓷器年代」一詞，來代表菲律賓從唐末開始，到一五六五年西班牙人抵達宿霧為止的六百多年時期。

爪哇的經驗和菲律賓頗為類似，只不過它與中國的商業往來更早，可回溯到漢末，因為中國與印度洋之間的海路必停經爪哇。自西元初開始，中爪哇、東爪哇的陶工即已製作無釉的紅色陶器，經常採用印度器形，比方軍持瓶。赤土雕塑藝術在八至十世紀間蓬勃發展，中爪哇的布蘭塔斯區有無數陶窯，生產陶磚、陶俑，以及各式建築裝飾。同一時期，中國瓷開始大量抵達，正值中爪哇大興土木。布蘭塔斯河的吉都平原上那座巨大的浮屠塔四周，已有廣東瓷碎片出土。此塔興建於嶽帝王朝（又稱為剎朗闍王朝，約七七五～八六〇）鼎盛時期，屬於統領中爪哇和蘇門答臘南部的三佛齊王國（六七〇～一〇二五）。

及至宋代，中國海外貿易如雨後春筍到處湧現，東爪哇的滿者伯夷王國已經取代三佛齊，並將影響力擴及全島大部分地區。滿者伯夷君主採用中國銅錢為貨幣以及政府稅收標準。爪哇金屬匠以錫鉛複鑄銅幣，依樣照抄中國銘文，一字不缺。滿者伯夷王大規模興建印度教——佛教廟宇，這些多層樓高的建築是為紀念先王，他們是新登神界的成員，遺骨都恭奉在瓷罐之內。同一時期，泰國與高棉的王室也在起造類似性質的王廟，不但對本土陶造成巨大需求壓力，也刺激中國瓷的進口。

十四世紀起，中國和穆斯林貿易商人都前來爪哇尋求香料供應，此事必須歸功滿者伯夷一位極富權勢的大臣嘉甲瑪達。他推動政策，從距離一千六百公里外的摩鹿加群島進口香料（航程需時一個月），再從滿者伯夷轉銷中國或印度洋。加強實施這項策略一部分要靠爪哇北部港口的華裔水手，因為這些人和香料群島素有往來。為取得爪哇提供的豐富資源，中國商人帶著巨量瓷器前來。為與進口貨競爭，當然也出於豔羨它們的精美，爪哇本地工匠放棄了本身藝術風格和燒製技術，轉以中國為師。然而成就至終有限，最多只是以陶土模仿各式各樣的中國瓷，尤以龍罈為最，從頭到腳、從器形到紋飾，每個細節都忠實複製。[43]

東南亞海洋區域的瓷文化

包括瓷器在內的中國商品，在海洋東南亞的傳布程度並不一致，因為當地存在兩種文化環境，無論對瓷器的使用或看法都大相徑庭。高文化社會具有如下特色：城市生活、長途貿易、組織性宗教，以及某種程度的識字率。位於沿海或肥沃河谷的城鎮，提供了獨特的地理人文背景，水田文化不但餵養了人口相當密集的小邦，如汶萊蘇丹國與城邦麻六甲，也足以支持大型王國，如位於爪哇的印度教——佛教國滿者伯夷，以及穆斯林國馬塔蘭。這些大小國家依靠海運交流獲取關稅與商業收入，瓷器進口全掌控在港口官員、行政官吏與城市商人手裡，自然也多囤積在他們本地。他們還利用瓷器做為商業資源，從不熟悉結構化政府和複雜經濟體運作的其他部族，榨取自己想要的林業產品。

但是，東南亞群島的絕大多數居民，卻以獨立性極強的小群存在，尤其在無數小島以及大島的內陸地區，如：菲律賓、婆羅洲、蘇門答臘與馬來半島。生活在偏遠的山谷和難以穿越的密林，這些成員和血源極其封閉狹限的族群以狩獵和焚伐式農業為生，對港口國懷有敵意，鮮少與外面世界往來，這正是趙汝适筆下形容的那型土著：潛伏叢林、騷擾不速之客。他們完全不識字，也幾乎從未接觸過印度和西南亞的宗教，即使有也極微。雖然自西元初數世紀起，這些信仰已經傳遍東南亞海洋區域。他們的主要大事和生活重心是襲劫與宴祭，而且彼此相關。戰士得勝歸來設宴慶祝，有時會將敵人的首級懸在祭柱上。瓷器雖已滲入他們的區域，數量畢竟有限，都是由遠方集散口岸的代理商帶入，以交換玳瑁、犀角、翠羽與珍禽。

在這兩大截然不同的環境裡，瓷器代表的意義雖有部分重疊，整體而言卻大不相同。婆羅洲、爪哇與蘇門答臘等地居民，經常與中國僑民為鄰或通婚，視瓷器為珍貴的知名商品，意謂著文明生活以及與中央之國持續聯繫。擁有瓷器，是社會名聲、經濟地位、政治威望的保證書，當然他們也看重瓷器作為實際器用的明顯價值。他們無疑也如中國人一般，認為奇妙的窯變具有某種神力，因此瓷器也在他們的儀式生活扮演核心地位。

在這些相較而言文化比較成熟精細的東南亞海洋社會，瓷器的地位可由下述情境展現。一五一九年八月，葡萄牙人麥哲倫率領五艘船、兩百三十七人駛離塞維亞港，展開最後成為人類首度環球航行之旅。幾乎兩年之後，一五二一年四月二十七日，他和其中四十人在馬克丹島無謂地失去性命。這是個袖珍小島，地近宿霧，麥哲倫一行與當地戰士發生衝突戰死。又過了十七個月，「維多利亞號」孤船碩果僅存，一瘸一拐地返回故鄉港口。船長塞巴斯欽率領飽受壞血病折磨的餘下十八名水手，載著還算足夠替投資者賺回小小利潤的丁香歸來。至於麥哲倫本人，則在死前不久方才接觸到亞洲的豐富寶藏。根據隨船並倖存的義大利學者皮卡費塔所記，麥哲倫曾和宿霧當地一名酋長吃玳瑁蛋，這道珍饈係以瓷碟盛裝。大指揮官和他的手下還接受民答那峨海岸某位頭目宴請，「一只只大型瓷盤，有些盛滿米飯，有些全是豬肉。」

麥哲倫不幸於半路去世，「維多利亞號」繼續向東航行到了汶萊，那裡的穆斯林統治者斯里帕達王派出「披著絲綢的大象……十二人（隨行），每人手捧一只盛著禮物的瓷盤，上面覆以絲綢，前來歡迎海上貴客。」[44]王的僕人擺出一席盛宴：菜色有魚、閹雞、還有孔雀，全都以瓷碗盛裝。又有瓷杯盛著米酒，杯杯「大如雞蛋」。斯里帕達如此闊綽地招待歐洲來人，並不只是為了拿出最好的餐器歡迎遠方貴客，其實另外還有深意：也就是藉由瓷器的驅邪法力，可以和這批令人不安的陌生客相安無事、和諧共處。或許，也是為了避免類似馬克丹島的血淋淋相逢再度發生吧。

至於那些遠離海洋貿易和城市生活的部族，瓷器的文化意義與超自然蘊涵比在斯里帕達國度更為強烈。在這些瓷器（以及炻器）罕見流通的地區，掌控了瓷，意謂掌控了人。誰可以擁有並分配中國瓷以及其他外來貨品，誰就取得了財富、聲望與權勢。[45]事實上，頭目（當地話意指「大人」）身為外來商販和本地居民之間的中介，根本就切斷了瓷器的經濟交流，轉而變為自身謀益的政治資本。如此結果其實並不意外，因為經濟性活動在這類地方聚落本來就不具獨立身分。在這裡，有關物質財貨與資源方面的考量，一向內置於文化之中作為整體存在，是家戶親族組合體的一部分。所有的生產和消費面向，都納入如此的組合之中。在這樣的環境裡，瓷罐、瓷碗的價值可說與金錢成本毫無關係。這裡的人進行瓷器交易，不是為取得純粹經濟性優勢，而是為解決個人或群體之間的社會性債務。

從外面世界進來的珍貴名品，成為一項極好用的文化資產，「大人」用它們獎賞追隨者、鞏固聯盟、提升自己的地位和聲譽。福雷斯特在菲律賓見到的那位酋長，把自己擁有的瓷罈當成權力的展示、唯我獨有的標記，和日本大名誇示家藏呂宋炻罐的心態並無不同，（一如卡勒蒂所形容）全然「出於虛榮擺譜」，完全不在乎這些心愛寶物在自家關起門來的次文化之外，是否具有任何經濟價值。這種態度從上到下深入整個東南亞海島社會，普通村民若擁有區區一只瓷盤，也把它當作社會型貨幣，珍惜愛顧，以示身價不凡，因此賦予獨特意義與重要位置。

對這些只有赤土陶或甚至連赤土陶都沒有的部落，瓷的精緻空靈——耀目的色彩、迷人的圖案、絲光的器面、響亮的音色——不僅是家居使用的功能器物，更是具有護身符般不可思議法力的神祕物事，必須以無比崇敬的方式待之。瓷器激起的敬畏之心，和中國古代彝鼎擁有的氛圍地位同出一源。回到商周時期，銅器都壟斷在有權有勢者的手中，是宗教儀式和祭祀饗宴的重器。瓷器在東南亞海島區的大部分地方亦然，也被視為部族共器，充滿宇宙天體的神力。

而且，瓷是如此新奇的外來之物（不似銅器乃是商周自行產製），更無可言喻地添加了它崇高的神祕色彩；這裡的工匠無法造出瓷器，連如何製作都無法想像。[46]從而令瓷器取得突出的文化與象徵意義，如此跨越千萬里而來，更獲得一種超乎人力的靈異力量，彷彿它們是從可敬祖靈、善變妖靈以及天界神靈的幽幻之地而來。瓷器係以外來物的身分進入此間，人們不把它們歸於平日熟悉的容器，比方籐籃、竹杯和葫蘆等，卻將其歸類於不屬人世之物。敬虔心加以距離感，地上的土器變成了天上的神物。在一個奇異陌生的遙遠之處，有一位謎樣的工匠之神，造出了這件不可思議的神奇器物——而這位造器者，正是那無所不能、創造一切事物原初之靈的超自然顯現。瓷器，便是在這等情緒力量與崇高身分下翩然降臨，靈元附體、擁有魔力，預示器主在另一個世界應有的位階。瓷中住有精靈，透過瓷可以通神。中國瓷，成了人界與畜界、天界與凡界、生界與死界、現在界與未來界之間的中介。

婆羅洲有個傳說，述說天神治癒了某位滿者伯夷公主的病，又創立了一個王朝，再用月亮土和黃金塑出無數瓷器，填滿七座大山的洞穴，然後便飛回他在天界的居所。罈神住在天上，與龍罈關係密切；加里曼丹地區每有珍貴龍罈交易或特意打破，都必須向祂請示。如果意外破裂，還得向罈神獻祭謝罪，否則附於罈內的精靈會憤而報復。菲律賓巴拉望島的巴拉望族相信，流星墜落撞擊地面，形成瓷罈。居於今日菲律賓盧巴區域的汀官族和伊富高省的伊富高族認為，瓷器是賜給他們稻米與甘蔗的同一批神所贈。天神還教他們如何舉行儀式，向上天尋求指引和庇佑。

對著龍罈瓶口橫吹，會發出顫動嗚嗚，巫師詮釋為上天示警將有災禍降臨。把弦線綳在器口，就成了一種奏擊器，可供巫師與亡靈對話。巴拉望島的他巴努哇人扣敲他們的瓷器發出樂鳴，招喚鬼神前來宴饗，正如中國商代的陶銅編鐘。[47]十七世紀晚期摩鹿加群島有位頭目，便用中國瓷那無法模仿的獨特音色妙喻自己的處境——他對荷屬東印度公司一名艦長表示，覺得自己「就像是一件精美瓷碟，荷蘭人（他的盟友）和那些特爾納特人（他的敵人）都在上面敲擊……老天憐憫我這腦袋鍋子吧」。[48]

在東南亞海島民族眼中，龍罈的角色千變萬化，也具有凡體的七情六欲，同享人間情誼，共感人世悲苦。因此婆羅洲有位頭目的妻子死了，他的大龍罈發出悲鳴。龍罈是家庭宗族的一份子，有它們自己的名字，彼此通婚，隆重埋葬，代代相傳。人們看到它們彼此對話、一起玩耍、變成動物或林間精靈、化成人形、救死扶傷，還會算命說預言。

蘇門答臘南部某處偏遠地區，更把伊斯蘭信仰傳到他們那裡的功勞歸予一只龍罈。菲律賓傳說有只呂宋雄罈以啁啾聞名，曾大膽遊遍整個海島地區，最後終於安定下來，與某只異性龍罈在一處僻靜島嶼結縭定居。外形決定性別：男罈通常腰窄、肩高而寬，女罈則垂肩、軀體渾圓。沙勞越的達雅族相信罈可變人，人可變罈。婆羅洲馬拉諾族寓言相信曾有隻野熊化為龍罈，如此神奇，所以應該覆以昂貴黃布，收於筐簍小心保護。另有一頭野豬中矛倒地，立刻又變成龍罈活了過來，驚惶地逃之夭夭。數不清的自然物事——上鉤的魚、中箭的蟒蛇、掉入陷阱的龜、樹上採摘的果——都有這種立時化身為瓷罐瓷盤的能力。種種神奇事跡，遂令中國瓷取得萬用萬靈的地位：療病、分娩與通靈，任何儀式、各種狀況都可發揮奇效。薩滿巫師和頭目自是警惕照看如此神器，只在特殊典禮重大場合才把它們請出來公開亮相。[49]

蘇門答臘北部的巴塔克族使用明朝瓷罐貯放藥物和魔藥。婆羅洲人相信青瓷盤會揭示盤中食物是否有毒（這個迷信可能源自西南亞），以及瓷罐可提升罐內藥物的療效。位於婆羅洲之東的蘇拉威西島民將青瓷片投入水中，認為瓷片有淨水之效。婆羅洲的伊班族人用瓷罐收集魂靈以供身體健康所需，他們的儀式專家將龍罈碎礫研磨成粉製藥。汀族認為薩滿祭師以瓷杯飲用米酒，惡靈就會從生病或被附身的孩兒身上離去。爪哇和蘇拉威西的女性把新生兒連胎盤一起放在瓷碟上；產婦分娩後九天舉行洗沐儀式，從一只中國罐中取水淨身。嬰兒放入中國瓷盆洗浴，用過的洗澡水連同一塊銅錢保存起來，可保小寶貝健康平安。婆羅洲人相信，嚴重病症需塗抹以中國瓷罐盛裝的油；而且這些容器的力量如此強大，單單是把它們放在長屋門口就可驅病趕鬼，使妖魔不敢越雷池一步。[50]

加里曼丹的達雅族風俗規定，在家門口放一只飾有兩條龍的瓷罈，就表示這戶人家家有處女。婚禮之後達雅族舉行早生貴子儀式，圍著一根長柱跳舞吟唱，柱前一只瓷罐，掛滿水果、樹葉。馬拉諾婚禮習俗包括婦女從一只中國瓷罐內舀水，為新郎、新娘洗浴；新娘首次踏入夫家的門，也必須以瓷罐盛水潑向她的右腳。婦女又將青瓷罐裝的椰子油抹在新婚夫婦的太陽穴、膝蓋和肘部，以保做人成功。基於同樣理由，新婚的第一夜，罐子必須一直放在新床底下。[51]

婆羅洲的可拉必族把瓷壺和敵人首級一起掛在長屋屋椽，敵人的靈力就會被吸入壺內，再用木栓塞緊，長封壺中。這樣的壺具有極大價值，可以用來交換奴隸或祭祀用的犧牲。戰士使用鴨子、淡水螯蝦造型的康熙瓷向敵人首級澆奠為禮，女人與外人一律不准碰觸以免玷汙這些寶貴器皿。沙勞越伊班族戰士死後，族人會把他的隨身物品繫於龍罈罈口，只有另一位同志在戰鬥中取得敵人首級之後方可解下。他們也把中國瓷器放在長柱底部，柱子裝飾美觀，上方懸晃著敵人首級。他們的死敵普南巴人，同樣以瓷器追念部落痛失的勇士，雕飾華麗的墓柱腳下，陳列著青花瓷盛裝的供品，恭請受祭者享用。[52]

暗蔭蔽罩的群島叢林內，微光閃現的瓷器輻射出令人眩迷的氛圍。透過它們，似乎進入一個遙遠而神祕的世界，彷彿伸手可及、甚或能引發某種令人驚畏的力量。中國瓷，在人生整個周期——生、病、死、婚姻、宴歡、作戰、祭祀——都扮演至關重要的角色。當然，同樣在東南亞群島，這些被可拉必人和普南巴人奉為圭臬的習俗，在那些已經接受外界文明洗禮的港埠和宮室就比較不明顯，但痕跡卻依然處處可見。儘管伊斯蘭和基督教信仰都斥責偶像崇拜和異教風俗，事實上卻都靠著百無禁忌融入本土神明、儀式與習俗，而贏得當地人的皈依。新舊調和共處，可謂毫無困難。瓷器，可用以當作通神達靈的管道，也是持續向超自然力量表示敬畏的姿態，始終受當地人民珍愛。西南亞地區傳來的宗教信仰，顯然未能杜絕以上思想概念。而馬尼拉的西班牙神父，同樣將聖水倒入安在洗禮池內的青花碗，他們的教堂牆上也嵌著青花瓷。[53]巴達維亞、淡目和麻六甲的穆斯林也不例外，磚造的清真寺牆面鑲貼青花瓷片，壇門、寺門同樣以中國和越南進口的青花瓷磚裝飾。前述的斯里帕達王，則用他的瓷器和大象擺出一個華麗的壯觀場面，半威嚇、半安撫地接待那些令人不安的西班牙來客。

斯瓦希里海岸的瓷文化

一四一四年至一四三三年四次出航期間，鄭和寶船曾遠及東南亞群島之外。轉北通過麻六甲海峽後，船隊向西開往印度洋，以平均二．五海哩的日速（一百一十一公里），航行了一千七百五十公里，耗費一個月左右的時間抵達斯里蘭卡。再從那裡繼續駛向馬爾地夫群島，裝載龍涎香、椰子纖維製成的繩索，以及數以噸計的貝殼。這些島嶼是很有用的中途停留站，上完貨後，大部分船艦轉進向北到馬拉巴爾海岸的古里，一小隊則繼續西航前往東非。大概花上一個星期到達索馬利亞。十五世紀後期，此地不但有個一公尺深的瓷器碎片堆，還有個叫做「鄭和村」的海岸聚落。[54]

因有季風系統，東非港口可與北方五千公里外的阿拉伯發生聯繫，也可以到達東北方距離四千一百公里的馬拉巴爾海岸（赤道距離）。四月到十月，夏季季風將船隻從非洲送往印度；十一月到三月，冬季季風再將它們吹回斯瓦希里海岸。及至鄭和時期，已經約有三十五處斯瓦希里港口利用季風參與印度洋海上貿易，最突出的是摩加迪沙（現為索馬利亞首都）、帕泰、馬林迪、蒙巴薩、基盧瓦和索法拉等地。在商人寡頭政治和有名無實國王組成的統治之下，各邦可以保有政治自主，因為海岸線低地太淺太長，中央集中式的政權無法形成——從摩加迪沙到基盧瓦（距莫桑比克的德爾加多岬之北不遠），綿延一千七百五十公里，所以此地是南北走向的海岸軸，而非連接沿海與內陸的東西軸線。

斯瓦希里海岸的歷史發展，一向是對外朝向阿拉伯、印度與東南亞，而非對內面向遼闊的非洲腹地。內陸區在距離海岸十六公里處開始，絕壁陡升高出海平面一千二百公尺，形成巨大高原的邊緣。然後高原一路延伸向內抵達大湖區，尼羅河便在這裡發源。斯瓦希里的意思是「海濱地」，來自阿拉伯語 sahil（複數形即 sawahil），為「邊緣」或「界限」之意。這些沿海城鎮，都是由非洲當地人首先創立，而不是（傳說中所言的）阿拉伯、美索不達米亞或波斯商人。[55]白圖泰曾於一三三一年造訪東非海岸，指出「此地居民多為吉辛人（即班圖族），膚色烏黑，刺青紋面。」[56]他讚許這些東非穆斯林信仰虔誠，木造的清真寺極為出色。

斯瓦希里人口雖然大多由非洲本籍組成，阿拉伯人、波斯人與印度人卻不在少數。文化方面，沿海居民屬於廣大的伊斯蘭國際化商業世界的一員，他們的港口城鎮擔任印度洋與非洲內陸的中介，出口象牙、龍涎香、鐵錠、木材（特別是紅樹林木桿）、豹皮、黃金和奴隸。黃金主要來自於辛巴威高原南緣的大辛巴威區，這裡的聚落築造石頭建築，地點不一，時間則從十一世紀到十六世紀。考古學家在此發掘出印度玻璃珠、西南亞陶器和東亞瓷器。奴隸也來自內陸，通常是戰爭被俘的男子，商人把他們賣到西亞和東亞各地，趙汝适說中國許多家庭買回黑奴看守門戶。[57]根據白圖泰所載，非洲人還為斯里蘭卡王擔任精英戰士，也在中國大帆船上充當重兵。有一回，他在古里為自己和永遠隨身的眾女奴訂了一間私人包艙，船上就有黑奴兵勇。

貿易商人進口水晶、玻璃珠、金屬精工、棉布、香料、武器和瓷器到斯瓦希里海岸。中國銅錢於晚唐首次抵達此地，大約就在同時，伊斯蘭信仰從阿拉伯與伊拉克開始朝此擴張，爭取沿海土著人口。埃及和美索不達米亞的經濟需求（前者的法蒂瑪與阿尤布王朝，後者的阿拔斯王朝），強有力地刺激了東非沿岸貿易城鎮的興起——尤其是木材、鐵料和奴工三項需要，以供兩地的沼澤排水工程和大量建設之用。及至十二世紀，穆斯林信徒已造起清真寺，向南最遠到馬達加斯加；伊斯蘭的墓葬形式，頭部朝東遠向麥加，也約在同一時間出現。

瓷器於宋末首度抵達東非海岸，但是數量不多。直到鄭和遠征船隊到來之前不久，明代青花瓷開始入境，方才改觀。然而斯瓦希里商人從未將青花大量帶入內陸，一如他們也從未試圖在那裡傳播伊斯蘭教。這種高度隔絕獨立的社會性格，源自它們都是小型自治聚落，各自由綿密的寡頭主政，但也因此阻礙了沿海地區與班圖人心臟地帶之間的文化互動。再加上港口城鎮未曾發展出長久制度，無以維繫傳布其文字傳統，愈發加劇了這種排他現象。值得注意的是，沿海、內陸地區分別保存了完全不同的習俗。更何況和大辛巴威有關的地點，多屬貧瘠的作戰型聚落，對外來陶瓷和其他亞洲奢侈品可說激不起任何需求。在這個乾燥不毛的高原上，居民幾乎都靠胼手胝足耕牧或游牧維生，兩種生存條件都買不起具有異國情調的波斯和中國陶瓷。然而在少數情況下，真有瓷器進入非洲內陸時，果不其然，也一如東南亞海島地區的情況，瓷器取得其神奇的性質——十六世紀有位葡萄牙旅人回憶，當地土著以青花瓷擦身，以舒緩身體各種不適。[58]

至於斯瓦希里精英階層，斯瓦希里語稱之為 Waungwana，意思是「文雅人」，則把瓷器視為異國新奇物事，用以顯示身分象徵。他們在自己家中或貨棧進行外國商品交易，而不在一般平民的公開市場販售。一如白圖泰所描述，摩加迪沙這類習俗是典型狀況：「每個商人一下船，就只去他的東道主人家中……這些東道主或買或賣，都只是為他自己交易。」[59]當地生意人將貿易特權延及外來商人，以儀式結拜相交，將他們納入血親；為報謝如此殊榮，這位外來親族則以瓷器答贈。

「文雅人」限制平民取得異國商品、世襲職務、良田、漁權與武器。權貴圈子之外，任何人都不准擁有豪宅。沿海住家多為泥土和枝條搭築的平房，精英階級則從礁區取得珊瑚塊起造宅邸，塗以灰泥。牆壁沒有窗戶，與外隔絕；室內焚香，掛著絲簾綢幔；廊間特置壁龕，展示主人家最精美的瓷器，但是只有適當品級的人士才得一見。瓷器對「文雅人」階層的身分具有如此核心的驗證作用，他們當然要確保它永遠不致大量地爬上陡崖進入內陸或向社會階梯下層蔓延。因此不似菲律賓和爪哇，這裡的土著赤陶傳統可以保持完整不變。考古挖掘也發現，斯瓦希里沿岸出土的陶瓷碎片只有百分之五屬於進口貨品。[60]

富有商賈和王室貴人出資建造公共建築，諸如墓地、清真寺與宮殿，除了以複雜的珊瑚雕飾，並鑲嵌中國瓷和受中國影響的西南亞陶。在許多與祖先或先賢有關的神聖地點，如岩窟和海岬，穆斯林留下瓷器安撫亡靈，他們相信生者離開現場之後，逝者會現身飲用。瓷板在逝者墳頭擊碎，以瓷為祭，放在洞中獻予監護某處潟湖或海岸的神靈。禮拜者用瓷器裝飾清真寺拱頂以及朝向麥加的壁龕；穆斯林以中國和西南亞青花妝點位於今日肯亞拉姆群島之帕泰島的一座圓頂大墓門面。因為東非從來不知道藍染（直到葡萄牙在該區種植靛藍植物），藍色在當地是相當引人注目的顏色，因此斯瓦希里上流居民將進口藍布視為極寶貴又誘人的商品，青花瓷亦然。[61]

基盧瓦（在今坦尚尼亞）於十二世紀興起，成為東非海岸首要商業勢力，主要是因為它控制了一千公里外，位於德爾加多岬之南的索法拉港口。索法拉商人冒險深入內陸從事黃金貿易，或一路直至大辛巴威。為交換這個黃色金屬，基盧瓦將玻璃珠、金屬品、紡織物與陶器供應給索法拉。基盧瓦成為沿海最富裕的城市，影響力極大，時間長達數百年，直至葡萄牙人到來為止。黃金貿易提供了資金興建當地的大清真寺，這棟十四世紀建築共有十八座穹頂和桶型拱頂，葡萄牙人認為比西班牙哥多華大清真寺更勝一籌。基盧瓦清真寺一處柱廊的屋頂，嵌以十五世紀青花瓷碗，紋飾有伊斯蘭的幾何圖案，也有常見的中式主題。基盧瓦堡的宏偉程度也不相上下，或許是由埃及或美索不達米亞的工匠所建：兩層樓的建築，配有一個大浴池以及許多儲貨間。壁面嵌飾中國瓷和波斯青花陶。後者多專為東非製作，式樣則抄襲在瑟羅夫和霍爾木茲下船的中國瓷。[62]

一如洞穴等神聖所在，柱子也被視為是逝者魂靈的憩息之所。這些高大的錐形結構聳立於墳墓和小清真寺近處，通常是為了紀念某位聖者或顯赫祖先。加拉納河（肯亞）畔的馬林迪巨柱柱底（柱高十公尺），圍以一圈青花瓷器；向北離馬林迪不遠，曼布魯伊巨柱（八公尺高）的柱楣是一整圈的明代瓷盤瓷碗。在蒙巴薩地區（肯亞），十七世紀的中國破裂瓷器裝飾著姆巴拉契巨柱的柱基（高十四公尺）和附近一間清真寺的牆壁。十六世紀時，穆斯林將葡萄牙仿製的青花嵌進姆納拉尼的小清真寺寺壁，此城位於馬林迪和蒙巴薩之間。[63]

從非洲之角到德爾加多岬，許多世紀之間，斯瓦希里商人以珊瑚豪宅廊壁龕內的瓷器展示自己雄厚的財力。然後葡萄牙人來了，斯瓦希里商人的繁華和力量倏然告終。新來者在海岸設立要塞，以支持他們在里斯本和果阿之間的年度航程。他們將斯瓦希里人逐出內陸黃金和象牙的貿易；他們接管基盧瓦、掠奪蒙巴薩、壟斷通往紅海和馬拉巴爾海岸的航線。沿海各港口無法團結起來對抗入侵者，斯瓦希里精英也無法召集社會大眾挽救自己的政治頹勢。無能又無力，斯瓦希里統治階層在外來勢力下一蹶不振，從此不再在印度洋貿易扮演任何重要角色。然而葡萄牙也只風光了一個世紀又多一些，就面臨他們自己的敗退命運——一六〇〇年代初，阿曼亞魯巴的眾統治者蘇丹已奪得東非海岸的控制權，歐洲來的主要競爭對手荷蘭和英格蘭，也將葡萄牙從非洲和印度之間的貿易優勢中除名。[64]

賽義德・阿卜杜拉在《靈魂的覺醒》（詩歌《蓋德廢墟》，約一八一〇年）中思索「文雅人」的消逝，他們曾統治帕泰城邦如此之久。辛酸、哀傷，賽義德的詩句描繪天意對斯瓦希里的罪惡與腐化施予懲罰：那些光鮮的商人沉溺於錢財利益，卻付出失去永恆救贖的代價。詩人認為，當年他們歡宴之際，應該憂懷未來虛無之日：

他們的廳室處處華美，
恭敬成日尾隨他們。
他們的家屋擺滿中國瓷器，
每杯每盞都刻繪花紋。
置身一片熠耀裝飾之中，
大水晶壺發出璀燦光輝……
他們燈火輝煌的宅邸（如今）空餘迴聲；
高高屋椽間蝙蝠撲飛。
不再有竊竊低語，不再聞喜悅呼喊，
精雕細琢的床架上蜘蛛吐絲結網。
當年壁龕內瓷器傲立之處，
如今是野鳥破窩。[65]

「我原以為，全印度就是間大瓷器鋪」

對於鄭和的船隊來說，位於印度大陸西南岸的古里是西洋大國，它派出的使節優先於所有其他國家。[66]大將軍的貿易商肯定在這裡發現他們最大也利潤最厚的市場。寶船停靠之後，接連是好幾周的討價還價，鄭和的代理和那位印度教君主的代理來回議價，待交易的商品堆積如山。古里當地商人自然很熟悉瓷器和船上的其他貨品，因為多少世紀以來早在鄭和之前，中國產品已一再搭乘中印船隻來到此間。明朝艦隊停止遠航之後，印度西南部的穆斯林開始主導海洋貿易，通常是來回於母港和麻六甲之間。

十七世紀英屬東印度公司某位駐印度代理報告：「各式各樣的中國器皿在此間廣受珍視並大量使用，各種尺寸、價位和樣式，每年銷售量至少一百噸。」[67]一五七八年，義大利耶穌會士帕西奧陪同利瑪竇前往中國，途中經過葡萄牙在印度的貿易大站果阿，看見那裡琳瑯滿目的中國瓷大表驚奇：「這麼多的瓷器，這麼吸引人的價格，根本不見當地還有人用黏土製作……任何類似玩意。瓷器這麼便宜，哪裡還能用任何價錢賣掉那些陶鍋子呢，只是白白浪費時間直接賠錢而已。甚至連床鋪底下，都有瓷盆專供夜裡使用。」[68]十七世紀英王詹姆斯六世派往蒙兀兒皇帝賈汗吉宮廷的大使羅伊爵士，一抵達印度，就期待可以痛快大肆採購一場：「我原以為，全印度就是間大瓷器鋪，應該替我所有朋友都買上一些少見的珍品。」[69]

不過羅伊和其他顧客必須提高警覺，否則可能買到波斯仿製的景德青花——中國政府實行海禁期間，荷屬與英屬東印度公司會不時玩一下這種把戲。一六七〇年代曾在波斯的法國旅人夏爾丹指出：那裡的工匠製作陶器，「裡裡外外都上了釉彩，就和中國器一樣。而且質地同樣精美、一般透亮，因此常常有人上當，根本分辨不出是中國真品還是波斯仿製，漆光如此美麗、鮮豔……他們說，荷蘭人把波斯器與中國器混在一起，賣回國去。」[70]於是高檔老練的消費者，開始尋找相當於商標的記號。某位荷屬東印度公司的代理從科羅曼德下單到中國，特別規定：「務必牢記，前述所有瓷器器底，若繪有字樣的藍色標記，最受歡迎。」[71]

表面上看，印度似乎是個利潤豐厚的瓷器市場：十六世紀晚期人口就已達一．五億；印度教和穆斯林貴族，一向亦以庫房滿藏寶石和貴金屬聞名。然而印度次大陸，卻是瓷器在世上所向披靡之際唯一真正遇到挫敗的地區。正如羅伊很快就會發現的，除了果阿之外，其實整個印度並非如他先前想像般是間「大瓷器鋪」。只有在果阿這個港口，因為有葡萄牙大船充分供應，才有如此豐富又低廉的瓷器可供歐洲人充當夜壺使用。當然，穆斯林商人和貴族也很看重瓷器，德里蘇丹國和蒙兀兒帝國的穆斯林君主都狂熱地蒐集瓷器，還特地在上面鑽孔、銘刻做為標記，以標示為自己所有物。他們對瓷器也有相當認識，足以分辨不同產地。[72]但是穆斯林占全印度人口不到百分之二十，絕大多數印度人堅守印度教信仰和文化習俗。在這樣的背景之下，婆羅門祭司與拉傑普特人戰士避用瓷器，印度本土陶匠也只製作未經裝飾的赤土素陶。

一六一四年荷屬東印度公司的英籍代理注意到一個現象：印度的波斯商人「用瓷器進食，可是外邦人（意指印度教信徒）則不用……他們大多數都遵行異教規則」。[73]所謂規則，源自於印度教信徒最怕魂靈受到汙染，這份憂慮使得他們認定赤陶食器使用後務必丟棄，因為孔隙太多不易清洗。早在遠古時代，印度工匠就善於為宗教儀式製作大型陶塑，技巧高明令人印象深刻。但是至少從西元初的笈多時期開始，對汙染的擔心愈發深化，遂使傳統陶瓷藝術陷於停滯，只能生產無數毫無面目、棄之絕不可惜、大同小異的產品。[74]

印度人將黏土器和充滿汙染的赤土陶視為一體，為求謹慎，乾脆所有陶瓷器皿一律避而遠之，只用金屬盤碟或臨時改裝的容器。東南亞的印度教——佛教徒的種姓制度不發達，所以無須信守這等嚴苛限制。白圖泰指出，馬拉巴爾和斯里蘭卡的印度教徒經常將食物放在香蕉葉上待客。即使時至今日，雖然陶瓷在印度教家庭是各種儀式必備之物，但許多人依然深信：遇有家宅不安之事——如生病、死亡與月經——隨附的惡靈會被陶瓷烹飪器具吸入，因此這類器皿使用後必須立即擊碎，等到憂煩或擾人事件跑完全程，再購買一副新具替代。

用過即毀，想當然耳對瓷器來說成本太高昂，甚至連釉陶都未免太過，因此投資製作毫無意義，從而使得印度陶匠做到赤土陶階層就住手不再往上發展。熱中於美化自家墓地、清真寺與城堡的蒙兀兒君王，只好從波斯陶業中心卡珊進口顏色鮮豔的瓷磚。他們的宿敵，位於印度南部戈爾康達蘇丹國（一五一八～一六三七）的穆斯林君主和貴族，同樣希望用類似的瓷磚裝飾他們的建築，也發現本地陶匠缺乏必要的產製設施，只好從遙遠的卡珊大量進口。[75]

印度陶匠始終未採納西南亞的陶藝創新，比方虹彩陶和錫釉技巧，也沒有任何誘因使他們模仿中國瓷器，背後自有其原因。此外，一千多年以來，印度種姓制度致力於減少靈魂受染之餘，更使印度陶器陷於長期固定不變的狀態。陶工種姓階層人口極巨，稱為「圓底缸製作者」，其中不同的次級種姓成員之間不得往來，即使在同一城市工作，相互之間也不准有任何社會關係。[76]在這等沉重的習俗影響之下，有關黏土和窯燒的知識不可能出現任何長期性的專業匯集。因此即使連不起眼的赤土陶，也始終不見任何發展成長。印度陶匠，遂與世上所有地區形成鮮明對比，不僅沒有興趣竊取彼此的機密，甚至沒有機密可供竊取。

帖木兒波斯的瓷文化

鄭和曾派遣一支分隊，從古里朝西北方向航去，目的地是波斯岸邊的霍爾木茲島。季風時順風航行約二十五天就可抵達。霍爾木茲的地理位置正扼阿拉伯海流入波斯灣的咽喉，因此成為重要轉運港而蓬勃發展。來自印度和中國的商品在此地轉載，轉往底格里斯河和幼發拉底河、波斯內陸以及中亞河間地區。馬歡記載，霍爾木茲島的市場提供形形色色的商品，尤其是珍珠、紅寶、黃玉、玉器和織錦絨。島上的蘇丹以此向永樂皇帝進貢，一起登船遠赴中國朝廷的還包括獅子、猞猁（山貓）和豹子。[77]

一如鄭和所到任何之處，船隊泊港之後，寶船上卸下大量的景德鎮青花。不過對霍爾木茲來說，這些瓷器並非全屬新奇之物，因為十四世紀中期就已有中國帆船載運它們前來，時間正在中國陷入內戰導致元朝覆亡之前。這裡的波斯商人把鈷礦石賣給鄭和的代理，前者雖曉得景德鎮用這種色料妝點瓷器，卻肯定不知道正是他們自家帶著藍色紋飾的波斯錫釉陶，在一個多世紀之前給予中國工匠靈感，創造出了青花風格。

於是，在陶瓷史上典型的一場循環反覆的接力影響之下，景德鎮青花瓷登岸了，來到當初靈感來源的發祥地，結果又反過來決定性地影響了西南亞陶器。當地的宮廷和藝匠開發出一種新的陶瓷風格，仿照明朝瓷器紋飾，成為伊斯蘭世界整體文化復興不可分割的一部分。受影響最深刻的地區，是波斯薩非王朝統治的疆域（西方人通稱為「大薩非」）、蒙兀兒印度（「大蒙兀兒」），以及鄂圖曼帝國域內的巴爾幹、安納托利亞、敘利亞和埃及（以下簡稱「大土耳其」）。這三大政權除了都信奉伊斯蘭教，還有多項共同點：它們都與蒙古人的傳統有關聯，都是中亞突厥騎士的後裔，都在一四五〇年後以征服手段上台，都依靠火器加強王權，也都尋求文化上的合法地位以保障並促進其帝國統治。[78]此三國文化開花結果鼎盛時期的主政君主分別是：薩非王朝的阿巴斯（一五八七～一六二九）、蒙兀兒王朝的阿克巴（一五五六～一六〇五）、鄂圖曼王朝的蘇萊曼（一五二〇～一五六六），也都約於同時在位，分別成為其繼任者的典範。

三大穆斯林政權君主追溯的文化傳統，則源於疆域橫亙波斯、伊拉克和阿富汗的帖木兒王朝（一三七八～一五〇六）。帖木兒是史上最著名的征服者之一，西方稱他「瘸子鐵木耳」，衍自波斯文Temur-i lang。在蒙古人建立的傳承脈絡之下，帖木兒在中亞地區追求實現他的野心。回到十三世紀中期，「大蒙古帝國」雖因大汗選舉長期角力而導致破裂不和，但是選汗原則不變，也就是政治領導權必須握在屬於成吉思汗家族的各地可汗手中。然而，帖木兒的權勢卻純粹源自他本身驚人的精力與才幹。清除了中亞河間地區的眾家蒙古小首領後，他試圖彌補自己的政治合法性，以各種舉措補救這項不安和不足。他娶了一位可汗王族的女子為妻，編造出一套系譜偽託自己可以和先知家族掛勾，為伊斯蘭神祕教派蘇非的聖者建祠立壇，贊助宗教活動，獎勵波斯詩人和畫家。[79]青花瓷代表蒙古中國，又是高等文化的表徵，因此他也對之青睞有加。

正如韓國國王、足利幕府和菲律賓頭目一樣，帖木兒也借助中國聲望擦亮自己的文化資歷。一路征服建立霸業之餘，他不忘沿途蒐集瓷器，正是明顯的例子。一三九八年，帖木兒大肆掠奪德里蘇丹國的圖格魯克王朝首府德里，取得大批明朝的青花。兩年後攻破馬穆魯克敘利亞的大馬士革，俘虜替他拖回首都撒馬爾罕的戰利品中又見瓷器。從大馬士革抓回來的陶匠，很多位善於模仿中國青花，也開始指導帖木兒的陶匠依樣複製。[80]因為有這些外來專家，撒馬爾罕的帝王陵墓才能貼上類似中國青花的藍白繪瓷磚。為紀念帖木兒姪子而興建的一座清真寺，也得以取材瓷器，用格式化的青蓮花紋嵌成一個大圓章。一三九六年在巴格達，波斯名畫師居奈德為一本詩集手稿作了一系列袖珍插圖。只見畫中帖木兒要人歡樂聚會，席間使用的器皿就是青花瓷。波斯後期藝術作品中凡有王公貴族享樂，必有青花瓷器在場；這項關聯性的建立，居奈德功不可沒。[81]

卡斯提爾大使克拉維霍記載，帖木兒在宮中習慣使用瓷器。除了搶自德里和大馬士革的青花之外，瓷器也透過絲路抵達撒馬爾罕，由巨大的駝隊車旅載來，正如一四〇五年克拉維霍所見。為了安全起見，入貢團往往與商人車隊同行。帖木兒送給洪武皇帝鋼劍、盔甲、寶石，以及成千上萬的馬匹；他也獲得標準的禮物回贈，主要是絲綢和瓷器。不過洪武皇帝還另外送來一則傲慢訊息：暗示帖木兒應自稱為中央之國的附庸。帖木兒的回應是一四〇五年發兵攻打中國，但他卻在撒馬爾罕北邊幾百公里死去。同年，明朝的海上遠征大隊首次揚帆出航。[82]

待得鄭和大隊人馬抵達霍爾木茲島，已是大約十年之後。寶船在這裡卸載的瓷器，有些肯定落入帖木兒繼承人的手中。他們缺乏帖木兒對軍事征戰的熱情，將全副精力投入政治鞏固，並以大手筆贊助文化事務。大征服者的這些子孫輩，在藝術上支持一種連貫一致的風格，將突厥——蒙古的侵略性情，以波斯文學美學的傳統做為框架規範，加以緩和。這個策略由伊爾汗王朝首先開創使用，[83]成果非凡，藝術文化振興，傳遍整個伊斯蘭世界。同一時間，義大利文藝復興也正在改造歐洲的知識生活。

帖木兒眾繼承者不遺餘力與中國培養交情，每隔幾年就遣使入明，通常都帶有書信專為要求瓷器。帖木兒在波斯的繼任者沙魯克，數度歡迎攜帶瓷器前來的中國使節。十五世紀初有幅帖木兒王朝配圖手稿〈遊行場面〉，便描繪了出使任務的景象，充滿了奇思幻想：只見一片多岩的沙漠，九位身穿彩色鮮豔中式袍褂的男子，護送著一輛驢車，車上滿載的巨大青花缸壓得車身下沉。[84]事實上，青花在帖木兒君主贊助製作的手稿內屢見不鮮，已發展成典型特點，比方波斯大史家拉施德所著的世界史，內文就繪有青花插圖，最早係由伊爾汗王朝贊助製作。

最具影響力的繪圖，是為十世紀大詩人菲爾多西知名冒險史詩《帝王書》特別製作的插畫，詩中細述從神話至歷史時代的波斯列王傳奇。伊爾汗王朝把此書內容列為該朝畫院的主要焦點，帖木兒王朝同樣將之納入他們的畫作，以確立自身與波斯傳統的悠久淵源可一路追溯至薩珊王朝。瓷器，是帖木兒王朝《帝王書》中反覆出現的裝飾元素與象徵圖案。某本一四四四年版的卷頭插畫〈皇家園中盛宴〉，畫了一對帖木兒王室夫婦，正在接受三名頭戴黑帽的中國使者獻上一打青花瓷器。[85]

帖木兒之孫，蘇丹伊斯坎德爾鼓勵手稿插畫在波斯設拉子地區的發展，因此創立了波斯語世界普遍遵循的形式和標準，影響時間長達兩個世紀。另一個孫子烏魯伯格在撒馬爾罕蓋了一幢瓷屋，配有瓶形牆龕，專為擺放瓷器，還特地訂做瓷磚貼飾壁面。一四一一年，烏魯伯格下令釋放撒馬爾罕所有被帖木兒擄來奴役的手藝匠人，這些大馬士革陶匠很快就在帖木兒王朝統治的所在地找到工作，尤其是大不里士、設拉子、卡珊和伊斯法罕幾座大城，從而有助於傳布帖木兒王朝根據青花瓷發展出來的設計技巧。[86]及至十五世紀結束，帖木兒陶藝在整個西南亞地區廣受歡迎，意謂當地工匠不但熟於傳統的伊斯蘭幾何風格，也愈來愈多採用中式自由流動的元素。

帖木兒式的中國風，也因為另一項因素而廣傳伊斯蘭世界：十三世紀起，高品質紙張的使用大增。[87]西南亞陶匠不再需要直接在素胎上學習作畫，轉而在這種新媒材上練筆。更重要的是，他們的圖庫內容不再全憑不可靠的記憶：此時或有實物在手對照，或可利用畫譜找到所需的主題。這個新做法也促進了不同媒材之間圖案的交流：織品、建築、書法、金屬精工、手稿繪圖與陶器，都可以互通有無彼此借用。

一四〇〇年後伊斯蘭世界湧現的共同美藝成就，源頭有二：一是帖木兒王朝文化復興，具有無可否認的強大磁力；一是圖譜的出現，為分散各地的藝術家和宮廷提供了可喜而一致的風格。同一時期，因明廷將青花瓷納入集中採購體系，促成了中國展開一段長期的各型工藝匯流，薩非波斯、蒙兀兒印度與鄂圖曼三大帝國同樣也在經歷持續性的美感融合。一四五〇年代起，類似現象同樣在西方發生：印刷術的發明為跨文化交流提供了前所未有的條件，西方印書商首度匯集了各方專才：畫工、手稿飾工、雕工、金工、金屬工以及學者，共為同一種產品效力，而此產品最後在全歐創造了所謂的「知識共同體」。[88]東西雙方的發展，恰好又在時間點上有所交叉，因為十七世紀後期西方冒險創業家開始將圖譜送往印度和中國，做為外銷歐洲織品與陶瓷紋飾的參考。因此源自於世界各個不同文化的圖案、紋飾與符號，開始進行大規模的全球化交配混合。

陶瓷、紙張和出版品，在西南亞和南亞各地流通。一五〇六年波斯帖木兒王朝覆亡之後，三大穆斯林政權都聲稱自己繼承了帖木兒成就的遺產；他們也的確共居於同一個文化空間，共有相同的文化指涉。[89]伊斯邁爾王在波斯開創薩非王朝，這是八百年來第一個真正的本土王朝。青年時期領軍作戰、熱心宗教，晚年卻百無聊賴、沉溺酒鄉，伊斯邁爾對文化事業向來不太關心。他的兒子太美斯普則一如帖木兒的眾繼承者，轉向投入溫和軟性的藝文追求，畫筆下頗有兩把刷子，更大規模支持藝術，包括一部《帝王書》巨製——七百六十頁開本，兩百五十六張插圖，其中多幀插圖都繪有瓷器——書成後送給鄂圖曼的蘇丹塞利姆二世。葡萄牙旅人平托聲稱，只有太美斯普批准的皇商可以購買中國最好的御瓷。[90]

但是太美斯普的繼任者更遠遠超過了他。史稱「大帝」的阿巴斯重新打造首都伊斯法罕，興建公園、宮殿與廣場，使之美輪美奐。他鼓勵使用彩色瓷磚，聽說在陽光照耀之下，該城燦爛繽紛如火。一六七一年有位威尼斯來的旅人本博，描述城內一座大理石橋共有二十七道拱門，每拱上方都有「一道非常漂亮的飛簷，由各式花樣的瓷組成」；皇宮氣派非常，「以瓷器、黃金裝飾」；對面巍然矗立的一座清真寺，「大圓頂和立面都貼著精細多彩的瓷磚」。雖然上流人家外觀單調無奇，他卻發現室內牆面都以瓷器妝點。蘇萊曼的寢宮，人稱「夜鶯之門」，所有房間都設有鍍金鏡子與歐洲畫作，以及「擺滿中國精品瓷的櫥櫃」。[91]

一六一一年阿巴斯將一千一百六十二件瓷器捐贈裏海之濱位於阿爾達比勒的薩非紀念祠。阿巴斯功業彪炳，被推崇為「王朝最重要推手」，這批精美器皿只是他留予後代子孫巨大遺產的一部分。內含四百多件青花，全部放在一棟藍、金裝飾的八角形大建築「瓷屋」內展示。如此多件青花瓷集中一地，這批收藏遂成為波斯陶的靈感來源。距離阿爾達比勒瓷屋三百公里的陶業重鎮卡珊，於阿巴斯在位期間經歷了一段繁花似錦歲月，燒造出一系列高品質器皿，由淺灰藍到豔麗的青金石綠。陶匠參照真品原件，忠實地複製這批贈瓷的紋飾與形制，不過他們也參考不同時期的中國圖案，或自創綜合混搭風格，既有中式特色，同時又不失波斯整體風情。[92]（彩圖二十二）

阿巴斯給予波斯陶業的支持，是他建立帝國經濟繁榮大業的一部分。亦如同時代的歐洲王室，他堅守重商主義的觀點，傾全力阻止貴金屬流向印度——那個臭名昭彰的吃金吸銀無底洞。[93]他在許多城市成立皇家絲與棉作坊；伊斯法罕擁有數以萬計的織工，他們生產各式綾緞織錦，有時飾以取材自瓷器的花卉圖案，諸如玫瑰、牡丹與花樹等。一組來自伊斯法罕某宮殿的薩非王朝藍白色系壁畫，由三十二片瓷磚組成，圖中畫著一名穿著西方服裝的商人向一名女子獻上靛藍染織品，近旁草地上擺著繪有花樹的香客瓶。[94]最值得注意的是，阿巴斯還從中國遷來了三百名陶匠和他們的家人，全住在伊斯法罕附近——此舉顯然未經中國官方許可。這批中國工匠幫助波斯提高了陶器品質，可惜受限於這個地區的黏土性質，能夠成就的也很有限。

瓷器和蒙兀兒王朝：印度從巴布爾以迄奧朗則布，一五二六年至一七〇七年

阿巴斯鼓勵商賈出口青花陶器到印度。有了來自波斯的大量供給，再加上黏土器皿在印度地位低下，蒙兀兒印度因此未曾發展出本土陶業以因應其龐大的建築工程所需。此外，儘管蒙兀兒頻頻和薩非王朝發生政治衝突，卻還是以波斯的藝術、文學與陶器表現，作為本身同屬帖木兒傳承的最高成就。視蒙兀兒為不共戴天死敵的穆斯林德幹蘇丹（位於印度中、南部），也在文化上與薩非王朝波斯和鄂圖曼帝國保持親近關係。[95]

十八世紀初，印度畫家繪製了一幅作品，今名〈蒙兀兒王朝：從巴布爾以迄奧朗則布〉。畫中歷代君主坐在大理石柱的露台上，俯瞰柏樹花園，一席藍花地毯墊護他們的御足。帖木兒居中，兩側分別是蒙兀兒開國君主巴布爾（一四八三～一五三〇）、胡瑪雍（一五三〇～一五四〇，一五五五～一五五六在位）、阿克巴（一五五六～一六〇五）、賈汗吉（一六〇五～一六二七在位）、沙賈汗（一六二八～一六五八在位）、奧朗則布（一六五八～一七〇七在位）。帖木兒君主赫赫一脈系譜，在這張畫中完全具現，而瓷器也彷彿是這株家族樹的氏徽——只見在眾王圍坐形成的半圓中央，一只寶石金盤上，是兩只插滿鮮花的高雅青花瓷瓶，氣派輝煌。同位畫家的作品〈沙賈汗諸子〉，也畫了兩只青花瓷，同樣突出地置於前景。[96]

一五二六年，巴布爾從阿富汗的喀布爾入侵印度，建立了稱作蒙兀兒的王朝，此名衍自印度——波斯文的「蒙古」。巴布爾的資歷無懈可擊，母親是成吉思汗後代，父親是帖木兒嗣裔。「搖散你的突厥髮綹，」有位帖木兒詩人寫道：「因為你是皇家的命，是成吉思汗的位。」[97]一六三〇年有幀蒙兀兒配圖手稿〈帖木兒將皇冠交予巴布爾〉，也捕捉住這一層帖木兒親族關係。巴布爾建立的政權，成為印度

歷史上最大也最強的王朝，名義上一直延續到一八五八年英國將他的第二十三代後嗣逐出德里為止。這位蒙兀兒開國君主的回憶錄《巴布爾傳》讀之扣人心弦，也是他的眾多繼任者最愛抄錄、最愛描繪的文本。但是他壽命不永，征服印度的壯舉完成之後，規畫宏偉的園林未及實現便去世了。一如他的帖木兒王朝同儕，巴布爾熱中瓷器，進餐必用瓷盤，出外必攜瓷杯。在《巴布爾傳》中，他深情回憶某次不慎在河上失落愛瓷，幸好有位頭目送給他「另外一只，和消失在水中的那只一模一樣」。[98]

一五九〇年阿克巴命人為《巴布爾傳》配圖，圖中的蒙兀兒朝臣也是使用青花瓷進餐。類似場景又出現於記錄帖木兒生平的《帖木兒傳》，同樣也是阿克巴命人製作。事實上，這些畫面反映阿克巴本人的生活習用，無論表現得多麼理想化與公式化。皇帝後來也親自現身於一幅水彩畫〈阿克巴接見伊朗使節〉中，瓷器依然未在畫中缺席，而且此件瓷器可能正是複製他展示在宮中瓷器間的藏品。[99]

但是一如同時代偉大的君王阿巴斯，阿克巴對瓷器的看重，其實只是他整體宏偉計畫之中的次要附件。阿克巴最重要的目標是不分印度教或穆斯林，讓精英族群形成對內凝聚一致的統治階層，全心忠於他和帖木兒一系，並超越彼此的宗教歧異。他將拉傑普特戰士建為自己的軍事核心力量，廢除所有印度教徒的人頭稅，限縮穆斯林宗教勢力集團「烏里瑪」的權限，下令將梵文經典譯成波斯文，禁止強行迫人改信伊斯蘭教。他親自主持由各式信仰派員參與的宗教辯論，與會者有：印度教婆羅門、葡萄牙耶穌會士、波斯拜火教、烏里瑪學者和蘇非聖者等。波斯學者法茲勒所著、約成於一六〇五年的兩千五百頁《阿克巴傳》，包括了一幀名畫者那辛的配圖〈阿克巴與兩位耶穌會士進行論述〉，證明蒙兀兒皇帝對天主教也感興趣。接下來這部記事長篇累述上天賦予阿克巴的角色，天意要藉由他帶給人類安定與和諧；天啟充滿了這位人世嚮導，他的信息與神授領導大能不僅超越了正統伊斯蘭界限，甚至涵蓋一切外在宗教形式。[100]

想當然耳，耶穌會眾人熱切地談論阿克巴，包括利瑪竇在內；他曾在印度住了五年，一心預期皇帝會皈依基督。全亞洲歷來願意傾聽基督教信仰的君主當中，阿克巴是最強大的一位，他也在藝術領域利用基督教肖像系統，因為可以為他特有的聖王概念派上用場。而在耶穌會士這方，他們力讚阿克巴借用基督教圖像題材，至於到底能和穆斯林、印度教信仰有多少共同點，就禮貌含糊地不表意見了。這一點，正和殷弘緒在中國教民中間採取的策略相同——特意混淆觀音與聖母馬利亞的區別，成效甚豐。基督教天使在印度也可以發揮為同等的神化角色；法茲勒主張阿克巴是先知穆罕默德的後嗣，天使加百列已將真主之光傳達給皇帝。名畫者馬諾哈爾專為阿克巴繪製有關基督教的畫題，他所作的配圖手稿〈耶穌誕生〉顯示天使從天而降，向聖家庭顯現。天使手上還捧著一只金蓋青花大碗，似乎正從樂園某處「瓷屋」展翅飛出。[101]

阿克巴的宗教大雜燴和彌賽亞狂熱，連他的繼任者也覺得太過異端奇特。不過其子賈汗吉至少在一件事上不改其父之志，就是對西方藝術和遠方文化極感興趣，正如一六一八年有位耶穌會士清楚指出：「世上一切珍奇，都在這位君王手中，似乎全歐洲都在為他製作器物。」[102]〈賈汗吉宴請阿巴斯〉一圖中，眾器紛陳，包括一個日耳曼銀匣、一張可能是威尼斯製作的餐桌、一把形如香客壺的威尼斯玻璃酒壺，以及一只青花瓷碗。賈汗吉購置瓷器和西方物事猶如流水，以致羅伊爵士認為：「對他來說，最佳的貿易之道，就是把中國瓷鋪和倫敦交易所全搬到（他的帝都）阿格拉。」[103]

一種國際化的混合藝術，於是在阿克巴和賈汗吉的宮廷誕生，將帖木兒風格、歐洲版畫、印度——葡萄牙工藝，以及中國設計冶為一爐。賈汗吉那位強悍的妻子皇后努爾曾於一六一七年命人作〈努爾宴請賈汗吉和庫倫王子〉圖——庫倫王子即是下任皇帝沙賈汗——只見畫中眾主角坐筵一室，大理石壁龕內安有聖母馬利亞像和香客瓷壺。努爾也以薩非王朝風格裝飾她的波斯父親在阿格拉的陵墓，畫有酒杯、石榴、長頸瓷瓶等各式圖案。[104]羅伊表示賈汗吉異常珍愛瓷器和水晶，「更甚金銀、馬匹、珠寶」，據說某次有件心愛瓷器不慎碎裂，闖禍者差點被他打死。[105]還有一幅畫顯示沙賈汗之妻瑪哈，一手執玫瑰一手持青花小盞。

據法國醫生柏尼耶記載，奧朗則布皇帝御膳使用瓷器、黃金和白鑞餐具。不過他和他目光遠大、心胸開放的曾祖父阿克巴，以及沉迷鴉片、嗜好宮廷文化、干受妻子支配的祖父賈汗吉都不一樣。[106]沙賈汗父子（尤其是奧朗則布）改變政策，將蒙兀兒政權轉移為嚴格的正統穆斯林國度。他們實施以《古蘭經》為本的律法、向印度教信徒課徵歧視性的稅捐、拆除印度教廟宇、解退軍中的拉傑普特籍將領，並取消官方修史和手稿裝飾。[107]再也沒有皇家委製的蒙兀兒宮廷瓷器宴飲圖，也再沒有皇家瓷屋。

造成這種變化的因素，當然並不只是出於奧朗則布本身嚴峻的宗教狂性格。整體而言，雖然說帖木兒文藝復興在蒙兀兒統治階級中扎下深根，畢竟只形成一股散布極微薄的少數文化，廣大疆域內的絕大多數印度教子民依然心懷不服。瓷器尤其是其中的代表物：造於遠方異地，藏入與世隔絕的深宮，畫進珍有私享的手稿，廣受印度教民蔑視。瓷器在此地，從未取得在韓國、在東南亞群島，以及日後在歐洲扮演的公共公開角色。帖木兒的文藝復興之於印度，可說是一種溫室花房的現象，完全孤立於普通百姓之上和之外。比起德川時期日本茶道與日常生活的隔離程度，可謂有過之而無不及。

沙賈汗傳世最久遠的成就，依然要數在阿格拉興建的泰姬瑪哈陵，如今身列全世界最精美的紀念建築。這座為其妻瑪哈所建的陵墓，整體結構其實正是一個稜角畢現、毫不妥協的正統訊息：它的穹頂，是審判日真主寶座的視覺複本——在那日，所有不信者都要等待接受永恆的詛咒。[108]相較之下，奧朗則布留給後人的事物，建設性遠遠不及其父。他與法王路易十四是同時代人，兩位君主也共有一個相似處：都讓自己的國家陷入無止境的爭戰，耗盡了國家資源。而且銀庫枯竭之際，奧朗則布亦如法蘭西國王，使出銷熔宮中銀器為手段。最災難的一場戰事，就是率領八萬軍隊在南印度進行了一場虛擬聖戰，在位最後二十五年時光全部投入其中。不過，法蘭西那位太陽王可不曾放棄凡爾賽宮中的輕鬆快活，從未親臨戰場感受烽火的危險與艱苦。這位蒙兀兒的最後一任霸君卻彷彿帖木兒附身，重現當年那位令人生畏的一代始祖形象。等到一七〇七年奧朗則布以九十高齡死去，印度蒙兀兒王朝已如一灘廢土。雖然名義上又繼續苟延殘喘了一百五十年，帝國統治系統已形同崩潰。從而給予不列顛可乘之機，進占脆弱的地方勢力，最終奪得這塊次大陸的控制權。

鄂圖曼帝國的瓷文化

一如波斯的薩非王朝和印度的蒙兀兒王朝，鄂圖曼帝國歷任蘇丹也視自己為帖木兒文化的繼承人，但是他們缺乏競爭對手擁有的親族血源。十五世紀初，波斯大不里士的工匠遷往土耳其的陶區依茲尼克（古代的尼西亞），此地位於伊斯坦堡東邊九十六公里，是通往大馬士革途經之處。在那裡，他們引入了新的技術以及帖木兒的中國風，一四七〇年代因應宮廷需求，依茲尼克開始生產青花陶器，仿造薩非君主送給鄂圖曼蘇丹的景德鎮瓷器。或許正是這些禮物帶給當地工匠靈感，在自家陶器畫上神祕的中國麒麟和佛教獅子。[109]

處於帖木兒文化地域的西緣，鄂圖曼只能收到極少量的瓷器，直到自身疆界擴張之後方才改觀。一五一四年塞利姆一世使用槍藥火器，在查爾迪蘭關鍵一役打敗了伊斯邁爾汗。他大破大不里士，擄掠的戰利品用一千頭駱駝載回伊斯坦堡，其中包括瓷器。他任命一名從薩非擄來的設計好手領導鄂圖曼宮廷作坊，於是往後數十年間，帖木兒王朝喜好的藍白紋飾大量產製。這名俘虜還帶來許多十五世紀的帖木兒朝圖繪手稿，成為圖案取材的重要來源。[110]

解決了薩非王朝之後，一五一六年與一五一七年間，塞利姆一世轉而收拾馬穆魯克，先後征服敘利亞和埃及。鄂圖曼一躍而成世界強國，在印度洋取得地緣政治利益。為對付葡萄牙人封鎖香料運至紅海的企圖，鄂圖曼派員支援南印度的穆斯林、蘇門答臘北部的亞齊，以及爪哇。取下埃及，也使鄂圖曼獲得大量瓷器和埃及陶工，而這支外來的強制勞動力在幾年之前，已經放棄本身陶藝傳統轉而抄襲明代瓷器。[111]

有了新的知識技術，又有瓷器庫存做為藍本，依茲尼克工匠開始產製出大量景德鎮青花式的錫釉陶。他們將中式蓮花紋、牡丹紋稱為hatayi，意指「來自中國」的圖樣。然而及至十六世紀中葉，因受本土傳統外加義大利馬約利卡錫釉陶的雙重影響，青花開始減少，用色相對增加，如：紅彩、翡翠綠和綠松石色等。為了在室內營造出園林的繽紛氛圍，依茲尼克和敘利亞陶匠彩繪牛氣蓬勃、色彩豐富的複雜圖案，強調自然世界，包括鬱金香、康乃馨、風信子，以及各式花樹。他們也模仿義大利錫釉陶的圓徽圖案，圍上一圈取自蘇丹皇室的精細螺旋花押。鄂圖曼陶工仿製技巧如此高明，義大利消費者往往無法區分兩地製品的差別。義大利陶匠這方面，也回報鄂圖曼的模仿恭維，開始採用東方瓷風妝點他們的製作，借用依茲尼克陶器上的葉莖蜿蜒圖案。[112]（彩圖二十三）

達伽馬從印度帶回第一批瓷器的半世紀前，就已有瓷器經由西南亞來到歐洲。一四四二年至一四九八年五十年間，馬穆魯克的蘇丹送了五十八件瓷器給威尼斯政府；法蘭西的查理七世和佛羅倫斯的實際統治者羅倫佐．梅迪奇也曾分別獲贈。同樣在這個半世紀內，威尼斯和佛羅倫斯分別開始仿造青花瓷，採用伊斯蘭風格的幾何、花卉和動物圖案。[113]然而在此同時，歐洲人始終渴望造出自家的瓷器。一五一八年，某位威尼斯人試圖製作如此美器：「在此榮光之都威尼斯城，造出各色瓷器上品、佳作，一如那質地透明稱作東方器者。」[114]

一四七九年，威尼斯藝術家貝里尼前往伊斯坦堡，受聘為人稱「征服者」的穆罕默德二世作畫像。那幅由其弟喬凡尼·貝里尼所繪，日後並經提香潤色的名作〈諸神之宴〉，畫中有三件青花瓷，可能就是做哥哥的貝里尼所帶回的，又或許是根據當時已在威尼斯政府手中的瓷器為本。這幅作品描繪古羅馬詩人奧維德所述的一則傳說場景，只見希臘眾神縱情酒色：一隻半人半羊的酒神侍從頭頂扶著青花盤，身旁侍女胸前手捧青花大碗，目光誘人地凝視著他。海神側身靠近繁殖母神，伸手撫摸她的大腿，近旁青花盆擺滿水果。[115]這肯定是瓷器首度在西方藝術亮相，也顯示歐洲正要趕上薩非、蒙兀兒、鄂圖曼諸王朝的腳步。

「土器之製作」：西班牙－摩爾遺產

十六世紀的鄂圖曼帝國和義大利陶匠，彼此相互影響，也都在模仿中國瓷器，卻渾然不知雙方正在共同延續一項源自九世紀伊拉克的陶藝傳承。誠然，西南亞創新使用鈷藍裝飾錫釉陶，為世界東西兩端的陶瓷傳統帶來革命性的改變。在中國，創造出了青花瓷；在西方，自羅馬帝國傾亡之後只會燒製粗褐土器的陶業從此轉型。十三世紀開始，錫釉和彩繪令歐洲陶匠重新審視自己這門手藝，過去他們只會生產日用粗陶，如今已轉而製作顏色鮮亮生動、圖案富想像力的新器了。

西南亞的陶藝技術在十三世紀初期抵達安達魯西亞的馬拉加港，很可能是埃及法蒂瑪政權末日的亂象期間，出走遷離的陶匠傳入此間的。白圖泰聲稱，商人將鍍金的馬拉加陶器銷往各地，最輝煌壯觀的作品都進入格拉納達城外知名的阿罕布拉宮，這是伊斯蘭的納斯瑞德王朝於十四世紀所建的宮殿。這些

「阿罕布拉瓶」（十八世紀以來的稱呼）是歷來所製最大的虹彩陶：高一百二十五公分，雙柄如翼外張，以藍、白、金三色裝飾。神聖羅馬帝國的魯道夫二世曾購入一只，他滿心相信當年在迦南的婚宴上，自己的基督教大神便是用這只瓶子將水變為美酒。[116]

一三五〇年代，格拉納達政局動盪不安，陶匠又帶著他們的專業知識從安達魯西亞遷往瓦倫西亞的梅尼西茲。錫釉肯定改換了當地的日用生活形態，因為該區使用的陶器樣式由十種突增四倍以上，而且器內多數施釉。及至一四〇〇年代初，商人已向義大利大量出口今日稱為西班牙－摩爾風格的陶器，雖然在此之前已另有錫釉陶從西南亞和北非輸入。義大利人用這些光澤鮮豔的器皿妝點他們的教堂壁面和紀念建築，頗有爪哇穆斯林祠、婆羅洲獵頭柱、馬尼拉西班牙大教堂，以及斯瓦希里葬儀柱之遺風。[117]

從西班牙－摩爾進口的錫釉陶，刺激義大利開始廣泛採用錫釉，尤其是從十四世紀後期開始。在托斯卡尼和安布里亞兩地，陶工模仿西班牙－摩爾器的花卉圖案和阿拉伯紋飾，並加入豐富色彩：銅綠、錳紫、雞蛋黃和鏽橙等。進入十六世紀，又經常採用一種偽中國風，取自依茲尼克陶器，在器表繪製格式化的動植物紋飾。更重要的是，他們還取材文藝復興圖繪規範和版畫畫風。[118]這種新穎的「故事繪」手法，在品味精練的客戶眼中提升了陶器的體面性；他們開始把黏土視為一種高級材質，足登藝術領域，從而進駐權貴之家。一五五七年法皮克巴薩向他的讀者保證：「土器之製作……絕對不會減少王公的偉大與身價。」[119]佛羅倫斯雕刻師羅比亞開發出製作多彩陶像的新技術，成立了一家極具影響力的作坊，日後並由他的侄子安德烈．羅比亞接手延續。某些十六世紀的義大利陶匠甚至開始把自己的名字寫在器底，約在同一時間，江蘇宜興的製壺者也展開這個創舉。義大利陶匠還仿製古羅馬的銅器（一如宋代中國），用以陳設學者的工作室。

十六世紀初，錫釉技術抵達安特衛普，傳入者薩維諾在那裡被稱為「威尼斯陶匠」。[120]他是地中海人才大規模流失進入北歐的一員：玻璃工、肥皂工、織工、鏡工和印刷工等各式藝匠，紛紛來到這個日漸重要的後起之秀區，尋找就業機會。工匠的北移，顯示大西洋導向的北方二城，先是安特衛普，繼之以阿姆斯特丹，不久就要在商業和工業優勢上取代威尼斯和地中海了。

北歐人先前只知有平凡的褐陶，所以很容易便擁抱錫釉帶來的鮮麗色彩。威尼斯的瓷器風紋飾，迅速出現在安特衛普的街道路面，以及陶器器面。一五七六年十一月初，西班牙菲力普二世的軍隊因為拿不到軍餉，一場臭名昭彰的「西班牙怒氣」發作，蹂躪了這座城市。薩維諾有三個兒子逃向英格蘭，將錫釉介紹給倫敦和諾里奇的陶匠。另一個兒子，則帶著添加了義大利和佛蘭德斯色彩紋飾風味的錫釉陶手藝，前去西班牙。

因此一百五十年時光過去，西班牙－摩爾遺產走完一圈，又回到最初的發祥源頭。然而在此同時，情勢也已發生變化。達伽馬航行之後，中國瓷直接來到歐洲，意謂著錫釉陶工藝注定步入歷史陳跡，儘管它活力旺盛創意無窮。一六一九年，里斯本陶匠獻出他們巧妙模仿中國瓷的「香客瓶藝術」，迎接菲力普二世——其實，這正是他們將要以外來瓷器真品，取代自家手藝的關鍵臨界點。

八、中國瓷之衰與亡

西方與世界

西元一五〇〇年至一八五〇年

一六〇二年三月，兩艘荷屬東印度公司的船隻在南大西洋的聖海倫娜島外海，擄獲葡萄牙船「聖耶戈號」；從印度果阿返航的克拉克大商船＊，都會順道在此稍事停留。在荷屬東印度公司的協辦之下，這批搶來的瓷器在米德堡拍賣，吸引了廣泛的注意。該公司還舉行隆重儀式，將數包碗碟呈獻給當地議會與顯要。一年之後，荷蘭眾家船長又取得更壯觀的戰利品。一六〇三年二月初，葡萄牙「聖卡塔琳娜號」從中國駛向印度，滿載絲綢、彩緞、漆器家具、香料之外，還有七十噸黃金礦砂和六十噸瓷器（約十萬件），可能是打算在果阿出售。月底在麻六甲海峽附近，兩艘荷屬東印度公司的船艦在船長黑姆斯克爾克指揮之下，攻擊停泊在港口的葡萄牙商船。[1]激戰一日，船貨半數遭火舌吞噬，但即使剩下的一半也稱得上令人歎為觀止——總共在阿姆斯特丹拍賣了三百五十萬荷蘭盾，約合三萬五千公斤白銀。這個數字實在令人咋舌：當時一個勞動者每年不過掙得兩百五十個荷蘭盾，阿姆斯特丹一幢上好的房屋索價五千，一艘克拉克大商船造價十萬——因此一次拍賣所得，就足以在城內最高級的地段買下七百五十幢房子，或打造一支堂堂三十五艘的超級船隊，比一五九二年後從阿姆斯特丹開往亞洲的全部船舶總數還要更多。這個聯合省共和國的東印度公司成立於一六〇二年，創業集募資金總共不到六百五十萬荷蘭

＊ Kraak 源於西班牙文 carrack，十五至十七世紀的三桅雙層大商船。

盾。打劫了「聖卡塔琳娜號」，一口氣就為該公司帶進百分之五十四的股價總值，[2]眾股東一定對黑姆斯克爾克船長的業績表現深感滿意。

於是大量瓷器首次抵達尼德蘭聯合省共和國（即荷蘭），而且是在海上爭霸的背景之下，以副產品的角色附帶出現。角力雙方，一邊是菲力普三世的西葡帝國，另一邊則是他過去的低地子民。「聖卡塔琳娜號」船貨大拍賣一年之後，格勞秀斯主張，荷蘭的海盜行為實屬正當，並熱情地談及它的戰利品：「最近（聖卡塔琳娜號）那場銷售，任誰見了，能不對其雄示的財富大表驚嘆呢？誰能不目瞪口呆呢？誰不會覺得其內容簡直就像一場王室財產大拍賣，而不只是私人產業出售呢？」[3]格勞秀斯是學者兼政治家，他於一六二五年發表的法學著作《論戰爭與和平的權利》，被認為是第一部全面討論國際法的巨作。總之這次拍賣會引起了國際騷動，荷屬東印度公司因此深信應該開始在中國購買瓷器，還特為這類進口瓷創出「克拉克瓷」（kraakporselein）一詞，也算是向葡萄牙貿易前輩鞠躬致敬了。一六〇三年之前，荷蘭對亞洲陶瓷的認識僅限於從波斯進口的青花陶。但是到了一六一四年，事情的變化如此迅速，以致某位寄居荷蘭的丹麥人潘塔努斯做出如下結論：「東印度交通已將大量瓷器帶到荷蘭……因此我們可以說，也只能這麼說，瓷器數量之豐，能在此地日日成長，成為普通人幾乎每天都在使用的東西，全是拜這些海上航行所賜，才來到我們中間。」[4]西方的瓷器熱，已然揭開序幕了。

「於是帝國易位」：葡萄牙和荷蘭在東亞

儘管市場需求殷切，但是在荷蘭人搶到「聖卡塔琳娜號」意外發財，進而進場從事瓷器貿易之前，歐洲從未大量進口這種商品。此時離達伽馬首次進呈十二件瓷器給曼努埃爾一世，時間上已經相隔百年。可是無論是葡萄牙君主或葡萄牙商人，都不曾大規模擁有瓷器，更未曾將它傳到葡萄牙本國之外太遠。的確，曾有過相當數量的瓷器進入隔鄰的西班牙，其中幾件還飾有查理五世的字母花押；他是菲力普二世的父親，西班牙王兼神聖羅馬帝國皇帝。十五世紀時葡萄牙公主伊莎貝拉嫁給勃艮第公爵菲力普，所以當地有一個小型的葡萄牙人社區，少量瓷器也因為他們而在此地出現。一五二一年，安特衛普有位葡萄牙商人請日耳曼畫家杜勒為他畫像，以三件瓷器為酬金。[5]當然，另外也有瓷器從伊斯蘭世界流入歐洲，雖然通常不會留下任何紀錄。義大利史家喬未奧誇稱，一五三五年查理五世征服穆斯林在非洲突尼斯的據點之後，西班牙王的代理曾送他一件高檔瓷盾作為紀念。[6]

然而，除了貴人顯要偶然擁有幾件之外，總體而言，瓷器在伊比利半島之外可謂相當罕見。葡萄牙君主為求投資快速回收，採取的是高價政策，因此瓷器（以及各種商品）市場規模限縮，缺乏誘因刺激，供應量自然不曾提高。王室將亞洲貿易視為皇家的獨占事業，而不是商業事業，因此將瓷器歸於「東方貿易」下的「雜項」，包括琥珀珠、種珠和金漆盒等。[7]而在亞洲的葡萄牙商人，也從未認真將貨物送回本國。荷屬東印度公司駐巴達維亞的總督迪門，帶著幾絲輕蔑口氣指出：「大多數在亞洲的葡萄牙人，根本就把這裡當成家了，完全把葡萄牙拋在腦外。他們幾乎不回那裡也鮮少和那裡進行貿易，只做亞洲轉埠生意就心滿意足，好像自己是這裡土生土長的人，沒有其他任何祖國。」[8]

歐洲大規模進口瓷器，也必須等待荷蘭人下海方才展開。因為葡萄牙人運氣不好，抵達中國之際，正逢帝國朝廷對外來商人和海上貿易抱持敵意。一個多世紀前洪武皇帝制訂的政策，此時依然左右海上交流的條件環境。葡萄牙人本身行為欠佳，更使他們的際遇加倍惡化。第一批葡萄牙船由安德拉德指揮，一五一七年一行八船駛抵廣州港。皐利士也在船上同來；剛在麻六甲寫完《東方概覽》的他，勉強同意擔任首位葡萄牙駐華大使。結果葡萄牙水手卻殺死了一些當地村民，不過，可能是在明智審慎的賄賂之下，中方主管貿易的官員依然允許安德拉德購買絲綢、瓷器。然而，隨著卑利士之弟西瑪的到來，事情卻開始走下坡。一五一九年西瑪領著四艘船抵達，一連串舉動激怒了中國官員：他違反中國規定，擅自蓋起要塞，還樹立絞刑架處決一名水手。接下來又做出更多不像話的冒犯行為，最後中國水軍發動攻擊，葡萄牙人逃離廣州，留下綁匪、奴販和食人的惡名。中方出兵不能說完全沒有道理。[9]

一五二一年，卑利士抵達北京要求覲見皇帝，朝廷拒絕所請，理由是一五一一年葡萄牙攻占麻六甲，冒犯了天子龍顏，須知鄭和下西洋以來，那裡原是中國的入貢屬邦。卑利士下獄，從此消失，或許旋即遭到斬首，也可能被幽禁在某個偏遠省分幾年之後死去。接下來三十年，葡萄牙人改而在浙江、福建沿海一帶走私；無數違犯貿易禁令的天朝子民之中，自然也不乏有人與之同謀。合作者也包括來自長崎和堺城等港埠的日本商人家族；這些人同樣違反了日方海禁卻不虞懲罰，因為此時正值日本戰國時代，衰弱的足利幕府根本無力監督他們。葡萄牙人必須再等到一五五七年，才獲得帝國政府許可，在廣州附近建立永遠聚落，日後以澳門之稱聞名於世。[10]

葡萄牙貿易的黃金時代於焉展開，澳門成為中國、日本、印度三地的貿易樞紐。十五世紀日本礦業欣欣向榮，因為從韓國引入了經過改良的礦石處理技術。德川政府將白銀投入絲業，自中國進口原料，設立織造作坊。[11]日本銀與中國絲，再加上明朝施行海禁，葡萄牙人因此扮演了中間商的角色。一五八〇年代後期，在英國旅人費奇筆下，可以想見當時由東亞三角貿易串起的幾個強大經濟體：

> 葡萄牙人從中國澳門開赴日本，帶著許多白絲、黃金、麝香和瓷器，回航時卻只載白銀，別無他物。他們有一艘巨大商船，每年固定前往，帶回六十萬以上銀幣（一百二十萬荷蘭盾）。所有這些日本白銀，再加上每年從印度運出的另外二十萬銀幣（四十萬荷蘭盾），他們都送到中

國好好運用：從那裡載了黃金、麝香、絲綢、銅、瓷，以及其他許多東西，再運到印度去做生意。[12]

葡萄牙人忙著從日本「只載白銀別無他物」的時候，中國大帆船船隊則為了同樣目的開往菲律賓。據一五七六年西班牙在菲律賓的某位總督所言，這個地理區域所代表的意義，就只是「中國一處群島」而已。[13]十六世紀晚期，西方開始對中國經濟發揮強大的影響力，原因有二：一五六〇年代末期西班牙占領菲律賓，十年後祕魯銀礦開始吐出巨大產量。一五七一年至一六四〇年代之間，此一貴金屬每年約有五十公噸（十七萬六千三百七十兩）橫跨太平洋西去。西班牙美洲、菲律賓群島與中國三地，遂以銀流串接起來：一年一度，一艘西班牙大帆船滿載白銀駛出阿卡普爾科，到馬尼拉換購絲綢、瓷器以及其他商品。因此進入十六世紀晚期，新大陸的西班牙人比歐洲人更常見到瓷器身影。墨西哥城有一萬四千名工人將絲線織為布匹，因此絲價比起塞維亞和馬德里相對便宜。然而白銀大量湧入中國，造成物價嚴重上漲，加以作物歉收、援助韓軍對抗豐臣秀吉入侵的軍費沉重，種種原因之下，及至一六三〇年代，天朝帝國已瀕破產邊緣，缺乏財政資源自衛以對抗滿族強敵。[14]

葡萄牙雖然高踞亞洲貿易金字塔的頂端，但是面對來自西班牙以及其他西方國家的激烈競爭，剛滿半世紀就得讓出這個寶座。諷刺的是，不慎啟動這個下滑趨勢的人，正是一五八〇年成為葡國自家君主的菲力普二世。一五九八年，他下令實行禁運，封鎖荷蘭與西班牙之間的貿易；荷蘭人乾脆利用停泊在他們港口的克拉克商船組成小艦隊，也做起環球貿易的大生意——西非買奴隸、委內瑞拉買鹽、台灣和巴西買糖、波斯買絲、東印度群島買香料。[15]「聖卡塔琳娜號」遭劫數十年後，荷蘭人已將葡萄牙人逐下西方在亞洲貿易的首座。

早在一六〇五年，荷蘭便從葡萄牙手中搶得摩鹿加群島，從此幾乎全面掌握全世界的豆蔻和丁香供應。一六一七年荷蘭船隊襲擊馬尼拉，但未成功。及至一六二三年，荷屬東印度公司已在亞洲號令九十艘船、兩千精兵，分布於二十個港口，總部設於巴達維亞。總督迪門持有母國發給的合法令狀，以元首級權力在此行事。他將葡萄牙人逐出斯里蘭卡，封鎖果阿與澳門，讓他的荷蘭軍和東南亞輔助部隊進占麻六甲。一六三五年，德川幕府驅逐葡萄牙來的「南方蠻子」，荷蘭人遂成日本商場上唯一的西方人，只有他們能取得刺激亞洲貿易的重要資源：日本白銀。一六六〇年代初，荷蘭又取得馬拉巴爾海岸的控制權。一六六二年葡萄牙公主凱瑟琳和英王查理二世成婚，葡萄牙將孟買讓予英格蘭做為她的嫁妝，葡國王室在印度的產業從此只餘果阿。

相較之下，透過荷屬東印度公司的管理調度，荷蘭商人將大量精力投入運送商品返回母國。該公司從董事、船長到代理，無不密切協調家鄉消費者與海外採購之間的供需關係。相較於葡萄牙王室完全忽略在亞洲的投資，尼德蘭聯合省共和國的眾省長，尤其是控制阿姆斯特丹的自治市民，卻想盡辦法，一定要確定這間遠在半個世界之外運作的合股公司，握有足夠的財務與體制資源，從事必要的商業風險，並將商品送回荷蘭市場。[16]因此十七世紀之時，荷蘭人支配了全球貿易，阿姆斯特丹成為第一個獨霸世界的轉口中心。一六三九年荷蘭大劇作家馮德爾的詩句，以勝利口吻慶祝荷蘭影響力遍及全球：

偉大的爪哇，向我們獻上她的豐富寶藏，
中國，交出她的瓷器。來自阿姆斯特丹的我們
航向四海、無岸不至，只要是利潤召喚之處，
甚至遠赴恆河與海浪交會的地方。

利之所趨，沒有任何港口是陌生異地。
與葡萄牙，我們共分海洋、陸地，
休兵不再衝突，對方已讓出許多。
誰若不信，可將他的目光投向城市和要塞：
我將讓他看看其他眾城，另一個祖國
有著不同的星子。於是帝國易位：
我們的收成，採自如此廣大的田野，
一間巨大的印度貨倉，貯藏了整個東方。[17]

「只要是利潤召喚之處」：中國、荷蘭、國際陶瓷市場

從十七世紀開始，直至十八世紀終了，荷屬東印度公司至少進口了四千三百萬件瓷器到歐洲。不過這只是官方數字：更多更多的瓷器，沒有紀錄也無法估算，以公司員工私貨的方式進入歐洲。當然，首要市場是聯合省本國，此地當時是全歐經濟活力最旺盛的地區。那裡的飲食內容最豐富，住宅陳設最豪華，是整個歐洲最高度開發的裝飾品及應用藝術市場；荷蘭共和國（一六四八年之後的國名）領先各國，對新式餐具的需求最盛。[18]及至一六一四年，普通瓷碗瓷盤已經「幾乎是一般人日用之物」。荷屬東印度公司很快轉而留意進口特殊類型，某位貿易商稱之「新奇器件，否則利潤只能很薄」。[19]一六三八年迪門寫信回阿姆斯特丹：「隨著歐洲開始充斥常見的瓷器，我們今後應該削減同類貨品，改成依據需求下單，花色與品質務必更為精美。」[20]

瓷器如洪水氾濫湧入，荷蘭陶業也轉而產製大量錫釉陶，直接仿冒中國青花藍白色系，取代那些義大利——佛蘭德斯式的多彩裝飾。事實上幾代以來，鹿特丹和其他都會中心的陶匠即已從義大利畫本和版畫取材圖案，因此早已準備就緒，立刻就可以著手回應中式視覺文化。先有安特衛普、威尼斯傳入的錫釉，後有進口瓷器，兩項因素刺激帶動了荷蘭陶業發展。一五七〇年代，本土陶廠庫存量平均每家約一千五百件，一六五〇年代已躍升為一萬多件；一五七〇年臺夫特當地規模最大的作坊只有十位員工，幾代之後增加到六十位左右。[21]

一六一四年，有位實業家獲得聯合省國會許可，設廠生產「東印度」式的器皿，於是臺夫特陶業開始登場。不過卻要等到世紀中期，地球東西兩端各自發生了一場災難之後，業務才真正有起色。第一起事件，來自中國政府下了個不尋常的政治決定：明朝與滿族的衝突，使得景德鎮生產中斷；一六四四年滿人入關取得天下，江西及南方沿岸依舊動亂，產量始終未能恢復。忠於明朝的大將鄭成功——在西方以國姓爺的音譯「Koxinga」之名見稱——據有福建沿岸，利用海上貿易資助自己的抗清軍事行動。清政府為截斷海內外聯繫，一六六〇年訴諸嚴苛的遷海令，將廣東至江蘇長達兩千四百公里沿海地帶的居民，全部撤離，內遷三十二公里。[22]

世上沒有任何國家，會想到實施這等驚人的堅壁清野措施。也沒有任何擁有如此強大海事前途的政府，為解決軍事困境，會採取從自家海岸線撤退的法子。但是一如既往，在中國，國家安全永遠勝過海上利益。不過清廷畢竟缺乏足夠資源完全貫徹這項遷海政策，更遑論以人道方式執行——可能高達數以百萬計的沿海農民、船民和漁民，家園盡失，身陷貧困，流離失所，悲慘死去。一六六二年，滿清朝廷又頒布另一項令人咋舌的禁海令，命令所有海船一律燒毀，「寸板不得下海」。[23]嚴酷程度，較之洪武皇帝最苛刻的政策不相上下；但是動機則不似洪武皇帝激進絕對：清廷並不打算永久隔絕中國與外洋之間的來往，純粹只是因應國家緊急狀況的權宜之策，以取回海洋邊境的控制權。一六八四年，一旦帝國解決了來自明室遺民的威脅，便重新開放口岸，復建沿海地區。

第二起災難發生在同一世紀中葉的荷蘭。一六五四年十月十二日，臺夫特附近地下儲存的四萬一千公斤火藥爆炸，造成至少五百名居民死亡，兩百間房屋夷為平地，多家釀酒廠受到波及。災後製陶業者大舉進駐，大規模擴張生產，後來被稱為臺夫特器。他們使用在臺夫特南方不遠處發現的高品質黏土，器內施以透明鉛釉，外壁施錫釉再上彩繪。這些臺夫特陶廠的名字很怪，如：金屬鍋、希臘A、雙罐等，其實都是衍自原址已遭炸毀的釀酒廠廠名。臺夫特至今仍記得那場可怕的大爆炸，並稱之為「晴天霹靂」。[24]

「霹靂」之前，阿姆斯特丹和其他荷蘭城鎮只見外地陶瓷競爭：義大利、西班牙、葡萄牙、法蘭西、英格蘭、丹麥、中國、日本。「霹靂」之後，臺夫特取代鹿特丹成為荷蘭陶業中心，臺夫特器的產製也大規模地結束了從歐洲其他國家進口陶器。明末清初中國動盪，當然也切斷了大部分瓷器進口，冒險進取的荷屬東印度公司立時靈活因應，馬上在日本、越南、阿由提亞和波斯找到替代來源。而臺夫特陶匠亦如他們的越南與泰國同行，充分利用中國貿易瓷中斷造成的缺口，開始源源燒出青花器做為代替品。世紀中葉起，瓷器進口量銳減又不穩定，臺夫特幾乎每年都有新廠新窯開張，一連興旺了好幾十年。本地有現成的版工、畫工、印工，人力和靈感兩不缺，陶匠又取材中國瓷、聖經、古典神話、靜物、諺語書、紋章盾牌做為圖案藍本。及至一六八〇年際，臺夫特陶業人口已達一千六百人（占該地全部勞動力百分之二十），擁有固定資本三十萬荷蘭盾，每年至少燒造三十萬件陶器。[25]

臺夫特青花陶外觀光滑，因此通常稱為「瓷陶」，此時也進入國際市場：荷屬東印度公司把它帶到薩非波斯、蒙兀兒印度、斯瓦希里海岸，以及東南亞群島和南北美洲。這家荷蘭公司也將波斯青花陶運至斯里蘭卡、孟加拉、阿由提亞、巴達維亞、阿姆斯特丹。無論是銷往印度洋的荷蘭陶器，或輸入荷蘭的薩非陶器，器底常仿中國瓷弄上一個年款，當作高品質的保證。但是，好景不常，對這些冒牌貨來說，一六八四年清朝取消海禁，景德鎮外銷反攻，將臺夫特和薩非的仿品逐出傳統屬於中國的各地市場，一如越南與泰國仿製品的下場。面對中國競爭，十八世紀初日本柿右衛門窯停止生產；在荷蘭，臺夫特也失去了國內市場的準獨霸地位，因為中國瓷再次大量流入，最終高占阿姆斯特丹總陶瓷消費量的四成。

一六二〇年代，明朝的萬曆皇帝去世，御瓷訂單從此大減。接下來明清更替、戰火蔓延，中國沿海一直到一六八〇年代終於恢復平靜。在這段中國陶瓷史上稱為「過渡期」的六十年時光裡，景德鎮的生產運作發生重大轉變。因白銀厚利致富的泉州商人，組成集團收購了許多民窯，將天下瓷都調整為前所未有的市場導向，以回應本國中等階層客戶以及海外不斷擴大的需求。康熙皇帝和他的繼任者都對景德鎮表露高度積極的興趣：不但委任督陶官開發新產品，也提倡新奇的裝飾技術，尤其是耶穌會匠人引入的琺瑯彩。[26]種種發展，無疑使景德鎮成為歐洲各國東印度公司的最佳生意夥伴，特別是荷屬、英屬兩家。

一六八四年景德鎮再度從國際陶瓷市場崛起，這只是中國重掌東亞貿易霸業的其中一個面向而已。長時間的動亂過去，中國貿易以前所未有的幅度擴增，取得了至高無上的位置，並將持續保留這個優勢直至十九世紀初。反清勢力解體以及日本戰國時代結束這兩項因素，破除了西方人——不管是葡萄牙人還是荷蘭人——在東亞號令貿易交流的存在理由。明將鄭成功把荷蘭人趕出台灣，德川幕府也縮減了荷屬東印度公司的貿易特權，荷屬東印度公司只好讓步，把他們與東南亞大陸及群島區的直接貿易優先權讓予中國。從此荷蘭人以守候在巴達維亞等待中國帆船把瓷器運來為滿足，不再親自出航取貨。[27]中國並未如馮德爾的詩句所誇稱，「交出」她的瓷器，而是以中國自己的生意經做中國自己的外洋生意。雖然荷屬東印度公司繼續控制香料的運輸，卻始終未能如先前的葡萄牙般，拼整出一棵包賺不賠的搖錢樹——穿梭於中、日、印度之間，進行利潤滾滾的三角貿易。

十七世紀英格蘭著名的日記作家，同時也是海軍高級官員的佩皮斯於一六六四年寫道，東印度的荷蘭人看不起英國人，並自詡「聽從母國指示行事，要在全世界稱王，還自居全南海的領導者」。[28]但是現實很快就擊潰了他們的野心，不出數十年，荷蘭商人也在亞洲過起和他們的老對頭葡萄牙人一模一樣的日子，也就是說，專注於亞洲內部的貿易交換，並把報酬最豐厚的海運部分交到中國人的手裡。而中央之國的貿易實力之所以如此堅強，是因為中國商人可以仰賴長期以來散居全東亞的中國海外移民社區，包括蓬勃新興的集散中心：馬尼拉和巴達維亞兩地。這是一個規模宏大經驗豐富的貿易網絡，實力遠非荷蘭船隊、要塞所能企及。在此同時，整個十七世紀期間屈居第二、幾乎次次劣於競爭對手荷蘭的英屬東印度公司，也開始在孟加拉站穩腳跟，最終將從這個強大的根基地擴張，勢力及於次大陸全區，從而超越荷屬東印度公司的成就。

歐洲的餐具：陶器、白鑞、銀器

西方人在中國有各式各樣瓷器可供選擇，這得感謝中國陶匠的多才多藝以及景德鎮的工業級產能。各國東印度公司進口大量中國瓷，從而促使一六〇〇年至一八〇〇年間很大一部分歐洲人口的日常生活改頭換面。更有甚者，中國瓷器並不只是一個徒供使用或欣賞的中性物件，它還對西方社會發揮重要的影響——也就是在消費者革命中扮演了領頭作用。而消費者革命本身，正是十一世紀高級都市文化復甦以來，一場發生於日常生活的同等重大改變。[29]

一五〇〇年之前，一個普通人家的財產總加起來不超過一張床、幾把凳子，外帶幾件赤土陶器。但是自全球貿易揭幕以來，歐洲人購買了許許多多新東西。[30]當然，直到十九世紀末，消費革命才全面及於社會各階層，此時家庭購買力增加，工業革命的影響已充分展現。但是這個大轉變首次露面，時間卻要回到兩個世紀之前的十七世紀。事實上，正是因為社會對消費產品的需求量提高在前，從而才刺激了大不列顛的機器生產。[31]而在眾多新登場的貨品之中，中國瓷和它的眾家仿品名列前茅。十六世紀開始，從社會觀點到實際的精英品味、日常生活、社會習俗都在徹底改變——瓷，在其中發揮了核心影響。

一七〇〇年的歐洲約有一億人口，為餐桌用器提供了接納度高又有利可圖的市場。一四〇〇年之前，多數人只能把不新鮮的麵包切為厚片，權充盛接食物的盤子，或在木頭托盤中間挖槽以盛流質食物，[32]杯子則用動物角或蠟木製成。農民極為珍視自己僅有的幾件赤土陶器，若有破損還塞進鉛粒修補。十五世紀萊茵地區製作的炻器，擴充了日耳曼、英格蘭和荷蘭三地的陶瓷類型，可是食具水準依然其低無比。英國直到十六世紀晚期，才以無釉陶杯取代了「黑傑克」，這是一種外塗焦油的皮革杯。英王詹姆斯一世使用木杯痛飲啤酒——這個選擇或許是不得不然的結果，因為他放縱朝臣宴飲作樂，砸碎昂貴的玻璃杯。

十七世紀的風俗畫也顯示，當時大多數餐桌上的陶器是多麼稀有，品質是多麼可憐；幾乎所有器皿都是赤土粗陶或上釉陶器。雖然畫布所見不能當成過去生活的寫照，但或多或少反映日常生活現實則不在話下。[33]大畫家維拉斯奎茲所繪的〈客店一景〉：只見桌面孤零零一個粗碗，以及一杯、一壺、一刀，卻有三人共用。荷蘭風俗畫家史堤恩的〈飯前禱告〉：農民一家四口，共用一個勺子，共喝一只陶碗裡的粥，一旁有狗舔著翻倒在地的粗陶鍋。另一位荷蘭風俗畫家莫勒奈的〈國王暢飲〉描繪十三人圍桌而坐，有個貪吃鬼在牛飲儲藏於罐中之物，其餘人等傳遞一只白鑞大啤酒杯、一件萊茵炻壺、一個玻璃圓杯。莫勒奈的〈月牙旅棧〉畫中十五人，桌上卻只見三個酒壺。所有這些畫作之中，在場吃喝的人數總是多於可用的陶器件數。[34]相形之下，荷蘭靜物畫中的器皿範圍廣泛，從赤土陶到銀器應有盡有——追求的效果自然是一種不同美感。但這些物件卻決計不會出現於人物風俗畫。

低下階層習慣使用木製和赤陶器皿進食，中等階層則青睞白鑞。一六六三年佩皮斯在日記中記錄他的不快：某店「非常討厭，竟沒有餐巾也不換槽盤，而且酒壺還是土器，盤碟是木製的。」[35]身為高官，來往於倫敦重要人士圈中，佩皮斯進餐多用白鑞。只有木頭槽盤可用的人，一定豔羨他的高級餐具，不過白鑞也有缺點，否則後來也不會被釉陶取代。一般白鑞器皿是由低階錫合金製成，含有百分之十五的鉛，很容易造成刮痕，需要花好幾小時的工夫用砂子抹除磨光（不過刮痕倒也有小小妙用，就是盤上食物不易滑落）。[36]此外，白鑞的質地幾乎無法添加任何紋飾，因此進入十七世紀後期，裝飾時尚迅速改變之際，白鑞這個媒材就黯然遭到孤立了。

啤酒客則持續喜好白鑞杯直到十九世紀初期。然而一七〇〇年後英國飲茶量飆升，每人平均啤酒消耗量急劇下降，白鑞杯的使用也隨之大為減少——飲茶之人自然不用白鑞，因為茶水會使杯子燙手。錫價因此下降，引發康沃爾錫礦工人怪罪陶器業者害他們失去收入又失業。一七七六年一群礦工暴動，衝進埃克塞特鎮的塔福德郡陶瓷賣場。瑋緻伍德的朋友警告他「遇見康沃爾郡礦工千萬當心，錫價太低了」。[37]

銀盤排名遠遠高於白鑞，是最有身分的餐具，材質高貴，只有大富人家才買得起。在十六世紀的英國，唯有「男爵、主教層級以上人士才配以銀器上菜」，以下人等僅能勉強使用白鑞。[38]十八世紀初期英國一整套銀製餐具約價值六百英鎊（略合今日十萬三千美元）。只用得起陶器的工匠，年收入約二十五鎊（等於今天的四千三百美元）。只能用白鑞的牧師或海軍軍官，年收入不超過六十鎊（一萬零三百二十美元）。上流社會認為，紳士級人士每年至少要有三百英鎊（五萬一千五百美元）的進帳。

銀器挾帶著如此巨大的威望，擁有銀器遂等於驗證了一戶人家的社會地位，甚至連代表這件器物年歲的鏽色，也等於在宣示器主的教養之深、地位之高、家族血統之古老。[39]作為裝飾品，銀器令人印象深刻肅然起敬；然而一放到十七世紀初的餐桌上，就得和其他各式器皿雜置並陳。英王查理一世的進餐設備包括銀碟、水晶調味瓶、瑪瑙和雞血石杯，四五只白鑞盤子、幾張木製大淺盤和瓷碟，以及（如某張清單所列）「一只鍍金鑲銀大瓷盆，兩柄覆以皮套。」[40]這個引人注目的物件價值四十二英鎊（合今日約七千兩百美元），若和日後他的外孫：英王威廉三世那張銀餐桌比較，自然相形失色。後者為這張桌子支付了三千六百英鎊（六十一萬九千兩百美元），桌身不但鏤刻了他的私人紋章、戰爭紀念，還有英格蘭、蘇格蘭、愛爾蘭和法蘭西的徽誌。

銀器也充任實際投資和保值功能。在十七世紀中後期發展出存款式銀行作業之前，銀製餐具代表一項凍結資產，是一種可以在必要時換取現金的資源——換取的方式通常是透過典當。此等權宜之計自然有損身分；不過，單單是將如此珍貴的金屬器擺在家中櫥櫃或桌上展示，就足以令這種落魄降低幾分了。只要腰纏大量銀器，爵爺大人欠給那些可厭商賈的頭痛債務，就可以比較容易地一筆勾消或暫時作罷。「把錢花在實在的銀盤上，」一六三〇年有位年輕的英國貴族得到這樣的教誨：「比留在你的錢包裡作用更大，更能顯示你的信用。」[41]

然而銀器在十六、十七世紀也遭逢大難。菲力普三世為推銷西班牙的錫釉餐具，一六〇〇年頒布奢侈法，禁止貴金屬器的使用和製造。日後有齣西班牙滑稽劇還編了個王后誓言：「用泥盤吃東西我也願意」，顯然她還是用她的銀杯喝水。[42]西班牙王位繼承戰爭期間，路易十四以愛國為名，威嚇他的貴族銷鎔銀器捐輸。內戰時期的英國貴族也有類似遭遇，交出他們的銀盤支持查理一世的大業，改用倫敦、布里斯托和臺夫特製作的釉陶為餐具。儘管他們犧牲小我，國王還是失去了他的頭顱；直到一六六〇年斯圖亞特王室復辟，銀製餐具才終於又捲土歸來。即便此時，佩皮斯還是免不了抱怨：一六六三年他出席倫敦市長晚宴，在場客人必須將就使用木盤，因為內戰期間倫敦政府的銀器都已全數銷鎔。[43]

人口增長，美洲銀元進口，不但造成物價上漲，也使家中藏有銀器的歐洲人面臨衝擊。一五五〇年後一個世紀之內，物價飆升了四倍，錢幣供應量卻保持不變。如此狀況之下，銀盤兌成現金、進食改用陶瓷已成不可抗拒的結果。幸好瓷器的身價與地位日益增漲，在眾人眼中也愈來愈形體面，減輕了和銀器分手道別的痛苦。雖說瓷器同樣價格不菲，一套飾有紋章的餐器組，十八世紀初索價也要一百英鎊（一萬七千二百美元），但畢竟只有銀器組的百分之十七。

於是在一六〇〇年後幾十年間，西方精英生活可謂再現了中國文人士紳的宋代經驗，兩者都是分別從貴金屬餐具過渡到使用高品質瓷器。這個改變，其實是整體轉型的一部分：生活型態由張揚矜誇轉而低調優雅。此外，歐洲本地源源產出大量的陶器，東印度公司又從海外進口數不清的瓷器，時機一到，陶瓷價格自然下降，形美質佳價又廉，不分階級人人都買得起了。及至十八世紀結束，瓷器和其眾家仿品——尤其是瑋緻伍德出品——已經完全進占餐桌桌面，取代了槽盤、赤陶、白鑞、銀器的角色和位置。[44]

「同桌進餐」：從集體共食到個人分食

利瑪竇花了好幾頁篇幅，描寫中國仕紳之家井然有序的餐宴禮儀：宴前，發出一系列請柬；席間，始之以一輪茶，繼之以斟酒；然後上菜，敬酒；宴罷，鞠躬為禮相送告辭。他強調，他的東道主人「不使刀叉或匙勺吃東西，卻用光潔優美的細棍子，約一掌半長，靈巧地拈起各種菜餚送入口中，手指完全不碰任何食物。」[45]陸若漢在日本時某次出席晚宴，也注意到席上每雙筷子只用一次：

邊吃邊換，多次更換。而且餐巾根本沒有必要，因為他們不用手碰任何東西，所有食物送上桌時都已經切好……用手吃東西，再擦到餐巾上，對他們來說簡直不可思議。一塊髒布滿是食物汙漬一直放在那裡，令他們噁心作嘔。[46]

要不是傳教士學會了幾招餐桌禮儀，基督教在中國與日本恐怕爭取不到多少信徒，因為這些西方佬動作既不雅觀又欠衛生，往往令他們的東道主震驚不已。平托敘述某次和葡萄牙夥伴們一起受邀赴宴，主人是一位勢力強大的大名：

桌上擺滿精心準備的佳餚，分量既多又潔淨，侍宴的女子非常美麗，我們都非常痛快地大吃大嚼起來，享受放在我們面前的食物。席間還有各式插科打諢表演，不過都比不上仕女們文雅迷人的談吐。她們取笑我們用手吃東西的模樣，更令王和后樂不可支。因為這裡的人都習慣用兩根棍子進餐……他們覺得像我們這樣用手拿東西吃非常骯髒。[47]

事實上，嘲弄與厭惡背後所呈現的事象，並不是有教養的東方人對照粗野的西方人，更是東西雙方進食方式歧異因而衍生的不同禮儀模式。對歐洲人來說，吃東西時把手上的油膩抹在餐巾、桌布，或撕塊麵包擦乾淨，代表有禮貌的行為。但是在中國和日本，切割肉類是樁低下的任務，必須在用餐者視線之外完成，食物必須小到可以用筷子操作才能上桌。在歐洲，當眾掌刀分肉是件異常榮幸之事；直接用手接觸肉食的習慣，一直到十七世紀依然常見。畫家哈爾茲的〈聖喬治民團軍官聚宴〉，描繪這群上層市民衣著光鮮，一身最華麗的天鵝絨和最精美的蕾絲。只見為首的船長大人，左手穩住烤腰腿肉，右手優美持刀，正準備切將下去。而且謹遵禮儀手冊規定，只以三指觸及盤中待切的牛肉。他的高度技巧和雍容表現，為這場高雅餐聚設定了非常合宜的調性。[48]

只有勺子和刀子可用，徒手抓肉撕雞自是沒有法子的事。叉子可能是由地中海東部傳入歐洲，時間約在十一世紀，最早大量使用出現在十五世紀的義大利。但是歐洲其他國家覺得這是義大利人的做作玩意兒，加以初次使用不易順手，叉子在歐洲被接受的進展相當緩慢——更何況路易十四這位宮廷文化的最高典範，始終堅持直接用手吃喝。不過及至十八世紀初，叉子已經造成用餐行為的重大改革，影響程度不下於餐具種類日益增加而引發的改變。[49]

十七世紀之前，很少有人單獨進食。勺子、杯子、盤子樣樣稀有，用餐必須是一種社會性的群體行為，具有某種程度的親密性，甚至在陌生人之間也不例外——對現代世界來說，非常陌生怪異。一如風俗畫作所示，當時集體共食是常態：眾人共用一杯、一碗、一盤、一勺吃喝。某本禮儀手冊指示：「喝前，切記先用布把你的嘴和手擦淨，才不會弄髒杯子，否則同桌的人都不想和你共飲。」[50]一五八〇年蒙田途經德國，反感地注意到此地客店上濃湯時，「眾人一起下手撈食，而不是個別取用。」他表示自己不在乎盤碟材質，無論是木頭、白鑞還是銀製，對他來說都一樣——但是「我不喜歡共用杯子喝，就像我不喜歡共用手指頭吃一樣」。[51]

十六世紀有位義大利作家警示讀者，在山野鄉間，放在桌子中央的杯、碗，「不分爵爺、教士，一體共用，沒人敢作夢多要一個杯子。」[52]還有一本禮儀教戰手冊指出：「有些人很講究，決不吃濃湯，或任何類似性質的食物——如果你把勺子送進嘴裡之後，卻沒擦乾淨就放回碗中的話。」[53]分享共食的習慣消失得極為緩慢。遲至一七六三年，英國小說家斯摩萊特還指出，法國佬無論在餐桌上的德性多麼難看，至少「不會共飲一個說不定有一打髒嘴碰過的大啤酒杯，像英格蘭那種作風」。[54]

集體共用的進食風俗開始從上流階層撤退，是在瓷器進據餐桌成為普遍現象之後，此時衛生觀念、自我節律、社交禮節也同樣發生改變。終極的個人化用餐方式，是全套餐器的出現——不但為每個人的進餐空間畫下範圍界限，也促使同桌互動謹守自制。[55]隨著富戶人家逐漸廣泛使用餐器組和叉子，餐桌禮儀的重點也開始從如何共用公碗，或如何按住烤牛肉，轉向如何正確使用個人獨用的整套杯盤刀叉。

十六世紀初的義大利富人，使用花色搭配的錫釉陶進餐；但是直到十七世紀之前，「餐器」一詞只限於指上菜用的陶瓷容器。至於各式各樣擠在桌上的其他器皿，不分是陶、銀、白鑞還是玻璃，都沒有任何正式名稱。[56]第一套一人一組的完整餐器首度在中國成為流行，恰好也是西方人初次抵達天朝之際。根據朱琰所記，明初諸帝開始在他們的御宴上使用花色紋飾搭配成套的餐具，每組二十七件。十六世紀的嘉靖皇帝甚至下令景德鎮生產每組一千三百四十件的餐器，飾以龍紋，全套包括兩萬六千三百五十只碗和五萬零五百個盤子。[57]搭配式餐具的高雅時尚，雖然可能是由西方商人或耶穌會士將消息傳回歐洲；不過最有可能的靈感來源，還是餐桌上各型青花瓷玲瓏並置所散發的整體悅目美感。

十八世紀初，荷屬與英屬東印度公司開始進口瓷器餐具，麥森也約於同時展開大規模生產以為因應。當時一套標準餐器組約由一百三十件組成，包括六十個盤子、二十四個湯碗、二十一個上菜大盤、四個醬料長碗、一個魚盤、六個大蓋碗、六個鹽瓶和六個沙拉大碗。此外還有其他調味瓶、橢圓碟、冷酒器、燭台等附屬用具。十八世紀期間，某些付得起額外開銷的英國家庭——所謂額外，有時高達一般價格的十倍——甚至會購置一套四千件以上、飾有家族紋章的餐器。[58]事實上，中式成套餐器的衝擊影響一直延續至今日。回到近世初期，西方人深受青花瓷的影響，時間剛好就在成套餐器概念引入之前不久。因此今日使用的餐盤設計，圖案花樣的安排配置——扁平的器面，外緣一圈紋飾，中央核心主圖或徽誌——可說全是承自明代瓷器。

地位、階級愈崇高，家中餐器愈豪奢。一七三七年，布魯爾伯爵訂製了一整套洛可可風的天鵝餐具組，以示他身為薩克森尼堂堂重臣的顯赫財勢：全套共三千件，飾以彩繪，有些上菜大盤還特意做成花鳥或貝殼模樣。一七三九年，麥森瓷廠為薩克森尼選帝侯奧古斯都三世之女瑪利亞．約瑟法打造的雪球花咖啡具組，是洛可可華麗造型的又一勝利，採用日本雪球樹為充滿奇思妙想的裝飾主題。[59]一七六三年，英國文豪暨政治家沃波爾觀看了英王喬治三世和王后夏綠蒂為舅子訂製的全套餐具：「昨日瞻仰了王后伉儷致贈梅克倫堡公爵的一套切爾西瓷器，壯觀至極。無以計數的盤碟、餐桌中央用來放置花和水果的飾架、燭台、鹽瓶、醬汁碗、茶器和咖啡杯具等等，應有盡有，無一不缺，共一千兩百鎊大洋！」[60]

一七七〇年代後期，塞弗爾為俄羅斯凱撒琳大帝燒造的一組新古典式浮雕花裝飾餐器，共計七百九十七件，價值三十三萬一千三百一十七里弗金幣，是千名以上法國工人一年工資的總和。一七八三年，法王路易十六命令塞弗爾製作一套更昂貴的餐具：全部約八百件，一千多種不同繪飾，一個碟子就要四百八十里弗。塞弗爾管理人員估計，必須要花上二十三年才能全部完工。令人難以置信的是，直到一七九三年一月之前數周，也就是這位君王快要登上斷頭台前夕，他還持續收到燒製工作的進度報告。[61]

諸如天鵝、浮雕花這類王侯級的奢華名品，都存放在同樣氣派豪華的巨大宮室。但是沿社會階梯而下，就必須在家中特別騰出空間，安放他們比較不起眼的成套餐具。十七世紀住家房屋變大，首先在荷蘭共和國，然後在英格蘭、法蘭西，開始出現分別供睡眠、烹飪、進餐和傭人房等不同功能的專用空間。[62]營建商還提供儲物空間，以供富豪屋主收納愈來愈多的財產，比方箱櫃、鏡子、古鋼琴、茶几、吊燈、椅凳、壁飾、餐具等等。一六七八年一本荷蘭禮儀手冊指出，一戶陳設布置合宜的房子，必備威尼斯鏡子、阿姆斯特丹鍍金皮革、銀器和東印度克拉克瓷。的確，有些人可能正是為了多出來的新空間，特意尋找各式產品來加以填滿。荷屬東印度公司某名高官在阿姆斯特丹買了棟豪宅，便特地配置無數畫作、十套瓷餐器，和四十一組瓷茶具。

由施釉陶片或瓷磚製成的無煙爐灶，此時也進入富貴之家，如此一來便可以站著做菜，不必再蹲在爐灶之前。更有甚者，食物的準備和擺盤從此可以分離，僕與主各有空間。僕役愈來愈被排除在家居用餐和家庭親密生活之外，並被派予額外的任務。他們接受所謂法式用餐的服侍訓練，也就是上菜、上飲料的次序和技巧，外加菜單詳列就餐階段，以及餐具陳列擺放：舉凡刀叉匙勺、杯盞盤碟，都各有其位。

及至十八世紀結束，席設大堂的豪華擺宴方式已然褪色，代之而起的是在家中獨立餐間舉行私人聚會。升降式上菜架的發明，更意謂著僕人無須進入餐廳上菜。親密的晚餐、密友的興味交談，取代了儀式性的展演和奢侈的盛宴——這種奢侈盛宴原是多少世紀以來精英階級的標準款待型態。這項轉變，顯示出開明教化一族上流社會的新價值觀——看重隱私與親密。十七世紀後期，餐館在主要都會中心出現。在外用餐，自然避不開人群，但是餐廳為每組客人分別提供餐桌，桌上每人一套餐具。

餐桌禮儀是現代化的一大標誌，也是如此這般從一五〇〇年起，三世紀間實現了全面改革。十四世紀雖曾有手冊循循規勸用餐紀律，但是在印刷書和瓷器大舉攻入之前，這類規定收效甚微。[63]只有餐桌上擺滿各式器皿，排除了共食的必要，才有可能更具體地以禮相待同桌夥伴——湯碗多，才能有好鄰座。餐器組的使用，令用餐行為轉為個人化與標準化：全桌人人各有一套餐具，每人也都深諳適當的行為準則。十七世紀後期，某位法國貴族便注意到當時仍在進行中的這項變化：

以前喝濃湯，是從共同的大盤子裡喝，不講究任何規矩，而且常把自己的勺子在燒雞上抹兩下……現在每個人各有自己的碟子喝。用匙、用叉，都得要有禮貌……每道菜必須頻頻替換碟子，決不可重複使用。碟子就是做這個用處，就像餐巾是用來給你擦嘴的。畢竟，在餐桌上，就和在其他任何地方一樣，大家都得顧慮到旁邊的人。[64]

一個世紀左右之後，禮節手冊不必再反覆提醒這類基本事項，因為高雅上流社會的用餐禮儀內容，已經轉成大人訓練小孩如何好好進餐，而不致弄得亂七八糟。一七九七年某位英國作家認為：「同桌用餐，或可謂文明與教養最強烈的特色之一。」這項意見，顯示自平托等人徒手痛快大嚼日本主人放在他們面前的食物以來，西方的進餐習俗已經完全徹底改變。[65]

「上流社會最新一輪待客之道」：菜餚與桌飾

高品質陶質餐具首度及於臨界量，時間發生在文藝復興時期的義大利，其時其地剛好也正在為用餐禮儀設定新的標準。這個時空上的巧合並不奇怪。十五世紀之際，錫釉陶開始在日益繁榮的中等階層流行，他們買不起銀器或白鑞，卻仍渴望使用比赤土陶和木頭為佳的材質。此外，也有一批人雖然缺乏財力委製雕塑和繪畫作品，但是私家消費新風氣所到之處，還是可以購置一些浮雕花、擺設、餐具等等，以顯示自己的精英身分。[66]在家中陳設馬約利卡錫釉陶做為裝飾，正是日後誇示中、日瓷器的先聲。精陶的使用增加，改變了餐桌風光：餐巾、桌布、灑了香味的淨手水，都成為必要之物。雖然銀器仍然統治著上流高桌，陶器卻穩健地攻城掠地。一五六五年北義大利費拉拉的埃斯特宮廷舉辦了一場盛大的婚筵，總共用了一萬兩千件飾有公爵家族的紋章錫釉陶盤。[67]

文藝復興時期的義大利雖然領頭定義了文雅生活，荷蘭人卻在美食文化上開創了方便性與多樣化的新標準。十八世紀初，荷屬東印度公司在廣州設立辦事處，代理商開始與中國商人行會的成員晤面，這些成員與景德鎮的經紀有所聯繫。荷蘭人把陶器圖樣、版畫、木製模型，交予中國陶匠複製，並盡力轉達公司董事交辦的事項。這些由巴達維亞和阿姆斯特丹總部發來的指令，不但詳細，而且經常相當囉唆：

我們要好大一批大約一萬五千到兩萬件精美的奶油碟子，還需要八千到一萬件水果碟、各式普通小碗，以及酒湯杯（分娩時飲祝產婦健康之用），包括半號尺寸、三分之一尺寸、四分之一尺寸，以及其他各種尺寸的，不過這些杯子的杯身一定要直或完全垂直，不要像一般酒湯杯那種喇叭壁和平口的樣子，因為這種筆直杯壁比那些喇叭壁的多值四分之一的價錢，甚至大批進來都可以找到買主。如果同樣可以買到，還有一種八邊型中等尺寸的瓷碟，一邊可以再附上一個小碟，站在桌子上合在一起看起來就像一個碟子，我們也樂意請你提供一批，也就是說，八件（或者更多）這型碟子和附碟，因為有些好奇的人已經見過它們好幾次，明確指定要這種碟子。[68]

還好，多數時候荷蘭方面的指示都很簡潔：「鯡魚盤務必畫有鯡魚。」[69]

無論是向景德鎮下單訂做的青花瓷，或是臺夫特製作的青花陶，總之十七世紀開始，這些式樣繁多的餐具源源擠入荷蘭人家的櫥櫃：帶蓋大湯碗、啤酒杯、蘿蔔碟、醃菜貝碟、調味瓶、朝鮮薊杯、冰桶、沙拉碗、鹽瓶、高腳杯、甜瓜和草莓碟、醬汁船、奶油桶、奶油冷卻器、潘趣掛碗、乳酪籃、板栗籃、果汁壺、茶葉筒、奶凍杯、牛奶壺、芥末盆、點心盤、橢圓平底鍋，以及各式美觀小瓶。

新式食物、新式烹調，需要一系列各型餐器和廚房用具搭配。文藝復興時期的義大利還有一項創新：印刷食譜，提供了更多的肉類、蔬菜、新鮮水果的種類和選擇。孔雀和蒼鷺下了餐桌，改換羊肉與小牛肉登場。米飯、玉蜀黍、青蔥、豌豆、蘑菇、朝鮮薊、黃瓜、南瓜、梨子、無花果，紛紛進入權貴的飲食內容，然後非常緩慢地沿社會階層涓滴下流。然而鳳梨始終是昂貴珍饈，只有極富之家才有幸品嘗。十六世紀晚期起，又有從巴西和西印度群島進口的蔗糖供廚子使用，各式甜點遂以空前數量出現：布丁、甜餡餅、冰凍果子露、果凍、水果餡餅、果醬，而每件甜品，也都需要有自己的獨特陶器盛裝。[70]

奶油成為各式醬料的基礎，這是北歐乳品養殖業的大勝利，決定性地壓倒了生產橄欖油的地中海區。而且同一時間，工業的領導地位也同樣決定性地操在北歐手中。豐富的陶瓷產品是製作乳品不可或缺的設備，包括牛奶鍋、罐、壺、盆等。一七七〇年代，瑋緻伍德壟斷了英格蘭乳品的陶瓷需求，提供各式模仿大理石、碧石與斑岩等紋路的器皿。在法國，乳業成為貴族的時髦消遣，路易十六甚至為王后瑪麗·安東尼特打造了一個快樂農場，新古典「伊特魯里亞」風的各式瓷具配備齊全。[71]王后和她的眾仕女快樂嬉玩，有的擠牛乳、有的攪奶油，演出一齣農家女幻想曲。其中樂趣，和日本富商煞有介事地蓋間素樸小屋飲茶可謂異曲同工。

中古時代香料價格昂貴，自然只有富貴之家才能享用。生薑、肉桂、豆蔻，其實主要是為了標識社會階級、區分貴族平民之別，而非當作調味品以掩飾肉腐壞的異味，正如誇張稀奇地大啖烤天鵝和燉鹿肉，都是彰顯身分不凡的確切象徵。[72]根據十三世紀一則英格蘭記事，某次王家盛宴包括如下菜色：

野豬頭抹了豬油，鼻口處細飾花環……又有各式禽畜：鸛鳥、孔雀、天鵝、小鹿肉、豬肉和雞肉。接下來是沾滿了糖的兔肉燉汁，還有香料酒醃製的絞肉拌棗末，浸杏仁奶或香料酒的雞肉布丁……然後又是各色烤肉，一個接一個擺開：雉雞、山鷸、鷓鴣、畫眉、雲雀，還有烤鴴、烏鶇……再來是油炸：肉類、脆條、麵果，沾上糖和玫瑰水。桌子清走後，又上了甜香料粉裹大糖衣的水果或堅果，豆蔻、漿果、大量香料與薄酥餅。[73]

中世紀貴族青睞五花八門的口味，因此出現種種奇異的搭配：烤鴿塗番紅花塞香料鹿油，烤鵝塞糖漬牡蠣，閹雞塗杏仁、肉桂、榲桲。十六世紀香料大量湧入歐洲，權貴隊伍立刻摒棄它們，改採新型社會指標。富貴名門的美饌文化開始標榜「自然」食品，比方蔬菜濃湯、香草醃肉。法國諷刺作家暨評論家布瓦洛（也是路易十四的一員愛將），嘲笑某家小餐館濫用香料：「你喜歡肉豆蔻，好，每道菜都給它來上一些！」[74]味道衝突的菜餚——甜配酸、苦配甜，鹹配酸——貴人們嗤之以鼻，他們只偏好直截了當的肉湯，以及同類肉汁烹調的肉食（豬汁煮豬、雞汁熬雞）。法國菜的創始文本——名廚瓦朗內一六五一年所著的《法式烹飪》於太陽王時期問世，引領風氣，建立了新式烹調。這本食譜引發眾多後續作品，尤其是馬斯洛一六九一年出版的《王室與富戶烹飪》，而且持續增修再版一直到十八世紀後期。[75]

於是現代餐飲禮制開始浮現：精英高高在上，與下層社會境界分明，因為只有精英階層才知道如何正確執叉和使用餐巾。昂貴的瓷製餐器，也具有同樣的社會辨識功能，此乃新興之共餐禮節和教養文化必備器物。中世紀的節慶歡宴，是以炫耀張揚的方式進行：巨大豐肥的獸屍直接陳於桌枱，灑染肉桂或菠菜汁，並以它自身毛皮或羽毛妝點為飾，完全是一派舞台式的展示。然後在眾目睽睽圍觀之下大快朵頤，慶典結束後，再把方才用以盛接食物因此沾到肉汁的「麵包片盤子」施捨給等在廚房門口的窮人。然而進入十七世紀中葉，貴族的餐飲時尚焦點轉移到進餐器皿，食物本身反而相對樸實簡單——精緻的餐器，才是主人家高貴身分和高雅品味的表徵。[76]堆積如金字塔的香料鳴禽、燒烤鵪鶉，從此從餐桌的中央位置下放，取而代之進駐的是新的展示形式。

當然，富豪之家的改變，只是他們外在的做作型態，炫耀的氣質傾向絲毫未變。十五世紀勃艮第公爵的宮廷餐桌擺飾，包括一個重達九公斤的大盤（展示香料之用），綴有珍珠、鑽石和紅寶；還有獸角（聽說是獨角獸）、象牙、嵌著金座的鯊魚牙齒化石。一船船載來的進口糖，更為餐桌展示開闢了新的可能性——雖然比起萬年長在的象牙和鯊齒，「糖塑」壽命倏忽如蜉蝣。專業大廚負責將彩繪鍍金的杏仁泥雕成瓶花，用白糖拌樹脂搭起宮室廟宇，有些成品甚至重達百餘公斤。一五六五年在布魯塞爾，為慶祝菲力普二世的外甥帕爾瑪公爵法爾內塞和葡萄牙的瑪莉亞公主成婚，所有杯盤與燭台都以糖做成，三千件糖製模型包括宮殿、港口、大船、車駕、海怪，演出新娘從里斯本來到此間一路的航程：沿途每座糖城，都高一公尺長兩公尺。[77]一六六七年阿姆斯特丹某盛宴席間，一支葡萄牙猶太人代表團向托斯卡尼大公梅迪獻上「一尊糖品巨製，打造成船舶模樣；作工精緻，甲板艙房，細節俱在」。[78]一七一九年奧古斯都二世舉行晚宴，全場筵席桌面糖山聳立，塑成字母A形，以感謝選帝侯贊助薩克森尼礦業。一七五七年，糖飾風氣幾乎已在各地沒落，但是阿姆斯特丹某位市長大人依然樂此不疲，在婚禮上推出一座糖廟——一公尺寬、兩公尺高、三公尺長——八根柱子是糖鍍金，地板是各色彩糖，屋頂是棉花糖。還有各種裝飾圖案：花卉、水果、樂器和河神，也都是糖。整座糖廟安置在一處玻璃鏡面高台，燭光由下方向上照亮這一片甜耆「糖」皇。[79]

糖塑很快就褪了流行，取而代之的是各種歡然雀躍的瓷像：一個個小人國尺寸的模型，展示著上等人家的輝煌和權勢。十八世紀中期阿姆斯特丹有位廚子布林克，寫了本《夫人與糕點師的對話》，敬告他的讀者：「當今大小雕像多以薩克森尼瓷製，糖雕幾乎已經無人使用。」[80]沃波爾卻覺得這個新興時尚有損他心愛瓷器的美名：「果凍、餅乾、糖漬李子和乳製品，久已讓位給薩克森尼瓷器上的突厥人、中國人、牧羊女……整片草地上的牧牛，也是用這種脆弱的材料所製，一寸寸蔓延，進占整張桌面……糖果商發現自己的生意逐步衰退，玩具店、瓷器鋪則成了上流社會最新一輪待客之道的供應主力。」[81]奧古斯都三世借重他的麥森瓷廠專長，推出一系列瓷娃娃妝點他的餐桌，各式造型繽紛無比，包括：喜劇丑角、啞劇傻子、中國官員、繆斯女神、奧林匹亞眾神——完全就是幾年前奧古斯都二世和其眾臣真人粉墨搬演的縮小版。一七四八年，英國大使在德勒茲登目睹了一場令他咋舌驚嘆的瓷器華麗奇觀：「開席了，我想，這是我所見過最精采奇妙的場面……席面正中央，是羅馬那佛納廣場的噴泉，至少八英尺高，玫瑰水始終流瀉不停。據說單單這一件的造價就耗費六千銀幣。」[82]

一七七〇年，為慶祝瑪麗．安東尼特和未來的法王路易十六大婚，塞弗爾製作了一件更宏偉的瓷雕，作為凡爾賽婚筵的餐桌主飾。十公尺長、四公尺高，整件作品包括一系列梯形平台，一段段噴瀑沿階奔流；五十六根希臘多立克式柱子，柱楣上標示王室紋章，環繞著一道拱廊，廊頂矗立路易十五的巨大瓷像。這還不止——婚禮來賓目瞪口呆，看著全場六千五百七十六朵繽紛豔麗的瓷花錦簇盛放。[83]

「瓷器熱流行病」：蒐集和製作

沃波爾是英格蘭最頂尖的瓷器鑑賞家之一，他在自己位於密德塞克斯郡的產業「草莓坡宅」特闢一間瓷室收藏。根據一位同遊友人記載，一七六五年他在巴黎以驚人價格——整整一百英鎊（約合今日一萬七千二百美元）——購入塞弗爾出品的一只茶杯加托碟，「完美的珍寶，足配黃金嵌鑲。只可觀看欣賞，卻從不敢使用，以免打碎之虞。」[84]辭典編纂大家約翰生博士缺乏沃波爾的財力，卻和他一樣熱愛這種中國飲料，形容自己是個「死硬派恬不知恥的愛茶人……晚飲茶消磨時光，夜飲茶慰藉身心，早飲茶迎接晨曦。」[85]不過，他寫信給一位友人表示，自己「還沒染上這個瓷器熱的流行病」，所以不會花大錢去買那種貴到敗家，卻有可能瞬間摔成粉碎的鍍金瓷器。[86]

及至十八世紀後半，瓷價已大幅下降，因為英屬東印度公司大量進口瓷器，以供陸續進入歐洲的各式最新熱飲之用。一六五九年據一家倫敦報載：「今時市面有一突厥飲料，幾乎遍見於大街小巷，稱之為咖啡；又一種稱作巧克力者，啜之極暢。」[87]咖啡和茶，這兩類飲料都習慣加糖飲用，它們的超人氣現象（熱巧克力相形見絀，主要還是被視為西班牙風味），令伏爾泰說出這句名言：「馬提尼克、摩卡，和中國，丫嬛早餐靠它們。」這句話一點也不誇張；十八世紀阿姆斯特丹某張當鋪貨單顯示，即使貧困人家日常也飲用咖啡和茶，其中四分之三更擁有一兩件瓷器，雖然常常不免缺口或裂縫。一七二六年荷蘭牧師法連丹寫道，咖啡「在我們此地已經如此深入，現在連女傭人和女裁縫早上都得來杯咖啡，否則就沒法把線穿進針眼。」[88]

一六〇〇年後，中國瓷逐漸大量進入歐洲，一開始當然只有買得起的人才跟得上這股流行。歐洲各國君主從葡萄牙王到俄羅斯沙皇，都紛紛染上這個瓷疾（la maladie de porcelaine）。雄積瓷器，一如宮殿和貂袍，其實是在宣示所有者的實力和氣勢。瓷器成為各國王室相互仿效、彼此較勁的身價通貨，這股風氣更沿社會階梯向下蔓延，及於貴族、鄉紳、富家。

法王亨利四世買了一套瓷器餐具。有人觀察報告，他和梅迪奇家族之女瑪莉的婚筵，「席面上都展飾著各色金銀瓷瓶。」他們的兒子未來的路易十三，「每日喝湯」都是使用瓷碗。[89]英國財政大臣塞西爾爵士獻給與法王亨利同時代的女王伊麗莎白一世一只「帶把淺碗，鑲金為飾，黃金碗蓋上有獅踞」。[90]一六〇四年，女王的繼任者詹姆士一世即位一年，莎士比亞曾在《一報還一報》第二幕第一景中，第一次也是唯一一次提及瓷器：「大約三便士一只的碟子，」多嘴的僕人龐培說道：「閣下您看過這型碟子，雖說不是中國碟，卻也是相當好的碟子了。」詹姆士一世收到一套瓷盤，是蘇門答臘亞齊蘇丹慕達致贈的禮物，為爭取英王的支持，以對抗蘇丹的歐洲敵人。查理二世和葡萄牙的凱瑟琳成婚之後，可用的瓷器也大為增加，因為新娘子的嫁妝中包括大批瓷器。

一六八八年英國光榮革命之後，威廉三世與瑪麗二世從荷蘭共和國帶了八百件左右的瓷器和臺夫特陶來到英國，同時也引入了一宗新的歐陸時尚。瓷器流行之所以遍及全歐，不僅在於進餐使用，也因為當時刮起了另一股新的消費時尚風，瓷器恰逢其盛，被納為其中一大要素，這股時尚風亦即室內布置的興起，這個新趨勢乃是因應精英階級打造愈來愈多的寬敞宅邸而生。這位瑪麗公主更極端，竟然反過來設計她的府邸和廳室，以搭配她的瓷器收藏。她在阿姆斯特丹郊外的鄉間大宅設立了一間瓷器室，聘僱法國胡格諾新教派的建築設計師馬若，為她布置位於海牙的宮廷。馬若引入新流行作風：將大量瓷器擺在壁爐架上、擱板上、櫥櫃內、鏡子前。據狄福所記，瑪麗女王在漢普頓宮（始建於一六八九年）首次向英國人展示了「將瓷器堆在櫃頂、堆在文具盒、堆在壁爐台每個空間，一直堆到天花板，甚至專為瓷器設立層架，安放在需要的位置，直到花費過大到傷神傷財，甚至危及家庭、產業」的此種「要命、過分行為」。[91]漢普頓宮的布置用意，就是要觀者聯想到路易十四的特安農瓷宮（兩年前已拆除）：全室陳列瓷器收藏，家具都是仿漆器材質，飾以青花，到處垂掛青花絲穗。

威廉三世出身的奧蘭治王室，是荷蘭共和國的偉大貴胄世家，又是荷屬東印度公司的投資股東，自然在全歐推廣瓷器不遺餘力。威廉三世的姑母亨麗埃特，嫁給普魯士——勃蘭登堡大選帝侯腓特烈·威廉，這位姑父大人興建奧蘭治堡宮專為收藏瓷器，並聲稱亨麗埃特一門心思都在她這批收藏：「我的妻子說，她擔心萬一起火，僕人只會忙著救家具，可是她真正更關注的是那些瓷器。」[92]威廉三世另一位姑母艾格尼絲，嫁給拿騷－迪茨伯爵威廉·腓特烈，一六八三年也為她的瓷器蓋了一個奧蘭治宮。一七〇二年普魯士的腓特烈·威廉一世，在柏林附近的夏洛滕堡宮製作了一個鏡櫃，收藏他的四百件中國瓷。俄羅斯沙皇彼得大帝造訪荷蘭，也受此風影響，回國在彼得霍夫附近的孟雷席爾宮中專闢一間瓷器室。當然，威廉三世的勁敵路易十四也對瓷器時尚推廣有功，從樞機主教馬薩林和祖母梅迪奇的瑪莉那裡，他繼承了幾百件瓷器。[93]一六八六年又收到暹羅大使致贈的康熙瓷，此後就經常在凡爾賽宮使用瓷器進餐。接下來十年之間，巴黎陸續開設了數十家中國瓷的專賣店。

然而，歐洲王公渴望自己能製造瓷器，而不只是向中國購買。一四五〇年代，威尼斯玻璃匠為仿製瓷器，造出一種不透明玻璃，因其乳白色外觀取名為「不透明白玻璃」。十五世紀後期威尼斯的煉金士安東尼奧，或許是受到聖馬可大教堂庫房收藏的幾件瓷器啟發，也想動手一試，結果只煉出某種類似玻璃的材質。托斯卡尼大公弗朗切斯科·梅迪奇是個煉金狂，也投注大筆資金試圖造瓷。他手下的術士把玻璃、水晶研成粉末，攙進維琴察省的黏土，成果雖然的確潔白如瓷，卻幾乎不能入窯經火，也無法雕紋和塑形，最後只勉強燒造出了幾十件。一六九八年，巴黎附近的聖克勞總算實驗出一種看似相當接近的材質，卻沒有留下任何實物或文獻。一七〇一年契恩豪斯曾造訪此地，回報奧古斯都二世：聖克勞的產品明顯不及中國製造。[94]

也是在一七〇一年，中歐一帶有所傳聞，甚至連萊布尼茲都知悉：柏林有位出師的藥劑學徒博特格，自稱煉金大師，已經成功地將銀幣煉成金子。想要滿庫黃金的普魯士腓特烈・威廉一世，下令追索此人，這名只有十九歲的江湖小騙子逃往附近的薩克森尼，卻又落入奧古斯都二世手中。強王命他把卑金屬化為六千萬金幣，愈快愈好——變不出黃色金子的他，只好被迫改攻「白色金子」。於是博特格和契恩豪斯一起研究製瓷祕方，強王把他閉禁在德勒茲登一座城堡的實驗室中，終年不得見天日，博特格在門上辛酸地寫下：「造金匠變成造鍋匠」。[95]契恩豪斯、博特格二人，加上他們的助手，可謂組成了史上第一支研發團隊，既受到巨大的利潤願景驅使，又時時陷於擔心工業間諜的恐懼之中。

聰敏、勤勉的博特格，運氣也很好，就在某種瓷配方終於獲致突破前夕，契恩豪斯去世了，因此讓他這位傳聞中的「煉金師」，得以獨攬這項大成就的全部功勞。首批成品於一七〇九年年初問世，其實是一種紅色炻器，類似備受推崇的宜興紫砂茶壺，奧古斯都二世的巨大收藏中就有數十件。短時間之內，又在薩克森尼發現了高嶺土層，品質和產量雙雙大獲提升。一七〇九年，奧古斯都二世的薩克森尼王家瓷器廠在麥森開張，就在德勒茲登東北處不遠。然而，儘管重兵守衛，嚴防外部間諜和內部叛徒，甚至把工匠鎖起來，奧古斯都二世終究無法獨享製瓷機密。幾年之內，多位握有配方或高溫窯知識的工人逃離麥森，向其他王公兜售珍貴資訊。一開始，因為不熟悉如何建造高效能窯，而且一時難尋高嶺土來源，麥森的眾家對手進展遲緩。但及至一七六〇年，歐洲地圖上已冒出大約三十處瓷廠，約有半數在日耳曼各邦境內。[96]十八世紀中葉，符騰堡公爵尤金一句話道出當時王公的普遍心態：擁有一家瓷廠，乃是展示「貴族氣派不可或缺之配件」。[97]

當然，瓷國中國最終吃到的苦頭，比製瓷祕方外洩帶給奧古斯都二世的損失更大。中國人失去了他們對瓷器——他們最悠久、最珍貴的寶物——的壟斷。然而，不免有幾分反諷的是，如此境遇，竟是他們這項古老貿易勝利擴張、深入歐洲造成的直接後果。歐洲，是一個具有掠奪性格的新市場。

十八世紀的西方與中國瓷器

進入十八世紀最後數十年，西方對中國瓷的狂熱程度迅速下降。回到一七〇〇年，瓷器甚囂塵上風行一時，每年大批瓷器運抵港口；十八世紀中期左右到達最高峰，每遇航季就有三十餘船滿載瓷器駛離廣州。但是到了同一世紀最後幾十年間，荷屬和英屬東印度公司中止載運瓷器，瓷器銷歐業務嘎然終結。[98]

背後原因，並不能只用西方瓷器開始加入商業競爭單純解釋。因為整個世紀間，從中國進口依然比本土生產便宜，一般也認為中國瓷的品質比歐洲同行產品為佳。事實上，中國瓷之所以退燒，主要出於精英的時尚品味、審美意趣和知性觀點已然發生改變。一八〇七年，英國王家學會的班克斯爵士寫了一篇專文，禮敬其妻收藏在他們位於肯特郡宅邸的中國瓷器。他表示：

> 十七世紀下半和十八世紀初，中國瓷器盛行，是當時富裕之家桌上必備家飾，因此大量進口，高價售出。然而一七四〇年風氣開始轉變，歐洲瓷取而代之。而且對於買得起的人來說，價格愈貴，往往愈受青睞，儘管比較便宜的可能其實更好。東方瓷器最終完全被人忽略。[99]

在此同時，一面欣賞著「中國瓷釉的潔白純淨、繽紛色澤、半透明質感」，班克斯也不忘稱道英國自家瓷廠，尤其是他的朋友瑋緻伍德。瑋緻伍德的作品更上層樓，結合了以上特質和古典西方的審美準則。[100]中國瓷器的沒落，部分原因即在於此：歐洲的陶者和顧客，已經成功地將西方瓷器置入西方自身的文化傳統脈絡之中。

如此定義，必然意謂著對中式審美理念予以排斥——這真是個一百八十度的驚人轉變。因為一直以來，從未有過其他任何文化對歐洲造成這等集中的強大衝擊：中國的哲學、政制、藝術、建築與景觀設計，曾經緊緊攫住歐洲精英的想像，尤其是十七世紀晚期到十八世紀中葉之間。回到十七、十八世紀之交，耶穌會士的中國報告與耶穌會士以拉丁文翻譯的儒家經典，陸續在法國出版，共同建立了美好的中國形象：一個以自然律、世俗價值、以及君父大家長式仁政治理的獨特社會。[101]伏爾泰聲言：「他們的帝國，早已如治家般治國……我們人數少，謬誤卻如亞耳丁森林般深。」[102]赫德《中華帝國全志》的英文譯者，更在一七三八年序言推舉中國君主為英王喬治二世的榜樣：

> 中國皇帝增稅，只為裨益眾人；他聽取一切投訴，解濟所有怨情，不容許任何人欺壓百姓，追求所有裨益眾人之事。他鼓勵生產、貿易，決不違背「民之所欲」。他請臣下審視他的行為，糾正他的錯誤……便是以這盞輝煌明燈，中國歷史將其君王照亮在我等眼前。也是以這盞明燈，吾國眾島居民對自己設想陛下您未來之政。[103]

日後對中國感情生變的約翰生，此時強力推薦赫德這部著作，他宣稱：「讀者會驚異地發現，世上竟有這樣一個國家。在那裡，知識即貴族。在那裡，學而優則仕。地位提升，是因其學問提升。加官晉爵，是勤勉美德之功。」[104]為奮力捕捉那個牧歌般帝國的美好精髓，歐洲各地精英起造寶塔和曲徑蜿蜒的中式花園。閔明我在他的《中國歷史、政治及宗教風俗概觀》中，特別著墨中國皇帝於春分在農壇前舉行的春耕儀式。如此以身作則，令伏爾泰不覺問道：「我們歐洲的君主，聽到這樣例子，該怎麼做？歆慕和臉紅。但是更重要的是：效法。」[105]於是法蘭西和奧地利的君王，也盡責地在開春第一日行禮如儀，躬身耕犁。

當西方初醒，政教日益分離，經濟劇烈變化——此時的西方以中國為準繩，界定本身面貌，並衡量自己與其他強人社會之間的關係。然後，歐洲很快便進入他們自己的帝國年代，原先無事不以中國為尚的敬意，隨之煙消雲散。十八世紀中期前後，西方勢方在亞洲日增，熟悉中國的歐洲商人開始反駁耶穌會士描繪的理想化形象，詳細指出他們所認為的中國官吏腐敗衰弱的一面。西方知識份子很快轉而反對中國，覺得不該把它視為西方社會的榜樣；同樣地，歐洲人也停止把中國瓷當成典範。對中國瓷的狂熱，預示了一個崇中年代的到來；一旦中國模範跌落寶座，中國瓷也隨之一起摔下地。

不過回到十八世紀上半時期，中國瓷在西方仍享有巨大威望。事實上，當時歐洲和中國兩地陶工所達到的卓越工藝水平和技術成就，至今仍未被超越。然而，中國精湛的陶藝成就，乃是基於多少世紀的傳統逐步發展而成；歐洲瓷業建立的時間之近、發展之速，卻達到令人驚奇的地步。短短不到兩個世代之內，西方就找到了高嶺土和瓷石的礦源，並且起造高溫窯、開發新配方，進一步完全掌握了箇中訣竅，以致中國陶匠反過來模仿西方的製作、採納西方的紋飾技法。其實，若比較近世歐洲陶藝的快速發展和中國宋代工匠的傑出成就，兩者成因如出一轍：眾多陶業中心興起，競爭刺激、創新實驗，從而提升整體產業的專門技術以及產品種類、質量。反之，青花瓷則是景德鎮的獨門發明；青花瓷的崛起，等於粉碎了中國各地陶業中心的生路，特別是青瓷產地。及至十六世紀，天然資源、資本挹注與宮廷惠顧三項因素結合之下，景德鎮搖身一變成為中國陶業獨大的生產中心。環顧境內，沒有可資學習競爭的敵手，西方反成為天下瓷都的企業主和陶藝匠必須回應的對象。但是到了最後，景德鎮集體繳了白卷，未能針對英國斯塔福德郡的挑戰做出回應，然而正是斯塔福德郡的種種創新發明，徹底地改變了陶瓷生產的性質。

清代諸帝對景德鎮陶業的控制與支持，大大促進了中國對歐洲市場做出回應的速度與能力，因為他們僱用熟悉西方藝術創新的耶穌會士在宮中任職。陶業重鎮與京城之間的聯繫，也比前兩個朝代更緊密。康熙皇帝派員就地監督燒建，一六八三年至一六八八年之間，臧應選出任景德鎮督陶官，負責重建陶窯，確保宮中日用及儀式所需的大量瓷器不虞匱乏。接下來三任督陶官同樣精力充沛、積極任事：郎廷極（一七〇五～一七一二）、年希堯（一七二六～一七二八）、唐英（一七二九～一七五六）。其中尤以唐英最為重要，因為他在任最久也最具技術專業。他回頭借鏡明初為典範，並創新釉色促使瓷器的裝飾更近繪畫風格。一七八六年為削減政府員額成本，裁撤了督陶官一職，反而愈發凸顯這個角色的重要性，景德鎮在世界市場上的競爭力從此大打折扣。[106]

康熙皇帝在北京宮中設立各式工坊：瓷作、漆作、玉作、畫作等等。他也提倡鮮麗的「洋彩」，或稱琺瑯彩，琺瑯彩原是西方用於景泰藍和彩色玻璃的工法。一如四個世紀之前鈷藍由波斯傳入，中國瓷的新顏色再度由外間世界傳抵。這一回是使用砷酸鉛造出不透明的砷白，然後可再添加各種著色劑。以綠色為主的色調發出精金般的色澤，在西方稱為綠彩，中國稱硬彩。淡彩則是使用膠體氯化金，造出丁香、紅寶和洋紅等色調，在西方和中國分別稱為薔薇紅和粉彩。若和其他顏料摻合，這些新的硬彩與粉彩可製出一系列廣泛顏色。[107]一七〇四年和一七五六年後，歐洲也先後推出普魯士藍和蓬巴杜玫瑰紅，調出一盤強烈、新穎的色彩經驗獻給世界。於是不但在西方、同時也在中國，瓷器都從青花的藍和白畢業了，從此瓷器用色逐漸涵蓋彩虹的所有繽紛。[108]

急於取得歐洲創新色彩的康熙皇帝，指派兩名義大利耶穌會士：郎世寧和馬國賢，指導中國工匠學習琺瑯技法。他也請耶穌會在羅馬的主管派遣更多工藝專家前來。雍正皇帝登基後，新顏色和新紋飾的使用更加顯著。郎世寧和景德鎮督陶官年希堯相熟，說服後者把義大利畫家耶穌會士波佐那部極具影響力的著作《繪畫透視》譯為中文版《視學》。年希堯寫道，郎世寧教會他如何以光影角度，把三度空間效果賦予所畫的對象，「物之尖斜平直，規圓矩方，行筆不離乎紙，而其四周全體，一若空懸中央，面面可見。於天光遙臨，日色旁射，以及燈燭之輝映，遠近大小，隨形成影，曲折隱顯，莫不如意。」109宮中某位畫工甚至把郎世寧所作的一幅透視畫作複製於一只瓷盤上。

乾隆皇帝也非常欣賞西式色彩和圖案，他是清王朝頭號藝術鑑賞家和大收藏家。他想令「洋式」風格為「仿古」服務，仿古對裝飾藝術具有強大的影響力。當然，在乾隆提倡之下，眾人對仿宋重新恢復興趣，參考古器物圖鑑作為瓷器形制與紋飾的藍本。西方也曾長期奉行傳統，模仿自家古人之作，尤其是文藝復興時期。畫家、雕塑家、建築師，從喬托到米開朗基羅，莫不堅持他們所認為的忠於古希臘羅馬理念的人體形式和空間協調。而義大利陶匠製作其「故事繪」陶器之際，也將文藝復興有關古典構圖和主題的金科玉律，應用到這個新近取得體面身分的黏土材質上。但是中國設計在西方大受歡迎，特別是其不對稱的特色以及缺乏歐式透視，卻恰與古典——文藝復興的傳統背道而馳，不僅棄絕西方古典原則，甚至可說是一種解放。但值得注意的是，青花的藍白紋飾以及其中國情調對義大利造成的衝擊，一向不及在其他任何地方強烈，原因無疑出於古典和文藝復興準則在此根深柢固。義大利陶匠甚至從古羅馬圖像取材，設計他們的奇思異想陶飾——海豚、半羊半人的森林神、咧嘴而笑的骷髏頭、怪誕的野獸——填補了中國群獸在歐洲北方占領的舞台。110

西方人看待中國的圖畫空間，心中可謂矛盾猶疑參半，和更早之前伊斯蘭世界的反應並無二致。一方面，他們珍視它的自由氛圍，那種流動、無邊的空間感。作家蘭姆曾在倫敦總部為英屬東印度公司工作了三十年，他寫道自己年輕時極愛那種「漫無章法、天青色調的怪誕，在人的觀念之下，無拘無束，漂浮漫遊在那個透視法現身之前的世界——也就是一只中國茶杯。」[111]但是另一方面，文藝復興遺產的影響力道依然不減：西方的中國風圖案，始終試圖在中式構圖之上強加透視的規律性格，將異國場景的破格解放性情，押回西方設計原則的管轄之下。[112]這個現象顯示：儘管激情無限，西方愛上東方，一場異國之戀至終勢必冷卻。

十七世紀初期，數以百萬件的青花瓷湧入歐洲，器面的圖案頗能迎合知識精英階級的趣味，此時的他們，正好不再沉迷於古典——文藝復興風格，轉而受到矯飾主義的時髦古怪吸引。到了世紀後期，中國風紋飾再度反映巴洛克品味對蜿蜒曲線和律動節奏的喜好。一七一五年路易十四去世，太陽王那隻沉重的手從此一去，麥森和其他眾家瓷廠開始擁抱熱鬧紛亂的華麗洛可可風。瓷的可塑性，容許最奢華的裝飾狂想能以實體形態呈現。而中式圖案和主題的異國情調，簡直就是適時出現為高雅老練的上流圈子量身打造，他們已經厭倦了文藝復興一板一眼的平衡和必然，以及巴洛克裝飾的誇張雄強。一六八三年，坦普爾爵士在一本園林設計著作中使用了一個詞彙 sharawadgi——或許是從中文「散亂」、「疏落位置」訛音而來，意指優雅的凌亂——代表中國藝術的不對稱特色。在園林設計以及其他方面，他寫道，中式的想像力是：

> 用於設計，其美必須大而醒目，卻不可有一眼或輕易即可看出的秩序或配置。雖說我們對這一型美感幾乎沒有任何概念，他們卻有個特定詞彙表達——如果一見之下，這種美就觸入眼簾，他們就會說，「sharawadgi 感」極佳、值得激賞，或類似的欽佩之語。任何人如果目睹過最好

> 的東印度袍子，或最好的東方屏風或瓷器畫，就會發現它們的美都屬於這一型的美，（也就是說）沒有秩序之美。[113]

日後沃波爾和其他人便用 sharawadgi 一字，形容任何出現在瓷器、壁紙、漆器和家具上，悅目而不規則的圖案。

討論中式風格的西方專著，也提供了數以百計的版畫附圖。職業藝術家和業餘藝術家都不客氣地抄襲，借用於裝飾他們的瓷器、壁紙、銀器、織品、家具；或做為模型，以打造花園、涼亭和寶塔。其中最重要的兩部作品，一是紐霍夫一六六五年出版的《荷屬東印度公司出使中國皇帝報告書》，一是一六八八年斯托爾克和帕克二氏合著的《論日本塗漆和亮光漆技術》。一七六〇年薩耶爾的《仕女休閒剪紙漆藝》便借鑒這些著作指示讀者：但凡製作中式主題之時，特准可以不受傳統形式拘束，因為通常都是展示一種華麗花俏、隨意用彩的風格。[114]

有關中國建築和園林景觀，最有影響力的論著是一七五七年出版的《中式建築設計圖式》，著者是曾經到過廣州的錢伯斯爵士。英王喬治三世的母親——太妃奧古斯塔——委聘他在倫敦的王室植物園林「裘園」蓋了個中式鳥園，以及一幢「孔子屋」。不過他最出名的作品是裘園的大寶塔，建於一七六一年，靈感來自南京瓷塔的圖片。雖說另外也有一些建築物號稱根據中式藍本而建，其中最突出的莫過於特安農瓷宮，但環顧當時全歐矗立的中式結構，唯有裘園寶塔是最正確的原件複本——紅藍兩色的樓台，八十條金龍從八角十層飛躍凸出。於是從普魯士到俄羅斯，這棟「大寶塔」啟發了無數仿本。[115]而且不似南京瓷塔本尊，倫敦的裘園寶塔依然屹立至今。

「瓷象和中國神明」：中國瓷在西方的沒落

青花瓷點燃了歐洲對中式工藝設計的熱情，然而到了十八世紀中葉，反制氣氛發動，陶匠領先回歸西方古典風格。反諷的是，陶瓷界的新古典主義之興，卻是因中國風最後一位大愛好者而起，也就是那不勒斯和兩西西里的國王查理四世。一七三八年他和奧古斯都二世之女阿瑪麗亞公主成婚，從而結合了法國的波旁王朝和強王的薩克森尼一脈。新娘帶來十七套麥森餐器組到她在那不勒斯王宮的新家；雄心勃勃，想要展現一名現代王者應有的氣派、輝煌，查理在那不勒斯附近成立卡波迪蒙特瓷廠，工人全由麥森派來。一七五九年他繼承了西班牙王位，王號查理三世，立刻把全廠收拾打包（包括幾噸瓷泥），裝上三條船西運。然後在馬德里城外布恩雷蒂羅宮的花園重新組裝，還建了座瓷室——一個童話般的房間，四壁貼滿青花瓷片，並配以洛可可的花飾窗格。[116]

成婚十年之後，查理又繼而追求最新流行的貴族嗜好——考古，開挖赫庫蘭尼姆的古羅馬遺址。西元七九年維蘇威火山爆發，將此城（連同龐貝）一舉毀滅。挖掘出土的陶器，被查理錯認為古代伊特魯里亞人所製，一時轟動歐洲。那不勒斯迅速成為古董收藏家重鎮，連奧古斯都三世也委託藝術權威溫克爾曼向他報告。這位日耳曼學者在火山四周攀爬，尋找新的發現，用悶燃的火山熔岩燒烤鴿子做為晚餐。他那本受到維蘇威啟發的希臘羅馬繪畫雕刻論著，成為新古典主義的根本大法，陶器鑑賞家諸如漢米爾頓、陶瓷業者諸如瑋緻伍德，都奉為參考圭臬。溫克爾曼在書中裁示：「當今大多數瓷器都已變成荒謬的瓷娃娃，從中又衍生出流傳甚廣的幼稚品味，我們應該努力仿效古典藝術的永恆作品取而代之。」[117]他痛斥採自義大利式即興喜劇丑角或傻子造型的小瓷像；他鼓勵複製古代雕像，為那些高貴的原件製作瓷質袖珍版本，比方古代大理石作品〈美景宮的阿波羅〉和〈垂死的鬥劍士〉。其實，溫克爾曼的看法與中國文人的慕古之思頗為一致：「成為偉大之道……唯其經由摹仿古人。」[118]

一七六四年漢米爾頓外派那不勒斯，抵達接任新職之後，立即展開蒐集古董陶器的工作。他收藏的古物輯成四大卷圖錄，花了六千英鎊出版（約合今日一百零三萬二千美金），彩色圖版，文字由某位自稱皮埃爾男爵的古典鑑賞家執筆，此人同時也是個騙子和色情文學作家。但是這套圖錄卻是該世紀一大出版傑作，成為全歐新古典陶瓷紋飾與形制不可缺少的指南。書中圖版被各式圖庫畫本收錄，無數仿古器物也以它為製作藍本。一七七二年英國國會決定以八千四百英鎊（一百四十四萬四千八百美元）買下漢米爾頓的收藏，這本圖錄多少也發揮了幾分說服力。日後的大英博物館，便以其中的陶瓷部分為核心而成立。[119]

隨著赫庫蘭尼姆考古發現的消息愈傳愈廣，洛可可風迅速從陶瓷和其他藝術形式消失。此時歐洲接連發生的幾場戰爭也有推波助瀾之功：主掌洛可可和中國風大旗的麥森產品，在奧地利王位繼承戰爭中遭到毀滅性的重挫。普魯士國王腓特烈二世（世稱腓特烈大帝）入侵薩克森尼，從麥森瓷廠奪走珍貴材料，而那支盜兵團就在他的進攻隊伍之中。十多年後七年戰爭爆發，腓特烈再次占領麥森，中止瓷產長達七年，還密謀整廠遷到柏林。為慶祝自己的戰功，他在麥森舉行了一場音樂會，然後帶著全部廠房僅餘的最後庫存——一百箱瓷器——撤出薩克森尼。等到麥森最後終於重新開張，陶工和畫工都必須從頭培訓。新手藉由複製古雕像的石膏模型練習手藝，工廠經理人派出畫工赴巴黎學習最新圖案。然而，此時的消費市場已不再迷戀洛可可風，為重奪一席之地，麥森也轉而模仿法國塞弗爾廠的新古典作品。[120]

塞弗爾本身的中國風表現，則始終有所克制保留。世紀中期麥森瓷器身陷泥淖，塞弗爾嶄露頭角成為歐洲瓷的主力。於是這家法國瓷廠開始專門製作伊特魯里亞風格的產品，一七七〇年代，塞弗爾為俄羅斯凱撒琳大帝特製的浮雕花餐器組便標榜新古典風格，為優雅時尚餐具立下了新的標準。凱撒琳得了她所稱的「浮雕花熱」，以示她投身古典世界的狂熱症狀。羅馬的智慧與藝術女神密涅瓦，是這套餐器的主要象徵圖案，女皇自認與這位女神十分相契。追隨著浮雕花餐器樹立的趨勢風潮，一七八三年塞弗爾又受路易十六委託，取材古典神話和羅馬歷史場景為飾，製作全套御器。其後瑪麗．安東尼特為她在凡爾賽的偽乳牛場訂製了一套餐器，塞弗爾廠參考漢米爾頓圖錄的古器物造型依樣燒造。[121]

隨著新古典的勝利，令人眼花撩亂的麥森瓷像退出流行。這原是義大利文藝復興留下的遺產，也是洛可可最富新意的瓷類，現在被逐出盛宴席面，默默退居碗櫃櫥架，成為室內設計史上第一批擺設性質的小玩意，最後在二十世紀以喜姆娃娃小瓷像的大眾化姿態復生。瓷，不再是貴族展示身分地位的媒介，不再是王侯輝煌氣派的徽記，卻演變成中產階級的文雅符號。[122]瓷，被推出了「瓷室」和接待大廳，轉進閨房與廚房，愈來愈深入女性獨屬的空間；而女性，正是蓬勃消費經濟的頭號顧客。英國劇作家蓋伊在其一七二五年的作品〈致某夫人，論她對舊瓷器的熱愛〉中，譏諷他認為的這種女性迷醉瓷器之情：

何種狂喜在她胸口焚燒！
何等渴望令她雙眸焦思！
多麼有福，何其有幸，若我
能得那多情目光眷戀！
懷疑、恐懼，在我心頭浮起敵意：
來者是誰？何方對手？一個瓷罐。
瓷，是她靈魂激情所在；
一只杯、碟、盤、碗

可點燃她滿懷希望，
可令她激動大喜，或打破她的寧靜安詳。[123]

詩人伊麗莎白．托馬斯一七三〇年的《城之變》描繪英國淑女竟然幹下「喝茶說八卦」的不當行為，大大觸怒了奧林匹亞眾神，氣得把這些碎嘴女子的杯盞全數搗毀——「每個杯子（神說）都破成碎渣／杯碎，汁水四溢」——然後眾神重建整組茶具，把她們一一變成可愛卻無法開口說話的『瓷杯』。」[124]一個世代之後，薩耶爾的《仕女休閒剪紙漆藝》刻畫愚昧無聊的上流婦女閒逛倫敦的新奇店鋪，瀏覽商品打發時間：

這個那個，易碎的玩意，我們非去看看不可，
陶的、瓷的、玻璃、石頭；
我們會說：這個破了、那個太貴，
購物，購物，我們要去上街購物。[125]

流行的性別刻板印象使然，瓷器形象遂與家務、粗俗品味、道德鬆弛和不停購物等等結為一體。批評者認為瓷器和女人同類，都是脆弱、裝飾性的小東西，而且歸根究柢，兩者都不過是黏土加上時髦的外包裝而已。一七五一年某位英國作家說：「最精緻、最美麗的軀體，也只是土器和夜壺罷了。」[126]喜愛中國瓷器，因此成為「女性化」、「柔荏」的同義詞。甚至有此一說（如某位新聞人一七五五年所言）：男子的心，若被瓷器和中國情調觸動，就頗有「體質纖弱性格柔諛」的嫌疑。[127]

及至一七五〇年代，不論中國瓷或歐洲瓷，瓷器形象已與許多反女性的陳詞濫調融為一體。這些言詞和觀念其實已經蓄勢發展了兩個世代，此時更甚囂塵上。知識份子、宣傳家和政客普遍認為：所有這些時尚至上、異國情調、令人不安的金融新產品，都在破壞傳統社會和傳統價值的安定。類此疾呼，在英格蘭的聲音最為響亮、力道最為猛烈，在荷蘭和法蘭西也時有所聞。一七〇〇年狄福發出的抨擊尤其引人注目，他敵視中國、敵視瓷器，也敵視奢侈品。等到七年戰爭爆發，這種觀點更已成為普遍現象。「柔荏」，演變成男人喪失陽剛氣的代名詞——而罪魁禍首，鐵定就是奢華的時尚、自我的放縱，還有亞洲來的商品。

批評者認為，原本好好的社會等級，現在各方各面都蒙受威脅。政府出資辦銀行、舉國債、股份公司、彩票、浮動無常的市場、外匯交換——每件事都在侵蝕地主精英階級的地位和權力。狄福抨擊「把國家當成股票、把國會蒙在鼓裡、把銀行攪得雞飛狗跳、把股價搞得上上下下、把骰子賭進整個倫敦」的種種不良舉措。[128]他撰文猛烈斥責所謂「信用夫人」的禍害，看似女神，實則是貪婪不顧後果並放縱想像的墮落妖女。整個世紀當中，這類攻擊聲愈發尖銳刺耳，隨著批評者以戲劇、小說和小冊子等各種方式，極力刻畫和信用夫人聯手的其他各型悍婦：奢華夫人、財富夫人、南海（投資）夫人、（英格蘭）銀行夫人。各色女性肖像，千篇一律不出歇斯底里、頤指氣使、深受物質蠱惑的德性。反女性的心理言詞，源自一股焦慮與怨憤，因為眼看女性在新興消費社會中扮起發號施令的角色，對時尚走向影響力日增。在英國，更為女人竟能在英格蘭銀行持有愈來愈多股份而感到憤憤不平和惴惴不安。[129]

時尚的新奇風潮席捲所有社會階層，起碼在外觀上，泯滅了自古以來據以區別身分地位的物質差異。低廉的印度棉布風行一時，似乎打開了令社會陷入失序的大門：丫頭女僕，也可以和她的女主人公開爭奇鬥豔，「生意人的老婆，竟比紳士之妻的穿著更為時髦。」[130]根據十八世紀英國旅行家韓威《茶論》所言，那些販夫走卒也開始咕嚕喝茶，學起上流社會，簡直成了「流行傳染病」，都是「階級混淆，上下不分」的胡亂惡果。[131]一旦不分名門貴族或暴發商人，兩者皆購買相對而言可謂價廉的瓷器，顯赫的社會身分就無法再以炫耀我家昂貴銀器的方式判定了。在一片追求圖案奇特、銘文費解、神像怪誕的異國瓷器狂熱氛圍之中，行之有年的老字號藝術標準顯然不再具有任何意義。十八世紀美學論者蒙塔古是「藍襪學社」的領袖，「藍襪」泛指女性知識份子或女性學者，她為文支持不列顛本國瓷業製品，如：瑋緻伍德，大聲抗議為什麼「我們都得去追求中國人的野蠻俗麗（品味）……（為什麼）阿波羅和維納斯必須讓位給一個披著頭蓋的癡肥神像。」[132]同時代詩人考索恩，也抨擊家家戶戶把「瓷象和中國神明」放在壁爐台上的流行風潮。[133]在《世界公民》一劇中，小說家兼劇作家戈德史密斯描繪某時髦仕女的居家布置，全屬「中式風格，蔓張的龍、箕踞的塔以及笨模笨樣的官吏，塞在每個架上。」[134]

時值七年戰爭，英法兩國分屬不同陣營，愈發火上添油加劇了如此印象。導火線是那個可厭的國家輸出的所謂「柔荏」商品，諸如香水、花露水、髮油、陽傘等。[135]戰爭期間，斯摩萊特指稱，法國女性特別容易受到「時尚多變」左右，因為「法國是集所有荒謬之大成的水庫。虛假的品味與奢華，已從那裡氾濫，淹及歐洲所有國家。」[136]瑞士人盧梭在他的小說《新哀綠綺思》中，透過某個去過中國的法國人，代言譴責中國人，那副口吻魯賓遜聽了也必定為之叫好，「博學、卑怯、虛偽、可疑；滔滔不絕卻空空如也，滿腹機巧卻沒有半分才華，符號豐富卻思想貧瘠；彬彬有禮、奉承討好、聰明、狡猾，而且詭計多端。」在這位崇奉自然價值的頭號大信徒眼中，中國人最糟糕的罪過就是侵犯了最最神聖的「自然」——豈不見都是他們一手造成風行歐洲的那種花園模樣嗎——滿園充斥「瓷花、瓷像……精美的瓶罐，裝滿了空洞。」[137]

在英國人的眼中，法國與中國都隱喻性地女性化了，從而也身價貶值——前者是英格蘭的頭號帝國大敵、時尚的濫觴地；後者則是英國獨攬全球商務的最大絆腳石。正如法國人據說都著迷於「俗麗、奇想以及中國垃圾」，中國也被視為居於不顧實際的幻想國度，和它製作的瓷器一般幼稚而不可捉摸，完全與現實經濟隔絕，所謂現實或實際，想當然耳就是必須自由貿易之意。[138]批評者一棒子打翻中、法兩國，認為它們的品味都屬於墮落、鋪張和柔荏。七年戰爭前後，英國人開始把法國人刻畫為「青蛙」形象，這原本是專保留給荷蘭人的謗名。戰爭中期，有一篇匿名發表的〈「誘惑．奢華夫人」出庭受審〉，描繪「烤牛肉爵士」帶領陪審團判定「奢華夫人」有罪——罪名是：把誠懇實在的「英格蘭待客餐桌」改造成「法國、法國、全盤法國化的虛假菜餚」，上的菜都是些「加了大量調味料的法式雜燴，以及偽裝變貌的毒藥」。[139]戰爭期間，韓威也發出愛國嘆息：「現代有句話說得好，我們真是活在**水熱**之中呀。」那個中國熱茶，還有法國蕾絲、白蘭地與各種廉價玩意，把人的財力和精神都弄得軟綿綿了。[140]

一七五九年有份英國報章悲嘆國家缺乏英雄人物，那些該死的指揮官打扮得「像隻猴子，渾身噴香抹油臭不可聞」，只愛優柔和婉遊手好閒，卻不願勇赴戰場面對危險。[141]這段批評指涉的背景，是七年戰爭時期地中海艦隊司令拜恩的昭彰事例。將軍大人酷愛瓷器的令名卓著，祖傳好幾套昂貴的紋章餐器，更在赫特福德郡的府邸塞滿瓷器收藏。[142]一七五七年五月面對法軍，他下令艦隊撤退，於是敵人一舉奪下巴利阿里克群島的戰略據點梅諾卡島。軍事審判以遇敵懦弱的罪名，在拜恩自己的旗艦「君主號」甲板上槍決了他。這個具爭議性的處決，引發伏爾泰在《憨第德》寫出一句知名嘲諷：「在這個國家，時不時殺死一名海軍上將以儆效尤，倒是挺好的事。」[143]英國報紙出了張大幅漫畫，譏笑拜恩撤避敵軍的場景——只見「君主號」的艙架上一排排中國彩瓷，將他那所謂缺乏骨氣的墮落性格表露無遺。

不過，英格蘭還是有足夠的英雄。拜恩在梅諾卡島撤軍的同一年，東印度公司的克萊夫上校在普拉西擊敗了一支印度大軍。這個關鍵戰役為英國取得進據孟加拉省的第一個重要立足點，距離加爾各答西北一百二十公里左右。再以孟加拉為基地，英屬東印度公司很快就奪得更多區域，不出數十年便有效控制了整個次大陸區。七年戰爭結束前一年，就在英國艦隊占領馬尼拉和哈瓦那兩港之後不久，沃波爾說：「我真希望我們已經征服了全世界、大功已經告成！我想，當年我們還是群溫良生意人的時候，心中也一樣充滿了歡喜快樂，不下於現在我們已成為羅馬的當然繼承人，東印度、西印度，任由我們橫行。」144

戰事結束後，根據一七六三年巴黎和約條款，法國割讓加拿大、塞內加爾，以及加勒比海若干群島給予英國。英國也取得密西西比河之東的路易斯安那（今密西西比州），以及原屬西班牙的佛羅里達。於是這個西方邊陲島國，遂以全世界最大的海軍和商業力量之姿崛起，擁有歐洲最大的殖民帝國、利潤最厚的海運貿易網絡。在《災後更佳的倫敦和西敏寺》中，建築師格溫喜孜孜地記錄這個畫時代的變化：

> 現在的英國人，就是古代的羅馬人。權勢與財富，如同他們一般尊貴；貿易與航行，勝過世上所有國家。我們的智慧為人景仰，我們的法律受人羨慕，我們的領土廣及各地。因此，讓我們別再忘卻享受我們的優勢，讓我們運用我們的財富，致力推展宏偉與典雅，以鼓勵巧妙的匠心與創造。145

世界地圖，已然重新畫過。思及如此成就，格溫另一位同胞的態度更加不可一世：「我要把我的希臘文書與拉丁文書全都燒了。那些不過是一小群人的歷史。我們所向披靡征服全球，而全球之大，已經再度和他們當年的規模一樣。」146

回顧十八世紀方始揭幕之際，中華帝國和中國瓷器猶享有絕佳聲譽。然而等到本世紀落幕之前，兩者威望都已如落石急劇下降。西方人對中國知道得愈多——也就是說，他們的認識愈超過赫德和耶穌會士所描繪的理想化表象——就愈不喜歡他們所見的一切。他們愈覺得瓷器和中國情調與西方的新古典規範形成衝突對立，就愈對中國的審美標準心生蔑視。一七七八年，約翰生的友人兼其傳記作者包斯威爾寫道，約翰生「特別有興趣造訪中國長城」。然而除此之外，大師對中國已經一無好感，甚至蔑視中國人，說他們竟然連套字母都沒能發明出來。四十年前，這位大學問家曾讚譽赫德所繪的光明美好中國，現在他卻批評「東印度人」全是「蠻子」。包斯威爾記錄了以下對話：147

包斯威爾：「那你會把中國人算在外嗎，先生？」

約翰生：「不會，先生。」

包斯威爾：「他們沒有藝術嗎？」

約翰生：「他們有陶瓷。」

約書亞．瑋緻伍德「全宇宙造瓶總監」

瑋緻伍德鄙視洛可可風與中國瓷，認為是錯謬走樣的設計，有辱適當的比例和體面的品味。他把漢米爾頓的圖錄奉為新古典主義的聖經，為這位外交官做了尊希臘式的陶瓷肖像，並向他表示，古陶「不但可以做為改善、精進大眾品味的手段，也可用以維繫那神聖之火於不墜，一切正是承蒙您無價的收藏在大不列顛所點燃的火苗」。148有些熱心人士甚至主張，近世版的伊特魯里亞終將出類拔萃，更勝古典世界，因為古代高品質的伊特魯里亞陶器之所以終告崩解，原因正是羅馬人向庸俗的銀器投降。但是，亦如某位崇拜者告訴瑋緻伍德：「如今英式豪華登峰造極，您的高雅品味已令金杯銀盞倉皇遁走，從我們的桌上放逐。」[149]

新古典主義體現了瑋緻伍德所有的最高理想——理性、共和、紀律、冷靜、資本主義，以及輝格黨至上。他同意溫克爾曼的看法：古董傑作令精神昇華高貴。他認為一流的陶瓷是文化十字軍的一員，設計良好的茶器是文明生活的表徵，是革新時代的進步動力。他還發行陶質紀念章，支持將英國罪犯遣往殖民地澳大利亞的道德更生方式，以及廢除奴隸制度——某個暢銷設計是一名黑奴跪地祈求：「我，不也是人、是一位弟兄嗎？」正如一七六九年寫信給合夥人賓利信中所言，他深信應該將他們合作的事業獻予「追求財富、名望與公益」。[150]

在之前另一封信中，瑋緻伍德欣喜地表示，公眾「已經準備好接受古董器物了」。[151]隨著「中國瓷熱」退燒，瑋緻伍德自己卻受惠於他稱之為「瓶器狂」的新流行猛症。[152]醉心古典風格的鑑賞家和收藏家，喜愛瓶器的造型，因為圓型器身提供了良好的媒介，極適合放上取材自古典柱楣的人物構圖和連續圖案。一七六九年，瑋緻伍德的伊特魯里亞瓷廠隆重開幕，廠主大人下令製作的第一批作品，便是採用赫庫蘭尼姆圖錄中的人物造型裝飾，而且也同樣不客氣地自行剽竊借用於各式深浮雕、淺浮雕、陰刻和陽刻產品之中。

瑋緻伍德最著名的成就，是成功複製了一件飾以白色浮雕花的鈷藍玻璃古瓶。原作據信是古羅馬皇帝奧古斯都在位期間所作，日後因藏主為波特蘭公爵家族，被稱作「波特蘭瓶」，本身極可能也是依據另一件縞瑪瑙或瑪瑙器物製成。歷經艱苦實驗與可觀投資之後，瑋緻伍德終於做出驚人的陶瓷仿版——事實上是一種追溯古董世系的「裝飾性形式保留」*。這件藍白瓶器是一項非凡勝利，使他榮登全歐的

＊所謂的「裝飾性形式保留」是工藝美學名詞，以他種材質複製原作時，形式保留了其實已不再需要的原材質結構或功能做為裝飾，比方以陶盆紋飾模仿藤籃的編織紋路。

新古典時尚寶座。他安排了一場私人展示會，僅限顯要參觀。又把它送往荷蘭、日耳曼巡迴展出宣揚，最後生產了一共三十五件限量版。[153]

另一項知名產品，是一七七三至一七七四年間為俄羅斯女皇凱撒琳製作的綠蛙餐器組。每組五十二件（全套共九百五十二件），每件都飾有蛙徽，代表女皇位於聖彼得堡的宮殿「蛙宮」。瑋緻伍德告訴賓利：這是「有史以來，大不列顛任何瓷廠所承擔過的最崇高偉大工程」。[154]這個訂單雖然幾乎令瑋緻伍德破產，他卻利用它提高自己的聲望（一如波特蘭瓶的事例），借以宣傳他的主力產品線。任務完成，出發往俄羅斯之前，他私下開放成品供貴族顯要瞻仰。一千兩百四十四幀不同的英格蘭風光、園林與名宅，包括他自己的伊特魯里亞大宅，裝點著綠蛙餐器的器面。整套作品就是一個圖像組合，代表著商業繁榮、國族目標、政治自由——正是俄羅斯的那位密涅瓦不斷讚頌並且選擇性追求的理念。這些圖飾幾乎全是單色，因為依瑋緻伍德的看法：鑲金與彩繪，會誘發洛可可的頹廢感，以及粗俗品味和權貴揮霍的氣息。正如他深信：英國文明可以解救深陷於亞洲式專制統治的各個社會，他也試圖讓高級陶瓷斷絕一切與專制統治有關的連繫——亦即那位冒充貴族的杭卡維爾替漢米爾頓圖錄撰文所言：「當今瓷器往往做成傀儡的蠢狀。」[155]

瑋緻伍德投入大量金錢和精力生產他的陶瓷。他從康沃爾、法蘭西、日耳曼，以及（透過班克斯爵士）新南威爾斯的罪犯殖民地等處購進高嶺土。一七六八年，他的經紀人從北卡羅萊納的切諾基印第安人處購得五噸一級黏土，運回英國花費了六百一十五英鎊（約合今日十萬零六千美元）。瑋緻伍德愛惜節省，只用於最貴重的作品，這批土整整維持了二十年才告用罄。他還安排英國東印度公司的廣州代理送來景德鎮的黏土樣本。不過至終他最賺錢的產品乳白陶，也是他長期研究的果實，卻不是靠高嶺土製成（一七六五年瑋緻伍德贏得王后夏綠蒂的惠顧，便將此器以「后器」之名推廣）。乳白陶是高級陶器，以白色黏土加燧石末為胎，今日仍是許多餐器的基本配方。[156]燒出來的器表潔白堅硬，比當時歐洲瓷所用的任何原料都更穩定可靠。瑋緻伍德將它廣泛應用，包括施加彩釉使其外觀如同斑岩與瑪瑙，以模仿古典器物。他問賓利：「你不覺得，很快就會有中國傳教士找上門來，學習怎麼製作我們的乳白色器嗎？」[157]瑋緻伍德另一大發明是「浮雕玉石」系列，也令他在陶業界聲譽鵲起。百分百的獨門新方，他視之為「我的瓷」。[158]這是一種白色炻胎，製作新古典風格的裝飾最為理想，鈷藍發色尤佳。以藍為主色，並在某些器底添上中國年款——其實瑋緻伍德亦如歐洲其他所有陶匠，並不吝於借用景德鎮的名氣。不過在此同時，他又不似歐陸的競爭對手，一味只求配出和中國瓷一模一樣的瓷方。相反地，不管陶也罷炻也罷，他的目標是用最好的原料，做出一種別無分號、無可以比擬的產品。他和景德鎮的陶商相同，需要一種在商業上可以立足、成功並發達的產品。相形之下，歐陸瓷廠則主要是金主的虛榮事業，舉凡法王路易十五、薩克森尼選帝侯，這類統治者只是將他們的陶窯視為私人藏室和玩具盒，動用國庫貼補，獨裁號令指揮瓷廠運作。塞弗爾廠從來沒有過半分利潤，年收益半數來自強迫貴族採購。阿冉松男爵引述蓬巴杜夫人對朝臣說過的一句「瓷話」：「不盡自己的能力去買，簡單地說，就不是個好公民。」[159]

瑋緻伍德出身斯塔福德郡的博斯萊姆鎮，其父也是陶匠卻時運不濟。因此他決定自闖天下，並一心想要成為「全宇宙造瓶總監」，一七六九年他曾向賓利如此表示。[160]他是個組織和企業天才，不僅（依照殷弘緒的描述）採用景德鎮的精密分工制度，還在伊特魯里亞推出其他創新的管理方式，諸如學徒培訓、領班管理、計時上工，以及僱用女性。他還引入嚴格的軍事化紀律，以確保準時、清潔、節約用料，除此之外，還要求零酒精的工作環境。[161]他更預告了正在浮現的工業年代嚴峻面目——他告訴一位通信友人，他的目標是「把人改造成機器，永不出錯」。[162]

瑋緻伍德引入機器力生產，令伊特魯里亞廠的效率比景德鎮高出甚多，景德鎮的運作仍屬勞力密集、作坊型的組織。瑋緻伍德是斯塔福德郡第一個利用蒸汽力的陶匠，或許是友人瓦特給了他一些建言吧。他使用蒸汽機研磨燧石、調製釉彩、混合黏土；他首開陶界風氣使用機器車床，在胎上刻畫花紋；他發明窯內高溫溫度計，對煅燒過程的控制大有幫助，從而減少失敗率——這項成就更為他贏得殊榮，一七八三年當選英國王家學會會士。[163]

瑋緻伍德還採納新式轉印技術，大幅加快了生產速度：先以銅板蝕刻圖案，然後施墨印在紙上，再轉印到待裝飾的器件。直至十八世紀進入尾聲仍舊依靠手繪的景德鎮，此時已趕不上改用機械印花的英國瓷廠速度。在此同時，瑋緻伍德也推動景德鎮式深具成本效益的運輸銜接，與外面更廣大的世界聯結。他贊同串接城鎮的公路建設，載往斯塔福德郡地區的煤炭費率因而減低。他也是川特——莫西運河的頭號提倡者，一七六六年動工典禮上他挖出第一鏟土，並確定此河務必流經他家大門。[164]一七六五年他寫信給賓利：「如果不好好想想，我幾乎搞不清楚自己到底是個地主仕紳、工程師，還是陶匠，因為其實我三者都是，另外還輪流扮演了其他角色。」[165]

工業面的創新之外，瑋緻伍德還搭配新的行銷手法，使生產面快速回應消費者需求和時尚變化。他首創許多新技術，日後成為現代商業經營的基本事項，諸如：市場調查、存貨盤點、旅行推銷、退款保證、圖案畫本、銷售目錄、報紙廣告、引人入勝的陳列室、請名人為產品代言背書等等。[166]種種出奇制勝的新手段，隨時可以配合瞬息萬變的時尚潮流做出快速反應，遙遠的景德鎮距離歐洲市場費時約一年航程，如何能比得上他這般能耐。

一七八六年班克斯爵士寫道，瑋緻伍德的「天才與創意，已經把英國陶業推展到一個境地，超越它原本的物質機械層次……是藝術又是科學，而且兩面俱佳。」[167]瑋緻伍德也與斯塔福德郡其他陶瓷業者密切合作，使英國陶瓷舉世聞名。有一幀雜誌漫畫畫的是代表不列顛民族形象的「約翰牛」，約翰牛帽上印的便是瑋緻伍德大名，約翰牛的臉則是伊特魯里亞出品的陶器。其父身後留給他二十英鎊，瑋緻伍德去世時擁有三十萬英鎊財產（約合今日五千一百六十萬美金），名列大不列顛前二十四位富人榜，或許，更是其中唯一非貴族出身者。他的墓誌銘宣告「他已將一個粗糙、原始、無足輕重的小小製造業，轉換成高雅的藝術，以及國家商務的重要一環。」[168]這些傑出成就，其實正是瑋緻伍德以小鎮陶匠起家之初即已懷抱的雄心大志。一七七五年準備展示他最精美的器皿之際，瑋緻伍德表示，他的目標是「震驚世界，一發即中，因為我討厭浪費時間磨蹭，你知道的」。[169]

「無需再從中國帶進瓷器」：中國瓷在世界的沒落

一七九五年瑋緻伍德去世，此時他的「全宇宙造瓶總監」壯志似乎已在實現邊緣。在伊特魯里亞廠的帶頭之下，及至一七八〇年代，斯塔福德郡地區陶廠年產量的百分之八十四，已是專為輸出。賓利常以「大元帥」稱呼瑋緻伍德，因為他把開發國外市場視為軍事行動，伊特魯里亞廠則是他的作戰機器。[170]

他遊說駐外大使和英國旅人在各地美言他的產品：西班牙、丹麥、鄂圖曼、荷蘭、那不勒斯，甚至中國。他僱用歐洲各國母語人士寫信敦促外國顯要購買他的陶瓷。如同一七九七年某位瑞士旅人所記，瑋緻伍德毫不鬆懈妥協、長達數十年的造勢活動，已經創造出：

> 一個如此活絡、普及的商業現象，以致從巴黎到聖彼得堡，從阿姆斯特丹到瑞典的最遠端，從敦克爾克到法國最南端，行經每家旅店都是用英國陶為你上酒、上菜。同一種精美器皿，裝飾

著西班牙、葡萄牙與義大利的桌面。而且它還派船送貨，遠赴東印度、印度、美洲。[171]

從葡萄牙直到俄羅斯，瑋緻伍德的產品在各地被人購買、抄襲、複製。歐洲統治者不再抱怨中國瓷吸光了他們國庫中的銀元，轉而把怒氣對準英國餐具發作。一七七四年麥森瓷廠總管抱怨，英國炻器以「令人難以置信的數量」進入薩克森尼，已經毀了他的工廠，經濟破壞無遺。[172]幾年後，波蘭王奧古斯都在他的麗宮附近成立一間陶廠，試圖阻止珍貴金屬流出他的王國未果。西班牙王室的布恩雷蒂羅瓷廠、葡萄牙的米拉加亞陶瓷廠，都開始抄襲瑋緻伍德的藍白設計，而不再是中國青花。[173]瑋緻伍德深具信心表示：樣式繁多加上能幹的代理，我們的出品「必能成功征服我們的姊妹王國（愛爾蘭）」。[174]果不其然，面對瑋緻伍德乳白陶進口，愛爾蘭的新生陶業旋即不支倒地。同一型商品也大量銷往北美，以確保那裡的英國移民（包括從伊特魯里亞廠潛逃的陶匠）不會使用切諾基人的黏土與斯塔福德郡進行競爭——長久以來，瑋緻伍德就在擔心此事。

一七六九年，瑋緻伍德曾問賓利：「那麼，你真的認為，我們可能完完全全征服法國嗎？」[175]一七八六年法國降低進口關稅，答案令他欣喜：便宜、耐用又美觀，斯塔福德郡的新古典風格產品，在法蘭西攻下最大的市場占有率，幾乎完全摧毀法國的錫釉陶傳統。法國工人購買瑋緻伍德茶具，塞弗爾抄襲伊特魯里亞的形制和紋飾。同樣地，麥森也生產它稱作的「瑋緻伍德器」——亦即伊特魯里亞的複製品。臺夫特則付出沉重代價，因為未曾發展出獨立於中式風格之外的設計，荷蘭客戶轉而厭棄自家產品，在瑋緻伍德乳白陶猛攻之下，臺夫特器和中國瓷雙雙讓出它們的銷售量。十八世紀末期，臺夫特陶廠紛紛關閉，從此在來客眼中此地宛如被遺棄的鬼鎮。義大利也未能倖免，瑋緻伍德為那裡的錫釉陶業吹響了熄燈號。[176]

乳白陶取代了臺夫特陶銷往美洲。墨西哥的普埃布拉陶匠抄襲中國的青花瓷幾乎已近兩世紀，此時也轉而複製斯塔福德郡的產品。伊特魯里亞為鄂圖曼市場生產客製化器皿，繪以瑋緻伍德誇口「符合穆斯林信徒的適當主題」。[177]斯塔福德郡的陶器淹沒西南亞市場，波斯工匠抄襲英國器皿的轉印圖案，手繪在他們的藍白陶器上面。瑋緻伍德還生產一種六加侖的橢圓大盆，五顏六色，「以迎合非洲黑人國王的變換口味」，並特意把價位壓低，以掌握後續訂單。[178]英國陶瓷於十九世紀初抵達東非，太平天國起事（一八五〇～一八六四）景德鎮窯再遭劫難之後，東非市場便成了瑋緻伍德獨家天下。在斯瓦希里沿岸，瑋緻伍德乳白陶加入中國瓷器行列，高掛於華柱柱頭；在菲律賓，它也逐出了中國和西班牙式器皿。一七八八年倫敦柯芬園上演的某齣戲中有首歌，一語道出中國瓷在世界各地的命運：「無需再從中國，帶進瓷器／英國瓷器，在此！」[179]

一七九二年，馬戛尼率領的大使級代表團從英國出發，想要打開與中國的貿易通商。瑋緻伍德致函賓利：「能讓你有征服北京之樂，至感高興。」[180]馬戛尼將英國製品呈給乾隆皇帝為禮；據英方日後對此行的紀錄，中國官員和朝臣故作冷淡，事實上，「所有眼睛都盯住……這些瓶子。它們是瑋緻伍德藝術的上乘之作。對於瓷器，每個中國人都是行家。歐洲製品之美的實例展現，獲得舉世公認的讚美。」[181]瑋緻伍德的仿古波特蘭瓶尤其引起注意，景德鎮立刻試著模仿卻未成功。[182]但是馬戛尼的出使未能打開中英貿易，瑋緻伍德本人在世期間因此未曾攻破這個市場。然而，中國的抗拒終告瓦解，一個世代之內，瑋緻伍德和斯塔福德郡多家陶廠，最終都將它們的產品銷往瓷器的原鄉。

中國瓷在歐洲沒落，英國器在國際市場稱勝——反映西方和亞洲之間的關係出現大逆轉。歐洲不再接受理想化的中國形象，拒斥了中國瓷和中國情調。在此同時，它也開始在遙遠的世界另一邊，發揮比先前更大的政商勢力。直到十八世紀為止，西方人在東方繁榮發展只能靠進駐「飛地」，藉以取得通商入口，卻鮮有政治力量。那些據點都只是微不足道的小小領土；或是強大帝國邊陲的普通小港，如：果阿和澳門；或是具戰略位置的孤立海港，如：麻六甲和巴達維亞；或是前進目標物的重要前哨站，如：香料群島之於農產、馬尼拉之於中國貿易。[183]

然而，十八世紀中期之後，一切都改變了。一七五七年起，英國東印度公司在孟加拉造出一個小邦，然後利用印度鴉片改變了和中國的金流關係。先前在狄福筆下，即已瞥見未來這個利潤豐厚的生意：魯賓遜在《漂流續集》就是帶著鴉片到中國交換瓷器。[184]鴉片，扭轉了中國和歐洲之間的收支平衡關係：一八一四年後，中國的白銀流量首次出現負淨值，及至一八五〇年，白銀流出更高達供應量的百分之十三。大不列顛指揮官動用軍事侵略，解決它與清政府的糾紛，這個策略先前曾在印度發揮奇效。正如七年戰爭結束之際的格溫建言，西方人果然沒有忘卻享受他們的優勢。第一次鴉片戰爭（一八三九～一八四二），英國的蒸汽砲艇摧毀了中國船舶，砲轟廣州，迫使清廷依英方條件投降，包括割讓香港、巨額賠款，以及讓出廣泛的貿易特權。有位目睹戰事經過的英國人，嘲笑中國海軍根本是場「滑稽劇」。[185]

戰事結束，英國海員蜂擁而上南京瓷塔，用鎚子、尖鎬撬開白色磁磚當作紀念品。[186]這種野蠻的破壞行為，揭示了中國本身的力量和西方對中國的歆慕都已一落千丈到何等地步。回到不過幾代之前，如此行為根本無法想像，其時歐洲貿易公司仍對中國當局俯首聽命，歐洲人更視瓷塔為世界第八大奇蹟，是中國輝煌文化的重要象徵。中國在鴉片戰爭受到的屈辱，促使魏源於一八四七年寫出《海國圖志》，他在書中敦促清廷率領帝國的眾屬邦將西方人逐出亞洲。[187]他緬懷鄭和事跡，那位中國海上冒險時代的大英雄，而南京瓷塔，正是四百多年前在鄭和督造之下興建。魏源的看法是，中央之國結束明代遠征事業，轉身背對海洋，如今已為自己這項決定付出了巨大代價。

一五〇〇年後中國瓷來到西方，揭開了歐洲人趨之若鶩向中國看齊的序幕。長達兩個多世紀期間，他們紛紛放棄自己的各式錫釉陶，轉而努力模仿中國人的成就。「瓷熱病」，代表西方向這個世上最古老帝國的文化展現的第一波最高敬意，此時西方本身也方才開始首次步入世界舞台。中國瓷受到高度評價，同時也賣得高價，迫使歐洲王侯、陶匠、科學家和煉金術士紛紛起而抄襲效法。然而十八世紀初起，歐洲開始自造瓷器，一場以遙遠文化為師的長期學藝過程也逐漸步上結業之途。半個世紀之後，烏托邦式的中國形象遭到徹底重塑，加上新古典主義崛起，使得中國瓷和中國風設計的優勢不再。理想化的中國形象、中國瓷器和中國美學，此時引發的都已是負面反應。或許是命運使然，對中國瓷業而言更是致命後果，此時的英國陶匠不斷推陳出新，在工業、企業兩面開創新技術，很快就使其產品地位不但在歐洲、也在全世界迅速躍升。

多少世紀以來，天下瓷都一向雄踞瓷器產業的霸位，此時終於遇到了無法擊退的勁敵。景德鎮代表工業革命之前手工業的最高峰，它的勞力密集工法、大規模分散化結構，足敷應付來自日本和東南亞大陸的挑戰。這些地區的陶業規模較小，又只是抄襲、模仿天下瓷都的工法和產品。想當然耳，像景德鎮這樣的龐然巨獸一出手，立時碾平了小小競爭對手，及至殷弘緒前來打探機密之際，天下瓷都已經充分發展，達到最極致的效率和產能。然而，正因為效能已達顛峰，改革動力不再，景德鎮在生產技術上的優越，反而成為自身的陷阱。一旦來了一個活躍的新對手，不但利用實驗創發新產品、新技術，還以機械投入生產，天下瓷都自然毫無因應能力。[188]

此外，清廷給予景德鎮的支持也三心兩意、漫無章法，或許正反映了十八世紀近尾聲時，中央政府本身已浮現某些問題。英國陶瓷大舉挺進國外市場的同時，中國朝廷卻罷廢最重要的景德鎮督陶官一職。一向由中國獨霸的市場遭人進犯之際，天下瓷都最需要中央的指導和創新，卻無人當家掌管。回到幾代之前，情況完全不同：康熙皇帝重新恢復陶窯，鼓勵創新，從而將中國瓷帶回國際市場。值得注意的是，瑋緻伍德後來居上稱勝國際的一百年前，臺夫特才剛剛被景德鎮打敗。但是到了一八〇〇年，臺夫特和景德鎮都已經成為過去，斯塔福德郡則站上未來。事實上，臺夫特雖然規模不如景德鎮，但其手工藝技術和組織型態，都更似景德鎮，而不似英格蘭的新式工廠生產；韓國、日本、越南、泰國、波斯、鄂圖曼、麥森、塞弗爾等地亦然。瑋緻伍德和其斯塔福德郡同業不但以企業經營和匠心獨運的手法為自己打造優勢，更因為西方國家稱霸海上，可以將他們的產品運到世界各個角落，從而鋪平了進軍國際市場之路。

就長期觀點來看，陶瓷對人類世界的衝擊長達千年，中國瓷對西方的影響其實只是其中一段短短的插曲。然而這場東西雙方的相逢卻是決定性的事件，因為正是經由歐洲海上貿易，中國瓷的文化影響力擴大及於新的寰宇級規模。也正是因為這場相逢，促使西方投入與中國瓷競爭的戰場，最終戰勝了中國瓷。

西元前開始，中國統治精英就將自己的文化視為全天下的典範，將德性與文明分授給他們眼中的蠻夷。中國瓷器將這個文化帶往更遠的他鄉，走過更遠的距離，重塑了各地的陶瓷傳統，以各式各樣的方式在不同的社會廣傳，令各地所有人都感受到它的奇妙非凡。但是隨著中國瓷失去國際市場，西方「蠻子」強勢抵達中國，他們深信自身的優越，帶著西方版的文化救贖訊息而來。清廷官員驚見瑋緻伍德的波特蘭瓶、英國陶瓷開始在中國市場銷售、英國水手爭相攀爬瓷塔，這些都是極具象徵意義的事件，代表世界史上的一大轉捩時刻。對西方來說，意謂著崛起稱霸全球。對中國來說，卻是大時代的終結。

尾聲　香客瓶藝術

十八世紀後期，法國作家梅西耶對巴黎生氣蓬勃的國際化氛圍感到驚異不已，街頭熙來攘往的人群，包括日本人、印度人、波斯人、北極圈的拉普蘭人、南非的何騰托族人、貴格派信徒。他也注意到當代人紛紛穿用起新奇的衣飾和餐具，簡直就像「電流，從這人傳給那人」。城中各式商品令他振奮，強烈地感受與外面更廣大的世界產生連繫：

如果你喜歡旅行，甚至不必出遠門，只要到一家好餐廳用餐就可以神遊遠方。香噴噴的茶，在中國、日本提供的瓷器內滾沸，再用一只祕魯白銀所製的小匙，舀一點美洲白糖，是那些被迫拔離非洲的可憐黑奴所種。身下的椅面是鮮豔的印度花布，來自三大列強為它長期激戰的那塊土地。1

梅西耶這段文字，特別挑出全球新經濟下最具意義的貿易商品：瓷、茶、銀、糖、奴隸和印度花布。就商業重要性和政治作用力而言，瓷器算是其中程度最輕微的一項。然而它在跨文化交流迴路中所扮演的重要角色，不僅於十八世紀表現特出，甚至在很久之前即已如此。蓮紋圖案的歷史便足以體現這項事實：伊爾汗時期（一二五八～一三五三）的波斯陶匠抄襲中國盤緣的纏枝蓮花，卻渾然不知這個花紋其實是莨苕葉和藤蔓雕飾的變種，普遍見於希臘化時代的西南亞古典神廟。早在波斯薩珊王朝的年代（二二四～六五一），這兩個花紋便從希臘神廟轉而裝飾銀器，後來又被商人攜往絲路向東而去。漫長旅途之中，這些希臘化圖案和來自印度的佛教藝術主題結合。進入六世紀，特色獨具的蓮紋已在中國北方佛窟以雕刻紋飾現身；觀世音菩薩——很快就轉變成觀音——與蓮花特別投合。同樣的主題，有時也出現在唐代景教石造的十字架：蓮花自十字架浮現，正如佛祖從那朵清新綻放的花中冉冉升起。中國工匠先以蓮紋裝飾銀器，然後及於瓷器；十四世紀時蓮紋圖案瓷器出口到了波斯，伊爾汗的陶匠又把此紋複製於陶器。兩百年後的歐洲植物學者甚至把蓮花稱為「瓷花」，因為來到歐洲的中國青花瓷幾乎件件有它。也有不熟悉這色格式化植物的人士，稱它為「朝鮮薊紋」。[2]（彩圖十四）

瓷扮演了核心要角，將這個突出的藝術母題從一區傳往另一地區：由西南亞而中國然後又傳回西南亞；並從一媒材傳給另一媒材：由建築而銀器而雕刻而又復銀器而瓷而陶。但是蓮紋的征程尚未完結：一旦波斯工匠把它畫進陶盤陶碗，接下來織品和建築也借去使用。由於波斯（以及其他地方）的陶匠必定也造磚，同一種圖案由裝飾器物轉而裝飾建築物乃是常見之事。因此，獻給帖木兒姪女位於撒馬爾罕的清真寺壁面，就出現格式化蓮紋裝飾的圓章。蓮花圖案綻放，與中國梅枝並豔於十六世紀克爾曼的澤美清真寺。[3]

陶匠從各種其他的媒材，如玉器、漆器、雕塑、金屬器、錢幣、織品、雕刻、版畫、木刻與繪畫等等，借來符號、主題與形制，然後又轉手傳遞出去。這些圖案形制遊走各式媒材、各個國家的同時，也因應不同的文化進行調整，取得新的解讀，與當地文化指涉隨意搭配混合。雖然說中國與其瓷器在這場影響深遠、無遠弗屆的大交流中占有主導地位，但是世界做為一個整體參與其中，也共同創造出了一個跨越不同地域、超越不同民族的陶瓷文化。

如此驚人的融合過程，下述兩種瓶子就是最好的例證。「軍持」譯自馬來語 kendi，源自梵語 kundika（水壺），指的是一種飲用或洗浴儀式的金屬水器。器身圓胖如球莖，乳房狀的流口與器肩以銳角相接。如此設計，使用時不會觸及飲者口唇，從而避免汙染；裝水則從器頂的大開口處注入，如同茶壺。現今所知最早的軍持是在印度西北部出現，年代為西元前兩千年。[4]及至西元最初數世紀間，軍持已連同佛教和印度教的其他法器一起傳入東南亞大陸。高棉國王登基，依印度教儀式必須以聖水潑灑王身，銀製或銅製軍持是必用之器，雖然後來陶製軍持亦可堪用。高棉、泰國喜歡鴨鵝之類的動物造型軍持，越南人則製成大象和鸛鳥。高棉王城大吳哥城有座十三世紀的寺廟，刻了一件軍持浮雕；泰國中部某佛塔內室則供有一件實品。浮雕版軍持也出現於中爪哇的婆羅浮屠。（彩圖四）

瓷製軍持首先在唐代中國出現，雖然此器從未在中國陶瓷類型中占有主要地位。儒家文人用它做為寫字研墨用的水注，有些形如龍鳳展翅張翼。韓國人有時以青瓷製作軍持，做為佛教儀式的灑器，日本人也採納這項習俗。商人將袖珍版的中國軍持賣到菲律賓和爪哇，當地土著將之納入他們的葬儀、婚禮和巫祝占卜。峇里島的新娘用軍持澆灑新婚丈夫的雙足以示順從。馬來西亞發現的一件十六世紀中國軍持，上面同有佛教吉祥圖案和伊斯蘭教銘文。還有一件景德鎮青花軍持狀如新月，正是伊斯蘭信仰的象徵，以吸引西南亞的買家。

中國出口許多軍持前往西南亞地區，經常採用奇想式的動物造型，進入十七世紀又被那裡的工匠複製為陶器。鄂圖曼帝國蘇丹蒐集瓷器，內有七件明代大象軍持，配以銀鑲雕座。阿巴思汗收藏了好幾種不同的軍持，包括一件飾以鬱金香圖案的大象軍持。十七世紀波斯陶工又將軍持改裝成水煙器。有些軍持進口到了歐洲，日耳曼陶匠依樣複製其動物造型，有時更飾以荷蘭版本的中國花紋；畫家老布勒哲爾和卡夫都曾將它們入畫，卡夫畫中曾畫有軍持配著牡蠣、龍蝦。在這個奇妙的周遊過程之中，軍持去除了所有印度宗教儀式的蘊意，分別搖身變為學者用器、法術工具和逸趣珍玩，為不同文化的不同人群扮演不同角色。

中文稱之為「扁壺」的香客瓶，其腳印同樣行遍天下。一個早期版本現身於西元前二世紀佩特拉（今約旦）的納班坦古陶窯。細頸漸收，器身如扁狀滿月。這個器形亦在美索不達米亞和羅馬窯址露面，常飾有愛神、牧羊神和蛇髮魔女的圖像。西元初前後，沿地中海數個地區的陶匠都製作這型土器。早期基督教朝聖者使用小型版本，用以攜帶信徒歸之於「受過祝聖」類的物事，諸如聖水、聖油。五世紀起，阿布米那產製飾有守護聖人米納斯像的香客瓶。阿布米那是埃及一個人氣極旺的朝聖中心，位於亞歷山卓西南四十五公里處。此香客瓶工粗質差，幾無實用功能，主要價值是用以展示兼宗教紀念品，證明自己曾經長途跋涉辛苦走過這趟朝聖旅程。許多香客瓶都飾有旅行相關圖像：比方水手的保護者聖伊西多爾在船中；聖母馬利亞逃入埃及；東方三聖者在前往伯利恆的道路上；耶穌騎驢進入耶路撒冷。[5]

絲路商人將香客瓶帶到中亞，在那裡它們和馬背上的皮囊壺合而為一，因為兩者的確很像。波斯的陶質和金屬香客瓶於唐代進入中國，經常飾有希臘化圖案，包括莨苕葉、女舞者和男樂手。中國工匠以瓷器仿製，繪以希臘和波斯傳入的紋飾，成為宋代陪葬器皿，以示墓主身分地位。元明時期開始生產專門銷往西南亞的香客瓶，器表中央經常繪以伊斯蘭風格的花卉裝飾。類似的瓶器也在永樂和宣德年間製作，兩面均有織錦紋飾、各式花卉紋，以及西南亞的幾何圖案。[6]（彩圖十三）

十六世紀景德鎮陶匠曾以伯利恆天使合唱的畫面裝飾一只香客瓶，可能是果阿的葡萄牙基督徒專門訂製。一五二三年，波斯陶工製作了一只青花香客瓶，仿製一世紀前某個中國的瓷製原件。他們為它畫上玫瑰叢裝飾，中間立了一隻夜鶯——也許是中國鳳凰棲梅圖的變裝版。商人將中國香客瓶的西南亞仿品，經由鄂圖曼小亞細亞賣到義大利，在那裡，它們成為十六世紀初安布里亞青花陶的複製對象。威尼斯工匠稱這種瓶器為「una inghistera fracada（扁平的瓶子）」，又以玻璃和陶器再現，並添加釉彩花卉和植物裝飾。大約在同一時間，法蘭德斯工匠將兩只鸚鵡螺用鍍金鉸鏈串起，仿成一件大號的香客瓶，把手是一條優雅盤繞的蛇，器身鑲嵌珍珠和石榴石，愈發增色。[7]

菲力普二世在馬尼拉和澳門的代理，為他們尊貴的陛下訂製了許多青花香客瓶。他的新教對手之一，某位巴伐利亞伯爵，一五八一年也為自己訂了一件，繪上自家紋章和反天主教的諷刺圖畫，例如猴子穿戴著教士法衣。有件一六〇〇年左右仿中國原件的日耳曼香客瓶，日後收入奧古斯都二世的日本宮，全器金鑲銀鍊披掛，綴滿珍珠綠寶，簡直認不出原貌。最後，進入十八世紀初，麥森也造出它的日耳曼版香客瓶，飾以中式花卉和抄自日本漆器的山水風景。[8]

軍持壺和香客瓶的演變史，足以顯示陶瓷深受跨文化交流的撲朔迷離影響。舉凡風格、形式和裝飾題材，無拘無束、漫遊遠方，恰如佛教徒或穆斯林朝聖者的遊方腳蹤，但是這些圖案背後蘊含的原始概念，卻往往留在後面未能趕上遠赴他方的步伐。豐富多價的中國傳統符號，諸如荷花、牡丹和冬梅，分別喚起高潔、性感與忠貞的聯想。但是一旦脫離原根原土抵達西方，這些植物造型只是古趣的圖案紋飾而已。

荷蘭亦然，以徒具形式的態度對待中國紋飾。臺夫特陶匠想像各式中國主題，比方畫上荷花和牡丹，由外在模仿異國商品的氣息，從而開發出一種假想的中國風。結果大受歡迎，連日後景德鎮於清初重返西南亞和歐洲市場之際，也反過來抄襲這種新奇的中國情調。

實際上，東西文化相逢的最終產品，是一個頗有創意的「想像中國」同化並在地化了中國意象。種種所謂中國情調的圖案，尤其是人物和山水元素，把中國視覺文化的複雜性過濾簡化成定型的刻板成分，變成可以欣賞、可以理解的風景畫，而不再是深邃難解的文化符號。出之以假中國風，再植入歐式觀點，荷花脫離了它的佛教寓意，牡丹失去了它的女性魅力，梅花不再具政治情操。同樣地，高高在上的士大夫成了古趣的中國官大人，道家的名士變成親切的紳士。胖嘟嘟的布袋和尚原本帶著一袋金銀賜人財富，卻變成貪嘴的基督教肥修士。有時畫上異國圖像更只是為了滑稽效果博君一笑，比方十八世紀初麥森製的一只托碟，畫面是一大群蚊子盤旋於一位官大人上方，大人則忙著把兩隻玳瑁綁在椅腳充當輪子。中國陶匠也把西方想像的中國，複製於他們製作的外銷貿易瓷器，更強化了這種不具惡意卻簡化的中國圖像。（彩圖二十）

最後結果，有得亦有失。跨文化交流之下，促成了創新，也造成誤讀。外國工匠與藝術家以他們的方式重新表現中國文化，巨大的簡化自然無可避免。然而正是這過度簡化本身，創造出新的裝飾圖案，得以流通國際。世界變得愈趨緊密，但卻是相互誤解比附的結果。

瓷，以及它的眾仿製品，是跨文化交流的要角。因為那些心繫遠方市場的陶瓷生產者，追求的策略必然是複製重現異國的藝術形式，以贏得異國顧客青睞。從七世紀起到十六世紀，主要的交流迴圈是在中國和西南亞之間來回，最後由藍白色系的青花拔籌，成為所有文化的標準配色方案。然後交流圈擴大，延及西方，包括歐洲在美洲的移民據點。中國陶匠這方，八世紀時仿效蓮紋和波斯銀器裝飾，十四世紀畫上阿拉伯文、取得伊斯蘭盆器形制，十八世紀再添以聖經故事繪畫和荷蘭酒瓶造型。西南亞和歐洲陶匠也不遑多讓，冒險精神十足地依樣複現繞過半個地球而來的中國裝飾圖案，並加上自家的創意想像，以與中國進口瓷器競爭。西式的中國情調又繞了大半個地球，回到中國完成交流循環之旅，然後再被那裡的工匠複製，以回銷西南亞和歐洲。於是全球化的貿易模式促進了文化想像的循環反覆，混血交配的器物誕生，一種共同的視覺語言於焉誕生。（彩圖二十一）

十六世紀初，土耳其的依茲尼克陶匠結合中國紋飾、鄂圖曼宮廷設計，以及歐洲銀器形制，產出的結果風靡了全地中海區的顧客。威尼斯陶匠借用依茲尼克的花卉圖案以及中國瓷飾風格，中國陶匠則以瓷複現威尼斯的玻璃壺形。佛羅倫斯陶匠從羅馬雕像抄來怪誕面具，又自依茲尼克借來鬱金香，裝飾它們的香客扁瓶。在此同時，器形源自伊斯蘭西班牙的義大利陶器，又影響了依茲尼克，揉合文藝復興「故事畫」的圖章畫像與源自蘇丹帝王花押的螺旋花紋。

十六世紀晚期開始，西班牙大帆船載運數十萬件的瓷器從馬尼拉開往阿卡普爾科，抵港卸貨後繼以騾馱，翻過多山的「中國路」到達四百五十公里外的墨西哥城；墨西哥陶器生產重鎮普埃布拉，就位於這條漫漫瓷路的途中。千里而來的中國瓷帶來靈感，時機一旦成熟，當地陶匠也開始製作自家獨特的藍白青花陶，十八世紀某位牧師吹噓：「以模仿並匹敵美麗的中國瓷器。」[9]中式圖案繪於墨西哥陶：菊花、仙鶴，與多刺的仙人掌、長尾鳥並置紛陳，長尾鳥是已遭毀滅的阿茲特克文化的圖像。瓷器也到達祕魯，影響當地陶匠，產出結合了傳統印加紋飾（如：鳥兒展翅飛翔）、中國瓷飾，以及受中國影響的普埃布拉陶飾的器皿。

十七世紀的日本陶匠，使用荷蘭版的中式蓮紋，以及日本偶戲班子的人物形象，裝飾他們為阿姆斯特丹市場燒製的啤酒馬克杯。日本官員則向臺夫特和景德鎮下訂單，並提供木製器樣做為燒造藍本。荷屬東印度公司的代理，向日本訂購盤中央繪有該公司名稱縮寫的瓷盤，盤中主題圍繞著鳳凰、石榴、茶花，而四周圖框——克拉克瓷的標準配置——則是竹子和牡丹。十八世紀英國作家沃波爾某位族人的紋章，出現在一件柿右衛門的盤子上，反面是日本傳統造型的老虎潛身竹林。麥森出品的一套餐器，可能是為奧古斯都二世特製，紋飾是這位薩克森尼選帝侯兼波蘭國王的盾徽，四周圍繞著柿右衛門式的花卉和稻禾。一只日本茶壺上畫著中國瓷塔，抄自某個荷蘭人的中國遊記插圖。景德鎮陶工以青花瓷複製荷蘭的琴酒方瓶，然後這件中國版又分別出現日本、波斯和義大利的複製版。十七世紀晚期法國內維爾陶廠製作的某件陶罐，形狀源自西南亞金屬器，色系是中國青花，紋飾多元，包括西方古典（盤繞的蛇身）、早期基督教（帶翼天使）與中國（奇禽）。

一六九〇年景德鎮燒造了一件瓷盤，畫面中央主圖是抄自荷蘭紀念幣的鹿特丹抗稅暴動場景，四周花紋卻是佛教八寶。一七二二年荷蘭商人訂製的一組中國瓷盤，諷刺英國南海投資泡沫引發的金融崩潰，順便為臺夫特陶器打廣告，人物則是荷蘭襲自麥森的義大利即興喜劇造型。同時期製作的一件中國蓋碗和大淺盤，形制模仿某件法國製的法恩斯錫釉陶，後者又非常可能參考巴黎銀器；等到這組中國碗盤運抵法國，盧昂陶工又很快群起仿效。

十八世紀初期的英國切爾西陶器模仿日耳曼麥森，麥森則模仿日本模仿的中國瓷。英國伍斯特陶廠燒製的一型茶壺，藍本是同時代歐洲版的中國宜興壺，繪著亞洲式圖案，尤富日本柿右衛門的鮮麗彩趣。中國也反過來複製荷蘭出品，包括在器底加標以示荷蘭製造；中國模仿的一件麥森模仿的日本碟子，碟底就有仿造的麥森商標。一七五〇年製作的一只中國盤，畫面人物是一位騎士和其扈從，周圍是中式景色和花鳥。整件作品已是「第四手」借取改造，源自第三手一七四二年麥森瓷器圖案，第三手根據第二手某幀荷蘭版畫，第一手源頭則是塞萬提斯《唐吉訶德》的某部法譯本木刻插圖。十八世紀後期有件中國蓋碗，身世同樣曲折複雜：前身是英國斯塔福德郡的乳白陶器，這件英國陶器又是參考法國塞弗爾瓷碗，法國碗則襲自法國銀器，法國銀器依據的本尊來自漢米爾頓的赫庫蘭尼姆出土陶器圖錄。（彩圖十一）

層層纏繞追溯，肯定令人頭暈目眩。但是如此溯源顯示在近世初起之時，全世界各地的藝術家、工匠和冒險商人是如何跑出了一場環球循環接力賽，傳遞、整合並創發出文化形式。單單是一頁「花樹」圖案演變史，一如先前蓮紋，就足以說明這個文化交流迴圈之奇特。十五世紀之後，波斯畫匠參考中國青花瓷，將梅花母題改為一株花樹，這個圖案很快便現身波斯陶器和印度棉布。進入十七世紀，輪到歐洲陶匠和織工採取這個波斯版的中國風設計，於是又變身成為最典型的印花布 chintz（源自印度語 chint，意指「多彩」）；英國商人將它送回原產地，由印度織工織造。到了十八世紀，英國商人甚至把印度和歐洲合作想像的這型中式情調花紋，再送到中國做為瓷器紋飾。此外，花樹圖案也現身於十八世紀的日本和麥森瓷器，並成為知名的英式青花「柳樹」系列的一大元素，時至今日依然是最受歡迎的餐器紋飾。[10]

花樹圖案周遊列國，在陶瓷發展史上極具代表性。因為它正是藝術與商業交集而生的產品，也是世界各地不知名的工匠，以不同媒材在環球長距離通力合作之下的結果。更具意義的是，這個名滿天下的設計不是任何單一文化的作品：中國、印度、西南亞、歐洲，都在其中扮演了重要角色，共同促成了它的主題發展和地理擴張。

十七和十八世紀的陶瓷發展，意謂著全球寰宇不同區域跨越了艱難橫阻、無數疆界，聯手共構了一個共同的文化傳統。雖然它的成形頗受精英品味影響，但更大的源頭、更強的動力，卻是來自各地陶匠本身的巧思和開發精神，包括中國、日本、西南亞、歐洲和美洲等地。及至十八世紀結束，世界各地工匠已經創造出一種集體的視覺語言，可謂陶瓷藝術的世界語。里斯本陶匠歡呼喝采，稱他們的中國瓷仿品為「香客藝術」——這正是美感的交流、商業的交換與全球化整合之下而衍生的產品。遊走天下、模仿抄襲，是陶瓷這個媒材的本性。瓷器一出，更建立了楷模，加強深化了這樣的特性。於是積極參與長距離貿易活動的各地陶人，共享了一個也許多變、或許無章，但卻屬於他們同有的人類遺產。

蓮紋與花樹、軍持與香客瓶，蓋碗與淺盤，說起來並不是什麼高等藝術或蓋世成就。做得好，它們是新奇、創意的文化合成，因為出其不意的搭配愈添其迷人之處；做得不好，恰足以具現某種國際性的庸俗商品，是接下來那個觀光旅遊世紀的先聲。但是或好或壞，它們都引起知識階級的注目，因為在近世破曉之際，一種新起的全球意識浮現，若想了解這個現象，陶瓷首當其衝。瓷，以及它的各式仿品，為寰宇規模的永續性文化接觸，提供了不但是第一手而且是分布最廣的物質證據。或許，甚至意謂著真正的全球化文化已然到來。

謝辭

感謝西雅圖藝術博物館館長米密·蓋茨邀我參加二〇〇〇年三月的「瓷的故事：從中國到歐洲」研討會。她和裝飾藝術部門策展人茱莉·艾默生表示，我曾寫過一篇專文討論中國瓷對世界的影響，是促成這項展覽的主要發想靈感之一。而這場研討會，則是我唯一一次得以親炙陶瓷學界及陶瓷愛好者，在此特表感謝。館方還特別允准我複製展品圖錄圖片以供本書之用——這種相互循環投桃報李之情，恰與多少世紀以來瓷器跨文化的來回交流現象相映。書後的參考書目，也足以顯示本書之成必須要感謝無數陶瓷學者的研究。身為陶瓷學問的門外漢，我大膽借用這些專家的努力及著作，感戴之心永遠難以忘懷。我要感謝《歷史學會學報》的編輯喬治·哈波特先生，容我將我先前的一篇專文〈鄭和航行：明代中國的意識形態、國力，與海上貿易〉(2008) 327-47 頁，納入本書第七章。也要謝謝《世界史學報》的編輯傑瑞·賓利，讓我使用另一篇和本書書名同名的文章 (1998) 141-87頁。此外，陶瓷技術的專家羅絲·寇兒，倫敦維多利亞艾伯特博物館遠東部門前主管，一九九八年我們在劍橋大學見面時，給予那篇文章諸多有益的批評。我也要感謝阿肯色大學傅爾博特學院院長辦公室，提供資金向以下單位蒐集圖片：西雅圖藝術博物館、克利夫蘭藝術博物館、麻塞諸塞州撒冷的琵琶地博物館。Jiang Jin 姜進，曾是我的研究生，現在上海東華師範大學任教，提供寶貴協助幫我處理中文資料。威廉·麥克尼爾閱讀原稿，給予莫大鼓勵，也看出書中內容有時雖然似乎偏離瓷的主題，最後卻顯示其實都是特意安排的蜿蜓。此外，這位世界史學者治學之勤，也是我最佳的榜樣，因為許多年前在芝加哥大學，他正是我的博士論文指導教授。

寫作期間，小女康威陪伴在旁加油打氣。家人也時時對我的研究表示鼓勵和興趣，雖然有時難免引我去做一些有趣的旁務。康絲坦絲始終給予支持和愛心，她一向是我最棒的讀者。我也要特別感謝我們的女兒阿德瑞安，以她傑出的寫作技巧替我編輯修正。另一個女兒凱特琳，一路為我查出難找的資料，雖然她在康乃爾大學圖書館極為忙碌。而我的研究，極大部分正是在這處絕佳又宜人的學術環境進行。本書獻給凱特琳，是全書終能完成最令人欣喜的一事。

注釋

引言

1 Cited in Boxer 1986: 12; see also 52.

2 Cited in Parker 1998: 4; see also 165–67.

3 Cited in Padfield 2000: 2. On commercial networks, see Newitt 2005: 169; Flynn and Giráldez 1995.

4 Von der Porten 1972.

5 Cited in Haller 1967: 221.

6 Lane 1973: 293; Morga 1971: 19–20; Hess 1973.

7 Blair and Robertson 1915: 6:197.

8 The medal and related iconography are discussed in Parker 1998: 4.

9 Blair and Robertson 1915: 5:254; see Headley 1995: 641–45.

10 Cited in Schurz 1939: 27.

11 Brown 1995: 105–07; Shulsky 1998; Ray 1991: 300.

12 Pilgrim flasks from Philip's collection are now held by the Metropolitan Museum of Art, New York; the British Museum, London; the Gemeentemuseum, The Hague, the Netherlands; and the Peabody Essex Museum, Salem, Massachusetts.

13 Graça 1977: 45–47; Scheurleer 1974: 47; Loureiro 1999: 33.

14 Cited in Mudge 1985: 44.

15 P. Rawson 1984: 6, 100–103.

16 Blair and Robertson 1915: 1:78.

17 Collett 1993: 504–7.

18 On development of industrial ceramics, see Kerr and Wood 2004: 781–88.

19 Ricci 1953: 6.

20 Vickers and Gill 1994: 54–76.

21 Carswell 1985a: 22.

22 Mercier 1929: 125.

23 The quotation is taken from the reproduction of a handbill in Farrington 2002: 81.

24 Kelly 2004: 15; Zacks 2002: 6.

25 Dryden 1958: 1:57.

26 See Glassie 1999; Agnew 1993; Appadurai 1986.

27 Stevens 1982: 76.

28 Piccolpasso 1980: 2:61.Kerr and Wood 2004 provides specialized detail on clay, glazes, and kilns.

29 See McNeill 1963: 296–97. The concept of the ecumene is set forth in Hodgson 1974: 1:109–10.

30 Cited in Spence 1998: 18, which emphasizes the significance of this promise for Columbus; see Fernández-Armesto 1992: 41, 43.

31 Cited in Loureiro 1999: 33.

32 See Daniels 1996: 412, 479.

33 Chaudhuri 1985: 15; McNeill 1982: 24–25; Adshead 2004: 68–100. Some of the extensive literature on the theory of world systems is collected in Frank and Gills 1993.

34 Smith 1976: 2:1976.

35 Cited in Parker 1998: 3.

36 Montesquieu 1989: 393 (bk. 19, chap. 21).

37 See McNeill and McNeill 2003: 178, 201–2; Christian 2004: 390–91.

一、天下瓷都　十八世紀的景德鎮

1 Unless otherwise noted, all translations from Dentrecolles's letters are from the original French text as provided in Bushell 1910: 81–222. English translations are available in Tichane 1983: 51–128; Burton 1906: 84–122 (but incomplete); and du Halde 1738–41 (also incomplete). All citations from Tang Ying's *Description of the Twenty Illustrations of the Manufacture of Porcelain* (Taoyetushuo) (1743) come from the translation in Bushell 1910: 7–30. Dentrecolles and Tang consulted some of the same documents compiled around 1795 by Lan Pu (and edited some fifteen years later by Zheng Tinggui) in *Jingdezhen taolu* (Potteries of Jingdezhen), edited and translated in Sayer 1951. *Tao Ya* (Pottery Refinements), published in 1906 under the pen name Ji Yuansou (edited and translated in Sayer 1959), comprises a collection of observations on Chinese ceramics, mainly from the eighteenth century, including some made by Tang and Lan. On Dentrecolles, see Dehergne 1973: 73–74, 351; Thomaz de Bossierre 1982; Tichane 1983; Rowbotham 1966: 255–56.

2 Cited in Thomaz de Bossierre 1982: 77.

3 Cited in Harrison-Hall 1997: 195.

4 Cited in Hochstrasser 2007: 142.

5 Sayer 1951: 37–38.

6 Cited in Dillon 1992: 278.

7 Cited in Gerritsen 2009: 119.

8 Cited in Elvin 1973: 285; see Dillon 1992: 278.

9 Cited in Gerritsen 2009: 139.

10 Cited in Brook 1981: 170.

11 Sayer 1951: 87.

12 Ledderose 2000: 85–101; Deng 1999: 81–82.

13 Smith 1976: 1: 31–36.

14 Cited in Lightbown 1969: 240.

15 Information on porcelain exports is taken from Ho 1994: 37; Deng 1997a: 276 and 1999: 60; Young 1999: 74; Godden 1982: 57, 60–62; Jörg 1982: 93, 149; Volker 1954: 226–28;Wästfelt, Gyllensvärd, and Weibull1990: 27; Clunas 1987: 16.

16 Cited in Sung 1966: 146.

17 Cited in Foust 1992: 82.

18 Jörg 1986: 59; Sheaf and Kilburn 1988.

19 Medley 1966; Yuan 1978.
20 Sayer 1959: 54–55.
21 Foster 1965; Caiger-Smith 1993–94.
22 Coomaraswamy and Kershaw 1928–29.
23 Sayer 1951: 17; 24; see Macintosh 2001: 45–46; Jörg 2002–3: 25–26.
24 The significance of skeuomorphs in pottery production is emphasized in Vickers and Gill 1994: 106–7.
25 Sayer 1951: 49; see Lam 1998–99.
26 Bushell 1910: 6; see Sayer 1951: 82.
27 Dillon 1976 is the most thorough survey of Jingdezhen. Staehelin 1966 describes porcelain production in annotations to eighteenth-century watercolor illustrations of it, a format also followed by Tang Ying.
28 Smith 1976: 1: 15.
29 Bushell 1910: 73.
30 Bai 1995; Howard 1994: 14–15 and 1997: 127.
31 Godden 1979: 17; Howard 1974: 84–85; Whitman 1978: 1:225; Mueller 2000: 19–20; Hallberg and Koninckx 1996; Kee 1999: 95.
32 Esten,Wahlund, and Fischell 1987: 86; see Stuart 1993: 56.
33 Cited in Scheurleer 1974: 146, 162.
34 Cited in Beurdeley and Beurdeley 1971: 147.
35 Cited in Ward 2001: 379; see Sayer 1959: 12–13.
36 Cooper 2001: 317.
37 Cited in Lightbown 1969: 263.
38 Cited in Hochstrasser 2007: 137.
39 Sayer 1951: 45–47.
40 Sayer 1951: 33.
41 Sayer 1951: 34–35.
42 Sayer 1951: 33.
43 Sung 1966: 154.
44 Sayer 1951: 105.
45 Bushell 1910: 38.
46 Sayer 1951: 32.
47 Names of colors are provided in Sayer 1951: 55; Sayer 1959: 16; Bushell 1910: 49–50; Kerr 1993: 152–53.
48 Sayer 1951: 49.
49 Groeneveldt 1880: 87; Peng 1994: 1:xxiv.
50 Carletti 1964: 149–50.
51 Dillon 1976: 30, 32, 35, 38, 43.
52 Cited in Volker 1954: 50.
53 Cited in Emerson, Chen, and Gates 2000: 244.
54 Cited in Kerr and Wood 2004: 19.
55 Cited in Kerr and Wood 2004: 211.
56 Cited in Gernet 1985: 88, 102.
57 Gernet 1985: 64–72.
58 Ricci 1953: 105.
59 Ricci 1953: 105.
60 Ricci 1953: 267.
61 Gernet 1985: 83, 92–93; Pagani 1995: 76.

62 On the Rites Controversy, see the essays in Mungello 1994.

63 Ricci 1953: 113, 98.

64 Guy 1963: 120.

65 Sung 1966: 155. On Chinese pottery deities before the Ming period, see Kerr and Wood 2004: 206, 243–44.

66 Bushell 1910: 38, 47–48, 63, 127.

67 Sayer 1951: 81, 83.

68 Sayer 1951: 119–20; see Sung 1966: 155.

69 Sayer 1951: 103–4; 78, 85.

70 Bushell 1910: 63.

71 Cited in Kerr and Wood 2004: 166.

72 For the following, see Hayden 2003: 134, 138–39; Amiran 1965; Moore 1995: 47–48; Bellwood 2005: 114, 158. Rice 1999 provides a survey on research into the origins of pottery.

73 Simpson 1997; Bottéro 2001: 85, 207–8; David, Sterner, and Gavua 1988: 365–66; Bellwood 2005: 54–55.

74 For the following, see Weinberg 1965; Hay 1986: 84; Matson 1989: 15; Cauvin 2000: 44; Chang 1999: 50–53.

75 Cited in Bottéro 2001: 99.

76 Mitchell 2004: 74.

77 Berzock 2005: 73, 100, 136; Gilbert 1989: 220.

78 Cited in Barley 1994: 53.

79 Beckwith 1970: 43; Miller 1985: 122–23; Huyler 1996: 19–20.

80 On widespread images of potters in the Americas, see Lévi-Strauss 1988.

81 Tedlock 1985: 347–48; Salles-Reese 1997: 53–54.

82 Cited in Shoemaker 1997: 635.

83 Rosenthal 1989: 1:263, 257–66.

84 Cited in Ritter 2003: 43.

85 Origen 1998: 193.

86 Piccolpasso 1980: 2:109, 68–69.

87 For the following, see Clunas 1997: 128–29; Godden 1982: 63–64, 118; Hansen 1990: 133, 139, 145–46; Watson 1985; Jörg 1995: 112.

88 Boxer 1953: 213.

89 Cited in Thomaz de Bossierre 1982: 27.

90 Cited in Hansen 1990: 146.

91 Little 1990; Brook 1981; Dillon 1992: 285.

92 Dillon 1976: 125–26; Hsu 1988: 147–48; Sayer 1951: 36.

93 Smith 1976: 1:32, 35; Ricci 1953: 12.

94 Cited in Little 1983: 16.

95 Du Halde 1738–41: 1:325; see Staehelin 1966: 68.

96 Pinto 1989: 170.

97 Cited in Schafer 1963: 17.

98 Ricci 1953: 261.

99 Atwell 1982: 68–69, 79. The significance of silver in world trade is emphasized in Flynn and Giráldez 2002. On collection of customs, see Marks 1998: 128.

100 Cited in von Glahn 1996: 129.

101 Montesquieu 1989: 392 (bk. 20, chap. 21).
102 Ricci 1953: 261–62.

二、瓷之祕　十八世紀的中國與西方

1 Staehelin 1966: 70; Rowbotham 1966: 106–7; Haudrére and Le Bouëdec 1999: 5–16. Harris 1999 sketches the Jesuit information network; Adshead 2002: 211–12, 240–42, discusses the role of China Jesuits in the network.
2 See Pocock 1999: 99.
3 Cited in Rocco 2003: 99.
4 Cited in Carter 1988: 291.
5 Haudrére and Le Bouëdec 1999:11; Raffo 1982: 102; Albis and Clarke 1989; Bushell 1910: 209; Tichane 1983: 111; Dehergne 1973: 38; Thomaz de Bossierre 1982: 8–9, 33.
6 Belevitch-Stankevitch 1910: 49, 55, 71; Lach and Van Kley 1993: 3: 432; Lach 1957: 33; Rowbotham 1966: 122–23, 258; Dehergne 1973: 34; Thomaz de Bossierre 1982: xii, xv; Mungello 1977: 42.
7 Cited in Swiderski 1980–81: 138.
8 Cited in Love 1994: 67. Original emphasis.
9 Cited in Cook and Rosemount 1981: 265.
10 Cited in Lach 1957: 46–47; 52, 68–69. Leibniz's views of China are examined in Mungello 1977 and Spence 1998: 82–88.
11 Cited in Pocock 1999: 98–99; see Bien 1986: 363–64.
12 Cited in Pocock 1999: 104.
13 The phrase comes from Burton 1932: 3: 323.
14 Cited in Lach 1957: 31.
15 Leibniz 1970: 5: 591.
16 Cited in Lach 1957: 30.
17 Wiener 1951: 598.
18 Navarette 1960: 1: xlv; 154; 137; see also 2:366.
19 Cited in Lach 1957: 36.
20 Cole 1943: 11–18, 32–43, 57–58, 269–72; Lach 1957: 27.
21 Cited in Kerr and Wood 2004: 770 n. 227.
22 Smith 1976: 1:437, 439.
23 Smith 1976: 1:443.
24 Cited in Harris 2004: 168.
25 Foster 1899: 1:134.
26 Cited in Lemire 1991: 21.
27 Bernier 1968: 223.
28 Hanway 1756: 302.
29 Cited in Koerner 1999: 96, 116–17, 136.
30 Cited in Fang 2003: 819.
31 Cited in Braudel 1981: 1: 186.
32 Cited in Yonan 2004: 658.
33 Haudrère 1999: 202–3; Stein and Stein 2000: 156.
34 Boxer 1965: 111–12, 222; de Vries and Woude 1997: 433–34; Turner 2004: 183–224, 291.
35 Cited in Davies 1961: 55.
36 Smith 1976: 1:525; 2: 636.

37 Cited in Goody 1993: 210. The connection between European silver exports, Asian imports, and the rise of fashion is suggested in Pomerantz 2000: 159–61.

38 Cited in Styles 2000: 135 n. 23.

39 Cited in Porter 1999–2000.

40 Cited in Lemire 1991: 36, 41. Gilray's engraving is in a private collection.

41 Cited in Saunders 2002: 70.

42 Ricci 1953: 18.

43 Chou 1999–2000; Hayward 1972.

44 Cited in Jourdain and Jenyns 1948: 144.

45 Cited in Hayward 1972: 60; see Chou 1999–2000.

46 Miller 2001: 3; Whitehead 1993.

47 Payne 1951: 124–25, 127–28.

48 Defoe 1974: 255, 265–66.

49 Defoe 1977: 90; see also Liu 1999.

50 Defoe 1979: 205–6.

51 Cited in Kuchta 2002: 123.

52 Cited in Kerr and Wood 2004: 752 n. 177.

53 Cited in Pietsch 2004: 179.

54 Ströber 2001. The porcelain craze is recounted in Plumb 1972.

55 Cited in Cassidy-Geiger 2003: 152.

56 Postelthwayt 1774: vol. 2, note in entry on "porcelain," n.p.

57 Röntgen 1984: 31–32; Bevor 1998: 140.

58 Cited in Emerson 1991: 4.

59 Schönfeld 1998: 723–24; Röntgen 1984: 26; Pietsch 2004.

60 Watson and Whitehead 1991.

61 Cited in Patterson 1979: 28.

62 Cited in Le Corbeiller 1990: 6.

63 Schönfeld 1998 scrutinizes Böttger's claims for having created porcelain.

64 Cited in Coutts 2001: 237 n. 57.

65 Cited in Pietsch 2004: 181.

66 Postelthwayt 1774: vol. 2, entries on "manufacturers" and "mechanical arts," n.p.

67 Cited in Lemire 1991: 30. Original emphasis.

68 Smith 2002; see also Stein and Stein 2000: 109.

69 Mercier 1929: 119.

70 Cited in Stein and Stein 2000: 119.

71 Saint-Simon 1856–58: 7: 226; see also Giacomotti 1963: 30.

72 Cited in Scheurleer 1974: 111.

73 Cited in Giacomotti 1963: 32.

74 Du Halde 1738–41: 1: 338.

75 Dames 1921: 2: 213–14.

76 Ökte 1988: 1:141.

77 Cited in Lightbown 1969: 230, 231.

78 Boxer 1953: 127.

79 Cited in Liu 1999: 749.

80 Bacon 1944: 462; Browne 1964: 137.

81 Cited in Volker 1954: 21.
82 Cited in Kerr and Wood 2004: 744.
83 Cited in Divis 1983: 29.
84 Piccolpasso 1980: 2:6; Browne 1964: 136.
85 Sayer 1951: 34–35.
86 Sayer 1951: 27.
87 Marks 1999: 85, 93.
88 Ricci 1953: 14.
89 Graça 1977: 45–47.
90 Cited in Bertini 2000: 53.
91 Cited in Pinto de Matos 1999: 27.
92 Cited in Atwell 1998: 395 n. 68.
93 Carswell 1985a: 13–14.
94 Hogendorn and Johnson 1986: 15; Peng 1994: 1:9–10; Magalhães-Godinho 1969: 389–98.
95 Ibn Battuta 1929: 243, 267; Ray 1993: 100; Pires 1944: 100, 170, 181.
96 Cited in Johnson 1970: 19–20.
97 Ibn Battuta 1929: 334.
98 Wright 1854: 263, 265, 267, 283, 345–46, 363.
99 For the following, see Casteleden 1990: 104–5; Guy 1996–97: 59; Carvalho 2000: 16; Sandon 1992; Woldbye 1984; Walcha 1981: 106–7; Cort 2000: 135; Glassie 1997: 311; Mills and Ferguson 2008: 341–42.
100 Susenier's painting is in Dordrechts Museum, Dordrecht, the Netherlands.
101 Gaskell 1989: 70–80; Barnes and Rose 2002: 86. The Goednert painting is in a private German collection; the first Kalf painting is in the Thyssen-Bornemisza Collection, Lugano, Switzerland, and the second is in the Cleveland Museum of Art. The anonymous still life in the style of Kalf is in the New York Gallery of Fine Arts; the Berghe painting is in the Philadelphia Museum of Art; the de Heem painting is in the John and Mable Ringling Museum of Art, the State Art Museum of Florida, Sarasota; the Peeters painting is in the Staatliche Kunsthalle, Karlsruhe, Germany.
102 Cited in Kemp 1995: 185; see Moura Sobral 2007: 415–16.
103 Mosco 1999.
104 See Dance 1986: 143–48.
105 Harrisson 1962; Raphael 1931–32.
106 Dillon 1976: 45; Thomaz de Bossierre 1982: 114.
107 Sayer 1951: 123.
108 Cited in Plinval de Guillebon 1999: 83.
109 Cutler 2003: 10–13, 97–98, 162.
110 Cited in Lamb 2004: 16.
111 Cited in Oldroyd 1996: 51.
112 The relationship between basaltic rock and volcanoes is explained in Fortey 2004: 53–55, 76–77, 79–81.
113 Burn 1997; Vickers 1997.
114 Cited in Thackray 1996: 71.

115 Darwin 1989: 239; see Desmond and Moore 1991: 160–62; Fortey 2004: 18–21.

116 Cited in Desmond and Moore 1991: 420.

117 Desmond and Morris 1991: 420–21; Browne 1995: 390–93.

118 For the following, see Sigurdsson 1999: 112–17, 153–55; Oldroyd 1996: 50–51, 92–94, 105; Dean 1992: 13, 47, 84–85.

119 Cited in McKendrick 1973: 309.

120 Uglow 2002: 138–39, 152–53.

121 Cited in Torrens 2005: 261.

122 Cited in Dolan 2004: 180–81.

123 Jenkins and Sloan 1996: 182.

124 Uglow 2002 surveys the common interests of Hutton, Wedgwood, and Watt.

125 Reilly 1992: 29; McKendrick 1961.

126 Cited in Richards 1999: 211.

127 Farrer 1903–6: 3:89.

三、瓷之生　中國與歐亞大陸

1 Hillel 1991: 25.

2 Vainker 1991: 124; Rhodes 1968: 18; Pierson 1996: 9–14, 55–56; Addis 1980–81.

3 Sung 1966: 148.

4 Bushell 1910: 65.

5 Burton 1906: 249; Fortey 2004: 262–63.

6 Gaimster 1997 surveys the subject of German stoneware; see 79, 82, 106–7, 117, 124–25; Gaimster 1999. *A Kitchen Scene* is in the National Gallery of Art, Washington, D.C.; *Young Woman at Her Toilet* is in the Museum Boijmans Van Beuningen, Rotterdam.

7 See Polyani 1958: 52.

8 Wood 1999: 167, 185, 241, 243; see also Kerr 1993: 161–62.

9 Discussion of geologic change and Chinese ceramics is developed from suggestions in Wood 1999: 27–29, 91–92; 1999–2000; see also Kerr and Wood 2004: 49–50.

10 Zhang et al. 1984; Dewey et al. 1985; Erickson 2001: 53–103, 156–80.

11 Wood and Kerr 1992: 39.

12 For the following, see Smalley 1968; Hillel 1991: 5–21; Vandiver 1990: 110; Zhou 1986; Vainker 1993: 214–15;Wood 1999: 196–97; Shelach 2001: 30; Kerr and Wood 2004: 90–96.

13 Ricci 1953: 305.

14 Golas 1999: 185.

15 For the following, see Barnard 1976, 1983;Wu 1995: 46–47; Mino and Tsiang 1986: 14–15; Kerr 1986: 301–4; Chêng 1973; Hearn 1980.

16 Rawson 1997.

17 Rawson 1993a: 808–9.

18 Cited in Rawson 1993b: 74.

19 Wu 1999: 729; Vainker 1991: 49.
20 So 1980: 326.
21 Needham 1964: 9, 21–22; Elvin 1973: 84–87; Hartwell 1967.
22 McNeill 1963: 23–24, 29–69, 217–32; Chang 1986: 242–45, 295–307, 409–13; Potts 1997: 153–56, 161.
23 For the following, see Falkenhausen 1999: 489–93, 529–30; Rhodes 1968: 18–27; Pierson 1996: 49–52; Hodges 1970: 67; Vandiver 1990: 110; Kingery and Vandiver 1986: 77; Vainker 1993: 222–23.
24 Piccolpasso 1980: 2:89.
25 Development of Chinese kilns is detailed in Kerr and Wood 2004: 283–378.
26 Medley 1981: 14, 18, 24; Vandiver 1990; Zhang 1986; Watson 1970a. For Chinese glazes from both technical and aesthetic perspectives, see Wood 1999.
27 Kingery and Vandiver 1986: 107; Rhodes 1968: 263–64.
28 He 1996: 52–53.
29 Willetts 1958: 2:410–11; J. Rawson 1984: 77–85; Melikan-Chirvani 1970.
30 Cited in Palliser 1976: 236.
31 Ricci 1953: 307.
32 Cited in Elvin 1973: 105.
33 Mote 1999: 616–17 discusses the terms "yellow China" and "blue China"; see also Schafer 1967: 14–15, 34, 263.
34 Cited in Holcombe 2004: 752.
35 Wang 2000: 3–11 makes the case for the significance of a maritime focus in western Asia and a continental one in China; see also Chaudhuri 1985: 122–23, 208; Padfield 2000: 7–19.
36 See Wong 2001.
37 See Brady 1991.
38 Cited in Borschberg 2002: 33.
39 Cited in Chaudhuri 1990: 5; see Fok 1987.
40 Ricci 1953: 128–29.
41 Ricci 1953: 311; Montesquieu 1989: 278 (bk. 17, chap. 2).
42 Hartwell 1982; Ho 1956.
43 Cited in Wolters 1986: 36.
44 Cited in Shiba 1970: 187.
45 Cited in Holcombe 2001: 89.
46 Himanshu 1994: 121–61.
47 Hodges and Whitehouse 1983:130–32; Daryaee 2003. The historical coincidence of the creation of the Tang and Muslim regimes is stressed in Hourani 1951: 61–62.
48 La Vaissière and Trombert 2004; Xiong 2000.
49 Hansen 2003.
50 Cited in Skaff 2003: 501.
51 Knauer 1998; Mahler 1959.
52 Bentley 1993: 29–66 discusses the significance of the Silk Road.
53 Xuanzang's travels are recounted in Wriggins 1996.
54 Meserve 1982: 51–61; Elisseeff 1963.

55 Cited in Schafer 1963: 58; see Liu 1996: 90, 183; Beckwith 1991; Perdue 2005: 35–36.

56 Sen 2003: 15–44; Wriggins 1996: 176–77; Jörg 1997: 154.

57 Cited in Wang 2005: 73. The gender transformation of Avalokitesvara is examined in Yü 2001: 223–62, 413–19; see Wang 2005: 219–28.

58 For the following, see Watson 1983; Whitfield 1990; Medley 1970; Rawson 1986: 34–35; Cheng 1983: 79–115.

59 Willetts 1958: 2: 479; Vainker 1991: 59; Watson 1984: 145.

60 Rougelle 1996: 161–62; Flecker 2000; Guy 2001–2.

61 Cited in Deng 1995: 6.

62 Casson 1989.

63 Peterson 1979: 474–86; La Vaissière and Trombert 2004: 961–83.

64 Pelliot 1930; Beckwith 1991: 190; Harris 2003–4.

65 Cited in Blair and Bloom 1994: 107.

66 Mote 1999: 49–71, 193–221.

四、中國的瓷文化 商業、士大夫、鑑賞家

1 Cited in Simkin 1968: 98.

2 Simkin 1968: 97; Kerr 1986: 313; Rockhill 1914–15: 15: 421–22; So 2000: 98–101. The Song economic revolution is surveyed in Elvin 1973: 113–99; see also Mote 1999: 164–67, 323–25.

3 Cited in Clark 1991a: 383.

4 Hirth and Rockhill 1966: 78.

5 Cited in Kerr and Wood 2004: 716.

6 Lo 1952, 1970; Kwan 1985.

7 Schottenhammer 2006: 6.

8 Cited in Deng 1997: 83.

9 Cited in Umehara 1999: 19.

10 Cited in Kwan 1985: 58.

11 Cited in Sen 2003: 142.

12 Chaffee 2001.

13 Cited in Chaffee 2006: 406.

14 For the following, see He 1996: 133–34, 137; Beurdeley and Beurdeley 1984: 116; Guy 1986: 14–16; Lam 1985; Long 1994: 14; Ho 2001; So 2006: 1270–71.

15 Clark 1991; see So 2000: 186–201.

16 Cited in Schafer 1963: 11.

17 Clavijo 1928: 288–89.

18 Cited in Hsu 1988: 151–52.

19 Cited in Wong 1978: 53. Stocking the Manila galleon is described in Schurz 1939: 182–83.

20 Chaudhuri 1985: 53, 108,184, 189, 191; Jörg 1982: 129; McEwan 1992: 103–05.

21 Cited in Guy 1997: 59.

22 Cited in Godden 1982: 59–60.

23 Mino and Tsiang 1986; Tregear 1982: 7–48; Vainker 1991: 88–133; Ts'ai 1996: 112.

24 Rawson 1989; Clunas 1992–94: 48; Whitfield 1989; Falkenhausen 1993a: 842–43.
25 Eliot 1963: 180.
26 Sung 1966: 135.
27 Cited in Gerritsen 2009: 132.
28 Elman 2000: 14, 66–124; Chaffee 1985: 3, 35–41; Little 1990: 24.
29 Jang 1999; Bai 1995.
30 See Willetts 1958: 2: 424–25.
31 The mental temper of the Song is examined in Liu 1988.
32 Cited in Lee 1996: 258.
33 Jang 1999. *Eighteen Scholars of the Tang* is in the national Palace Museum, Tapei, Taiwan.
34 Cited in Watson 1973: 2.
35 Cited in Soper 1976: 36–37.
36 Rogers 1992; Clunas 1991: 93–97, 114; Curtis 1998. Gaozong's use of Confucius for political indoctrination is discussed in Murray 1992.
37 The relationship between classical, literary, and colloquial Chinese, as well as its implications for cultural continuity, is set forth in Harbsmeier 1998: 26–27, 44–46, 417.
38 Ricci 1953: 28.
39 Lewis 1999: 337–62 examines the intimate connection between textual and political authority.
40 Cited in Huang 2007: 183 n. 8.
41 Cited in Scott 1992: 80.
42 Cited in Arnold 1999: 25. Jullien 1995 surveys the significance of *shi* in Chinese politics, art, and literature.
43 Cited in Burnett 2000: 535.
44 Cited in Cherniack 1994: 26. Jensen 1997 traces the Jesuit invention of "Confucianism" and its permutations.
45 Cahill 1982: 74–77.
46 Curtis 1996–97: 103; Curtis 1993: 135, 139; Elman 2000: 30.
47 Cited in Brook 1998: 78.
48 Bushell 1910: 132.
49 Sayer 1959: 26.
50 Murray 1999: 124; Rawson 1993b: 78–79.
51 Ho and Bronson 2004: 272; Pearce 2003; Ortiz 1999: 176–77.
52 Cited in Yu 2007: 48.
53 Cited in Curtis 1998: 11–12.
54 Cited in Pierson and Barnes 2002: 59.
55 Ricci 1953: 24.
56 Wu 1996: 53. *Ranking Ancient Works* is in the National Palace Museum, Taipei, Taiwan.
57 Cao 1979: 95–96.
58 Sayers 1951: 115.
59 Sayer 1951: 97; Sayer 1959: 34.
60 Ricci 1953: 79–80, 313.
61 Cited in Laing 1975: 224; see Sayer 1951: 46, 77, 105, 114.

62 Rawson 1989: 284.
63 Sayer 1951: 93; Ricci 1953: 15.
64 Cited in Clunas 1991a: 375; see Clunas 1992–94: 48.
65 Freeman 1977; Hartwell 1967: 131; Heng 1999: 121–23, 132–33, 160–61, 205.
66 Cited in West 1997: 93; see Adshead 1997: 32–34. *Peace Reigns over the River* is described in Hansen 2000: 282–86; the painting is in the Palace Museum, Beijing.
67 Kieschnick 2003: 222–49.
68 Ricci 1953: 25.
69 *Literary Gathering* is in the National Palace Museum, Taipei, Taiwan; see Chen 2007.
70 For the following, see McElney 1998–2000; Huang 2000: 503–70; Ukers 1935: 1:1–12; Bushell 1910: 104–5, 123.
71 Pirazzoli-t'Serstevens 2002.
72 Cited in Kieschnick 2003: 271.
73 See Kieschnick 2003: 272. Qui Ying's hand scroll is in the Cleveland Museum of Art, Cleveland, Ohio.
74 Cited in Han 1993: 43.
75 Cited in Xiong 2000: 190; see Gernet 1982: 264.
76 Boxer 1953: 140; see Cooper 2001: 279.
77 Cited in Han 1993: 44.
78 Bushell 1910: 95–96.
79 Lu 1974: 109. Original emphasis.
80 Lu 1974: 111; see Krahl 2004: 62.
81 Bushell 1910: 105.
82 Bushell 1910: 97, 124.
83 Cited in Scott 2002: 8.
84 Bushell 1910: 138.
85 For the following, see Lo 1986: 12–21, 33–37, 66, 250; Vainker 1991: 173–75; Ukers 1935: 2: 436–37; Kerr and Wood 2004: 273–77.
86 Sayer 1951: 94; on connoisseurs and Yixing teapots, see Wong 2006.
87 Cited in Ukers 1935: 2:488. Original emphasis.
88 Bushell 1910: 126, 127.
89 Coutts 2001: 71–72; Styles 2000: 146–47.
90 Cited in Coutts 2001: 234 n. 26.
91 Jörg 1995: 247.
92 *Still Life with Tea Things* is in the State Museum, Berlin, Germany; *Still Life with Silver and Ebony Casket* is in the Boymans-van Beunigen Museum, Rotterdam, the Netherlands.
93 Lu 1974: 60.
94 Cited in Macfarlane and Macfarlane 2003: 48–49.
95 Cited in Montanari 1994: 126; see Boxer 1965: 198.
96 Cited in Schama 1988: 172; see Murris 1925: 129.
97 Cited in Schama 1988: 172
98 Postelthwayt 1774: vol. 1: entry on "China," n.p.
99 Cited in Plutschow 2003: 27–28.
100 Ricci 1953: 64–65.
101 Cooper 2001: 277–78. Emphasis added.

102 The role of tea in combating disease and increasing population is highlighted in McNeill 1989: 259–61; see also Macfarlane and Macfarlane 2003: 168–77, 255–72; Ukers 1935: 1:552–59.
103 Cited in Needham 2000: 81.
104 Montaigne 1983: 159.
105 Cited in Goldwaithe 1989: 21.
106 Cited in Richards 1999: 166.
107 Richards 1999: 167. The anonymous engraving, now in the National Library of Medicine, London, is reproduced in Weeden 1984: 81.
108 Cited in Seok Chee 1993: 34.
109 Bushell 1910: 106, 125.
110 Bushell 1910: 122.
111 Kerr 1986: 311; Goody 1993: 368.
112 Bushell 1910: 111, 166.
113 Sayer 1951: 72.
114 Lindquist 1991: 340–42; Neill 1985: 244. Krahl 2004 discusses the problem of identifying and classifying the Five Great Wares.
115 Cited in Ukers 1935: 2: 485.
116 Cited in Li 1998: 31. The chemical basis for this formulation is explained in Yap and Hua 1994; Guo 1987; Kerr and Wood 2004: 122–35.
117 Cited in Beurdeley and Beurdeley 1984: 94; see Richards 1999: 202–3.
118 Wechsler 1985: 178–91; Rawson 1995.
119 Sung 1966: 300, 303.
120 Cited in Wills 1964: 85.
121 Ho and Bronson 2004: 238–39.
122 Nakamura 2005: 1017–22.
123 Cited in Yang 1996: 230.
124 Cited in Chai and Chai 1967: 2:464.
125 The portrait of Confucius, the source for all later Western illustrations, is reproduced in Jensen 1997: 82.
126 Falkenhausen 1993: 25–28, 118, 132, 202.
127 Cited in Schafer 1967: 155.
128 Bush and Shih 1985: 237.
129 Bushell 1910: 107–8; 161.
130 Evelyn 1955: 2:47.
131 Vandiver and Kingery 1984: 190, 216–18; Vainker 1991: 99–108; Pierson 1996: 21–23.
132 Bushell 1910: 46.
133 Cited in Vainker 1991: 99.
134 Cited in Mino and Tsiang 1986: 13.
135 Cited in Dillon 1976: 20.
136 Cited in Li 1998: 41.
137 Cited in He 1996: 142.
138 Changes in pottery production from the Song are examined in Dillon 1976: 20–26, 150–56.
139 Beamish 1995.
140 Cited in Nickles 2002: 234; see Teo 2002; Chen 1993.

141 Tite et al. 1984; Guo 1987: 8–9; Liu 1989: 72; Emerson, Chen, and Gates 2000: 21, 51–52; Kerr and Wood 2004: 228–39.

142 Sung 1966: 147.

五、青花瓷之生　穆斯林、蒙古人、歐亞大陸的文化交流

1 Bushell 1910: xxv. "Muslim blue" has been substituted for "Mohammedan cobalt blue" in this citation.

2 Israeli 1982: 86; Shangraw 1985: 40; Feng 1987: 59.

3 Ibn Battuta 1929: 236.

4 Hodges and Whitehouse 1983: 151, 156–57.

5 Chen and Lombard 1988; So 2000: 42–49.

6 Cited in So 2000: 55.

7 So 2000: 108–111, 114–15.

8 Cited in Hourani 1951: 64; see Simkin 1968: 81.

9 Rougelle 1991; Pierson 2002–3: 33; Sasaki 1994: 323.

10 Cited in Stern 1967: 10.

11 Wink 1991: 16–23; Aubin 1959; Bosworth 1968: 1–23.

12 Ashtor 1983: 270–300; Risso 1995: 20–22, 37–40; Lopez 1971.

13 Wink 1997: 43–78; Hall 2004: 234.

14 Wink 1991: 2–74, 101; Curtin 1984: 106–8; Bouchon 1988.

15 Cited in Wink 2004: 205.

16 Pires 1944: 82.

17 Hall 2004: 237; Hodgson 1974: 2:532–51; Risso 1995: 46–50; Wink 2004: 215–43.

18 Pires 1944: 182, 253.

19 Andaya and Ishii 1999: 182–83.

20 Phelan 1959: 8; Majul 1966; Bellwood and Omar 1980: 158.

21 Blair and Robertson 1915: 1:78; see 103.

22 Blair and Robertson 1915: 3:146.

23 Cited in Fernández-Armesto 1992: 18; see Headley 1995: 634.

24 Risso 1995: 71–72; Voll 1994: 219–25.

25 Ibn Battuta 1929: 78; see Pires 1944: 12–13.

26 Cited in Braudel 1982: 2: 558.

27 Ibn Battuta 1929: 292; 269–70, 288.

28 Cited in So 2000: 115.

29 Ibn Battuta 1929: 288; original emphasis. In this citation, "Abode" has been substituted for "land."

30 Ibn Battuta 1929: 283.

31 Cited in Temple 1986: 91.

32 Cited in Golombek 1996: 127–28.

33 Barry 1996: 13, 20.

34 Mason and Tite 1994.

35 Mason and Tite 1997; Caiger-Smith 1973: 45–46.

36 Cited in Chaudhuri 1985: 58.

37 Carswell 1999: 7; Mikami 1980–81; Sasaki 1994: 328.

38 Whitman 1978: 1: 25; see Barry 1996: 251, 253; Matson 1986.

39 Caiger-Smith 1985: 197–209.
40 Cited in Canby 1997: 112; see Caiger-Smith 1985: 59.
41 Cited in Blair and Bloom 1997: 113.
42 Cited in Melikan-Chirvani 1986: 103.
43 Ibn Battuta 1929: 169; see Spandounes 1997: 127; Bağci and Zeren Tanindi 2005: 448.
44 Ibn Battuta 1929: 90.
45 Caiger-Smith 1985: 36, 42, 66, 69.
46 Medley 1974: 34; Kingery and Vandiver 1986: 9, 53; Hodges 1972.
47 Weatherford 2004; Mote 1999: 425–36; Waley 1931: 93; Petrushevsky 1968: 483–91; Caiger-Smith 1973: 44.
48 Pegolotti 1936: 22; see Weatherford 2004: xviii.
49 Cited in Allsen 1997b: 2. Details on the Mongols and cross-cultural exchange are provided in Allsen 2001.
50 Cited in Adshead 2000: 136; see Smith 2000: 40–41; Weatherford 2004: 136.
51 Waley 1931: 93, 107.
52 Cited in Allsen 2001: 83.
53 Bira 1999: 241–43; Mote 1999: 690; Huang 1986; Rossabi 1981; Armijo-Hussein 1987: 197–215; Chaffee 2006:415–16.
54 Arnold 1999; Amitai-Preiss 1999: 58–59; Schein 1979: 812.
55 Montgomery 1966: 56–57.
56 For the following, see Grabar 1968: 653–55; Yuka 2002; Barry 2000: 11, 550–52, 804–5; Gray 1972: 11.
57 Allsen 1997a explains the political and cultural significance of Central Asian textiles.
58 Cited in Jullien 1995: 155; see Shelach 2001.
59 Bailey 1996a: 59; Whitman 1978.
60 Olschki 1944; Komaroff 2002; Evelyn 1955: 1:79; Kubiski 2001. The Bedford Master's painting is in the Bibliothèque nationale de France, Paris.
61 Mack 2004; Arnold 1999: 112, 120–21;Hoeniger 1991. Martini's *Saint Louis* is in the Museo Nazionale di Capodimonte, Naples; his *Annuciation* is in the Uffizi, Florence.
62 Cited in Howard 2007: 63.
63 Pinsky 1994: 135 (Canto XVII, lines 11–15). Uccello's painting is in the National Gallery, London. Delacampagne and Delacampagne 2003 presents illustrations of dragons, many based on the Chinese version, that appear in late medieval and Renaissance art.
64 Pegolotti 1936: 138, 427–28; see Spuler 1985: 355–61.
65 Parry 1974: 69.
66 Lane 1961; Watson and Whitehead 1991: 17–19. Stripped of its mountings, the vase is now in the National Museum of Ireland, Dublin; a 1713 watercolor illustration of the vase, held by the Bibliothèque nationale de France, is reproduced in Kerr 2004: 46.
67 Harrison and Shariffuddin 1969: 34; Beamish 1995: 249.

68 Kim 1986.
69 Medley 1972: 2–3; Medley 1984; Addis 1980–81: 58–60; Joseph 1985; Garner 1970: 7–13.
70 Medley 1976: 195; Krahl 1985: 51.
71 Scott 2002: 10; Liu 1993.
72 Dillon 1976: 24.
73 Cited in Teo 2002: 246; see Chaffee 2006: 412–14. So 2000: 186–201 provides a case study of the rise in export ceramics from Quanzhou in the Yuan period.
74 Cited in Wang 2000: 18.
75 Brook 1998: 72; Metzger 1970.
76 Cited in Ng 1997: 243.
77 Allsen 1989; Endicott-West 1989.
78 Sung 1966: 155.
79 Bushell 1910: 60, 18, 69, 150; see He 1996: 211–12; Kerr and Wood 2004: 659 n. 161.
80 Wen et al. 2007 explains the chemical complexities of native and foreign cobalt oxide during the Ming period.
81 Shangraw 1985: 38; Wood 1999: 66.
82 Carswell 1985a discusses the David vases, which are in the Percival David Foundation of Chinese Art, London.
83 Dreyer 1982: 34–52.
84 Cited in Dillon 1976: 28.
85 Lau 1993; Rogers 1990: 64–65; Krahl 1991: 56; Zhang 1991.
86 Dreyer 1982: 70; Dardess 1970: 539.
87 Cited in Kerr and Wood 2004: 202. On Yongle's preference for white porcelain, see Stuart 1993a: 24; Vainker 1991: 184; Yü 1998: 913; Dreyer 1982: 1–11.
88 On the Baoen Temple and its influence, see Liu 1989: 54, 62, 73; Grigsby 1993; Conner 1979: 20.
89 Rogers 1990: 64; Cahill 1976: 129–30.
90 Krahl 2002–3: 29; Liu 1993, 1999b; Stuart 1995: 36.
91 Cited in Pierson and Barnes 2002: 24.
92 Shangraw 1985: 42; Krahl 1985; Bushell 1910: 142.
93 Medley 1976: 178–91; Medley 1990–91: 42; Macintosh 1973: 36–38; Stuart 1995.
94 Medley 1976: 180–82; Scheurleer 1974: 193–205.
95 Ricci 1953: 27.
96 For the following, see Stuart 1993a; Scott 1992; Pierson 2001: 14–18; Bartholomew 1994–97; He 1996: 253–58. The intricacies of Chinese pictorial punning are detailed in Ni 2003–4.
97 Chaffee 1985: 177–81.
98 Bai 2002: 58; Neill 1985: 206–7; Wan 2003.
99 Sugimara 1986: 18–44; J. Rawson 1984: 176, 191–92. The complex assimilation of Chinese motifs in Southwest Asia is highlighted in Whitman 1988.
100 Feng 1987; Carswell 1966.
101 Sayer 1959: 54–55; see Krahl 1986.
102 Medley 1972: 3–5; Gray 1940–41; Watson 1974: 90–91.
103 Melikan-Chirvani 1976; Schimmel 1984: 9–11, 25, 32–

33, 110–14.

104 The complexity of geometric star-and-polygon (*girih*) patterns on mosque tiles is made clear in Lu and Steinhardt 2007.

105 Spuhler 1986: 712–14; Ford 1981: 118–25; Goody 1993: 112.

106 Flood 1991–92.

107 Hodges 1972: 82. Golombek 1988 argues for the dominance in Islamic societies of decoration modeled on use of textiles.

108 Jullien 1995: 75–149 spells out the philosophy and precepts of Chinese aesthetics.

109 See Ortiz 1999. *Dream Journey over Xiao Xiang* is in the Tokyo National Museum.

110 See Kerr 1999.

111 Bush and Shih 1985: 62.

112 Ricci 1953: 79.

113 Bush and Shih 1985: 149.

114 Bush and Shih 1985: 178.

115 Cited in Fong 1992: 446. Bush and Shih 1985: 145–50 provides ancient texts on the significance of pine trees in Chinese art.

116 For the same distinction between geometric regularity and natural movement in the styles, respectively, of Arabic and Chinese calligraphy, see Gaur 1994; Ledderose 1986.

六、中國瓷居首　韓國、日本、東南亞大陸區

1 Ricci 1953: 7–8. Ricci's mapmaking for the Ming court is recounted in Spence 1984: 64–65, 96–97, 148–149.

2 Mancall 1984: 10; Holcombe 2001: 5, 30–77, 211; Woodside 2006: 17–76. Holcombe 2001 analyzes Chinese influence on Korea, Japan, and Vietnam through the Tang period.

3 Wood and Kerr 1992: 39; Portal 1997: 100.

4 See Harrisson 1986: 4.

5 Cited in Soper 1942: 373.

6 Cited in J. Kim 1994: 1:113–14. Original emphasis.

7 The relationship between the Yaozhou kilns, southern China, and Korea is explained in Vainker 1991: 50, 112–15, 129.

8 For the following, see Best 1991: 147–48, 150, 157; Kim 1991; Nelson 1993: 233, 249; Frape 1998–2001: 52.

9 Cited in Nelson 1993: 249; see Chung 1998: 229.

10 Geographic considerations in Korean history are stressed in Nelson 1993: 12, 16, 220, 483.

11 Cited in C. Kim 1994: 109; see Itoh 1992: 50.

12 Palais 1995: 414–18; Woodside 2006: 28.

13 Umehara 1999: 22.

14 Cited in Kim and Kim 1966: 56. Original emphasis.

15 J. Kim 1994: 1:110, 116–17; McKillop 1992: 36, 38.

16 Cited in Chung 1998: 234.

17 Cited in McKillop 1992: 40.

18 Mino 1991; J. Kim 1994: 113–15; Palais 1995: 424; Rossabi 1981: 97–98.
19 Lancaster, Suh, and Yu 1996.
20 Wells 2000; Chung 2000; Lee 1999.
21 Turnbull 2002; Elisonas 1988: 264–90; Chase 2003: 186.
22 Elisonas 1991: 290–91.
23 Yun 1994: 126–27.
24 Cort 1986: 347; Day 1992–94: 56.
25 For the following, see Mellott 1990: 56; Hempel 1983: 12, 14, 22, 119; Jenyns 1971: 67; Epprecht 2007.
26 Cited in McCullough 1985: 156–57.
27 Holcombe 2001: 191; Ury 1988: 343–44.
28 Gang 1997b: 260–61; Souyri 2001: 150; Yamamura 1990a; Magalhães-Godinho 1969: 402.
29 Hall 1981; Collcutt 1988.
30 Tregear 1976: 819–20.
31 Varley 1990: 447–48, 453–54.
32 Cooper 2001: 317.
33 Murasaki 1987: 345.
34 Morris 1971: 34, 131, 168.
35 Murasaki 1987: 418, 929.
36 See Weigl 1980: 263–64.
37 Cooper 2001: 321.
38 Kawazoe 1990: 3: 409–19.
39 Bito 1991: 397–98.
40 Collcutt 1990: 584–86, 606, 644–45; Varley 1990: 489.
41 Jenyns 1971: 69, 74–75; McCullough 1988: 392–93.
42 Cited in Varley and Elison 1981: 193; see Keene 2003: 140–41; Plutschow 2003: 166–67.
43 Rousmaniere 1996; Tregear 1976.
44 Cited in Plutschow 2003: 27.
45 Tregear 1976: 820 n. 6; Jenyns 1971: 122.
46 Cited in Murai 1989: 16.
47 Kawai 2002: 36–39; Collcutt 1988: 18–19.
48 Varley 1977; Keene 2003: 103–04; Plutschow 2003: 42, 57; Murai 1989: 14.
49 Cited in Keene 2003: 5. Keene 2005 deals with the artistic interests of Yoshimasa, including his approach to the tea ceremony.
50 Cited in Varley 1997: 203.
51 Cited in Ludwig 1989: 73. Haga 1989: 221–22 points out the common appeal of monochrome painting and the Way of Tea.
52 Sheaf 1993: 176–77; Little 1982.
53 Cited in Haga 1989: 197.
54 Shimizu 1988: 350, 357; Plutschow 2003: 95, 111, 127–28.
55 Cited in Cooper 1989: 112–13.
56 Cooper 1965: 261; see Watsky 2004: 144.
57 Cooper 2001: 283.
58 Cooper 2001: 286.
59 Cooper 2001: 287.

60 Carletti 1964: 102.
61 Cooper 2001: 294; 283–94; see Varley and Elison 1981: 212.
62 Cited in Watsky 1995: 53; see Plutschow 2003: 66.
63 Cooper 2001: 291.
64 Plutschow 2003: 59, 66; Ludwig 1989: 77; Kumakura 1989: 35. The social world of merchant tea men is examined in Berry 1997: 259–79.
65 Watsky 1995; Varley and Elison 1981: 213–14; Plutschow 2003: 60–61, 82.
66 Cited in Ikegami 2005: 122. In this citation, "Way of Politics" has been substituted for "way of doing politics"; see Plutschow 2003: 83.
67 Berry 1982: 189.
68 For the following, see Bodart 1977: 55–58; Varley and Elison 1981: 215–20; Kumakura 1989: 35–37.
69 Bodart 1977: 52. A reconstruction of Hideyoshi's Golden Tea Room is in the Osaka Castle Museum, Osaka.
70 Kumakura 1989: 39–40; Ludwig 1989: 87.
71 Cited in Bodart 1977: 74; see Kumakura 1989: 47.
72 Cited in Berry 1997: 242.
73 Cited in Watsky 2004: 145.
74 Collcutt 1988: 28, 42–43; Takeuchi 2003.
75 Cited in Furukawa 2003: 100.
76 Varley 1989: 161–82.
77 Cited in Wilson 1989: 72; see 66–67.
78 Butler 2002: 249, 258, 262; Rousmaniere 2002: 150.
79 Ho 1994; Volker 1954: 50, 66, 172–73; Impey 1999; Little 1983: 1–15.
80 Volker 1954: 174.
81 Totman 1967: 64–65; J. Lee 1999: 8–9.
82 Impey 1984: 691–95; 2002: 13–18.
83 Espir 2001; Shono 1973: 9–26, 56–57.
84 For the following, see Diem 1997; Brown and Sjostrand 2000; Nguyen-Long 2001; Crick 1997–98; Flecker 2003.
85 Stevenson 1997a: 23–29.
86 See Murray 1987: 7–9, 14; Tana 2006.
87 Holcombe 2001: 145–64.
88 Cited in Schafer 1967: 159.
89 Guy 1997: 12–13; Wang 1998: 316–17.
90 Stevenson 1997b; 111–12.
91 Whitmore 1985: 89–112.
92 Diem 1999; Stevenson 1997a: 118. The impact of Chinese military technology on Vietnam is recounted in Sun 2003: 509–14.
93 Krahl 1997; Stevenson 1997a.
94 Guy 1989: 52–54; 1997b: 57; 1996–97: 44–45.
95 Dupoizat 2003; Richards 1995: 46; Guy 1997a.
96 Ho 1994: 39, 45–47; Nguyen-Long 1999; Junker 1999: 202.
97 Lombard 1990: 2:31–46 emphasizes the integration of East Asian seas from the fifteenth century.

98 Chandler 2000: 13–14; Smith 1999.

99 Mannikka 1996 deals with the nature and iconography of sacral kingship at Angkor Wat.

100 Cited by Hall 1985: 139.

101 Cited in Andaya and Ishii 1999: 203.

102 Rooney 1987: 5, 14, 24–27.

103 Richards 1995: 50; Groslier 1995.

104 Cited in Hall 1975: 330; see Higham 2001: 136, 140, 153.

105 Grave et al. 2000; Guy 1996–97; Cort 2000: 138–39.

106 Itoi 1989: 2–10; McBain 1979; Rooney 1989: 42.

107 Kasetsiri 1992; Wink 2004: 40–41; Daniels 1996: 413.

108 Viraphol 1977: 35–39.

109 Baker et al. 2005: 139.

110 Cited in Kasetsiri 1992: 75.

111 Schouten 1671: 148.

112 Schouten 1671: 126–27.

113 Chaudhuri 1990: 176; Cruysse 2002: 136.

114 Cited in Crick 1999: 52.

115 Cited in Jarry 1981: 64. Original emphasis.

116 Love 1994 provides an account of the Versailles reception and reaction to it; see Le Bonheur 1986.

117 Smith 1976a: 54.

118 Cited in love 1994: 67.

119 Cited in love 1994: 67.

120 Montesquieu 1989: 117 (bk. 7, chap. 6); see Hulliung 1976: 51–53; Pocock 1999: 111.

121 Cited in Andaya 1999: 37.

七、中國瓷稱霸 東南亞海洋區，印度洋，西南亞

1 Ricci 1953: 89; see also 7, 23, 58, 167, 314; see Spence 1984: 80.

2 Ricci 1953: 515.

3 Cited in Deng 1997a: 257.

4 Serruys 1975: 25; Wang 1953: 63–64, 95, 98; Zheng and Zheng 1980–83: 2:1196.

5 Dardess 1970; Wang 2000: 24.

6 Wills 1988: 225; see Deng 1997a: 255.

7 Cited in Wang Shixin 2000: 50.

8 Finlay 2008: 333–35.

9 Zheng and Zheng 1980–83: 2:854.

10 Chen Ching-kuang 1993; Stuart 1993a: 40.

11 Gould 2000: 93–98; see Needham 1971: 481–482. On the controversial question of the dimensions of the treasure ships, see Church 2005.

12 On Portuguese ships and personnel, see Boxer 1969: 52–53; Diffie and Winius 1977: 223.

13 On Zheng He, see Zheng and Zheng 1980–83: 1:1–38, 157; Ma 1970: 73; Aubin 2005: 58–66.

14 Dreyer 1982: 203, 212–13, 233.

15 Ma 1970: 174.

16 Cited in Chaudhuri 1989.

17 Zheng and Zheng 1980–83: 1:22–23, 34–42, 52–62.

18 Luo n.d.: 182–91; see Ptak 1986: 169–77; Finlay 1992.
19 Manguin 1986, 1991; Lombard-Salmon 1973; Graaf and Pigeaud 1984: 135–38.
20 Ma 1970: 73.
21 Cited in Souza 1986: 2; see Zheng and Zheng 1980–83: 2:1297–1353; Finlay 1991.
22 Carletti 1964: 153.
23 Cited in Braudel 1984: 3:198.
24 Finlay 2008: 336–38. A list of exports and imports is given in Ray 1993: 113–16; Chinese exports also are itemized in a sixteenth-century Spanish account in Blair and Richardson 1903–7: 16:180–83.
25 Lin 1985; Shangraw 1985: 39–40; Medley 1972: 4.
26 Deng 1995: 13.
27 Cited in Ng 1997: 245; see Ptak 2001; Reid 1992; 1996: 26:181.
28 Reid 1996: 26; Kong 1987.
29 Lombard 1990: 2:41–45; Reid 1996.
30 Ma 1970: 97; for the same evaluation, see Fei 1996: 44, 52, 55, 58, 71, 77, 97, 102, 103, 105.
31 Ptak 1986: 76–77; Luo n.d.: 92.
32 Lin 1985; Jörg and Flecker 2001: 34; Harrisson 1958; Brown 1997.
33 Moreland 1934: 108.
34 Twitchett and Stargardt 2002: 30–31, 59–60.
35 Blair and Roberston 1915: 34:188–89.
36 Cole 1912: 23.
37 Christie 1985; Chin 1977, 1977a; Shariffuddin and Omar 1978.
38 Gutman 2002; Harrison 1955, 1967; Adhyatman and Ridho 1984: 49–50.
39 Forrest 1969: 232, 105.
40 Adhyatman and Ridho 1984: 50–51; Rooney 1987: 19; Treolar 1972; Harrisson 1986: 27; Beauclair 1972.
41 Zheng and Zheng 1980–83: 2:1848; Junker 1994; Majul 1966a: 147–49; Sullivan 1960–62: 71–74; Tingley 1993: 46; Fox 1959.
42 Junker 1998: 299–300, 313; 1999: 202, 219.
43 Reid 1996: 21; Christie 1998: 355–56; Nieuwenhuis 1986; Kinney 2003; Adhyatman and Ridho 1984: 56.
44 Pigafetta 1968: 41, 94, 98.
45 Junker 1999: 183–220 focuses on Philippine chiefdoms for a case study of the cultural and political uses of porcelain in maritime Southeast Asia.
46 Helms 1993: 7, 29, 49, 91, 163–64; 1994 stresses the ideological perspective on objects made far away, especially the supernatural contexts in which indigenous peoples placed such objects.
47 Harrisson 1986: 23; Adhyatman and Ridho 1984: 53–54; Barbosa 1992: 77.
48 Cited in Volker 1954: 208.
49 Adhyatman 1990: 51; Adhyatman and Ridho 1984: 54–

55; Harrisson 1986: 27; Kaboy and Moore 1967: 19–22.

50 Adhyatman and Ridho 1984: 53, 55; Kaboy and Moore 1967: 26; Adhyatman 1990: 41; Barbosa 1992: 76.

51 Adhyatman and Ridho 1984: 52; Chin 1977a; Kaboy and Moore 1967: 25–26.

52 Chin 1977a; Harrisson 1986: 28; Adhyatman and Ridho 1984: 52.

53 Solheim 1965: 261; Volker 1954: 22.

54 Zheng and Zheng 1980–83: 2:964; Ma 1970: 149.

55 Horton and Middleton 2000: 9, 16, 72–77, 101; Mathew1963: 108; Wright 1993: 668–72; Masao and Mutoro 1981: 588–99, 600–601, 603–4.

56 Ibn Battuta 1929: 112.

57 Hirth and Rockhill 1966: 32; see Ibn Battuta 1929: 236, 260.

58 Abungu and Mutoro 1993: 702–03; Masao and Mutoro 1981: 614–15; Wright 1993: 669; see Heesterman 2003.

59 Ibn Battuta 1929: 110–11; see Middleton 2003: 516.

60 Kusimba 1999; Horton and Middleton 2000: 18, 91, 111–13; Middleton 2003: 516–19; Wright 1993: 667.

61 Abungu 1994; Garlake 1966: 36, 47, 62–63; Allen 1993: 248.

62 Middleton 1992: 39–40; Hodges and Whitehouse 1983: 142–43; Mathew 1964: 112,123, 125–26; Chittick 1974: 1:306–9; Golombek 1996: 130–31.

63 Kirkman 1958; Abungu 1994: 155.

64 Diffie and Winius 1977: 340–47; Middleton 2003: 519–20.

65 Allen 1977: 63, 66.

66 Ma 1970: 137.

67 Cited in Ferrier 1986: 449.

68 Cited in Dias 2004: 88.

69 Foster 1899: 1: 134.

70 Chardin 1927: 267; see Mason and Golombek 2003.

71 Cited in Volker 1954: 66.

72 Guy 2004: 67.

73 Moreland 1931: 55.

74 Huyler 1996: 60–61; Miller 1985: 57, 132–40, 155–56; Douglas 1966: 41–43, 157.

75 Schimmel 2005: 290–91; Shakeb 1995: 19, 23.

76 Kramer 1997: 109–33; Greensted and Hardie 1982: 9–10.

77 Ma 1970: 165–66, 170–71.

78 See Hodgson 1974: 3:16–27, 50–51, 101.

79 Manz 1989: 2–16, 57; Grabar 2000: 56; Bailey 1996a: 12.

80 Lentz and Lowry 1989: 228–29; Clavijo 1928: 224; Golombek 1996a: 129.

81 Barry 1996: 115; Denny 1974: 77–78.

82 Clavijo 1928: 224, 269–70, 288–89; Golombek 1996a: 126–27; Grube 1993–94. Rossabi 1973 shows that the first voyage of Zheng He was not launched as a military response to the threat from Timur.

83 For the following, see Lentz and Lowry 1989: 63, 114;

Bailey 1996: 11–12; Golombek1996a: 126, 130; Sugimara 1986: 106–8; Gray 1972.

84 *Procession Scene* is in the Topkapi Library, Istanbul.

85 Sims 1992; Grabar 2000: 100. *A Royal Feast in the Garden* is in the Cleveland Museum of Art.

86 Robinson 1967: 174; Bailey 1996: 13; Golombek 1996a: 129–30; Crowe 1976: 301.

87 Bloom 2001: 14, 168–70, 186–88.

88 Eisenstein 1979: 1: 75–76.

89 Szuppe 2004.

90 Robinson 1967: 175; Hodgson 1974: 3: 31; Grabar 2000: 67–74; Pinto 1989: 170.

91 Bembo 2007: 299, 324, 335–36, 350.

92 Pope 1956: 3–18; Blair 2003: 132, 134; Savory 1980: 144–47.

93 Matthee 1999: 66–68; Crowe 1979–80.

94 The Safavid tile panel is in the Metropolitan Museum of Art, New York.

95 Michell and Zebrowski 1999: 2. Balabanlilar 2007 emphasizes the influence of Timurid institutions and traditions on Mughal rulers.

96 See Piotrovsky and Rogers 2004: 151; Balabanlilar 2007: 7–8. *The Rulers of the Mughal Dynasty* is in a private collection; *The Sons of Shah Jahan* is in the San Diego Museum of Art, California; see Schimmel 2005: 49.

97 Cited in Balabanlilar 2007: 4.

98 Babur 1995: 295; see 367–68. *Timur Handing the Imperial Crown to Babur* is in the Victoria and Albert Museum, London.

99 Pal 1983: 125; Beach 1987: 48, 60; Guy 2004: 63–64. *Akbar Receiving the Iranian Ambassador* is in the Victoria and Albert Museum.

100 Richards 1993: 34–49 discusses Akbar's political and religious projects. *Akbar Discourses with two Jesuit Priests* is in the Chester Beatty Library, Dublin, Ireland.

101 Spence 1984: 105; Bailey 2004: 151, 160; Lal 2005: 29–33, 148–49, 179–80, 216–17; see Schimmel 2005: 279, 290. *The Nativity* is in the Collection Frits Lugt, Institut Néerlandais, Paris.

102 Cited in Vassalo e Silva 2000: 128; see Gschwend 2000. *Jahangir Entertains Shah 'Abbas* is in the Freer Gallery of Art, Smithsonian Institution, Washington, D.C.; see Vassalo e Silva 2000: 128–30.

103 Cited in Irwin 1955: 113.

104 *Jahangir and Prince:* the painting is in the Freer Gallery of Art, Smithsonian Institution; see Findly 1993: 52, 235–37.

105 Cited in Rawson and Portal 1993: 274; see Gray 1964–66: 33. The painting of Mumtaz Mahal is reproduced in Preston and Preston 2007.

106 Bernier 1968: 359; see Lal 2005: 9–10, 35–36. Beach 1987: 90–110 considers Jahangir's preoccupation with

connoisseurship and courtly culture.

107 Richards 1993: 100–103, 121–24, 171–75, 220–24, 290–97.

108 Begley 1979 analyzes the iconographic program of the Taj Mahal; on its construction, see Preston and Preston 2007: 178–84.

109 Balabanlilar 2007: 5–6; Henderson and Raby 1989.

110 Rogers and Ward 1988: 28–29; Bağci and Tanindi 2005: 266, 447; Blair and Bloom 1994: 97, 105; Raby and Yücel 1986: 1: 29–30.

111 Hess 1973; Scammell 1969: 408; Gibbs 1998–99: 33–35.

112 Bağci and Tanindi 2005: 265; Carnegy 1993: 33–34; Carswell 1998: 53–56, 96; Raby and Yücel 1986: 1:54; Mack 2002: 99; Necipoglu 1990: 157.

113 Raby and Yücel 1986: 1:29; Mack 2002: 99, 106–07.

114 Cited in Fontana 2007: 287.

115 Carswell 1993. *The Feast of the Gods* is in the National Gallery of Art, Washington, D.C.

116 Ibn Battuta 1929: 314; Blair and Bloom 1994: 124, 126–29; Kurtz 1975.

117 Mack 2002: 98; Glick 1995: 169; Blake 1980.

118 Wilson 1987; Spallanzani 1978: 55–69, 98–102; Caiger-Smith 1985: 134.

119 Piccolpasso 1980: 2:105; for the following, see Clunas 1997: 186; Thornton 1997: 25, 161.

120 For the following, see Bortolotto and Dumortier 1990; Pleguezuelo 2002; Gaimster 1999; Rapp 1975; Britton 1987: 18–21; Fourest 1980: 182–83; Israel 1989: 5–6.

八、中國瓷之衰與亡　西方與世界

1 Borschberg 2002.

2 On the value of the guilder, see Israel 1989: 67; Gelderbloom and Jonker 2004: 648, 650.

3 Cited in Borschberg 2002: 31.

4 Cited in Volker 1954: 23.

5 Scheurleer 1974: 46; Parmentier 1996: 121–22.

6 Giovio 1956–58: 1:171.

7 Boyajian 1993: 8, 48–49, 324; Padfield 2000: 17.

8 Cited in boxer 1986a: 54.

9 Pires 1944: xxvii–xxx; Chang 1969: 48–53, 71, 83.

10 Higgins 1980: 43–46, 60–61; Elisonas 1991: 250–51.

11 Cullen 2003: 19–22.

12 Cited in boxer 1968: 6. On Dutch triangular trade, see Israel 1989: 177–78.

13 Blair and Robertson 1915: 2:57; see Bjork 1998.

14 Von Glahn 1996: 140; Schurz 1939; Flynn and Giráldez 1995, 2002; Atwell 1982.

15 For the following, see Israel 1990: 199–200; 1989: 70–71, 73, 175, 184; Lach and Van Kley 1993: 3:23–27.

16 Gelderbloom and Jonker 2004.

17 Cited in Woodward 1974: 16.

18 Schama 1988: 174–88, 304–19, describes the superiority

of Dutch diet, homes, and arts.

19 Cited in Jörg and Flecker 2001: 34.

20 Cited in Volker 1954: 61.

21 De Vries and Woude 1997: 309; Scholten 1995: 194–203; Caiger-Smith 1973: 129; Dam 1984: 27.

22 Leonard 1988; Mote 1999: 834–35, 849. On China developing a strong maritime focus if Zheng Chenggong and the imperial government had collaborated, see Wong 2002: 458–60.

23 Cited in Marks 1998: 167.

24 De Jonge 1964; Montias 1982: 300–306.

25 Baart 1990.

26 Hsu 1988; Medley 1990; Little 1983: 1–2, 28; Little 1996; Curtis 1995.

27 Blussé 1996; Klein 1989; Ho 1994: 45–49.

28 Pepys 1970–83: 5:49–50.

29 See Lenman 1990; Burke 1993; Wills 1993.

30 Martin 1993: 152–53.

31 See De Vries 2008: 20–37, 111–13.

32 For the following, see Paston-Williams 1993: 75–76; Dyer 1989: 173; Weatherill 1986: 90–91, 95–97; Gaimster and Nenk 1997; MacGregor 1989: 375; Johnson 1996: 182.

33 Gaba-van Dongen 2004 argues that genre paintings are fairly realistic depictions.

34 Velázquez's work is in a private collection; see Clarke 1996: 132–53. *Prayer before the Meal* is in the Philadelphia Museum of Art; see Barnes and Rose 2002: 132; *The King's Drink* is in a private collection; *Tavern of the Crescent Moon* is in the Museum of Fine Arts, Budapest; see Weller 2002: 121, 148.

35 Cited in Richards 1999: 92.

36 Martin 1989 explains the disadvantages of pewter.

37 Cited in Martin 1989: 20.

38 Cited in Gabay 1991: 100.

39 McCracken 1988: 35, 39; Clifford 1999.

40 Cited in MacGregor 1989: 374; see Winterbottom 2002: 25.

41 Cited in Clifford 1999: 151.

42 Cited in Casanovas 1999: 62.

43 Paston-Williams 1993: 250; Muldrew 2001: 88, 109; Gabay 1991: 101.

44 See Roche 1987: 141–43.

45 Ricci 1953: 64; 64–68.

46 Cooper 2001: 103.

47 Pinto 1989: 515.

48 *Banquet of the Officers* is in the Frans Halsmuseum, Haarlem, the Netherlands; see Westermann 1996: 147–48, 181. Adshead 1997: 38–41 contrasts the organization of the meal in China and Europe.

49 Petroski 1992: 8; Elias 1982: 57, 68–69, 126–29.

50 Cited in Shackel 1993: 145.

51 Frame 1983: 27; Montaigne 1993: 1230–31, 1114.

52 Cited in Camporesi 1993: 5.
53 Cited in Richards 1999: 153.
54 Smollett 1997: 44.
55 Elias 1982: 56–129 discusses the emergence of increasing personal control in the context of changes in dining etiquette.
56 Goldthwaite 1989: 21–22; Meister and Reber 1983: 102.
57 Bushell 1910: 152; see Stuart 1993a: 34; Scheurleer 1974: 112.
58 Howard and Ayers 1980: 18–19; Howard 1974: 68; Meister and Reber 1983: 101–2; J. Rawson 1984: 11.
59 Walcha 1981: 108, 121; Dauterman 1973.
60 Cited in Gabay 1991: 101.
61 Savill 1982; De Bellaigue 1986: 1–3, 8, 21.
62 For the following, see Pound 1994: 419; Jörg and Campen 1997: 306; Roche 2000: 126; Gaimster and Nenk 1997: 179; Martin 2004–5: 52; Strong 2002: 231–33.
63 See Elias 1982: 61–62, 82–83.
64 Cited in Roche 2000: 239–40.
65 Cited in Barker-Benfield 1992: 159.
66 Goldthwaite 1989: 17–18; Welch 2002; Snowdin and Howard 1996: 205.
67 Strong 2002: 149, 152–53; 166–67.
68 Cited in Volker 1954: 30; see Jorg 1993.
69 Cited in Jörg 1982: 102.
70 Mennell 1985: 62–101; Peterson 1994: 163–208; Camporesi 1993: 91; see Stols 2004.
71 Pitte 2002: 94; Robinson 1983: 96–97.
72 Montanari 1994: 59–67, 119; Halikowski Smith 2007.
73 Cited in Laurence 1991: 138.
74 Cited in Halikowski Smith 2007: 252.
75 Adshead 1997: 35.
76 Mennell 1985: 40–61; Visser 1991: 163–66, 161–62, 189–90; P. Rawson 1984: 200.
77 Belozerskaya 2002: 96–97, 139; Camporesi 1993: 68–69, 157; Strong 2002: 197–98; Witteveen 1991.
78 Cited in Stols 2004: 252.
79 The dinner for August II is described in Watanabe-O'Kelly 2002: 50; the sugar temple is described in Witteveen 1991: 213.
80 Cited in Witteveen 1991: 216.
81 Cited in Paston-Williams 1993: 250.
82 Cited in Chilton 2001: 179. On August II and his courtiers parading in costume, see Chilton 2001: 175–77.
83 Eriksen and de Bellaigue 1987: 108–9.
84 Cited in McLeod 1998: 46.
85 Cited in Brown 2004: 36.
86 Redford 1992: 3:70–71.
87 Cited in Walvin 1997: 13.
88 Cited in McCants 2008: 177. Voltaire is cited in Roche 2000: 245.
89 Cited in Hochstrasser 2007: 340 n. 178; see Scheurleer

1974: 113.

90 Cited in Schroder 2004: 4; see Foster 1934: 213; Allen 2002–3: 121.

91 Defoe 1991: 65; see Jörg and van Campen 1997: 135; Wilson 1972; Turpin 1999.

92 Cited in Emerson, Chen, and Gates 2000: 137.

93 Impey 1990: 59; Meister and Reber 1983: 18.

94 Hills 1998: 164; Kingery and Vandiver 1986: 13–14, 135–47.

95 Cited in Patterson 1979: 30. Gleeson 1998 provides an account of Böttger's career.

96 See Schönfeld 1998; Lo 1986: 250; Raffo 1982: 84; Walcha 1981: 43–45.

97 Cited in P. Rawson 1984: 64.

98 Howard 1994: 15.

99 Cited in Kerr 1989: 31.

100 Cited in Carter 1988: 440.

101 See Porter 2001: 21–33; Jarry 1981; Honour 1961.

102 Cited in Demel 1991: 49.

103 Du Halde 1738–41: 1:n.p.

104 Cited in Leites 1980: 74.

105 Cited in Ledderose 1991; see Cummins 1993: 200.

106 Vainker 1991: 200–202; Clunas 1997: 78; Pearce 1987–88: 26.

107 Curtis 1994; Kingery and Vandiver 1986; Scott 1987; Scott 1993a.

108 On changes in Western views of color in the early modern period, see Finlay 2007: 418–29.

109 Cited in Dursum 1984: 10; see Loehr 1962–63; Scott 1993a.

110 See Carnegy 1993: 31; Wilson 1987.

111 Lamb 1987: 281; see Fang 2003.

112 On the contrast between Western and Chinese pictorial space on porcelain, see Rawson 1984b: 181–86.

113 Cited in Batchelor 2003: 85; see Snowdin and Howard 1996: 206–7; Jackson-Stops 1993.

114 Watney 1973.

115 Conner 1979: 77–78, 82; Desmond 1995: 46–49.

116 Ceballos-Escalera 1968; Emerson, Chen, and Gates 2000: 144–45.

117 Cited in Ducret 1976: 102; see Honour 1967: 371; Robinson 1973: 25–87.

118 Cited in Emerson, Chen, and Gates 2000: 263.

119 Haskell 1987; Ramage 1990; Jenkins 1996; Coltman 2001.

120 Walcha 1981: 128–30; Raffo 1982; Gleeson 1998: 230–36.

121 Savill 1982; De Bellaigue 1986: 21; Eriksen and de Bellaigue 1987; Schwartz 1992.

122 See Kowaleski-Wallace 1995–96.

123 Dearing 1974: 1:292.

124 Thomas 1743: Lines 44, 209–224.

125 Cited in Guest 2000: 82.
126 Cited in Richards 1999: 148.
127 Cited in Conner 1979: 59.
128 Cited in Nicholson 1994: 145.
129 Ingrassia 1998: 17–39; Brown 2001: 95–109; see Dickson 1967: 267.
130 Cited in Wahrman 2004: 204.
131 Hanway 1756: 244, 282.
132 Cited in Jacobson 1993: 123.
133 Cited in Porter 1999: 34.
134 Goldsmith 1966: 65.
135 Wilson 1995: 72–74, 192–93.
136 Smollett 1997: 58, 60.
137 Rousseau 1990: 6:340, 394.
138 The citation is from Jones 1998: 6; see Porter 2002: 398.
139 Cited in Raven 1992: 172–73; see Bindman 2003.
140 Hanway 1756: 273. Original emphasis.
141 Cited in Harris 2002: 123–24.
142 Howard 1994: 15; 2000: 34.
143 Voltaire 1947: 111.
144 Cited in Pocock 1998: 198.
145 Gwynn 1766: 91–92.
146 Cited in Boime 1987: 57.
147 Hill and Powell 1934–50: 3: 269, 339.
148 Cited in Jenkins and Sloan 1996: 183; see Robinson 1973; Mallet 1974.
149 Cited in Clark 1995: 56.
150 Cited in Roberts 1997: 173. Original emphasis.
151 Cited in McKendrick 1982: 114.
152 Farrer 1903–6: 3:356; original emphasis. See Uglow 2003; Ottomeyer 2004.
153 Uglow 2002: Vickers 1997: 270; Mankowitz 1952: 41; Raeburn 1989; Young 1995: 134, 147.
154 Cited in Coutts 2001: 185.
155 Cited in Vickers 1987: 132.
156 Reilly 1992: 31; Anderson 1986; Vainker 1991: 158.
157 Farrer 1903–6: 1:128.
158 Cited in Reilly 1994: 71. On Wedgwood's use of scientific experiment for creating ceramic formulas, see McKendrick 1973.
159 Cited in Jones 2002: 108.
160 Cited in Roberts 1997: 167.
161 McKendrick 1961.
162 Farrer 1903–6: 1:305; original emphasis. See Pollard 1965: 182–84.
163 Clark 1995: 51–53; Reilly 1992; McKendrick 1973: 308–10; Uglow 2002: 357–58.
164 Beaver 1964: 10–12; Uglow 2002: 110–17.
165 Cited in Gascoigne 1994: 232.
166 McKendrick 1960, 1970.
167 Cited in Gascoigne 1994: 214; see McKendrick 1982: 103.

168 Cited in Robinson 1973: 29.
169 Farrer 1903–6: 2:239.
170 Farrer 1903–6: 2:6; see McKendrick 1960: 427–30.
171 Cited in Dolan 2004: 325.
172 Cited in Röntgen 1984: 120; see Roberts 1997: 166.
173 Ceballos-Escalera 1968: 365; Smith 1968: 263.
174 Farrer 1903–6: 1:357; see Richards 1999: 42–43.
175 Farrer 1903–6: 1:301–2; original emphasis. See Dolan 2004: 326.
176 Israel 1995: 1009; Fourest 1980: 184–85; Hess 2002: 13.
177 Farrer 1903–6: 2: 79; see Lister and Lister 1984: 95.
178 Cited in Roberts 1990: 98.
179 Cited in Pearce 1987–88: 35.
180 Cited in Roberts 1997: 173.
181 Cited in Roberts 1997: 173. On failure of the mission to open China to trade, see Hevia 1995.
182 The Fitzwilliam Museum of Cambridge University possesses a malformed Jingdezhen copy of the Portland vase.
183 See Wong 2002: 461–62.
184 Defoe 1974: 248–49. On the pivotal role of the opium trade, see Trocki 1999.
185 Cited in Adas 1989: 185.
186 Conner 1979: 161.
187 Leonard 1972, 1984.
188 On Chinese agriculture and textile production being caught in a "high level equilibrium trap," thereby making radical, comprehensive improvements practically unattainable, see Elvin 1973.

尾聲　香客瓶藝術

1 Mercier 1929: 20, 32.
2 J. Rawson 1984: 33–88; Riegel 1992: 187–206; Chêng 1969: 79–115.
3 Barry 1996: 115; Whitman 1978: 1:125.
4 For the following, see Adhyatman 1987: 4–6; Rooney 1984: 99; 1987: 11–13; Guy 1997a: 57; Portal 1997: 103; Jörg and van Campen 1997: 36, 45; Khoo 1991: 24–26; Thompson 1991:70; Whitman 1978: 1:195–203.
5 Anderson 2004; Vikan 1991.
6 Eiland 1995–96: 114; Watson 1984: 145–47; Willetts 1958: 2:472–73.
7 Feng 1987: 67; Gray 1964–66: 30; Whitman 1978: 1: 90–92; Mosco 1999: 45.
8 Le Corbeiller 1988; Kletke 2004: 129.
9 Cited in Mudge 1985: 53; see Kuwayama 1997: 24–25, 78; 2000.
10 Irwin 1972; Snowdin and Howard 1996: 202; Neill 1985; Copland 1980: 33–35, 45; Esten, Wahlund, and Fischell 1987: 131.

參考資料

縮寫代稱

A	*Archaeometry*
AB	*Art Bulletin*
BM	*Burlington Magazine*
BOCSHK	*Bulletin of the Oriental Ceramic Society of Hong Kong*
ECS	*Eighteenth-Century Studies*
HJAS	*Harvard Journal of Asiatic Studies*
JESHO	*Journal of the Economic and Social History of the Orient*
JRASGBI	*Journal of the Royal Asiatic Society of Great Britain and Ireland*
JWH	*Journal of World History*
MA	*Magazine Antiques*
O	*Orientations*
OA	*Oriental Art*
SCC	*Science and Civilisation in China.* Cambridge: Cambridge University Press.
SMJ	*Sarawak Museum Journal*
TOCS	*Transactions of the Oriental Ceramics Society*
WA	*World Archaeology*

Abungo, George H.O. 1994. "Islam on the Kenyan Coast: An overview of Kenyan Coastal Sacred Sites." In *Sacred Sites, Sacred Places*, edited by David L. Carmichael, Jane Hubert, Brian Reeves, and Audhild Schanche, 152–62. London: Routledge.

———, and Henry W. Mutoro. 1993. "Coast-Interior Settlements and Social Relations in the Kenya Coastal Hinterland." In Shaw et al. 1993.

Adas, Michael. 1989. *Machines as the Measure of Men: Science, Technology, and Ideologies of Western Dominance*. Ithaca, NY: Cornell University Press.

Addis, John. 1980–81. "Porcelain-Stone and Kaolin: Late Yuan Developments at Hutian." *TOCS* 45: 55–66.

Adhyatman, Sumarah. 1987. *Kendi: Traditional Drinking Water Containers*. Jakarta: Ceramic Society of Indonesia.

———. 1990. *Antique Ceramics found in Indonesia: Various Uses and Origins*. 2nd ed. Jakarta: Ceramic Society of Indonesia.

———, and Abu Ridho. 1984. *Tempayan di Indonesia/Martavans in Indonesia*. Exhib. cat. 2nd ed. Jakarta: Himpunan Keramik Indonesia.

Adshead, S.A.M. 1997. *Material Culture in Europe and China, 1400–1800: The Rise of Consumerism*. London: St. Martin's Press.

———. 2000. *China in World History*. 3rd ed. New York: St. Martin's Press.

———. 2004. *T'ang China: The Rise of the East in World History*. New York: Palgrave Macmillan. Agnew, Jean-Christophe. 1993. "Consumer Culture in Historical Perspective." In *Consumption and the World of Goods*, edited by John Brewer and Roy Porter, 19–39. London: Routledge.

Albis, Antoine d', and T.M. Clarke. 1989. "Vincennes Porcelain for Orry de Fulvy." *Apollo* 129/6: 379–83.

Allen, James de Vere, ed. and trans. 1977. *Al-Inkishafi: Catechism of a Soul*. Nairobi: East African Literature Bureau.

———. 1993. *Swahili Origins: Swahili Culture and the Shungwaya Phenomenon*. London: James Currey.

Allen, Phillip. 2002–3. "The Uses of Oriental Porcelain in English Houses." *TOCS* 67: 121–28.

Allsen, Thomas T. 1989. "Mongolian Princes and Their Merchant Partners, 1200–1260." *Asia Major* 2/2: 83–126.

———. 1997a. *Commodity and Exchange in the Mongol Empire: A Cultural History of Islamic Textiles*. Cambridge: Cambridge University Press.

———. 1997b. "Ever Closer Encounters: The Appropriation of Culture and the Apportionment of Peoples in the Mongol Empire." *Journal of Early Modern History* 1/1: 2–23.

———. 2001. *Culture and Conquest in Mongol Eurasia*. Cambridge: Cambridge University Press.

Amiran, Ruth. 1965. "The Beginnings of Pottery-Making in the Near East." In Matson 1965a: 240–47.

Amitai-Preiss, Reuven. 1999. "Mongol Imperial Ideology and the Ilkhanid War against the Mamluks." In *The Mongol Empire and Its Legacy*, edited by David O. Morgan and Reuven Amitai-Preiss, 57–72. Leiden: Brill.

Andaya, Barbara Watson, and Yoneo Ishii. 1999. "Religious Development in Southeast Asia, c. 1500–1800." In *The Cambridge History of Southeast Asia*, vol. 2: *From c. 1500 to c. 1800*, edited by Nicholas Tarling, 164–227. Cambridge: Cambridge University Press.

Andaya, Leonard. 1999. "Interactions with the Outside World and Adaptation in Southeast Asian Society, 1500–1800." In *The Cambridge History of Southeast Asia*, vol. 2: *From c. 1500 to c. 1800*, edited by Nicholas Tarling, 1–57. Cambridge: Cambridge University Press.

Anderson, E.N. 1988. *The Food of China*. New Haven, CT: Yale University Press.

Anderson, William. 2004. "An Archaeology of Late Antique Pilgrim Flasks." *Anatolian Studies* 54: 79–93.

Anderson, William L. 1986. "Cherokee Clay, from Duché to Wedgwood: The Journal of Thomas Griffiths, 1767–1768." *North Carolina Historical Review* 63/4: 477–510.

Appadurai, Arjun, ed. 1986. *The Social Life of Things: Commodities in Cultural Perspective*. Cambridge: Cambridge University Press.

Arapova, Tatyana B., and Olga P. Deshpande. 1999. "Sino-Thai Ceramics in the Hermitage: Contacts between Thailand and Russia at the End of the Nineteenth Century." *Apollo* 150/11: 19–24.

Armijo-Hussein, Jacqueline Misty. 1997. "Sayyid 'Ajall Shams al-Din: A Muslim from Central Asia Serving the Mongols in China and Bringing 'Civilization' to Yunnan." Ph.D. dissertation, Harvard University.

Arnold, Lauren. 1999. *Princely Gifts and Papal Treasures: The Franciscan Mission to China and Its Influence on the Art of the West, 1250–1350*. San Francisco, CA: Desiderata Press.

Ashton, Leigh. 1933–34. "China and Egypt." *TOCS* 11: 62–72.

Ashtor, Eliyahu. 1983. *Levant Trade in the Later Middle Ages*. Princeton, NJ: Princeton University Press.

Atterbury, Paul, ed. 1982. *The History of Porcelain*. New York: William Morrow.

Atwell, WilliamS. 1982. "International Bullion Flows and the Chinese Economy *circa* 1530–1650." *Past and Present* 95/2: 68–90:

———. 1998. "Ming China and the Emerging World Economy, c. 1470–1650." In *The Cambridge History of China*, vol. 8:2: *The Ming Dynasty, 1368–1644*, edited by Denis Twitchett and Frederick W. Mote, 376–416. Cambridge: Cambridge University Press.

Aubin, Françoise. 2005. "Zheng He, Héros ethnique des Hui ou musulmans chinois." In *Zheng He: Images & Perceptions*, edited by Claudine Salmon and Roderich Ptak, 57–73.Wiesbaden: Harrassowitz Verlag.

Aubin, Jean. 1959. "La ruine de Siraf et les routes du Golfe Persique aux XIe et XIIe siècles." *Cahiers de l'Histoire Médievale* 10–13: 187–99.

Baart, Jan M. 1990. "Ceramic Consumption and Supply in Early Modern Amsterdam: Local Production and Long-distance Trade." In *Work in Towns, 850–1850*, edited by P. J. Corfield and Derek Keene, 74–85. Leicester: Leicester University Press.

Babur, Zhahir al-Din Muhammad. 1995. *The Baburnama: Memoir of Babur, Prince and Emperor*. Translated and edited by Wheeler M. Thackston. Washington, DC: Smithsonian Institution Press.

Bacon, Francis. 1944. *Advancement of Learning and Novum Organum*. New York: Wiley.

Baer, Eva. 1998. *Islamic Ornament*. New York: New York University Press.

Bai, Qianshen. 1995. "The Irony of Copying the Elite: A Preliminary Study of the Poetry, Calligraphy and Painting on 17th-century Jingdezhen Porcelain." *OA* 41/3: 10–21.

———. 2002. "Inscriptions, Calligraphy, and Seals on Jingdezhen Porcelains from the Shunzi Era." In *Shunzi Porcelain: Treasures from an Unknown Reign, 1644–1661*, edited by Michael Butler, Julia B.Curtis, and Stephen Little, 56–67. Exhib. cat. Alexandria, VA:Arts Services International.

Bağci, Serpil, and Zeren Tanindi. 2005. "Art of the Ottoman Court." In *Turks: A Journey of a Thousand Years*, edited by David J. Roxburgh, 260–71. Exhib. cat. London: Royal Academy of the Arts.

Bailey, Gauvin Alexander. 1996. "The Stimulus: Chinese Porcelain Production and Trade with Iran." In Golombek 1996: 7–15.

———. 1996a. "The Response II: Transformation of Chinese Motifs." In Golombek 1996: 57–108.

———. 2004. "Between Religions: Christianity in a Muslim Empire." In Flores and Vassallo e Silva 2004: 148–61.

Baker, Chris, Dhiravat na Pombejra, Alfons van der Kraan, and David Wyatt, eds. 2005. *Van Vliet's Siam*. Chiang Mai, Thailand: Silkworm Books.

Balabanlilar, Lisa. 2007. "Lords of the Auspicious Conjunction: Turco-Mongol Imperial Identity on the Subcontinent." *JWH* 18/1: 1–39.

Barbosa, Atremio C. 1992. "Heirloom Jars in Philippinerituals." In *A Thousand Years of Stoneware Jars in the Philippines*, edited by Cynthia O. Valdes, 70–94. Manila: Jars Collectors.

Barker-Benfield, G. J. 1992. *The Culture of Sensibility: Sex and Society in Eighteenth-Century Britain*. Chicago: University of

Chicago Press.

Barley, Nigel. 1994. *Smashing Pots: Works of Clay from Africa*. Washington, DC: Smithsonian Institution Press.

Barnard, Noel. 1976. "The Role of the Potter in the Discovery and the Development of Metallurgy in Ancient China—With Particular Reference to Kiln and Furnace Construction." *BOCSHK* 2: 1–33.

———. 1983. "Further Evidence to Support the Hypothesis of Indigenous Origins of Metallurgy in Ancient China." In *The Origins of Chinese Civilization*, edited by David N. Keightley, 237–77. Berkeley: University of California Press.

Barnes, Donna R., and Peter G. Rose. 2002. *Matters of Taste: Food and Drink in Seventeenth-Century Dutch Art and Life*. Exhib. cat. Syracuse, NY: Albany Institute of History and Art and Syracuse University Press.

Barry, Michael. 1996. *Design and Color in Islamic Architecture: Eight Centuries of the Tile-Maker's Art*. New York: Vendome Press.

———, trans. 2000. *La Pavillon des Sept Princesses par Nezâmî de Gandjeh. Paris: Gallimard.*

Bartholomew, Terese Tse. 1994–97. "Chinese Botanical Motifs and Rebuses from the Collection of the Asian Art Museum of San Francisco." *BOCSHK* 11: 41–57.

Batchelor, Robert. 2003. "Concealing the Bounds: Imagining the British Nation through China." In *The Global Eighteenth Century*, edited by Felicity A. Nussbaum, 79–92. Baltimore, MD: Johns Hopkins University Press.

Bäumel, Jutta. 2004. "Augustus the Strong as the Sun God Apollo." In Siebel 2004: 27–29.

Beach, Milo Cleveland. 1987. *The New Cambridge History of India*, vol. 1:3: *Mughal and Rajput Painting*. Cambridge: Cambridge University Press.

Beamish, Jane. 1995. "The Significance of Yuan Blue and White Exported to South East Asia." In *South East Asia & China: Art, Interaction & Commerce*, edited by Rosemary Scott and John Guy, 225–51. London: Percival David Foundation of Chinese Art.

Beauclair, Inez de. 1972. "Jar Burial in Botel Tobago." *Asian Perspectives* 15/2: 167–76.

Beaver, Stanley H. 1964. "The Potteries: A Study in the Evolution of a Cultural Landscape." *Transactions of the Institute of British Geographers* 34/2: 1–31.

Beckwith, Christopher I. 1991. "The Impact of the Horse and Silk Trade on the Economics of T'ang China and of the Uighur Empire." *JESHO* 34/2: 183–98.

Beckwith, Martha. 1970. *Hawaiian Mythology*. Honolulu: University of Hawai'i Press.

Begley, Wayne E. 1979. "The Myth of the Taj Mahal and a New Theory of Its Symbolic Meaning." *AB* 61/1: 7–37.

Belevitch-Stankevitch, H. 1910. *Le Goût chinois en France au temps de Louis XIV*. Paris: Jean-Schemit.

Bellwood, Peter. 2005. *First Farmers: The Origins of Agricultural Societies*. Oxford: Blackwell.

———, and Matussin Omar. 1980. "Trade Patterns and Political Developments in Brunei and Adjacent Areas, A.D. 700–1500." *Brunei Museum Journal* 4/4: 155–79.

Bembo, Ambrosio. 2007. *The Travels and Journals of Ambrosio Bembo*. Translated by Clara Bargellini and edited by Anthony Welch. Berkeley: University of California Press.

Belozerskaya, Marina. 2002. *Rethinking the Renaissance: Burgundian Arts across Europe*. Cambridge: Cambridge University Press.

Bentley, Jerry H. 1993. *Old World Encounters: Cross-Cultural Contacts and Exchanges in Pre-Modern Times*. New York: Oxford University Press.

Bernier, François. 1968. *Travels in the Mogul Empire, A.D. 1656–1668*. Translated by Archibald Constable. New Delhi: S. Chand.

Berry, Mary Elizabeth. 1982. *Hideyoshi*. Cambridge, MA: Harvard University Press.

———. 1997. *The Culture of Civil War in Kyoto*. Berkeley: University of California Press.

Bertini, Giuseppe. 2000. "The Marriage of Alessandro Farnese and D. Maria of Portugal in 1565: Court life in Lisbon and Parma." In *Cultural Links between Portugal and Italy in the Renaissance*, edited by K. J.P. Lowe, 45–74. Oxford: Oxford University Press.

Berzock, Kathleen Bickford. 2005. *For Hearth and Altar: African Ceramics from the Keith Achepohl Collection*. Exhib. cat. Chicago: Art Institute of Chicago.

Best, Jonathan W. 1991. "Tales of Three Paekche Monks Who Traveled Afar in Search of the Law." *HJAS* 51/1: 139–97.

Beurdeley, Cécile, and Michel Beurdeley. 1971. *Giuseppe Castiglione: A Jesuit Painter at the Court of the Chinese Emperors*. Translated by Michael Bullock. Rutland, VT: Charles E. Tuttle.

———. 1984. *A Connoisseur's Guide to Chinese Ceramics*. Translated by Katherine Watson. New York: Alpine Fine Arts Collection.

Beurdeley, Michel. 1962. *Porcelaine de la Compagnie des Indes*. Fribourg: office du livre.

Bien, Gloria. 1986. "Chénier and China." *Studies on Voltaire and the Eighteenth Century* 242: 363–75.

Bindman, David. 2003. "How the French Became Frogs: English Caricature and a National Stereotype." *Apollo* 158/11: 15–20.

Bira, Sh. 1999. "Qubilai Qa'an and 'Phags-pa bLa-ma." In *The Mongol Empire and Its Legacy*, edited by David O. Morgan and Reuven Amitai-Preiss, 240–49. Leiden: Brill.

Bito Masahide. 1991. "Thought and Religion, 1550–1700." In *The Cambridge History of Japan*, vol. 4: *Early Modern Japan*, edited by John Whitney Hall, 373–424. Cambridge: Cambridge University Press.

Bjork, Katharine. 1998. "The Link That Kept the Philippines Spanish: Mexican Merchant Interests and the Manila Trade, 1571–1815." *JWH* 9/1: 25–50.

Blair, E.H., and J.A. Robertson, eds. 1915. *The Philippine Islands*, 1493–1898. 55 vols. Cleveland, OH: Arthur H. Clark.

Blair, Sheila S. 2003. "The Ardabil Carpets in Context." In *Society and Culture in the Early Modern Middle East*, edited by Andrew J. Newman, 125–43. Leiden: Brill.

———. 1997. *Islamic Art.* London: Phaidon.

———, and Jonathan M. bloom. 1994. *The Art and Architecture of Islam, 1250–1800.* New Haven, CT: Yale University Press.

Blake, H. 1980. "The 'Bacini' of North Italy." In *La Céramique médiévale en Méditeranée occidentale: Xe–XVe siècle*, 93–111. Paris: Centre national de la recherche scientifique.

Bloom, Jonathan M. 2001. *Paper before Print: The History and Impact of Paper in the Islamic World.* New Haven, CT: Yale University Press.

Blussé, Leonard. 1996. "No Boats to China: The Dutch East India Company and the Changing Pattern of the China Sea Trade, 1635–1690." *Modern Asian Studies* 30/1: 51–76.

Bodart, Beatrice M. 1977. "Tea and Counsel: The Political Role of Sen Rikyu." *Monumenta Nipponica* 32/1: 49–74.

Boime, Albert. 1987. *Art in the Age of Revolution, 1750–1800.* Chicago: University of Chicago Press.

Bond, Donald F., ed. 1965. *The Spectator*. 5 vols. Oxford: Clarendon Press.

Bordoy, Guillermo Rosselló. 1992. "The Ceramics of al-Andalus." In *Al-Andalus: The Art of Islamic Spain*, edited by Jerrilynn D. Dodds, 191–205. New York: Metropolitan Museum of Art.

Borschberg, Peter. 2002. "The Seizure of the Sta. *Catarina* Revisited: The Portuguese Empire in Asia, VOC Politics and the Origins of the Dutch-Johor Alliance." *Journal of Southeast Asian Studies* 33/1: 31–62.

Bortolotto, Angelica Alverà, and Claire Dumortier. 1990. "Les majoliques anversoises 'à la façon de venise' de la première moitié du XVIe siècle." *Revue belge d'archéologie et d'histoire de l'art 59*: 55–74.

Bosworth, C.E. 1968. "The Political and Dynastic History of the Iranian World (A.D. 1000–1217)." In Boyle 1968: 1–202.

Bottéro, Jean. 2001. *Religion in Ancient Mesopotamia.* Translated by Teresa Lavender Fagan. Chicago: University of Chicago Press.

Bouchon, Geneviève. 1988. "Un microcosme: Calicut au 16e siècle." In Lombard and Aubin 1988: 49–57.

Boxer, C.R., ed. 1953. *South China in the Sixteenth Century*. London: Hakluyt Society.

———. 1965. *The Dutch Seaborne Empire, 1600–1800*. London: Penguin books.

———. 1968. *Fidalgos in the Far East, 1550–1770*. London: Oxford University Press.

———. 1969. *The Portuguese Seaborne Empire*, 1415–1825. London: Hutchinson.

———, ed. 1986. *The Tragic History of the Sea, 1589–1622*. London: Hakluyt Society.

———. 1986a. "Carreira and Cabotagen: Some Aspects of Portuguese Trade in the Indian Ocean and the China Sea, 1500–1650." *Renaissance and Modern Studies* 30: 45–59.

Boyajian, James C. 1993. *Portuguese Trade in Asia under the Habsburgs, 1580–1640*. Baltimore, MD: Johns Hopkins University Press, 1993.

Boyle, J.A., ed. 1968. *The Cambridge History of Iran*, vol. 5: *The Saljuq and Mongol Periods*. Cambridge: Cambridge University Press.

Brady, Thomas A., Jr. 1991. "The Rise of Merchant Empires, 1400–1700: A European Counterpoint." In *The Political Economy of Merchant Empires*, edited by James D. Tracy, 117–60. Cambridge: Cambridge University Press.

Braudel, Fernand. 1973. *The Mediterranean and the Mediterranean World in the Age of Philip II*. 2 vols. Translated by Siân Reynolds. New York: Harper and Row.

———. 1981–84. *Civilization and Capitalism*, 15th - 18th Centuries. 3 vols. Vol. 1 (1981): *The Structures of Everyday Life*. Vol. 2 (1982): *The Wheels of Commerce*. vol. 3 (1984): *The Perspective of the World*. Translated by Siân Reynolds. New York: Harper and Row.

Britton, Frank. 1987. *London Delftware. London: Jonathan Horne.*

Brook, Timothy. 1981. "The Merchant Network in Sixteenth-Century Ming China: A Discussion and Translation of Chang Han's 'on Merchants.' " *JESHO* 24/2: 165–214.

———. 1998. *The Confusions of Pleasure: Commerce and Culture in Ming China*. Berkeley: University of California Press.

Brown, Jonathan. 1995. *Kings & Connoisseurs: Collecting Art in Seventeenth-Century Europe*. Princeton, NJ: Princeton University Press.

Brown, Laura. 2001. *Fables of Modernity: Literature and Culture in the English Eighteenth Century*. Ithaca, NY: Cornell University Press.

Brown, Peter. 2004. "Time for Tea." *Apollo* 159/4: 36–44.

Brown, Roxanna M. 1977. *The Ceramics of Southeast Asia: Their Dating and Identification*. Kuala Lumpur: Oxford University Press.

———. 1997. "Xuande-Marked Trade Wares and the 'Ming Gap.' " *OA* 43/2: 2–6.

———, and Sten Sjostrand. 2000. *The Turiang: A Fourteenth-Century Wreck in Southeast Asian Waters*. Pasadena, CA: Pacific Asia Museum.

Browne, Janet. 1995. *Charles Darwin: A Biography*. Princeton, NJ: Princeton University Press.

Browne, Thomas. 1964. *The Works of Sir Thomas Browne*, vol. 2: *Pseudodoxia Epidemica*. Edited by Geoffrey Keynes. Chicago: University of Chicago Press.

Burke, Peter. 1993. "*Res et Verba*: Conspicuous Consumption in the Early Modern World." In *Consumption and the World of Goods*, edited by John Brewer and Roy Porter, 148–61. London: Routledge.

Burn, Lucilla. 1997. "Sir William Hamilton and the Greekness of Greek Vases." *Journal of the History of Collections* 9/2: 241–52.

Burnett, Katherine P. 2000. "A Discourse of Originality in Late Ming Chinese Painting Criticism." *Art History* 23/4: 522–58.

Burton, Robert. 1932. *The Anatomy of Melancholy (1621)*. 3 vols. in 1. Edited by Holbrook Jackson. Reprint, New York: Vintage Books.

Burton, William. 1906. *Porcelain: A Sketch of Its Nature and Manufacture*. London: Cassell.

Bush, Susan, and Hsio-yen Shih, eds. 1985. *Early Chinese Texts on Painting*. Cambridge, MA: Harvard University Press.

Bushell, Stephen W. 1910. *Description of Chinese Pottery and Porcelain: Being a Translation of the T'ao Shuo*. Oxford: Clarendon Press.

Butler, Lee. 2002. *Emperor and Aristocracy in Japan, 1467–1680: Resilience and Renewal*. Cambridge, MA: Harvard University

Asia Center.

Cahill, James. 1976. *Hills beyond a River: Chinese Painting of the Yüan Dynasty, 1279–1368*. New York: Weatherhill.

———. 1982. *The Compelling Image: Nature and Style in Seventeenth-Century Chinese Painting*. Cambridge, MA: Harvard University Press.

Caiger-Smith, Alan. 1973. *Tin-Glaze Pottery in Europe and the Islamic World: The Tradition of 1000 Years in Maiolica, Faience and Delftware*. London: Faber and Faber.

———. 1985. *Lustre Pottery: Technique, Tradition and Innovation in Islam and the Western World*. London: Faber and Faber.

———. 1993–94. "Continuity and Innovation in Ceramics." *TOCS* 58: 51–61.

Camporesi, Piero. 1993. *The Magic Harvest: Food, Folklore and Society*. Translated by Joan Krakover Hall. Cambridge, MA: Polity Press.

Canby, Sheila B. 1997. "Islamic Lustreware." In Freestone and Gaimster 1997: 110–15.

Cao Xueqin. 1979. *The Story of the Stone*, vol 1: *The Golden Days*. Translated by David Hawkes. Bloomington: Indiana University Press.

Carboni, Stefano, ed. 2007. *Venice and the Islamic World, 828–1797*. Exhib. cat. New York and New Haven: Metropolitan Museum of Art and Yale University Press.

Carletti, Francesco. 1964. *My Voyage around the World.* Translated by Herbert Weinstock. New York: Pantheon books.

Carnegy, Daphne. 1993. *Tin-Glazed Earthenware from Maiolica, Faience and Delftware to the Contemporary*. London: Adam and Charles Black.

Carswell, John. 1966. "An Early Ming Porcelain Stand from Damascus." *OA* 12/3: 176–82.

———, ed. 1985. *Blue and White: Chinese Porcelain and Its Impact on the Western World.* Exhib. cat. Chicago: University of Chicago and the David and Alfred Smart Gallery.

———. 1985a. "Blue-and-White Porcelain in China." In Carswell 1985: 13–35.

———. 1985b. "Blue-and-White in China, Asia and the Islamic World." In Carswell 1985: 27–35.

———. 1993. "*The Feast of the Gods*: The Porcelain Trade between China, Istanbul and Venice." *Journal of Asian Affairs* 24/2: 180–85.

———. 1998. *Iznik Pottery*. London: British Museum Press.

———. 1999. "China and the Middle East." *OA* 45/1: 2–14.

Carter, H.B. 1988. *Sir Joseph Banks*, 1743–1820. London: British Museum.

Carvalho, Pedro Moura. 2000. "Macao as a Source for Works of Art of Far Eastern Origin." *OA* 46/3: 13–21.

Casanovas, María Antonia. 2003. "Ceramics in Domestic Life in Spain." In Gavin et al. 2003: 49–75.

Cassidy-Geiger, Maureen. 2003. "Fabled Beasts: Augustus the Strong's Meissen Menagerie." *MA* 164/4: 152–61.

Casson, Lionel, ed. and trans. 1989. *The Periplus Maris Erythraei*. Princeton, NJ: Princeton University Press.

Castleden, Rodney. 1990. *Minoans: Life in Bronze Age Crete*. New York: Routledge.

Cauvin, Jacques. 2000. *The Birth of the Gods and the Origins of Agriculture*. Translated by Trevor Watkins. Cambridge: Cambridge University Press.

Ceballos-Escalera, I. 1968. "Porcelain from a Garden Factory." *Apollo* 87/5: 363–69.

Chaffee, John W. 1985. *The Thorny Gates of Learning in Sung China: A Social History of Examinations*. Cambridge: Cambridge University Press.

———. 2001. "The Impact of the Song Imperial Clan on the Overseas Trade of Quanzhou." In Schottenhammer 2001: 13–46.

———. 2006. "Diasporic Identities in the Historical Development of the Maritime Muslim Communities of Song-Yuan China." *JESHO* 49/4: 395–420.

Chai, Ch'u, and Winberg Chai, eds. 1967. *Li Chi: Book of Rites: An Encyclopaedia of Ancient Ceremonial Usages, Religious Creeds, and Social Institutions*. Translated by James Legge. 2 vols. New Hyde Park, NY: University Books.

Chandler, David P. 2000. *A History of Cambodia*. Boulder, CO: Westview Press.

Chang, Kwang-chih. 1986. *The Archaeology of Ancient China*. 4th ed. New Haven, CT: Yale University Press.

———. 1999. "China on the Eve of the Historical Period." In Loewe and Shaughnessy 1999: 37–73.

Chang, T'ien-tsê. 1969. *Sino-Portuguese Trade from 1514 to 1644*. Leiden: Brill.

Chardin, John. 1927. *Sir John Chardin's Travels in Persia*. London: Argonaut Press

Chaudhuri, K.N. 1985. *Trade and Civilization in the Indian Ocean: An Economic History from the Rise of Islam to 1750*. Cambridge: Cambridge University Press.

———. 1989. "A Note on Ibn Taghri Birdi's Description of Chinese Ships in Aden and Jedda." *JRASGBI* 1: 113.

———. 1990. *Asia before Europe: Economy and Civilisation of the Indian Ocean from the Rise of Islam*. Cambridge: Cambridge

University Press.

Chen Baiquan. 1993. "The Development of Song Dynasty Qingbai Wares from Jingdezhen." In Scott 1993: 13–32.

Chen Ching-kuang. 1993. "Sea Creatures on Ming Imperial Porcelains." In Scott 1993: 101–22.

Chen Dasheng and Denys Lombard. 1988. "Le rôle des étrangers dans le commerce maritime de Quanzhou ('Zaitun') aux 13e et 14e siècles." In Lombard and Aubin 1988: 23–29.

Chen Yaocheng, Guo Yanyi, and Chen Hong. 1993–94. "Sources of Cobalt Pigment Used on Yuan Blue and White Porcelain Wares." *OA* 40/1: 14–19.

Chen Yunru. 2007. "At the Emperor's Invitation: Literary Gathering and the Emergence of Imperial Garden Space in Northern Song Painting." *O* 38/1: 56–61.

Chêng, Te-k'un. 1969. *Archaeology in Sarawak*. Cambridge: W. Heffer and Sons.

———. 1973. "The Beginning of Chinese Civilization." *Antiquity* 47/187: 197–209.

———. 1983. *Studies in Chinese Art*. Hong Kong: Chinese University Press.

Cherniack, Susan. 1994. "Book Culture and Textual Transmission in Sung China." *HJAS* 54/1: 5–125.

Chilton, Meredith. 2001. *Harlequin Unmasked: The Commedia dell'Arte and Porcelain Sculpture*. New Haven, CT: George R. Gardiner Museum of Ceramic Art with Yale University Press.

Chin, Lucas. 1977. "Trade Pottery Discovered in Sarawak from 1948 to 1976." *SMJ* 25/46: 1–7.

———. 1977a. "Impact of Trade Ceramic Objects on Some Aspects of Local Culture." *SMJ* 25/46: 67–69.

———. 1980. "Chinese Ceramics in Sarawak." *O* 11/8: 30–36.

Chittick, H.N. 1974. *Kilwa: An Islamic Trading City on the East African Coast*. 2 vols. Nairobi: British Institute in Eastern Africa.

Chou Kung-shin. 1999–2000. "French Jesuits and Chinese Lacquer in the Late 17th Century." *OA* 45/4: 33–37.

Christian, David. 2004. *Maps of Time: An Introduction to Big History*. Berkeley: University of California Press.

Christie, Jan Wisseman. 1985. "On Po-no: The Santubong Sites of Sarawak." *SMJ* 24/55: 77–89.

———. 1998. "Javanese Markets and the Asian Sea Trade Noom of the Tenth to Thirteenth Centuries A.D." *JESHO* 41/3: 344–381.

Chung Yang-mo. 1998. *The Art of the Korean Pottery: From the Neolithic Period to the Choson Dynasty*. Edited by Judith G. Smith. Exhib. cat. New York: Metropolitan Museum of Art.

———. 2000. "Korean Ceramics of the Choson Dynasty." In *Earth, Spirit, Fire: Korean Masterpieces of the Choson Dynasty (1392–1910)*, edited by Claire Roberts and Michael Brand, 20–25. Exhib. cat. Sydney: Powerhouse Publishing.

Church, Sally K. 2005. "Zheng He: An Investigation into the Plausibility of 450-ft. Treasure Ships." *Monumenta Serica* 53: 1–43.

Clark, Garth. 1995. The Potter's Art. London: Phaidon Press.

Clark, Hugh R. 1991. *Community, Trade, and Networks: Southern Fujian Province from the Third to the Thirteenth Century*. Cambridge: Cambridge University Press.

———. 1991a. "The Politics of Trade and the Establishment of the Quanzhou Trade Superintendency." In *China and the Maritime Silk Route: UNESCO Quanzhou International Seminar on China and the Maritime Routes of the Silk Roads,* edited by Quanzhou International Seminar on China and the Maritime Routes of the Silk Roads Organization, 376–94. Fuzhou: Fujian People's Publishing House.

———. 1995. "Muslims and Hindus in the Culture and Morphology of Quanzhou from the Tenth to the Thirteenth Century." *JWH* 6/1: 49–74.

Clarke, Michael. 1996. *Velázquez in Seville*. Exhib. cat. Edinburgh: Trustees of the national Gallery of Scotland.

Clavijo, Ruy Gonzalez de. 1928. *Clavejo: Embassy to Tamerlane*, 1403–1406. Translated by Guy Le Strange. London: Routledge.

Clifford, Helen. 1999. "A Commerce with Things: The Value of Precious Metalwork in Early Modern England." In *Consumers and Luxury: Consumer Culture in Europe, 1650–1850*, edited by Maxine Berg and Helen Clifford, 147–68. Manchester: Manchester University Press.

Clunas, Craig, ed. 1987. *Chinese Export Art and Design*. Exhib. cat. London: Victoria and Albert Museum.

———. 1991. *Superfluous Things: Material Culture and Social Status in Early Modern China*. Urbana: University of Illinois Press.

———. 1991a. "The Art of Social Climbing in Sixteenth-Century China." *BM* 133/5: 368–75.

———. 1992–94. "The Cost of Ceramics and the Cost of Collecting Ceramics in the Ming Period." *BOCSHK* 10: 47–53.

———. 1997. *Art in China*. Oxford: Oxford University Press.

Cole, Charles Woolsey. 1943. *French Mercantilism, 1683–1700*. New York: Columbia University Press.

Cole, Fay-Cooper. 1912. *Chinese Pottery in the Philippines*. Anthropological Series, vol. 12. Chicago: Field Museum of Natural History.

Collcutt, Martin. 1988. "Daimyo and daimyo culture." In *Japan: The Shaping of Daimyo Culture, 1185–1868*, edited by Yoshiaki Shimizu, 1–46. Exhib. cat.Washington, DC: National Gallery of Art.

———. 1990. "Zen and the *Gozan*." In Yamamura 1990: 583–652.

Collett, D.P. 1993. "Metaphors and Representations Associated with Precolonial Iron-Smelting in Eastern and Southern Africa." In Shaw et al. 1993: 499–511.

Coltman, V. 2001. "Sir William Hamilton's Vase Publications (1766–1776): A Case Study in Reproduction and Dissemination of Antiquity." *Journal of Design History* 14/1: 1–16.

Conner, Patrick. 1979. *Oriental Architecture in the West*. London: Thames and Hudson.

Cook, Daniel J., and Henry Rosemount Jr. 1981. "The Pre-established Harmony between Leibniz and Chinese Thought." *Journal of the History of Ideas* 42/2: 253–68.

Coomaraswamy, A.K., and F. S. Kershaw. 1928–29. "A Chinese Buddhist Water Vessel and its Indian Prototype." *Artibus Asiae* 3/2–3: 122–41.

Cooper, Michael, ed. 1965. *They Came to Japan: An Anthology of European Reports on Japan, 1543–1640*. Berkeley: University of California Press.

———. 1989. "The Early Europeans and Tea." In Varley and Kumakura 1989: 101–33.

———, ed. and trans. 2001. *João Rodrigues's Account of Sixteenth-Century Japan.* London: Hakluyt Society.

Copland, Robert. 1980. *Spode's Willow Pattern and Other Designs after the Chinese*. London: Rizzoli, 1980.

Cort, Louise Allison. 1986. "Korean Influences in Japanese Ceramics: The Impact of the Teabowl Wars of 1592–1598." In Kingery 1986: 331–62.

———. 2000. "Khmer Stoneware Ceramics." In *Asian Traditions in Clay: The Hague Gifts*, edited by Louise Allison Cort, Massumeh Farhad, and Ann C. Gunter, 91–145. Exhib. cat.Washington, DC: Smithsonian Institution.

Coutts, Howard. 2001. *The Art of Ceramics: European Ceramic Design, 1500–1830*. New Haven, CT: Yale University Press.

Cowen, Pamela. 1993. "The Trianon de Porcelaine at Versailles." *MA* 143/1: 136–43.

Crick, Monique. 1997–98. "Hongzhi (1488–1505) and Zhengde (1506–21) Ceramics Found on Shipwrecks off the Coast of the Philippines." *TOCS* 62: 69–81.

———. 1999. "Trade with France." *OA* 45/1: 52–59.

Crowe, Yolanda. 1976. “The Islamic Potter and China.” *Apollo* 103/4: 298–301.

———. 1979–80. “Aspects of Persian Blue and White and China in the Seventeenth Century.” *TOCS* 44: 15–30.

Cruysse, Dirk van der. 2002. *Le noble désir de courir le monde: Voyager en Asie au XVIIe siècle. Paris: Fayard.*

Cullen, L.M. 2003. *A History of Japan, 1582–1941: Internal and External Worlds*. Cambridge: Cambridge University Press.

Cummins, J. S. 1993. *A Question of Rites: Friar Domingo Navarette and the Jesuits in China*. Aldershot: Ashgate.

Curtin, Philip D. 1984. *Cross-Cultural Trade in World History*. Cambridge: Cambridge University Press.

Curtis, Emily Byrne. 1994. “Vitreous Art: Colour Materials for Qing Dynasty Enamels.” *Arts of Asia* 24/6: 96–100

Curtis, Julia B. 1993. “Markets, Motifs and Seventeenth-Century Porcelains from Jingdezhen.” In Scott 1993: 123–50.

———. 1995. “Chinese Porcelains of the Seventeenth Century: Landscapes, Scholars’Motifs and Narratives.” *O* 26/4: 58–62.

———. 1996–97. “If Pots Could Speak: The Old Art History and the New.” *TOCS* 61: 101–19.

———. 1998. “ ‘Glorious Dynasty Transmitting Antiquity’:Chinese Porcelain Decoration and Politics, 1670–1700.” *OA* 44/2: 11–15.

Cutler, Alan. 2003. *The Seashell on the Mountaintop*. New York: Dutton.

Dam, Jan Daniel Van. 1984. “A Survey ofdutch Tiles.” In *Dutch Tiles in the Philadelphia Museum of Art*, edited by Ella Schapp, 25–39. Philadelphia: University of Pennsylvania Press.

Dames, Mansel Longworth, ed. and trans. 1921. *The Book of Duarte Barbosa*. 2 vols. London: Hakluyt Society.

Dance, Peter. 1986. *A History of Shell Collecting*. Leiden: Brill.

Daniels,Christian. 1996. *SCC*, vol. 6: *Biology and Biological Technology:Agro- Industries: Sugarcane Technology*, edited by Joseph Needham.

Dardess, John W. 1970. “The Transformation of Messianic Revolt and the Founding of the Ming Dynasty.” *Journal of Asian Studies* 29/3: 539–58.

Darwin,Charles. 1989. *Voyage of the Beagle*. Edited by Janet Browne and Michael Neve. London: Penguin Books.

Daryaee, Touraj. 2003. “The Persian Gulf Trade in Late Antiquity.” *JWH* 14/1: 1–16.

Dauterman, Carl Christian. 1973. “The Mastery of Meissen.” *Apollo* 98/8: 92–99.

David, Nicholas, Judy Sterner, and Kodzo Gavua. 1988. “Why Pots Are Decorated.” *Current Anthropology* 29/3: 365–89.

Davies, D.W. 1961. *A Primer of Dutch Seventeenth Century Overseas Trade*. The Hague: Martinus Nijhoff.

Day, Judith H. 1992–94. "Influence and Innovation: Transplanted Korean Potters and Japanese Ceramics." *BOCSHK* 10: 54–58.

Dean, Dennis R. 1992. *James Hutton and the Origins of Geology*. Ithaca, NY: Cornell University Press.

Dearing, Vinton A. 1974. *John Gay: Poetry and Prose*. 2 vols. Oxford: Clarendon Press.

De Bellaigue, Geoffrey. 1986. *The Louis XVI Service*. Cambridge: Cambridge University Press.

Defoe, Daniel. 1974. *The Farther Adventures of Robinson Crusoe, Being the Second and Last Part of His Life*. Edited by George A. Aitken. London: J.M. Dent.

———1977. *The Life and Strange Adventures of Robinson Crusoe, of York, Mariner*. London: Everyman's Library.

———. 1979. "A Brief Deduction of the Original [sic], Progress, and Immense Greatness of the British Woolen Manufacture." In *The Versatile Defoe: An Anthology of Uncollected Writings by Daniel Defoe*, edited by Laura Ann Curtis, 171–207. Totawa, NJ: Rowman and Littlefield.

———. 1991. *A Tour through the Whole Island of Great Britain*. Edited by P.N. Furbank and W.R. Owens. New Haven, CT: Yale University Press.

Dehergne, Joseph. 1973. *Répertoire des Jésuites de Chine de 1552 à 1800*. Rome: Institutum Historicum Societatis Iesu.

de Jonge, C.H. 1964. "Delftware at Vught: The Fentener van Vlissingen Collection." *Apollo* 80/11: 384–89.

Delacampagne, Arianne, and Christian delacampagne. 2003. *Here Be Dragons: A Fantastic Bestiary*. Princeton, NJ: Princeton University Press.

Demel, Walter. 1991. "China in the Political Thought of Western and Central Europe, 1570–1750." In *China and Europe: Images and Influences in the Sixteenth to Eighteenth Centuries*, edited by Thomas H.C. Lee, 45–64. Hong Kong: Chinese University Press.

Deng, Gang. 1995. "An Evaluation of the Role of Admiral Zheng He's Voyages in Chinese Maritime History." *International Journal of Maritime History* 7/2: 1–19.

———. 1997. *Chinese Maritime Activities and Socioeconomic Development, c. 2100 B.C.–1900 A.D.* Westport, CT: Greenwood Press.

———. 1997a. "The Foreign Staple Trade of China in the Pre-Modern Era." *International History Review* 19/2: 253–83.

———. 1999. *Maritime Sector, Institutions, and Sea Power of Premodern China*. Westport, CT: Greenwood Press.

Denny,Walter B. 1974. "Blue-and-White Islamic Pottery on Chinese Themes." *Boston Museum Bulletin* 72/368: 76–99.

Desmond, Adrian, and James Moore. 1991. *Darwin*. London: Penguin Books.

Desmond, Ray. 1995. *Kew: The History of the Royal Botanic Gardens*. London: Harvill Press.

de Vries, Jan. 2008. *The Industrious Revolution: Consumer Behavior and theHousehold Economy, 1650 to the Present*. Cambridge: Cambridge University Press.

———, and Ad van der Woude. 1997. *The First Modern Economy: Success, Failure, and Perseverance of the Dutch Economy, 1500–1815*. Cambridge: Cambridge University Press.

Dewey, J.F., S. Cande, and W.C. Pitman III. 1985. "Tectonic Evolution of the India/Eurasia Collision Zone." *Ecologae Geologiche Helvetae* 82: 717–34.

Dias, Pedro. 2004. "The Palace of the Viceroys in Goa." In Flores and Vassallo e Silva 2004: 68–97.

Dickson, P.G.M. 1967. *The Financial Revolution in England: A Study in the Development of Public Credit, 1688–1756*. New York: St. Martin's Press.

Diem, Allison I. 1997. "The Pandanan Wreck, 1414: Centuries of Regional Interchange." *OA* 43/2: 7–9.

———. 1999. "Ceramics from Vijaya, Central Vietnam: Internal Motivations and External Influences (14th–late 15th Century). *OA* 45/3: 55–64.

Diffie, Bailey W., and George Winius. 1977. *Foundations of the Portuguese Empire, 1415–1580*. Minneapolis: University of Minnesota Press.

Digby, Simon. 1982. "The Maritime Trade of India." In *The Cambridge Economic History of India*, vol. 1: *c. 1200–1750*, edited by Tapanray Chaudhuri and Irfan Habib, 125–59. Cambridge: Cambridge University Press.

Dillon, Michael. 1976. "A History of the Porcelain Industry in Jingdezhen." Ph.D. dissertation, University of Leeds.

———. 1992. "Transport and Marketing in the Development of the Jingdezhen Porcelain Industry during the Ming and Qing Dynasties." *JESHO* 25/3: 278–90.

Divis, Jan. 1983. *European Porcelain*. Translated by Iris Urwin. London: Peerage Books.

Dolan, Brendan. 2004. *Wedgwood: The First Tycoon*. New York: Viking.

Douglas, Mary. 1966. *Purity and Danger: An Analysis of Concepts of Pollution and Taboo*. New York: Routledge.

Dreyer, Edward. 1982. *Early Ming China: A Political History, 1355–1435*. Stanford, CA: Stanford University Press.

Dryden, John. 1958. *The Poems of John Dryden*. 4 vols. Edited by James Kinsley. Oxford: Clarendon Press.

Dupoizat, Marie-France. 2003. "Mojopahit et la couleur: le cas des carreaux de revêtement mural." *Archipel* 66: 47–61.

Du Halde, J.-B. 1735. *Description géographique, historique, chronologique, politique, et physique de l'empire de la Chine et de la Tartarie Chinoise*. 4 vols. Paris: P.G. Le Mercier.

———. 1738–41. *A Description of the Empire of China and Chinese-Tartar containing the Geography and History (Natural as Well as Civil) of those Countries*. 3 vols. Translated by T. Gardner. London: E. Cave.

Dursum, Brian A. 1984. "Famille-Rose Enamelled Dish of the Yongzheng Period." *O* 15/7: 10–15.

Dyer, Christopher. 1989. *Standards of Living in the Later Middle Ages: Social Change in England c. 1200–1520*. Cambridge: Cambridge University Press.

Eiland, Murray Lee. 1995–96. "Ceramics of the Silk Road: Parthia and China." *TOCS* 60: 105–20.

Eisenstein, Elizabeth. 1983. *The Printing Press as an Agent of Change*. 2 vols. Cambridge: Cambridge University Press.

Elias, Norbert. 1982. *The Civilizing Process*, vol. 1: *The History of Manners*. Translated by Edmund Jephcott. New York: Pantheon Books.

Eliot, T. S. 1963. *Collected Poems, 1909–1962*. New York: Harcourt Brace.

Elisonas, Jurgis. 1991. "The Inseparable Trinity: Japan's Relations with China and Korea." In *The Cambridge History of Japan*, vol. 4: *Early Modern Japan*, edited by John Whitney Hall, 235–300. Cambridge: Cambridge University Press.

Elisseeff, Vadime. 1963. "The Middle Empire, a Distant Empire, an Empire without Neighbors." *Diogenes* 42: 60–64.

Elman, Benjamin A. 2000. *A Cultural History of Civil Examinations in Late Imperial China*. Berkeley: University of California Press.

Elvin, Mark. 1973. *The Pattern of the Chinese Past:A Social and Economic Interpretation*. Stanford, CA: Stanford University Press.

Emerson, Julie, Jennifer Chen, and Mimi Gardner Gates, eds. 2000. *Porcelain Stories: From China to Europe*. Exhib. cat. Seattle, WA: Seattle Art Museum.

Endicott-West, Elizabeth. 1989. "Merchant Associations in Yüan China: The Ortoy." *Asia Major* 2/2: 127–54.

Epprecht, Katharina. 2007. "Kannon–Divine Compassion: Early Buddhist Art from Japan." *O* 38/2: 122–27.

Eriksen, Svend, and Geoffrey de Bellaigue. 1987. *Sèvres porcelain: Vincennes and Sèvres, 1740–1800*. Translated by R. J. Charleston. London: Faber and Faber.

Erickson, Jon. 2001. *Plate Tectonics*. New York: Checkmark Books.

Espir, Helen. 2001. "Jingdezhen to Arita via Delft: The Transformation of Chinese Porcelain into Japanese by Dutch Enamellers in the 18th Century." *OA* 47/2: 25–30.

Esten, John, Olof Wahlund, and Rosalind Fischell. 1987. *Blue and White China*. Boston: Little, Brown.

Ettinghausen, Richard. 1960. *Medieval Near Eastern Ceramics in the Freer Gallery of Art*. Washington, DC: Smithsonian Institution.

Evelyn, John. 1955. *The Diary of John Evelyn*. 6 vols. Edited by E. S. de Beer. Oxford: Clarendon Press.

Falkenhausen, Lothar von. 1993. *Suspended Music: Chime-Bells in the Culture of Bronze Age China*. Berkeley: University of California Press.

———. 1993a. "On the Historiographical Orientation of Chinese Archaeology." *Antiquity* 67/257: 839–49.

———. 1999. "The Waning of the Bronze Age: Material Culture and Social Developments, 770–481 B.C." In Loewe and Shaughnessy 1999: 450–544.

Fang, Karen. 2003. "Empire, Coleridge, and Charles Lamb's Consumer Imagination." *Studies in English Literature 1500–1900* 43/4: 815–43.

Farrer, Katherine Eufemia, ed. 1903–6. *Letters of Josiah Wedgwood*. 3 vols. London: Women's Printing Society.

Farrington, Anthony. 2002. *Trading Places: The East India Company and Asia, 1600–1834*. Exhib. cat. London: British Library.

Fehervari, Geza. 1970. "Near Eastern Wares under Chinese Influence." In Watson 1970: 27–34.

Fei Xin. 1996. *Hsing-ch'a-sheng lan: The Overall Survey of the Star Raft*. Translated by J.V. Mills. Revised and edited by Roderich Ptak. Wiesbaden: Harrossowitz Verlag.

Feng Xianming. 1987. "Yongle and Xuande Blue-and-white Porcelain in the Palace Museum." *O* 18/11: 56–71.

Fernández-Armesto, Felipe. 1992. *Columbus*. Oxford: Oxford University Press.

Ferrer, María Paz Soler. 2003. "The Use of Spanish Ceramics in Architecture." In Gavin et al. 2003: 77–101.

Ferrier, Ronald. 1986. "Trade from the Mid-Fourteenth Century to the End of the Safavid Period." In Jackson and Lockhart 1986: 412–90.

Findly, Ellison Banks. 1993. *Nur Jahan, Empress of India*. New York: Oxford University Press.

Finlay, Robert. 1991. "The Treasure-Ships of Zheng He: Chinese Maritime Imperialism in the Age of Discovery." *Terrae*

Incognitae: The Journal for the History of Discoveries 23: 1–12.

———. 1992. "Portuguese and Chinese Maritime Imperialism: Camões's Lusiads and Luo Maodeng's *Voyage of the San Bao Eunuch." Comparative Studies in Society and History* 34/2: 225–41.

———. 1998. "The Pilgrim Art: The Culture of Porcelain in World History." *JWH* 9/2: 141–87.

———. 2007. "Weaving the Rainbow: Visions of Color in World History." *JWH1* 8/4: 383–431.

———. 2008. "The Voyages of Zheng He: Ideology, State Power, and Maritime Trade in Ming China." *Journal of the Historical Society* 8/3: 327–47.

Flecker, Michael. 2000. "A Ninth-Century A.D. Arab or Indian Shipwreck in Indonesian Waters." *International Journal of Nautical Archaeology* 29/2: 199–217.

———. 2003. "The Thirteenth-Century Java Sea Wreck." Mariner's Mirror 89/4: 388–404. Flood, F.B. 1991–92. "The Tree of Life as a Decorative Device in IslamicWindow-Fillings: The Mobility of a Motif." *OA* 37/4: 209–22.

Flores, Jorge, and Nuno Vassallo e Silva, eds. 2004. *Goa and the Great Mughal*. Exhib. cat. Lisbon: Calouste Gulbenkian Foundation.

Flynn, Denniso., and Arturo Giráldez. 1995. "Born with a Silver Spoon: The Origin of World Trade in 1571." *JWH* 6/2: 201–21.

———, and Arturo Giráldez. 2002. "Cycles of Silver: Global Economic Unity through the Mid-Eighteenth Century." *JWH* 13/2: 391–428.

Fok, K.C. 1987. "Early Ming images of the Portuguese." In *Portuguese Asia: Aspects in History and Economic History (Sixteenth and Seventeenth Centuries)*, edited by Roderich Ptak, 143–55. Stuttgart: Steiner Verlag Wiesbaden.

Fong, Wen, ed. 1980. *The Great Bronze Age of China*. Exhib. cat. New York: Metropolitan Museum of Art.

———. 1992. *Beyond Representation: Chinese Painting and Calligraphy, 8th to 14th Century*. New York and New Haven, CT: Metropolitan Museum of Art and Yale University Press.

Fontana, Maria Vittoria. 2007. "Islamic Influence on the Production of Ceramics in Venice and Padua." In Carboni 2007: 280–93.

Ford, P.R. J. 1981. *The Oriental Carpet: A History and Guide to Traditional Motifs, Patterns, and Symbols*. New York: Harry N. Abrams.

Fortey, Richard. 2004. *Earth: An Intimate History*. New York: Alfred A. Knopf.

Forrest, Thomas. 1969. *A Voyage to New Guinea and the Moluccas, 1774–1776*. Kuala Lumpur: Oxford University Press.

Foster, George M. 1965. "The Sociology of Pottery: Questions and Hypotheses Arising from Contemporary Mexican Work." In Matson 1965: 43–61.

Foster, William, ed. 1899. *The Embassy of Sir Thomas Roe to the Court of the Great Mogul, 1615–1619, as Narrated in His Journal and Correspondence*. 2 vols. London: Hakluyt Society.

———, ed. 1934. *The Voyage of Thomas Best to the East Indies, 1612–14*. London: Hackluyt Society, 1934

Fourest, H.-P. 1980. *Delftware: Faience Production at Delft*. Translated by Katherine Watson. New York: Rizzoli.

Foust, Clifford M. 1992. *Rhubarb: The Wondrous Drug*. Princeton, NJ: Princeton University Press.

Fox, R.B. 1959. "The Calatagan Excavations: Two 15th-Century Burial Sites in Batangas, Philippines." *Philippines Studies* 7: 325–90.

Frame, Donald M., ed. and trans. 1983. *Montaigne's Travel Journal*. San Francisco: North Point Press.

Franits, Wayne, 2004. *Dutch Seventeenth-Century Genre Painting: Its Stylistic and Thematic Evolution*. New Haven, CT: Yale University Press.

Frank, Andre Gunder, and Barry K. Gills, eds. 1993. *The World System: Five Hundred Years or Five Thousand?* London: Routledge.

Frape, Chris. 1998–2001. "Some Thoughts on the Origin, Development and Influence of Koryo Celadons." *BOCSHK* 12: 50–54.

Freeman, Michael. 1977. "Sung." In *Food in Chinese Culture: Anthropological and Historical Perspectives*, edited by K.C. Chang, 141–92. New Haven, CT: Yale University Press.

Freestone, Ian, and David Gaimster, eds. 1997. *Pottery in the Making: Ceramic Traditions*. Washington, DC: Smithsonian Institution Press.

Furukawa, Hideaki. 2003. "The Tea Master Oribe." In *Turning Point: Oribe and the Arts of Sixteenth-Century Japan*, edited by Miyeko Murase, 98–101. Exhib. cat. New York and New Haven, CT: Metropolitan Museum of Art and Yale University Press.

Gaba-van Dongen, Alexandra. 2004. "Between Fantasy and Reality: Utensils in Seventeenth-Century Dutch Art." In *Senses and Sin: Dutch Painters of Daily Life in the Seventeenth Century*, edited by Jeroen Giltaij, 30–38. Exhib. cat. Ostfildern-Ruit, Germany: Hatje Cantz Verlag.

Gabay, Elizabeth. 1991. "The Political and Social Implications of Tableware for Feasting." In *Proceedings of the Oxford Symposium on Food and Cookery 1990: Feasting and Fasting*, edited by Hiram Walker, 99–103. London: Prospect Books.

Gaimster, David. 1997. *German Stoneware, 1200–1900: Archaeology and Cultural History*. London: British Museum.

———. 1999. "Maiolica in the North: the Shock of the New." In *Maiolica in the North: The Archaeology of Tin-Glazed Earthenware in North-West Europe, c. 1500–1600*, 1–3. British Museum Occasional Papers, no. 22. London: British Museum.

———, and Beverley Nenk. 1997. "English Households in Transition c. 1450–1550: The Cerâmic Evidence." In *The Age of Transition: The Archaeology of English Culture, 1400–1600*, edited by David Gaimster and Paul Stamper, 171–95. Oxford: Society for Medieval Archaeology.

Garlake, Peter S. 1966. *The Early Islamic Architecture of the East African Coast*. Nairobi: Oxford University Press.

Garner, Harry. 1970. *Oriental Blue and White*. London: Faber and Faber.

Gascoigne, John. 1994. *Joseph Banks and the English Enlightenment: Useful Knowledge and Polite Culture*. Cambridge: Cambridge University Press.

Gaskell, Ivan. 1989. *Seventeenth-Century Dutch and Flemish Painting: The Thyssen-Bornemisza Collection*. London: Sotheby's Publications.

Gaur, Albertine. 1994. *A History of Calligraphy*. New York: Cross River Press.

Gavin, Robin Farwell. 2003. "Introduction." In Gavin et al. 2003: 1–23.

———, Donna Pierce, and Alfonso Pleguezuelo, eds. 2003. *Cerámica y Cultura: The Story of Spanish and Mexican Mayólica*. Exhib. cat. Alburquerque: University ofnew Mexico Press.

Gelderblom, Oscar, and Joost Jonker. 2004. "Completing a Financial Revolution: The Finance of the Dutch East India Trade and the Rise of the Amsterdam Capital Market, 1595–1612." *Journal of Economic History* 64/3: 641–72.

Gernet, Jacques. 1982. *A History of Chinese Civilization.*Translated by J.R. Foster. Cambridge: Cambridge University Press.

———. 1985. *China and the Christian Impact: A Conflict of Cultures*. Translated by Janet Lloyd. Cambridge: Cambridge University Press.

Gerritsen, Anne. 2009. "Fragments of a Global Past: Ceramic Manufacture in Song-Yuan-Ming." *JESHO* 52/1: 117–52.

Giacomotti, Jeanne. 1963. *French Faience*. New York: Universe Books.

Gibbs, Edward. 1998–99. "Mamluk Ceramics, 648–923 A.H./A.D. 1250–1517." *TOCS* 63: 19–44.

Gilbert, Michelle. 1989. "The Cracked Pot and the Missing Sheep." *American Ethnologist* 16/2: 213–29.

Giovio, Paolo. 1956–58. *Lettere*. Edited by Giuseppe Guido Ferrero. 2 vols. Rome: Istituto Poligrafico dello Stato.

Glassie, Henry. 1997. *Art and Life in Bangladesh*. Bloomington: Indiana University Press.

———. 1999. *Material Culture*. Bloomington: Indiana University Press.

Gleeson, Janet. 1998. *The Arcanum: The Extraordinary True Story of the Invention of European Porcelain*. London: Bantam Press.

Glick, Thomas F. 1995. *From Muslim Fortress to Christian Castle: Social and Cultural Change in Medieval Spain*. Manchester: Manchester University Press.

Godden, Geoffrey. 1979. *Oriental Export Market Porcelain and Its Influence on European Wares*. London: Granada.

———. 1982. "China for the West." In Atterbury 1982: 55–77.

Golas, Peter J. 1999. SCC, vol. 5, pt. 13: *Chemistry and Chemical Technology: Mining*, edited by Joseph Needham.

Goldsmith, Oliver. 1966. *Collected Works of Oliver Goldsmith*, vol. 2: *The Citizen of theWorld*, edited by Arthur Friedman. Oxford: Clarendon Press.

Goldwaithe, Richard. 1989. "The Economic and Social World of Renaissance Maiolica." *Renaissance Quarterly* 42/1: 1–32.

Golombek, Lisa. 1988. "The Draped Universe of Islam." In *Content and Context of Visual Arts in the Islamic World*, edited by Priscilla P. Soucek, 25–50. University Park: Pennsylvania State University Press.

———, ed. 1996. *Tamerlane's Tableware: A New Approach to the Chinoiserie Ceramics of Fifteenth- and Sixteenth-Century Iran*. Exhib. cat. Ontario: Mazda Publishers and the Royal Ontario Museum.

———. 1996a. "The Ceramic Industry in Fifteenth-Century Iran: An interpretation." In Golombek 1996: 124–39.

Goody, Jack. 1993. *The Culture of Flowers*. Cambridge: Cambridge University Press.

Gould, Richard A. 2000. *Archaeology and the Social History of the Ship*. Cambridge: Cambridge University Press.

Graaf, H. J. de, and Theodore G.Th. Pigeaud. 1984. *Chinese Muslims in Java in the 15th and 16th Centuries: The Malay Annals of Semerang and Cerbon*. Melbourne: Monash Papers on Southeast Asia, Monash University.

Grabar, Oleg. 1968. "The Visual Arts, 1050–1350." In Boyle 1968: 626–58.

———. 1992. *The Mediation of Ornament*. Princeton, NJ: Princeton University Press.

———. 2000. *Mostly Miniatures: An Introduction to Persian Painting*. Princeton, NJ: Princeton University Press.

Graca, Jorge. 1977. "The Portuguese Porcelain Trade with China." *Arts in Asia* 7: 45–51.

Grave, Peter, Mike Barbetti, Mike Hotchkis, and Roger Bird. 2000. "The Stoneware Kilns of Sisatchanalai and Early Modern Thailand." *Journal of Field Archaeology* 27/2: 169–182.

Gray, Basil. 1940–41. "The Influence of Near Eastern Metalwork on Chinese Ceramics." *TOCS* 18: 47–60.

———. 1964–66. "The Export of Chinese Porcelain to India." *TOCS* 36: 21–36.

———. 1972. "Chinese Influence in Persian Painting: 14th and 15th Centuries." In Watson 1972: 11–19.

———. 1984. *Sung Porcelain and Stoneware*. London: Faber and Faber.

———. 1986. "The Arts in the Safavid Period." In Jackson and Lockhart 1986: 877–912.

Greensted, Mary, and Peter Hardie. 1982. *Chinese Ceramics: The Indian Connection*. Exhib. cat. Bristol: City of Bristol Museum and Art Gallery.

Grigsby, Leslie B. 1993. "Johan Nieuhoff 's *Embassy*: An Inspiration for Relief Decoration on English Stoneware and Earthenware." *MA* 143/1: 172–83.

Groeneveldt, W.P. 1880. *Notes on the Malay Archipelago and Malacca, Compiled from Chinese Sources*. Batavia, Indonesia: Bruining.

Groslier, Bernard-Philippe. 1995. "La Céramique angkorienne (6e–14e siècles)." *Péninsule: Étude interdisciplinaires sur l'Asie du Sud-Est Peninsulaire*. 31/2: 5–60.

Grube, Ernest J. 1993–94. "Timurid Ceramics: Filling a Gap in the Ceramic History of the Islamic World." *TOCS* 58: 77–86.

Gschwend, Annemarie Jordan. 2000. "A Masterpiece of Indo-Portuguese Art: The Mounted Rhinoceros Cup of Maria of Portugal, Princess of Parma." *OA* 46/3: 48–57.

Guest, Harriet. 2000. *Small Change: Women, Learning, Patriotism, 1750–1810*. Chicago: University of Chicago Press.

Guo Yanyi. 1987. "Raw Materials for Making Porcelain and the Characteristics of Porcelain Wares in North and South China in Ancient Times." *A* 29/1: 3–19.

Gutman, Pamela. 2002. "The Martaban Trade: An Examination of the Literature from the Seventh until the Eighteenth Century." *Asian Perspectives* 40/1: 108–18.

Guy, Basil. 1963. "The French Image of China before and after Voltaire." *Studies on Voltaire and the Eighteenth Century*, vol. 21. Geneva: Librairie E. Droz.

Guy, John S. 1982. "Vietnamese Trade Ceramics." In *Vietnamese Ceramics*, edited by Carol M. Young, Marie-France Dupoizat, and Elizabeth W. Lane, 28–35. Exhib. cat. Singapore: Oxford University Press.

———. 1986. *Oriental Trade Ceramics in South-East Asia, Ninth to Sixteenth Centuries*. Singapore: Oxford University Press.

———. 1989. *Ceramic Traditions of South-East Asia*. Oxford: Oxford University Press.

———. 1996–97. "A Reassessment of Khmer Ceramics." *TOCS* 61: 39–63.

———. 1997. "Vietnamese Ceramics and Cultural Identity." In Stevenson and Guy 1997: 11–22.

———. 1997a. "Vietnamese Ceramics in International Trade." In Stevenson and Guy 1997: 47–60.

———. 2001–2. "Early Asian Ceramic Trade and the Belitung ('Tang') Cargo." *TOCS* 66–13–27.

———. 2004. "Asian Trade and Exchange before 1600." In Jackson and Jaffer 2004: 52–67.

Gwynn, John. 1766. *London and Westminster Improved*. Reprint, Farnborough, U.K.: Gregg.

Haga Koshiro. 1989. "The *Wabi* Aesthetic through the Ages." In Varley and Kumakura 1989: 195–230.

Halikowski Smith, Stefan. 2007. "Demystifying a Change in Taste: Spices, Space, and Social Hierarchy in Europe, 1380–1750." *International History Review* 39/2: 237–57.

Hall, John Whitney. 1981. "Japan's Sixteenth-Century Revolution." In *Warlords, Artists, and Commoners: Japan in the Sixteenth Century*, edited by George Elison and Bardwell L. Smith, 7–21. Honolulu: University Press of Hawai'i.

Hall, Kenneth R. 1975. "Khmer Commercial Development and Foreign Contacts under Suryavarman I." *JESHO* 18/3: 318–36.

———. 1985. *Maritime Trade and State Development in Early Southeast Asia*. Honolulu: University of Hawai'i Press.

———. 2004. "Local and International Trade and Traders in the Straits of Melaka Region: 600–1500." *JESHO* 47/2: 213–60.

Hallberg, Paul, and Christian Koninckx, eds. 1996. *A Passage to China: Colin Campbell's Diary of the First Swedish East India Company Expedition to Canton*. Göteborg, Sweden: Royal Society of Arts and Sciences in Göteborg.

Haller, William B. 1967. *Foxe's Book of Martys and the Elect Nation*. London: Jonathan Cape.

Han Wei. 1993. "Tang Dynasty Tea Utensils and Tea Culture: Recent Discoveries at Famen Temple." *Chanoyu Quarterly* 74: 38–58.

Hansen, Valerie. 1990. *Changing Gods in Medieval China, 1127–1276*. Princeton, NJ: Princeton University Press.

———. 2000. *The Open Empire: A History of China to 1600*. New York: Norton.

———. 2003. "The Hejia Village Hoard: A Snapshot of China's Silk Road Trade." *O* 34/2: 14–19.

Hanway, Jonas. 1756. *A Journal of Eight Days' Journey, to which is added An Essay on Tea*. London: H. Woodfall.

Harbsmeier, Christoph. 1998. *SCC*, vol. 7, pt. 1: *Language and Logic*, edited by Joseph Needham.

Harris, Bob. 2002. *Politics and the Nation: Britain in the Mid-Eighteenth Century*. Oxford: Oxford University Press.

Harris, Conrad. 2003–04. "Chinese Ceramic Horses and How They Changed." *TOCS* 68: 75–78

Harris, Jonathan Gil. 2004. *Sick Economics: Drama, Mercantilism, and Disease in Shakespeare's England*. Philadelphia: University of Pennsylvania Press.

Harris, Steven J. 1999. "Mapping Jesuit Science: The Role of Travel in the Geography of Knowledge." In *The Jesuits: Cultures, Sciences, and the Arts, 1540–1773*, edited by Gauvin Alexander Bailey, Steven J. Harris, and T. Frank Kennedy, 212–40. Toronto: University of Toronto Press.

Harrison, Tom. 1955. "Ceramics Penetrating Central Borneo." *SMJ* 6: 549–60.

———. 1958. " 'The Ming Gap' and Kota Batu, Brunei." *SMJ* 8: 273–77.

———. 1967. "Ceramic Crayfish and Related Vessels in Central Borneo, the Philippines and Sweden." *SMJ* 15/30–31: 1–9.

Harrison-Hall, Jessica. 1997. "Chinese Porcelain from Jingdezhen." In Freestone and Gaimster 1997: 194–99.

Harrisson, Barbara. 1962. "Stonewares: 'Marco Polo Ware' in South-East Asia." *SMJ* 11/19–20: 412–16.

———. 1986. *Pusaka: Heirloom Jars of Borneo*. Singapore: Oxford University Press.

———, and P.M. Shariffuddin. 1969. "Sungai Lumut: A 15th-Century Burial Ground." *Brunei Museum Journal* 1/1: 24–56.

Hartwell, Robert. 1967. "A Cycle of Economic Change in Imperial China: Coal and Iron in Northeast China, 750–1350." *JESHO* 10/1: 102–59.

———. 1982. "Demographic, Political, and Social Transformations of China, 750–1550." *HJAS* 42/2: 365–442.

Haskell, Francis. 1987. "The Baron d'Hancarville: An Adventurer and Art Historian in Eighteenth-Century Europe." In *Past and Present in Art and Taste*, 30–45. New Haven, CT: Yale University Press.

Haudrére, Philippe. 1999. "The French India Company and Its Trade in the Eighteenth Century."In *Merchants, Companies and Trade: Europe and Asia in the Early Modern Era*, edited by Sushil Chaudhury and Michel Morineau, 202–11. Cambridge: Cambridge University Press.

———, and Gérard Le Bouëdec. 1999. *Les Compagnies des Indes*. Rennes: Editions Ouest-France.

Hay, John. 1986. *Kernels of Energy, Bones of Earth: The Rock in Chinese Art*. Exhib. cat. New York: China Institute in America.

Hayden, Brian. 2003. *Shamans, Sorcerers, and Saints: A Prehistory of Religion*. Washington, DC: Smithsonian Institution Press.

Hayward, Helena. 1972. "The Chinese Influence on English Furniture from the 16th to the 18th Century." In Watson 1972: 57–61.

He Li. 1996. *Chinese Ceramics*. New York: Rizzoli.

Headley, John M. 1995. "Spain's Asian Presence, 1565–1590: Structures and Aspirations." *Hispanic American Historical Review* 75/4: 623–46.

Hearn, Maxwell K. 1980. "The Terracotta Army of the First Emperor of Qin (221–206 b.c.)." In Fong 1980: 353–68.

Heesterman, Jan. 2003. "The Tides of the Indian Ocean, Islamization and the Dialectic of Coast and Inland." In *Circumambulations in South Asian History: Essays in Honour of Dirk H.A. Kolff*, edited by Jos Gommans and Om Prakash, 29–46. Leiden: Brill.

Hevia, James L. 1995. *Cherishing Men from Afar: Qing Guest Ritual and the Macartney Embassy of 1793*. Durham, NC: Duke University Press.

Helms, Mary W. 1993. *Craft and the Kingly Ideal: Art, Trade, and Power*. Austin: University of Texas Press.

———. 1994. "Essay on Objects: Interpretations of Distance Made Tangible." In *Implicit Understandings: Observing, Reporting, and Reflecting on the Encounters between Europeans and Other Peoples in the Early Modern Era*, edited by Stuart B. Schwartz, 355–77. Cambridge: Cambridge University Press.

Hempel, Rose. 1990. *The Golden Age of Japan, 794–1192*. Translated by Katherine Wilson. New York: Rizzoli.

Henderson, J., and J. Raby. 1989. "The Technology of Fifteenth-Century Turkish Tiles: An Interim Statement on the Origins of the Iznik Industry." *WA* 21/1: 115–32.

Heng Chye Kiang. 1999. *Cities of Aristocrats and Bureaucrats: The Development of Medieval Cityscapes*. Singapore: Singapore University Press.

Hess, Andrew. 1973. "The Ottoman Conquest of Egypt (1517) and the Beginning of the Sixteenth-Century World War." *International Journal of Middle Eastern Studies* 4/1: 55–76.

Hess, Catherine. 2002. *Italian Ceramics: Catalogue of the J. Paul Getty Collection*. Los Angeles, CA: J. Paul Getty Museum.

Higgins, Roland, Oliver. 1981. "Piracy and Coastal Defense in the Ming Period: Government Responses to Coastal Disturbances, 1523–1549." Ph.D. dissertation, University of Minnesota.

Higham, Charles. 2001. *The Civilization of Angkor*. Berkeley: University of California Press.

Hill, George Birkbeck, and L.F. Powell, eds. 1934–50. *Boswell's Life of Johnson*. 6 vols. Oxford: Clarendon Press.

Hillel, Daniel J. 1991. *Out of the Earth: Civilization and the Life of the Soil*. New York: Free Press.

Hills, Paul. 1998. "Venetian Glass and Renaissance Self-Fashioning." In *Concepts of Beauty in Renaissance Art*, edited by Francis Ames-Lewis and Mary Rogers, 163–77. Aldershot: Ashgate.

Himanshu, P. Ray. 1994. *The Winds of Change: Buddhism and the Maritime Links of Early South Asia*. New Delhi: Oxford University Press.

Hirth, Friedrich, and W.W. Rockhill, trans. 1966. *Chau Ju-kua: On the Chinese and Arab Trade in the Twelfth and Thirteenth Centuries, entitled "Chu-Fan-Chi."* New York: Paragon Book Reprint Corp.

Ho, Chuimei. 1994. "The Ceramic Trade in Asia, 1602–82." In *Japanese Industrialization and the Asian Economy*, edited by A.J.H. Latham and Heita Kawakasu, 35–70. London: Routledge.

———. 2001. "The Ceramic Boom in Minnan during Song and Yuan Times." In Schottenhammer 2001: 237–81.

———, and Bennet Bronson. 2004. *Splendors of China's Forbidden City: The Glorious Reign of Emperor Qianlong*. Exhib. cat. London: Merrell.

Ho, Ping-ti. 1956. "Early-Ripening Rice in Chinese History." *Economic History Review* 9/2: 200–18.

———. 1969. "The Loess and the Origins of Chinese Agriculture." *American Historical Review* 75/1: 1–36.

Hobson, R.L. 1922–23. "The Significance of Samarra." *TOCS* 5: 29–32.

Hodges, Henry. 1970. "Interaction between Metalworking and Ceramic Technologies in the T'ang Period." In Watson 1970: 64–67.

———. 1972. "The Technical Problems of Copying Chinese Porcelains in Tin Glaze." In Watson 1972: 79–87.

Hochstrasser, Julie Berger. 2007. *Still Life and Trade in the Dutch Golden Age*. New Haven, CT: Yale University Press.

Hodges, Richard, and David Whitehouse. 1983. *Mohammed, Charlemagne and the Origins of Europe*. Ithaca, NY: Cornell University Press.

Hodgson, Marshall G. S. 1974. *The Venture of Islam: Conscience and History in a World Civilization*.3 vols. Chicago: University of Chicago Press.

Hoeniger, Cathleen S. 1991. "Cloth of Gold and Silver: Simone Martini's Techniques for Representing Luxury Textiles." *Gesta: International Center of Medieval Art* 30/2: 154–62.

Hogendorn, Jan, and Marion Johnson. 1986. *The Shell Money of the Slave Trade*. Cambridge: Cambridge University Press.

Holcombe, Charles. 2001. *The Genesis of East Asia, 221 B.C.–A.D. 907*. Honolulu: Association for Asian Studies and University of Hawai'i Press.

———. 2004. "Southern Integration: The Sui-Tang (581–907) Reach South." *Historian* 66/4: 749–71.

Honour, Hugh. 1961. *Chinoiserie: The Vision of Cathay*. London: John Murray.

———. 1967. "Statuettes after the Antique: Volpato's Roman Porcelain Factory." *Apollo* 85/5: 371–73.

Horton, Mark, and John Middleton. 2000. *The Swahili: The Social Landscape of a Mercantile Society*. Oxford: Blackwell.

Hourani, George F. 1951. *Arab Seafaring in the Indian Ocean in Ancient and Early Medieval Times*. Princeton, NJ: Princeton University Press.

Howard, David S. 1974. *Chinese Armorial Porcelain*. London: Faber and Faber.

———. 1994. *The Choice of the Private Trader: The Private Market in Chinese Export Porcelain Illustrated from the Hodroff Collection*. London: Zwemmer.

———. 1997. *A Tale of Three Cities: Canton, Shanghai and Hong Kong*. Exhib. cat. London: Sotheby's.

———. 2000. "The East India Company and the Pearl River." *OA* 46/3: 32–36.

———, and John Ayers. 1980. *Masterpieces of Chinese Export Porcelain from the Mottahedeh Collection in the Virginia Museum*. London: Sotheby Parke Bernet.

Howard, Deborah. 2007. "Venice as an 'Eastern City.' " In Carboni 2007: 58–71.

Hsu Wen-chin. 1988. "Social and Economic Factors in the Chinese Porcelain Industry in Jingdezhen during the Late Ming and Early Qing Period." *JRASGBI* 1: 135–59.

Huang, Chun-Chieh. 2007. "The Defining Character of Chinese Historical Thinking." *History and Theory* 46/2: 180–88.

Huang, H.T. 2000. SCC, vol. 6, pt. 5: *Biology and Biological Technology: Fermentation and Food Science*, edited by Joseph Needham.

Huang Shijian. 1986. "The Persian Kanguage in China during the Yuan Dynasty." *Papers on Far Eastern History* 34: 83–95.

Hulliung, Mark. 1976. *Montesquieu and the Old Regime*. Berkeley: University of California Press.

Huyler, Stephen P. 1996. *Gifts of Earth: Terracottas and Clay Sculptures of India. New Delhi: Indira Gandhi National Centre for the Arts.*

Ibn Battuta. 1929. *Travels in Asia and Africa, 1325–1354*. Translated by H.A.R. Gibb. London: Routledge & Kegan Paul.

Ikegami, Eiko. 2005. *Bounds of Civility: Aesthetic Networks and the Political Origins of Japanese Culture*. Cambridge: Cambridge University Press.

Impey, Oliver. 1982. "Japanese Porcelain." In Atterbury 1982: 43–53.

———. 1984. "Japanese Export Art of the Edo Period and its Influence on European Art." *Modern Asian Studies* 18/4: 685–97.

———. 1990. "Porcelain for Palaces." In *Porcelain for Palaces: The Fashion for Japan in Europe, 1650–1750*, 56–69. Exhib. cat. London: Oriental Ceramic Society.

———. 1999. "Chinese Porcelain Exported to Japan." *OA* 45/1: 15–21.

———. 2002. *Japanese Export Porcelain: Catalogue of the Collection of the Ashmolean Museum, Oxford*. Amsterdam: Hotei Publishing.

Ingrassia, Catherine. *1998. Authorship, Commerce, and Gender in Early Eighteenth-Century England*. Cambridge: Cambridge University Press.

Irwin, John. 1955. "Origins of the 'Oriental Style' in English Decorative Art." *BM* 625/4: 106–14.

———. 1972. "The Chinese Element in Indian Chintz." In Watson 1972: 26–32.

Israel, Jonathan A. 1989. *Dutch Primacy in World Trade, 1585–1740*. Oxford: Clarendon Press.

———. 1990. "Spain, the Spanish Embargoes, and the Struggle for the Mastery of World Trade, 1585–1660." In *Empires and Entrepots: The Dutch, the Spanish Monarchy and the Jews, 1585–1713*, 189–212. London: Hambledon Press.

———. 1995. *The Dutch Republic: Its Rise, Greatness, and Fall, 1477–1806*. Oxford: Clarendon Press.

Israeli, Raphael. 1982. "Islam in the Chinese Environment." *Contributions to Asian Studies* 17: 79–94.

Itoh, Ikutaro. 1992. "Koreanization in Koryo Celadon." *O* 23/12: 46–50.

Itoi, Kenji. 1989. *Thai Ceramics from the Sosai Collection*. Translated by Kaworu Uno and Carolyn Nakamura. Exhib. cat. Singapore: Oxford University Press.

Jackson, Anna, and Amin Jaffer, eds. 2004. *Encounters: The Meeting of Asia and Europe, 1500–1800*. Exhib. cat. London: V & A Publications.

Jackson, Peter, and Laurence Lockhart, eds. 1986. *The Cambridge History of Islam*, vol. 6: *The Timurid and Safavid Periods*. Cambridge: Cambridge University Press.

Jackson-Stops, Gervase. 1993. "Sharawadgi Rediscovered: The Chinese House at Stowe." *Apollo* 137/4: 217–22.

Jacobson, Dawn. 1993. *Chinoiserie*. London: Phaidon Press.

Jang, Scarlett. 1999. "Representations of Exemplary Scholar-Officials, Past and Present." In *Arts of the Sung and Yuan: Ritual, Ethnicity, and Style in Painting*, edited by Cary Y. Liu and Dora C.Y. Ching, 19–67. Princeton, NJ: Art Museum, Princeton University.

Jarry, Madeleine. 1981. *Chinoiserie: Chinese Influence on European Decorative Art, 17th and 18th Centuries*. New York: Vendome Press.

Jenkins, Ian. 1996. " 'Contemporary Minds': Sir William Hamilton's Affair with Antiquity." In Jenkins and Sloan: 40–64.

———, and Kim Sloan, eds., *1996 Vases and Volcanoes: Sir William Hamilton and His Collection*. Exhib. cat. London: British Museum.

Jensen, Lionel M. 1997. *Manufacturing Confucianism: Chinese Traditions and Universal Civilization*. Durham, NC: Duke University Press.

Jenyns, Soame. 1951. *Later Chinese Porcelain: The Ch'ing Dynasty (1644–1912)*. London: Faber and Faber.

———. 1971. *Japanese Pottery*. London: Faber and Faber.

Johnson, Marion. 1970. "The Cowrie Currencies of West Africa. Part I." *Journal of African History* 11/1: 17–49.

Johnson, Matthew. 1996. *An Archaeology of Capitalism*. Oxford: Blackwell.

Jones, Colin. 2002. *Madame de Pompadour: Images of a Mistress*. London: National Gallery Company.

Jones, Robert W. 1998. *Gender and the Formation of Taste in Eighteenth-Century Britain*.Cambridge: Cambridge University Press.

Jorg, C.J.A. 1982. *Porcelain and the Dutch China Trade*. The Hague: Martinus Nijhoff.

———. 1986. *The Geldermalsen: History and Porcelain*. Groningen: Kemper.

———. 1993. "Porcelain for the Dutch in the Seventeenth Century: Trading Networks and Private Enterprise." In Scott 1993: 183–205.

———. 1995. *Oosters Porselein /Oriental Porcelain*. Rotterdam: Museum Boymans-van Beuningen.

———. 2002–3. "Treasures of the Dutch Trade in Chinese Porcelain." *OA* 48/5: 20–26.

———, and Jan van Campen. 1997. *Chinese Ceramics in the Collection of the Rijksmuseum, Amsterdam*. Amsterdam: Rijksmuseum.

———, and Michael Flecker. 2001. *Porcelain from the Vung Tau Wreck: The Hallstrom Excavation*. Singapore: Sun Tree Publishing.

Joseph, Adrian Malcolm. 1985. "The Mongol Influence on Blue-and-white Porcelain." In *Jingdezhen Wares: The Yuan Evolution*, 44–49. Hong Kong: Oriental Ceramic Society of Hong Kong.

Jourdain, Margaret, and Soame Jenyns. 1948. "Chinese Export Lacquer of the 17th and 18th Century." *OA* 1/3: 143–48.

Jullien, François. 1995. *The Propensity of Things: Toward a History of Efficacy in China*. Translated by Janet Lloyd. New York: Zone Books.

Junker, Laura Lee. 1994. "Trade Competition, Conflict, and Political Transformations in Sixth- to Sixteenth-Century Philippine Chiefdoms." *Asian Perspectives* 33/2: 229–60.

———. 1998. "Integrating History and Archaeology in the Study of Contact Period Philippine Chiefdoms." *International Journal of Historical Archaeology* 2/4: 291–320.

———. 1999. *Raiding, Trading, and Feasting: The Political Economy of Philippine Chiefdoms*. Honolulu: University of Hawai'i Press.

Kaboy, Tuton, and Eine Moore. 1967. "Ceramics and Their Uses among the Coastal Melanaus." *SMJ* 15/30–31: 10–29.

Kasetsiri, Charnvit. 1992. "Ayudhya: Capital-Port of Siam and Its 'Chinese Connection' in the Fourteenth and Fifteenth Centuries." *Journal of the Siam Society* 80/1: 75–79.

Kawai, Masatomo. 2002. "Reception Room Display in Medieval Japan." In *Kazari: Decoration and Display in Japan, 15th–19th Centuries*, edited by Nicole Coolidge Rousmaniere, 32–41. Exhib. cat. London: British Museum.

Kawazoe, Shoji. 1990. "Japan and East Asia." In Yamamura 1990: 396–446.

Kee II Choi Jr. 1999. "Chinese Export Porcelain for America." *OA* 45/1: 90–97.

Keene, Donald. 2003. *Yoshimasa and the Silver Pavilion: The Creation of the Soul of Japan*. New York: Columbia University Press.

Kelly, Jack. 2004. *Gunpowder: Alchemy, Bombards, and Pyrotechnics*. New York: Basic Books.

Kemp, Martin. 1995. " 'Wrought by No Artist's Hand': The Natural, the Artificial, the Exotic, and the Scientific in Some Artifacts from the Renaissance." In *Reframing the Renaissance: Visual Culture in Europe and Latin America 1450–1650*, edited by Claire Farago, 176–96. New Haven, CT: Yale University Press.

Kerr, Rose. 1986. "The Interaction between Bronzes and Ceramics in China: Song to Qing Periods, ca. A.D. 1100 to 1900." In Vickers 1986: 301–13.

———. 1989. "The Chinese Porcelain at Spring Grove Dairy: Sir Joseph Bank's Manuscript. *Apollo* 129/1: 30–34.

———. 1993. "Jun Wares and Their Qing Dynasty Imitation at Jingdezhen." In Scott 1993: 151–64.

———. 1999. "Celestial Creatures: Chinese Tiles in the Victoria and Albert Museum. *Apollo* 149/3: 3–14.

———. 2004. "Chinese Porcelain in Early European Collections." In Jackson and Jaffer 2004: 44–51.

———, and Nigel Wood. 2004. *SCC*, vol. 5, pt. 12: *Chemistry and Chemical Technology: Ceramic Technology*. Edited by Rose Kerr.

Khoo, Joo Ee. 1991. *Kendi: Pouring Vessels in the University of Malaya Collection*. Singapore: Oxford University Press.

Kieschnick, John. 2003. *The Impact of Buddhismon Chinese Material Culture*. Princeton, NJ: Princeton University Press.

Kim, Chewon, and Won-Yong Kim. 1966. *Treasures of Korean Art: 2000 Years of Ceramics, Sculpture, and Jeweled Arts*. New York: Harry N. Abrams.

Kim Chong-tae. 1994. "A History of Korean Handicrafts." In Son 1994: 104–09.

Kim Hongnam. 1991. "China's Earliest Datable White Stonewares from the Tomb of King Muryong (d. A.D. 523), Paekche, Korea." *OA* 37/1: 17–34.

Kim Jae-yol. 1994. "Jade Green: Koryo Celadon." In Son 1994: 110–117.

Kim, Wondong. 1986. "Chinese Ceramics from the Wreck of a Yuan Ship in Sinan, Korea—With Particular Reference to Celadon Wares." 2 vols. Ph.D. dissertation, University of Kansas.

Kingery,W.D., ed. 1986. *Technology and Style*. Columbus, OH: American Ceramic Society.

———, and Pamela B.Vandiver. 1986. "The Eighteenth-Century Change in Technology and Style from the Famille-Verte Palette to the Famille-Rose Palette." In Kingery 1986: 363–81.

———, and Pamela B. Vandiver. 1986a. *Ceramic Masterpieces: Art, Structure, and Technology*. New York: Free Press.

Kinney, Ann R., with Marijke J. Klokke and Lydia Kieven. 2003. *Worshiping Siva and Buddha: The Temple Art of East Java*. Honolulu: University of Hawai'i Press.

Kirkman, James. 1958. "The Great Pillars of Malindi and Mambrui." *OA* 4/2: 55–67.

Klein, Peter W. 1989. "The China Seas and the World Economy between the Sixteenth and Nineteenth Centuries: The Changing Structures of Trade." In *Interactions in the World Economy: Perspectives on International Economic History*, edited by Carl-Ludwig Holtfrerich, 61–89. New York: New York University Press.

Kletke, Daniel. 2004. "Dresden's Princely Splendor at Home and Abroad." *MA* 166/4: 124–31.

Knauer, Elfriede Regina. 1998. *The Camel's Load in Life and Death: Iconography and Ideology of Chinese Pottery Figurines from Han to Tang and Their Relevance to Trade along the Silk Routes*. Zurich: Haeberlin and Partner.

Koerner, Lisbet. 1999. *Linnaeus: Nature and Nation*. Cambridge, MA: Harvard University Press.

Komaroff, Linda. 2002. "The Transmission and Dissemination of a New Visual Language." In *The Legacy of Genghis Khan: Courtly Art and Culture in Western Asia*, edited by Linda Komaroff and Stefano Carboni, 169–95. Exhib. cat. New York: Metropolitan Museum of Art.

Kong Yuan Zhi. 1987. "A Study of Chinese Loanwords (from South Fujian Dialects) in the Malay and Indonesian Languages." *Bijdragen tot de Taal-, Land- en Volkenkunde* 143/4: 452–67.

Kowaleski-Wallace, Beth. 1995–96. "Women, China, and Consumer Culture in Eighteenth-Century England." *ECS* 29/2: 153–67.

Krahl, Regina. 1985. "Longquan Celadon of the Yuan and Ming Dynasties in the Topkapi Saray, Istanbul." *TOCS* 49: 41–57.

———. 1986. "Export Porcelain Fit for the Chinese Emperor: Early Chinese Blue-and-White in the Topkapi Saray, Istanbul." *JRASGBI* 1: 68–92.

———. 1997. "Vietnamese Blue-and-White and Related Wares." In Stevenson and Guy 1997: 147–57.

———. 2002–3. "By Appointment to the Emperor: Imperial Porcelains from Jingdezhen and Their Various Destinations." *OA* 48/5: 27–32.

———. 2004. "Famous Brands and Counterfeits: Problems of Terminology and Classification in Song Ceramics." In *Song Ceramics: Art History, Archaeology and Technology*, edited by Stacey Pierson, 61–79. London: Percival David Foundation of Chinese Art and the School of Oriental and African Studies, University of London.

Kramer, Carol. 1997. *Pottery in Rajasthan: Ethnoarcheology in Two Indian Cities*. Washington, DC : Smithsonian Institution Press.

Kubiski, Joyce. 2001. "Orientalizing Costume in Early Fifteenth-Century French Manuscript Painting (*Cité des Dames*, Limbourg Brothers, Boucicaut Master, and Bedford Master)." *Gesta: International Center of Medieval Art* 40/2: 161–80.

Kuchta, David. 2002. *The Three-Piece Suit and Modern Masculinity: England, 1550– 1850*. Berkeley: University of California Press.

Kumakura Isao. 1989. "Sen no Rikyu: Inquiries into His Life and Tea." In Varley and Kumakura 1989: 33–69.

Kurtz, O. 1975. "The Strange History of an Alhambra Vase." *Al-Andalus* 40: 205–12.

Kusimba, Chapurukha M. 1999. "Material Symbols among the Precolonial Swahili of the East African Coast." In *Material Symbols: Culture and Economy in Prehistory*, edited by John E. Robb, 318–41. Carbondale: Southern Illinois University.

Kuwayama, George. 1997. *Chinese Ceramics in Colonial Mexico*. Los Angeles: Los Angeles County Museum of Art, 1997.

———. 2000. “Chinese Ceramics in Colonial Peru.” *OA* 46/1: 2–15.

Kwan, K.K. 1985. “Canton, Pulau Tioman and Southeast Asian Maritime Trade.” In *A Ceramic Legacy of Asia's Maritime Trade,* edited by Peter Y.K. Lam, 49–63. Singapore: Oxford University Press with the Southeast Asian Ceramic Society.

Lach, Donald F. 1957. *The Preface to Leibniz' Novissima Sinica: Commentary, Translation, Text*. Honolulu: University of Hawai‘i Press.

———, and Edwin J. Van Kley. 1993. *Asia in the Making of Europe*, vol. 3: *A Century of Advance*. Chicago: University of Chicago Press.

Laing, Ellen Johnston. 1975. “Chou Tan-chüan Is Chou Shih-ch'en.” *OA* 21/3: 224–28.

Lal, Ruby. 2005. *Domesticity and Power in the Early Mughal World*. Cambridge: Cambridge University Press.

Lam, Peter Y.K. 1985. “Northern Song Guangdong Wares.” In *A Ceramic Legacy of Asia's Maritime Trade*, edited by Peter Y.K. Lam, 1–30. Singapore: Oxford University Presswith the Southeast Asian Ceramic Society.

———. 1998–99. “Tang Ying (1682–1756): The Imperial Superintendent at Jingdezhen.” *TOCS* 63: 65–82.

Lamb, Charles. 1987. *Elia and the Last Essays of Elia*. Edited by Jonathan Bate. Oxford: Oxford University Press.

Lamb, Simon. 2004. *Devil in the Mountain: A Search for the Origins of the Andes*. Princeton, NJ: Princeton University Press.

Lancaster, Lewis R., Kikun Suh, and Chai-shin Yu, eds. 1996. *Buddhism in Koryo: A Royal Religion*. Berkeley: Institute of East Asian Studies, University of California.

Lane, Arthur. 1961. “The Gaignières-Fonthill Vase: A Chinese Porcelain of about 1300.” *BM* 103/8: 124–32.

Lane, Frederic C. 1973. *Venice, a Maritime Republic*. Baltimore, MD: Johns Hopkins University Press.

Lau, Christine. 1993. “Ceremonial Monochrome Wares of the Ming Dynasty.” In Scott 1993: 83–100.

Laurence, Janet. 1991. “Royal Feasts.” In *Proceedings of the Oxford Symposium on Food and Cookery 1990: Feasting and Fasting*, edited by Hiram Walker, 138–51. London: Prospect Books.

La Vaissière, Étienne de, and Éric Trombert. 2004. “Des Chinois et des Hu: Migrations et intégration des Iraniens oientaux en milieu chinois durant le haut Moyen Êge.” *Annales* 59/5–6: 931–69.

Le Bonheur, Albert, ed. 1986. *Phra Narai, roi de Siam et Louis XIV*. Exhib. cat. Paris: Musée de l'Orangerie.

Le Corbeiller, Clare. 1988. “A Medici Porcelain Pilgrim Flask.” *J. Paul Getty Museum Journal* 16: 119–26.

———. 1990. “German Porcelain of the Eighteenth Century.” *Metropolitan Museum of Art Bulletin* 47: 4–56.

Ledderose, Lothar. 1986. “Chinese Calligraphy: Its Aesthetic Dimension and Social Function.” *O* 17/8: 35–50.

———. 1991. “Chinese Influence on EuropeArt, Sixteenth to Eighteenth Centuries.” In *China and Europe: Images and Influences in Sixteenth to Eighteenth Centuries*, edited by Thomas H.C. Lee, 221–37. Hong Kong: Chinese University Press.

———. 2000. *Ten Thousand Things: Module and Mass Production in Chinese Art*. Princeton, NJ: Princeton University Press.

Lee, Heekyung. 1999. “The Introduction of Blue-and-White Wares from Ming China to Choson Korea.” *OA* 45/2: 26–37.

Lee, Hui-shu. 1996. “Art and Imperial Images at the Late Southern Sung Court.” In *Arts of the Sung and Yüan Court*, edited by Maxwell K. Hearn and Judith G. Smith, 249–69.New York: Metropolitan Museum of Art.

Lee, John. 1999. “Trade and Economy in Preindustrial East Asia, c. 1500–c. 1800: East Asia in the Age of Global Integration.” *Journal of Asian Studies* 58/1: 2–26.

Lee, Sherman E. 1982. *A History of Far Eastern Art*. New York: Harry N. Abrams.

Leibniz, Gottfried Wilhelm, Freiherr von. 1970. *Sämtliche Schriften und Briefe. Hrsg. von der Deutschen Akademie der Wissenschaften zu Berlin*. 6 vols. Reprint, Hildesheim, Germany: G. Olms.

Leites, Edmund. 1980. “Confucianism in Eighteenth-Century England: Natural Morality and Social Reform.” In *Les Rapports entre la Chine et l'Europe au temps des lumières*, 173–84. Paris: Les Belles Lettres.

Lemire, Beverly. 1991. *Fashion's Favorite: The Cotton Trade and the Consumer in Britain, 1660–1800*. Oxford: Oxford University Press.

Lenman, Bruce P. 1990. “The English and Dutch East India Companies and the Birth of Consumerism in the Augustan World.” *Eighteenth-Century Life* 14/1: 47–65.

Lentz, Thomas W. Lentz, and Glenn D. Lowry. 1989. *Timur and the Princely Vision: Persian Art and Culture in the Fifteenth Century*. Los Angeles: Los Angeles County Museum of Art.

Leonard, Jane Kate. 1972. “Chinese Overlordship and Western Penetration in Maritime Asia: A late Ch'ing Reappraisal of Chinese Maritime Relations.” *Modern Asian Studies* 6/2: 151–74.

———. 1984. *Wei Yuan and China's Rediscovery of the Maritime World*. Cambridge, MA: Harvard University, Council on East Asian Studies.

———. 1988. “Geopolitical Reality and the Disappearance of the Maritime Frontier in Qing Times.” *American Neptune* 48/4: 230–36.

Levi-Strauss, Claude. 1988. *The Jealous Potter*. Translated by Bénédicte Chorier. Chicago: University of Chicago Press.

Lewis, Mark Edward. 1999. *Writing and Authority in Early China*. Albany: State University of New York Press.

Li Zhiyan. 1998. "The Development and Background of White and *Qingbai* Wares fromTang to Song." In *Bright as Silver, White as Snow: Chinese White Ceramics from Late Tang to Yuan Dynasty*, edited by Kai-Yin Lo, 31–45. Hong Kong: Yungmingtang.

Lightbown, R.W. 1969. "Oriental Art and the Orient in Late Renaissance and Baroque Italy." *Journal of the Warburg and Courtauld Institutes* 32: 228–79.

Lin Shimin. 1985. "Zheng He xia xiyang yu ciqiwaixiao" (Zheng He's Expeditions to the Western Ocean and the Export of Chinaware). In *Zhenghe xia xiyan lunwenji* (Essays on Zheng He's Voyages), edited by Research Association of Chinese Navigational History, 42–49. Beijing: Peoples' Communication Publishing House.

Lindquist,Cecilia. 1991. *China: Empire of Living Symbols*. Translated by Joan Tate. New York: Addison-Wesley.

Lister, Florence, and Robert H. Lister. 1984. "The Potter's Quarters of Colonial Puebla, Mexico." *Historical Archaeology* 18/1: 87–115.

Little, Stephen. 1982. "Ko-sometsuke in the Asian Art Museum of San Franciso." *O* 13/4: 12–23.

———. 1983. *Chinese Ceramics of the Transitional Period: 1620–1683*. Exhib. cat. New York: China House Gallery, China Institute in America.

———. 1990. "Narrative Themes and Woodblock Prints in the Decoration of Seventeenth-Century Chinese Porcelain." In *Seventeenth-Century Chinese Porcelain from the Butler Family Collection*, edited by Michael Butler, Margaret Medley, and Stephen Little, 21–33. Exhib. cat. Alexandria, VA: Art Services International.

———. 1996. "Economic Change in Seventeenth-Century China and Innovations at the Jingdezhen Kilns." *Ars Orientalis* 26: 47–54.

Liu, James T.C. 1988. *China Turning Inward: Intellectual-Political Changes in the Early Twelfth Century*. Cambridge, MA: Harvard University Press.

Liu, Lydia. 1999. "Robinson Crusoe's Earthenware Pot." *Critical Inquiry* 25/4: 729–57.

Liu Xinru. 1996. *Silk and Religion: An Exploration of Material Life and the Thought of People, A.D. 600–1200*. New Delhi: Oxford University Press.

Liu Xinyuan. 1989. *Imperial Porcelain of the Yongle and Xuande Periods Excavated from the Site of the Ming Imperial Factory at*

Jingdezhen. Hong Kong: Urban Council of Hong Kong and the Jingdezhen Museum of Ceramic History.

———. 1993. "Yuan Dynasty Official Wares from Jingdezhen." In Scott 1993: 33–46.

———. 1995. "Amusing the Emperor: The Discovery of Xuande Period Cricket Jars from the Ming Omperial Kilns." *O* 26/8: 62–77.

Lo, Jung-pang. 1955. "The Emergence of China as a Sea Power during the Late Sung and Early Yuan Periods." *Far Eastern Quarterly* 14/4: 489–503.

———. 1970. "Chinese Shipping and East-West Trade from the Tenth to the Fourteenth Century." In *Sociétés et compagnies de commerce en orient et dans l'Océan Indien, 167–76. Paris: SEVPEN.*

Lo, K. S. 1986. *The Stoneware of Yixing*. London: Sotheby's Publications.

Loehr, George. 1962–63. "Missionary Artists at the Manchu Court." *TOCS* 34: 51–67.

Loewe, Michael, and Edward L. Shaughnessy, eds. 1999. *The Cambridge History of Ancient China: From the Origins of Civilization to 221 B.C.* Cambridge: Cambridge University Press.

Lombard, Denys. 1990. *Le Carrefour javanais: Essai d'histoire globale, les réseaux asiatiques*. 3 vols. Paris: Éditions de l'École des hautes études en sciences sociales.

———, and Jean Aubin, eds. 1988. *Marchands et hommes d'affaires asiatiques dan l'Océan Indien et la Mer de Chine 13e–20e siècles. Paris: Editions de l'Ecole des hautes études en sciences sociales.*

———, and Claudine Salmon. 1985. "Islam et sinité." *Archipel* 30: 73–94.

Lombard-Salmon, Claudine. 1973. "A propos de quelques cultes chinois particuliers a Java." *Arts Asiatiques* 26: 243–64.

Long, So Kee. 1994. "The Trade Ceramics Industry in Southern Fukian during the Song." *Journal of Sung-Yuan Studies* 24: 1–19.

Lopez, Robert S. 1971. *The Commercial Revolution of the Middle Ages*. New Haven, CT: Yale University Press.

Loureiro, Rui. 1999. "Portugal em busca da China: Imagens e miragens (1498–1514)." *Ler História* 19: 31–43.

Love, Ronald S. 1994. "The Making of an Oriental Despot: Louis XIV and the Siamese Embassy of 1686." *Journal of the Siam Society* 82/1: 57–78.

Lu, Peter J., and Paul J. Steinhardt. 2007. "Decagonal and Quasi-Crystalline Tilings in Medieval Islamic Architecture." *Science* 315/5815: 1106–10.

Lu Yü. 1974. *The Classic of Tea*. Translated by Francis Ross Carpenter. Boston: Little, Brown.

Ludwig, Theodore M. 1989. "*Chanoyu* and Momoyama: Conflict and Transformation in Rikyu's Art." In Varley and Kumakura 1989: 71–100.

Luo Maodeng. n.d. *San Bao taijian xia xiyang*. Edited by Shen Yunjia. Shanghai: n.p.

Ma Chengyuan. 1980. "The Splendor of Ancient Chinese Bronzes." In Fong 1980: 1–19.

Ma Huan. 1970. *Ying-Yai Sheng-Lan: "The Overall Survey of the Ocean's Shores" [1433]*. Edited by J.V.G. Mills and translated by Feng Ch'eng-chün. Cambridge: Cambridge University Press.

Macfarlane, Alan, and Iris Macfarlane. 2003. *Green Gold: The Empire of Tea*. London: Ebury.

MacGregor, Arthur. 1989. *The Late King's Goods: Collections, Possessions and Patronage of Charles I in the Light of the Commonwealth Sales Inventories*. Oxford: Oxford University Press.

Macintosh, Duncan. 1973. "Beloved Blue and White: An Introduction to the Porcelains of the Yuan and Ming Dynasties." *O* 4/2: 27–41.

———. 2001. "Chinese Blue-and-White and Europe, 1500–1800." *OA* 47/2: 43–48.

Mack, Rosamond E. 2002. *Bazaar to Piazza: Islamic Trade and Italian Art, 1300–1600*. Berkeley: University of California Press.

———. 2004. "Oriental Carpets in Italian Renaissance Paintings: Art Objects and Status Symbols." *MA* 166/6: 82–89.

Magalhães-Godinho, Vitorino. 1969. *L'Économie de l'Empire portugais aux XVe et XVIe siècles*. Paris: SEVPEN.

Mahler, Jane Gaston. 1959. *The Westerners among the Figurines of the T'ang Dynasty of China*. Rome: Instituto Italiano per il Medio ed Estremo Oriente.

Majul, Cesar Adib. 1966. "Islamic and Arab Cultural Influences in the South of the Philippines." *Journal of Southeast Asian History* 7/2: 61–73.

———. 1966a. "Chinese Relationships with the Sultanate of Sulu." In *The Chinese in the Philippines*, 1:143–66. 2 vols. Manila: Solidaridad Publishing House.

Mallet, J.V.G. 1974. "Wedgwood and the Rococo." *Apollo* 99/5: 320–31.

Mancall, Mark. 1984. *China at the Center: 300 Years of Foreign Policy*. New York: Free Press. Manguin, Pierre-Yves. 1986. "Shipshape Societies: Boat Symbolism and Political Systems in Insular Southeast Asia." In *Southeast Asia in the 9th to 14th Centuries,* edited by D.G.Marr and A.C. Milner, 187–213. Singapore: Institute of Southeast Asian Studies.

———. 1991. "The Merchant and the King: Political Myths of Southeast Asian Coastal Politics." *Indonesia* 52: 41–54.

Mankowitz, Wolf. 1952. *The Portland Vase and the Wedgwood Copies*. London: Andre Deutsch.
Mannikka, Eleanor. 1996. *Angkor Wat: Time, Space, and Kingship*. Honolulu: University of Hawai'i Press.
Manz, Beatrice Forbes. 1989. *The Rise and Rule of Tamerlane*. Cambridge: Cambridge University Press.
Marks, Robert B. 1998. *Tigers, Rice, Silk and Silt: Environment and Economy in Late Imperial South China*. Cambridge: Cambridge University Press.
———. 1999. "Maritime Trade and the Agro-Ecology of South China, 1685–1850." In *Pacific Centuries: Pacific and Pacific Rim History since the Sixteenth Century*, edited by Dennis O. Flynn, Lionel Frost, and A.J.H. Latham, 85–109. London: Routledge.
Martin, Ann Smart. 1989. "The Role of Pewter as Missing Artifact: Consumer Attitudes Toward Tablewares in Late 18th-Century Virginia." *Historical Archaeology* 23/2: 1–27.
———. 1993. "Markets, Buyers, and Users: Consumerismas a Material Culture Framework." *Winterthur Portfolio* 28/2–3: 141–57.
Martin, Jean. 2004–05. "Chinese 16th and 17th Century Porcelain—*Kraak*, 'Swatow,' and 'Transitional' Styles." *TOCS* 69: 49–61.
Masao, F.T., and H.W.Mutoro. 1981. "The East African Coast and the Comoro Islands." In *General History of Africa*, vol. 3: *Africa from the Seventh to the Eleventh Century*, edited by M. Elfasi and I. Hrbek, 586–615. Berkeley: University of California Press.
Mason, R.B., and L. Golombek. 2003. "The Petrography of Iranian Safavid Ceramics." *Journal of Archaeological Science* 30/2: 251–61.
———, and M. S. Tite. 1994. "The Beginnings of Islamic Stonepaste Technology." *A* 36/1: 77–91.
———, and M. S. Tite. 1997. "The Beginning of Tin-Opacification of Pottery Glazes."A39/1: 41–58.
Mathew, Gervase. 1956. "Chinese Porcelain in East Africa and on the Coast of South Arabia." *OA* 2/2: 50–55.
———. 1963. "The East African Coast until the Coming of the Portuguese." In *History of East Africa*, edited by Roland Oliver and Gervase Mathew, 94–127. Oxford: Clarendon Press.
Matson, Frederick R., ed. 1965. *Ceramics and Man*. Chicago: Aldine.
———. 1986. "Glazed Brick from Babylon—Historical Setting and Microprobe Analysis." In Kingery 1986: 133–56.
———. 1989. "Ceramics: The Hub of Ancient Craft Interplay." In *Cross-Craft and Cross-Cultural Interaction in Ceramics*, edited by Patrick E.McGovern and M.D.Notis, 13–28. Westerville, OH: American Ceramic Society.
Matthee, Rudolph P. 1999. *The Politics of Trade in Safavid Iran: Silk for Silver, 1600– 1730*. Cambridge: Cambridge University

Press.

McBain, Audrey Y. 1979. "Sukhothai and Swankhalok Ceramics." *Brunei Museum Journal* 4/3: 78–99.

McCants, Anne E. 2008. "Poor Consumers as Global Consumers: The Diffusion of Tea and Coffee Drinking in the Eighteenth Century." *Economic History Review 61/supplement 1*: 172–200.

McCracken, Grant. 1988. *Culture and Consumption: New Approaches to the Symbolic Character of Consumer Goods and Activities*. Bloomington: Indiana University Press.

McCullough, Helen. 1985. *Brocade by Night: 'Kokin Wakashu' and the Court Style in Japanese Classical Poetry*. Stanford, CA: Stanford University Press.

———. 1990. "Aristocratic Culture." In *The Cambridge History of Japan*, vol. 2: *Heian Japan*, edited by Donald H. Shively and William H. McCullough, 390–448. Cambridge: Cambridge University Press.

McElney, Brian. 1998–2000. "Chinese Tea drinking Customs and Changes over the Centuries." *BOCSHK* 12: 37–42.

McEwan, Bonnie G. 1992. "The Role of Ceramics in Spain and Spanish America during the 16th Century." *Historical Archaeology* 26/1: 92–108.

McKendrick, Neil. 1960. "Josiah Wedgwood: An Eighteenth-Century Entrepreneur in Salesmanship and Marketing Techniques." *Economic History Review* 12/3: 408–33.

———. 1961. "Josiah Wedgwood and Factory Discipline." *Historical Journal* 4/1: 30–55.

———. 1970. "Josiah Wedgwood and Cost Accounting in the Industrial Revolution." *Economic History Review* 23/1: 45–67.

———. 1973. "The Role of Science in the Industrial Revolution: A Study of Josiah Wedgwood as a Scientist and Industrial Chemist." In *Changing Perspectives in the History of Science: Essays in Honour of Joseph Needham*, edited by Mikulás Teich and Robert Young, 274–319. Boston: D. Reidel.

———. 1982. "Josiah Wedgwood and the Commercialization of the Potteries." In McKendrick et al. 1982: 100–145.

———, John Brewer, and J.H. Plumb. 1982. *The Birth of a Consumer Society: The Commercialization of Eighteenth-Century England*. Bloomington: Indiana University Press.

McKillop, Beth. 1992. *Korean Art and Design*. Cambridge: Victoria and Albert Museum.

McLeod, Bet. 1998. "Horace Walpole and Sèvres Porcelain: The Collection at Strawberry Hill." *Apollo* 140/1: 42–47.

McNeill, J.R., and William H. McNeill. 2003. *The Human Web: A Bird's-Eye View of World History*. New York: Norton.

McNeill, William H. 1963. *The Rise of the West: A History of the Human Community*. Chicago: University of Chicago Press.

———. 1982. *The Pursuit of Power: Technology, Armed Force, and Society since A.D. 1000*. Chicago: University of Chicago Press.

———. 1989. "The Historical Significance of the Way of Tea." In Varley and Kamakura 1989: 255–63.

McQuade, Margaret E. Connors. 2003. "The Emergence of a Mexican Tile Tradition." In Gavin et al. 2003: 204–25.

Medley, Margaret. 1966. "Ching-tê Chên and the Problem of the 'Imperial Kilns.' " *Bulletin of the School of Oriental Studies* 29: 326–38.

———. 1972. "Chinese Ceramics and Islamic Design." In Watson 1972: 79–87.

———. 1974. *Yüan Porcelain and Stoneware*. London: Pitman.

———. 1976. *The Chinese Potter: A Practical History of Chinese Ceramics*. Oxford: Phaidon Press.

———. 1981. *T'ang Pottery and Porcelain*. London: Faber and Faber.

———. 1984. "Islam and Chinese Porcelain in the Fourteenth and Early Fifteenth Centuries." *BOCSHK* 6: 36–47.

———. 1990. "Trade, Craftsmanship, and Decoration." In *Seventeenth-Century Chinese Porcelain from the Butler Family Collection*, edited by Michael Butler, Margaret Medley, and Stephen Little, 11–20. Exhib. cat. Alexandria, VA: Art Services International.

———. 1990–91. "Imperial Patronage and Early Ming Porcelain." *TOCS* 55: 29–42.

Meister, Peter Wilhelm, and Horst Reber. 1983. *European Porcelain of the 18th Century*. Translated by Ewald Osers. Ithaca, NY: Cornell University Press.

Melikan-Chirvani, Assadullah Souren. 1970. "Iranian Silver and its Influence in T'ang China." In Watson 1970: 12–18.

———. 1976. "Iranian Metal-Work and the Written Word." *Apollo* 103/4: 286–91.

———. 1986. "Silver in Islamic Iran: The Evidence from Literature and Epigraphy." In Vickers 1986: 89–106.

Mellott, Richard L. 1990. "Ceramics of the Asuka, Nara, and Heian Periods (A.D. 552–1185)." in *The Rise of a Great Tradition: Japanese Archaeological Ceramics from the Jomon through Heian Periods (10,500 B.C.–A.D. 1185)*, 56–66. New York: Japan Society.

Mennell, Stephen. 1985. *All Manners of Food: Eating and Taste in England and France from the Middle Ages to the Present*. Oxford: Blackwell.

Mercier, Louis-Sébastien. 1929. *The Picture of Paris*. Translated by Wilfred Jackson and Emilie Jackson. London: Routledge and Sons.

———. 1999. *Panorama of Paris: Selections from Tableau de Paris*. Translated by Helen Simpson and Jeremy D. Popkin and edited by Jeremy D. Popkin. University Park: Pennsylvania State University Press.

Meserve, Ruth I. 1982. "The Inhospitable Land of the Barbarian." *Journal of Asian History* 16/1: 51–89.

Metzger, Thomas. 1970. "The State and Commerce in Imperial China." *Asian and African Studies* 6: 23–46.

Michell, George, and Mark Zebrowski. 1999. *The New Cambridge History of India*, vol. 1:7: *Architecture and Art of the Deccan Sultanate*. Cambridge: Cambridge University Press.

Middleton, John. 1992. *The World of the Swahili: An African Mercantile Civilization*. New Haven, CT: Yale University Press.

———. 2003. "Merchants: An Essay in Historical Ethnography." *Journal of the Royal Anthropological Institute* 9/3: 509–26.

Mikami, Tsugio. 1980–81. "China and Egypt: Fustat." *TOCS* 45: 67–89

Miller, Daniel. 1985. *Artefacts as Categories: A Study of Ceramic Variability in Central India*. Cambridge: Cambridge University Press.

Miller, Susan. 2001. "Images of Asia in French Luxury Goods: Jean-Antoine Fraisse at Chantilly, c. 1729–36." *Apollo* 154/11: 3–12.

Mills, Barbara J., and T. J. Ferguson. 2008. "Animate Objects: Shell Trumpets and Ritual Networks in the Greater Southwest." *Journal of Archaeological Method and Theory* 15/4: 338–61.

Mino, Yutaka. 1991. "Koryo and Choson Dynasty Ceramics." In *The Radiance of Jade and the Clarity of Water: Korean Ceramics from the Ataka Collection*, 27–34. Exhib. cat. New York: Hudson Hills Press.

———, and Katherine R. Tsiang. 1986. *Ice and Green Clouds: Traditions of Chinese Celadon*. Exhib. cat. Indianapolis: Indiana University Press.

Mitchell, Steven. 2004. *Gilgamesh: A New English Version*. New York: Free Press.

Montaigne, Michel de. 1993. *The Complete Essays*. Translated and edited by M.A. Screech. London: Penguin.

Montanari, Massimo. 1994. *The Culture of Food*. Translated by Carl Ipsen. Oxford: Blackwell.

Montesquieu, Baron de la Bréde et de. 1989. *The Spirit of the Laws*. Translated and edited by Anne M.Cohler, Basia Carolyn Miller, and Harold Samuel Stone.Cambridge: Cambridge University Press.

Montgomery, James M., trans. 1966. *The History of Yaballaha III, Nestorian Patriarch, and of His Vicar, Bar Sauma, Mongol Ambassador to the Frankish Courts at the end of the Thirteenth Century*. New York: Octogon Books.

Montias, John Michael. 1982. *Artists and Artisans in Delft: A Socio-Economic Study of the Seventeenth Century*. Princeton, NJ: Princeton University Press.

Moore, A.M.T. 1995. "The Inception of Potting in Western Asia and its Impact on Economy and Society." In *The Emergence of Pottery: Technology and Innovation in Ancient Societies*, edited by William K. Barnett and John W.Hoopes, 39–53. Washington, DC: Smithsonian Institution Press.

Moreland, W.H., ed. 1931. *Relations of Golconda in the Early Seventeenth Century*. London: Hakluyt Society.

———, ed. 1934. *Peter Floris: His Voyage to the East Indies in the Globe, 1611–1615*. London: Hakluyt Society.

Morga, Antonio de. 1971. *Sucesos de las Islas filipinas*. Translated and edited by J. S. Cummins. Cambridge: Hakluyt Society.

Morris, Ivan, trans. and ed. 1971. *The Pillow Book of Sei Shonagon*. NewYork: Penguin Books.

Mosco, Marilena. 1999. "The Shells of the Medici: The Nautiluses of the Pitti Palace in Florence." *FMR* 98 (1999): 37–68.

Mote, Frederick W. 1999. *Imperial China, 900–1800*. Cambridge, MA: Harvard University Press.

———, and Denis Twitchett, eds. 1988. *The Cambridge History of China*, vol. 7:1: *The Ming Dynasty, 1368–1644*. Cambridge: Cambridge University Press.

Moura Sobral, Luís de. 2007. "The Expansion and the Arts: Transfers, Contaminations, Innovations." In *Portuguese Oceanic Expansion, 1400–1800*, edited by Francisco Bethencourt and Diogo Ramada Curto, 390–459. Cambridge: Cambridge University Press.

Mudge, Jean McClure. 1985. "Hispanic Blue-and-White Faience in the Chinese Style." In Carswell 1985a: 43–54.

Muldrew, Craig. 2001. " 'Hard Food for Midas': Cash and Its Social Value in Early Modern England." *Past and Present* 170/1: 78–120.

Mungello, David E. 1977. *Leibniz and Confucianism: The Search for Accord*. Honolulu: University of Hawai'i Press.

———, ed. 1994. *The Chinese Rites Controversy: Its History and Meaning*. Aldershot: Ashgate.

Murai, Yasuhiko. 1989. "The Development of Chanoyu: Before Rikyu." In Varley and Kamakura 1989: 3–32.

Murasaki, Shikibu. 1987. *The Tale of Genji*. Translated by Edward G. Seidensticker. New York: Alfred A. Knopf.

Murray, Dian H. 1987. *Pirates of the South China Coast, 1790–1810*. Stanford, CA: Stanford University Press.

Murray, Julia K. 1992. "The Hangzhou *Portraits of Confucius and Seventy-Two Disciples (Sheng xian tu)*: Art in the Service of Politics." *AB* 74/1: 7–18.

———. 1999. "Patterns of Evolution in Chinese Illustration: Expansion or Epitomization?" In *Arts of the Sung and Yüan: Ritual, Ethnicity, and Style in Painting*, edited by Cary Y. Liu and Dora C.Y. Ching, 121–51. Princeton, NJ: Art Museum, Princeton University.

Murris, R. 1925. *La Hollande et les Hollandais au XVIIe et au XVIIIe siècles vus par les Français*. Paris: Honoré Champion.

Myers, Ramon H., and Yeh-chien Wang. 2002. "Economic Developments, 1644–1800." In *The Cambridge History of China*, vol. 9:1: *The Ch'ing Empire to 1800*, edited by Denis Twitchett and John K. Fairbank, 563–645. Cambridge: Cambridge University Press.

Myrtle, J.H. 1960. "Notes on Certain Technical Defects in 14th and 15th Century Blue-and-White Chinese Porcelains." *Far Eastern Ceramic Bulletin* 12: 39–42.

Nakamura, Shin'ichi. 2005. "Le riz, le jade et la ville: Êvolution des sociétiés néolithique du Yangzi." *Annales* 60/5: 1009–34.

Navarette, Domingo. 1960. *The Travels and Controversies of Friar Domingo Navarette*. 2 vols. Translated and edited by J. S. Cummins. London: Hakluyt Society.

Necipoglu, Gülru. 1990. "From International Timurid to Ottoman: A Change of Taste in Sixteenth-Century Ottoman Tiles." *Muqarnas* 7: 136–70.

Needham, Joseph. 1964. *The Development of Iron and Steel Technology in China*. Cambridge: W. Heffer and Sons.

———.1971. *SCC*, vol. 4, pt. 3: *Civil Engineering and Nautics*.

———. 1973. "The Role of Science in the Industrial Revolution: A Study of Josiah Wedgwood as a Scientist and Industrial Chemist." In *Changing Perspectives in the History of Science: Essays in Honour of Joseph Needham*, edited by Mikulás Teich and Robert Young, 274–319. Boston: D. Reidel.

———. 2000. *SCC*, vol. 6, pt. 6: *Biology and Biological Technology: Medicine*. Edited by Nathan Sivin.

Neill, Mary Gardner. 1985. "The Flowering Plum in the Decorative Arts." In *Bones of Jade, Soul of Ice: The Flowering Plum in the Decorative Arts*, edited by Maggie Bickford, 193–244. New Haven, CT: Yale University Art Gallery.

Nelson, Sarah Milledge. 1993. *The Archaeology of Korea*. Cambridge: Cambridge University Press.

Newitt, Malyn. 2005. *A History of Portuguese Overseas Expansion, 1400–1688*. New York: Routledge.

Ng Chin-keong. 1997. "Maritime Frontiers, Territorial Expansion, and *Hai-fang* during the Late Ming and High Ch'ing." In *China and Her Neighbors: Borders, Visions of the Other, Foreign Policy, 10th to 19th Century*, edited by Sabine Dabringhaus and Roderich Ptak, 211–57.Wiesbaden: Harrassowitz.

Nguyen-Long, Kerry. 1999. "Vietnamese Ceramic Trade to the Philippines in the Seventeenth Century." *Journal of Southeast Asian Studies* 30/1: 1–21.

———. 2001. "Treasures from the Hoi An Hoard. Vietnamese Ceramics and the Cham Island Site: Significance and Implications." *Arts of Asia* 31/1: 90–97.

Nicholson, Colin. 1994. *Writing and the Rise of Finance: Capital Satires of the Early Eighteenth Century*. Cambridge: Cambridge University Press.

Nickles, Estelle. 2002. "Further Reading on *Qingbai* Ware: Some Bibliographical Notes." In Pierson 2002: 234–40.

Nieuwenhuis, F. J. Domela. 1986. "Terracotta Art of Majapahit." *OA* 32/1: 67–78.

Ni Yibin. 2003–4. "The Anatomy of Rebus in Chinese Decorative Art." *OA* 49/3: 12–23.

Okte, Ertugrul Zekâi, ed. 1988. *Kitabi-I Bayriye Pirî Reis*. Translated by Robert Bragner. Istanbul: Historical Research Foundation, Istanbul Research Center.

Oldroyd, David R. 1996. *Thinking about the Earth: A History of Ideas in Geology*. Cambridge, MA: Harvard University Press.

Olschki, Leonardo. 1944. "Asiatic Exoticism in Italian Art of the Early Renaissance." *AB* 26/2: 95–106.

Origen. 1998. *Homilies on Jeremiah*. Translated by John Clark Smith. Washington, DC: Catholic University of America Press.

Ortiz, Valérie Malenfer. 1999. *Dreaming the Southern Song Landscape: The Power of Illusion in Chinese Painting*. Leiden: Brill.

Ottomeyer, Hans. 2004. "The Metamorphosis of the Neoclassical Vase." In *Vasemania—Neoclassical Form and Ornament in Europe: Selections from the Metropolitan Museum of Art*, edited by Stefanie Walker, 15–29. Exhib. cat. New Haven, CT: Yale University Press.

Padfield, Peter. 2000. *Maritime Supremacy & the Opening of the Western Mind*. New York: Overlook Press.

Pagani, Catherine. 1995. "Clockmaking in China under the Kangxi and Qianlong Emperors." *Arts Asiatiques* 50: 76–84.

Pal, Pratapaditya. 1983. *Court Paintings of India, 16th–19th Centuries*. New York: Navin Kumar.

Palais, James B. 1995. "A Search for Korea's Uniqueness." *HJAS* 55/2: 409–25.

Palliser, D.M. 1976. *The Staffordshire Landscape*. London: Hodder and Stoughton.

Parker, Geoffrey. 1998. *The Grand Strategy of Philip II*. New Haven, CT: Yale University Press.

Parmentier, Jan. 1996. *Tea Time in Flanders: The Maritime Trade between the Southern Netherlands and China in the 18th Century*. Exhib. cat. Bruges: Ludion Press.

Parry, J.H. 1974. *The Discovery of the Sea*. Berkeley: University of California Press.

Paston-Williams, Sara. 1993. *The Art of Dining: A History of Cooking and Eating*. London: National Trust.

Patterson, Jerry. 1979. *Porcelain*. Washington, DC: Smithsonian Institution.

Payne, William L., ed. 1951. *The Best of Defoe's Review*. New York: Columbia University Press.

Pearce, Nick. 2003. "Images of Guanxiu's Sixteen Luohan in Eighteenth-Century China." *Apollo* 158/8: 25–31.

Pearce, N. J. 1987–88. "Chinese Export Porcelain for the European Market: The Years of Decline, 1770–1820." *TOCS* 52: 21–38.

———. 2001. *Designs as Signs: Decoration and Chinese Ceramics*. Pearson, Richard, and Li Min. 2002. "Quanzhou Archaeology: A Brief Review." *International Journal of Historical Archaeology* 6/1: 23–59.

Pegolotti, Francesco Balducci. 1936. *La Practica della Mercatura*. Edited by Allan Evans.Cambridge, MA: Medieval Academy of America, no. 24.

Pelliot, Paul. 1930. "Des artisans Chinois à la capitale Abbasid en 751–762." *T'oung Pao* 26: 110–12.

Peng Xinwei. 1994. *A Monetary History of China*. 2 vols. Translated by Edward H. Kaplan. Bellingham: Center for East Asian Studies, Western Washington University.

Pepys, Samuel. 1970–83. *The Diary of Samuel Pepys*. Edited by Robert Latham and William Matthews. 11 vols. Berkeley: University of California Press.

Perdue, Peter C. 2005. *China Marches West: The Qing Conquest of Central Asia*. Cambridge, MA: Harvard University Press.

Peterson, C.A. 1979. "Court and Province in Mid and Late T'ang." In *The Cambridge History of China*, vol. 3:1: *Sui and T'ang China, 589–906*, edited by Denis Twitchett, 464–560. Cambridge: Cambridge University Press.

Peterson, T. Sarah. 1994. *Acquired Taste: The French Origins of Modern Cooking*. Ithaca, NY: Cornell University Press, 1994.

Petroski, Henry. 1992. *The Evolution of Useful Things*. New York: Random House.

Petrushevsky, I.P. 1968. "The Socio-Economic Conditions of Iran under the Il-Khans." In Boyle 1968: 483–537.

Phelan, John Leddy. 1959. *The Hispanization of the Philippines: Spanish Aims and Filipino Responses, 1565–1700*. Madison: University of Wisconsin Press.

Piccolpasso, Cipriano. 1980. *The Three Books of the Potter's Art*. 2 vols. Translated and edited by Ronald Lightbown and Alan Caiger-Smith. London: Scolar Press.

Pierce, Donna. 2003. "Mayólica in the Daily Life of Colonial Mexico." In Gavin et al. 2003: 245–69.

Pierson, Stacey. 1996. *Earth, Fire and Water: Chinese Ceramic Technology*. London: Percival David Foundation of Chinese Art.

———. 2001 *Designs as Signs: Decoration and Chinese Ceramics*. London: Percival David Foundation of Chinese Art and School of Oriental and African Studies, University of London.

———, ed. 2002. *Qingbai Ware: Chinese Porcelain of the Song and Yuan Dynasties*. London: Percival david Foundation of Chinese Art.

———. 2002–3. "Archaeology and Chinese Ceramics: Export Wares." *OA* 48/5: 33–35.

———, and Amy Barnes. 2002. *A Collector's Vision: Ceramics of the Qianlong Emperor*. London: Percival David Foundation of Chinese Art and School of Oriental and African Studies, University of London.

Pietsch, Ulrich. 2004. "The Royal Porcelain Collection." In Siebel 2004: 178–181.

Pigafetta, Antonio. 1969. *The Voyage of Magellan: The Journal of Antonio Pigafetta*. Translated by Paula Spurlin Paige. Englewood Cliffs, NJ: Prentice-Hall.

Pinksy, Robert. 1994. *The Inferno of Dante: A New Verse Translation*. New York: Farrar, Straus and Giroux.

Pinto de Matos, Maria Antónia. 1999. "The Portuguese Trade." *OA* 45/1: 22–29.

———. 2002–3. "Chinese Porcelain in Portuguese Written Sources." *OA* 48/5: 36–40.

Pinto, Fernão Mendes. 1989. *The Travels of Mendes Pinto*. Translated and edited by Rebecca D. Catz. Chicago: University of Chicago Press.

Piotrovsky, M.B., and J.M. Rogers. 2004. *Heaven on Earth: Art from Islamic Lands*. Munich: Prestal Verlag.

Pirazzoli-t'Serstevens, Michèle. 2002. "From the Ear-Cup to the Round-Cup: Changes in Chinese Drinking Vessels (2nd to 6th Century A.D.)." *OA* 48/3: 17–27.

Pires, Tomé. 1944. *The Suma Oriental of Tomé Pires*. Translated and edited by Armando Cortesao. London: Hakluyt Society.

Pitte, Jean-Robert. 2002. *French Gastronomy: The History and Geography of a Passion*. Translated by Jody Gladding. New York: Columbia University Press.

Pleguezuelo, Alfonso. 2002. "Jan Floris (ca. 1520–1567), a Flemish Tile Maker in Spain." In *Majolica and Glass, From Italy to*

Antwerp and Beyond: The Transfer of Technology in the 16th–Early 17th century, edited by John Veekman and Sarah Jennings, 123–44. Antwerp: Stad Antwerpen.

Plinval de Guillebon, Régine de. 1999. "The Manufacture and Sale of Soft-Paste Porcelain in Paris in the Eighteenth Century." In *Discovering the Secrets of Soft-Paste Porcelain at the Saint-Cloud Manufactory*, ca. 1690–1766, edited by Bertrand Rondot, 83–96. Exhib. cat. New Haven, CT: Yale University Press and Bard Graduate Center for the Studies in the Decorative Arts, New York.

Plumb, J.H. 1972. "The Royal Porcelain Craze." in *In the Light of History*, 57–68. London: Allen Lane.

Plutschow, Herbert. 2003. *Rediscovering Rikyu and the Beginnings of the Japanese Tea Ceremony*. Kent: Global Oriental.

Pocock, J.G.A. 1999. *Barbarism and Religion*, vol. 2: *Narratives of Civil Government*. Cambridge: Cambridge University Press.

Pocock, Tom. 1998. *Battle for Empire: The Very First World War, 1756–63*. London: Michael O'Mara.

Pollard, Sidney. 1965. *The Genesis of Modern Management: A Study of the Industrial Revolution in Great Britain*. Cambridge, MA: Harvard University Press.

Polyani, Michael. 1958. *Personal Knowledge: Towards a Post-Critical Philosophy*. New York: Harper and Row.

Pomerantz, Kenneth. 2000. *The Great Divergence: China, Europe, and the Making of the Modern World Economy.* Princeton, NJ: Princeton University Press.

Pope, John A. 1956. *Chinese Porcelains from the Ardebil Shrine.* Washington, DC: Freer Gallery of Art, Smithsonian Institution.

Portal, Jane. 1997. "Korean Celadons of the Koryo Dynasty." In Freestone and Gaimster 1997: 98–103.

Porter, David. 1999. "Chinoiserie and the Aesthetics of Illegitimacy." *Studies in Eighteenth-Century Culture* 28: 27–54.

———. 1999–2000. "A Peculiar But Uninterestingnation: China and the Discourse of Commerce in Eighteenth-Century England." *ECS* 33/2: 181–99.

———. 2001. *Ideographia: The Chinese Cipher in Early Modern Europe*. Stanford, CA: Stanford University Press.

———. 2002. "Monstrous Beauty: Eighteenth-Century Fashion and the Aesthetics of Chinese Taste." *ECS* 35/3: 395–411.

Postelthwayt, Malachy. 1774. *The Universal Dictionary of Trade and Commerce*. 2 vols. 4th ed. Reprint, New York: Augustus M. Kelley.

Potts, D.T. 1997. *Mesopotamian Civilization: The Material Foundations*. Ithaca, NY: Cornell University Press.

Preston, Diana, and Michael Preston. 2007. *Taj Mahal: Passion and Genius at the Heart of the Mughal Empire.* New York: Wallace

& Company.

Ptak, Roderich. 1986. *Cheng Hos Abenteuer im Drama und Roman der Ming-Zeit*. Stuttgart: Franz Verlag Wiesbaden.

———. 2001. "Quanzhou: At the Northern Edge of a Southeast Asian Mediterranean." In Schottenhammer 2001: 395–427.

Raby, Julian, and Ünsal Yücel. 1986. "Chinese Porcelain at the Ottoman Court." In *Chinese Ceramics in the Topkapi Saray Museum, Istanbul*, edited by John Ayers, catalogue by Regina Krahl, 1:27–54. 3 vols. London: Sotheby's Publications.

Raeburn, Michael. 1989. *The Green Frog Service: A Portrait of 18th-Century England on Wedgwood's Imperial Service*. London: Barrie and Jenkins.

Raffo, Pietro. 1982. "The Development of European Porcelain." In Atterbury 1982: 79–125.

Ramage, Nancy H. 1990. "Sir William Hamilton as Collector, Exporter, and Dealer: The Acquisition and Dispersal of His Collections." *American Journal of Archaeology* 96/3: 469–80.

Raphael, Oscar C. 1931–32. "Chinese Porcelain Jar in the Treasury of San Marco, Venice." *TOCS2 10: 13–15.*

Rapp, Richard T. 1975. "The Unmaking of the Mediterranean Trade Hegemony: International Trade Rivalry and the Commercial Revolution." *Journal of Economic History* 35/3: 499–525.

Raven, James. 1992. *Judging New Wealth: Popular Publishing and Responses to Commerce in England, 1750–1800*. Oxford: Clarendon Press.

Rawson, Jessica. 1984. *Chinese Ornament: The Lotus and the Dragon*. London: British Museum.

———. 1986. "Tombs or Hoards: The Survival of Chinese Silver of the Tang and Song Periods, Seventh to Thirteenth Centuries A.D." In Vickers 1986: 31–56.

———. 1989. "Chinese Silver and Its Influence on Porcelain Development." In *Cross- Craft and Cross-Cultural Interaction in Ceramics*, edited by Patrick E. McGovern and M.D. Notis, 275–99.Westerville, OH: American Ceramic Society.

———. 1993. "Ancient Chinese Ritual Bronzes: The Evidence from Tombs and Hoards of the Shang (c. 1500–1050 B.C.) and Western Zhou (c. 1050–771 B.C.) Periods." *Antiquity* 67/257: 805–23.

———, ed. 1993a. *The British Museum Book of Chinese Art*. New York: Thames and Hudson.

———. 1993b. "Jades and Bronzes for Ritual." In Rawson 1993a: 44–83.

———. 1995. *Chinese Jade from the Neolithic to the Qing*. London: British Museum.

———. 1997. "Overturning Assumptions: Art and Culture in Ancient China." *Apollo* 145/3: 3–9.

———, and Jane Portal. 1993. "Luxuries for Trade." In Rawson 1993a: 256–91.

———, M. Tite, and M. J. Hughes. 1987–88. "The Export of Tang *Sancai* Wares: Some Recent Research." *TOCS* 52: 39–58.

Rawson, Philip. 1984. *Ceramics*. Philadelphia: University of Pennsylvania Press.

Ray, Anthony. 1991. "Sixteenth-Century Pottery in Castile—A Documentary Study." *BM* 134/4: 298–305.

Ray, Haraprasad. 1993. *Trade and Diplomacy in India-China Relations: A Study of Bengal during the Fifteenth Century*. New Delhi: Radiant Publishers.

Redford, Bruce, ed. 1992. *The Letters of Samuel Johnson*. 5 vols. Princeton, NJ: Princeton University Press.

Reid, Anthony. 1992. "The Rise and Fall of Sino-Javanese Shipping." In *Looking in Odd Mirrors: The Java Sea*, edited by V.J.H. Houben, H.M. J. Maier, and W. Van der Molen, 177–211. Leiden: Vakgroep Talen en Culturen van Zuidoost-Azië en Oceanië.

———. 1996. "Flows and Seepages in the Long-Term Chinese Interaction with Southeast Asia." In *Soujourners and Settlers: Histories of Southeast Asia and the Chinese in Honour of Jennifer Cushman*, edited by Anthony Reid, 15–49. Sydney: Allen and Unwin.

Reilly, Robin. 1992. *Josiah Wedgwood*, 1730–1795. London: Macmillan.

———. 1994. *Wedgwood Jasper*. New York: Thames and Hudson.

Rhodes, Daniel. 1968. *Kilns: Design, Construction, and Operation. Radnor,* PA: Chilton Book Company.

Ricci, Matteo. 1953. *China in the Sixteenth Century: The Journals of Matthew Ricci, 1583–1610*. Translated and edited by Louis J. Gallagher. New York: Random House.

Rice, Prudence M. 1999. "On the Origins of Pottery." *Journal of Archaeological Method and Theory* 6/1: 1–54.

Richards, Dick. 1995. *South-East Asian Ceramics: Thai, Vietnamese, and Khmer: From the Collection of the Arts Gallery of South Australia*. Kuala Lumpur: Oxford University Press.

Richards, John. 1993. *The New Cambridge History of India*, vol. 1:5: *The Mughal Empire*.Cambridge: Cambridge University Press.

Richards, Sarah. 1999. *Eighteenth-Century Ceramics: Products for a Civilised Society*. Manchester: Manchester University Press.

Riegel, Alois. 1992. *Problems of Style: Foundations for a History of Ornament*. Translated by Evelyn Kain. Princeton, NJ: Princeton University Press.

Risso, Patricia. 1995. *Merchants and Faith: Muslim Commerce and Culture in the Indian Ocean*. Boulder, CO: Westview Press.

Ritter, Hellmut. 2003. *The Ocean of the Soul: Man, the World and God in the Stories of Farid al-Din 'Attar*. Translated by John O'Kane. Leiden: Brill.

Roberts, Gaye Blake. 1990. "Patterns of Trade in the 18th Century." *English Ceramic Circle* 14/1: 93–105.

———. 1997. " 'To Astonish the World with Wonders': Josiah Wedgwood I 1730–1795." *English Ceramic Circle* 16/2: 156–74.

Robertson, Maureen. 1983. "Periodization in the Arts and Patterns of Change in Traditional Chinese Literary History." In *Theories of the Arts in China*, edited by Susan Bush and Christian Murck, 3–26. Princeton, NJ: Princeton University Press.

Robinson, B.W. 1967. "Six Centuries of Persian Painting." *OA* 13/3: 173–79.

Robinson, Dwight E. 1973. "The Styling and Transmission of Fashions Historically Considered: Winckelmann, Hamilton and Wedgwood in the 'Greek Revival.' " In *Fashion Marketing*, edited by Gordon Wills and David Midgley, 25–87. London: George Allen & Unwin.

Robinson, John Martin. 1983. *Georgian Model Farms: A Study of the Decorative and Model Farm Buildings in the Age of Improvement, 1700–1846*. Oxford: Clarendon Press.

Rocco, Fiammetta. 2003. *The Miraculous Fever Tree: Malaria and the Quest for a Cure That Changed the World.* New York: Harper Collins.

Roche, Daniel. 1987. *The People of Paris: An Essay in Popular Culture in the 18th Century*. Translated by Marie Evans. Berkeley: University of California Press.

———. 2000. *A History of Everyday Things: The Birth of Consumption in France, 1600–1800*. Translated by Brian Pearce. Cambridge: Cambridge University Press.

Rockhill,W.W. 1914–15. "Notes on the Relations and Trade of China with the Eastern Archipelago and the Coasts of the Indian Ocean during the Fourteenth Century." *T'oung Pao* 15: 419–47; 16: 61–159, 236–71, 374–92, 435–67, 604–26.

Rogers, J.M., and R.M.Ward. 1988. *Süleyman the Magnificent*. Exhib. cat. London: British Museum.

Rogers, Mary Ann. 1990. "In Praise of Errors." *O* 21/9: 62–78.

———. 1992. "The Mechanics of Change: The Creation of a Song Imperial Ceramic Style." In *New Perspectives on the Art of Ceramics in China*, edited by George Kuwayama, 64–79. Honolulu: University of Hawai'i Press.

Rontgen, Robert E. 1984. *The Book of Meissen*. Exton, PA: Schiffer Publishing.

Rooney, Dawn F. 1984. *Khmer Ceramics*. Singapore: Oxford University Press.

———. 1987. *Folk Pottery in South-East Asia*. Singapore: Oxford University Press.

———. 1989. "The Fish Motif in Sukhothai Ceramics." *OA* 35/1: 35–43.

Rosenthal, Franz, trans. 1989. *The History of al-Tabari (Ta'rikh al-rusul wa'l-muluk)*, vol. 1: *From the Creation to the Great Flood*. Albany: State University of New York Press.

Rossabi, Morris. 1973. "Cheng Ho and Timur: Any Relation?" *Oriens Extremus* 20: 129–36.

———. 1988. *Khubilai Khan: His Life and Times*. Berkeley: University of California Press.

———. 1992. *Voyager from Xanadu: Rabban Sauma and the First Journey from China to the West*. New York: Kodansha International.

Rougelle, Axelle. 1991. "Les importations de céramiques chinoises dans le Golfe arabopersique (8–11èmes siècles)." *Archelogie Islamique* 2: 5–46.

———. 1996. "Medieval Trade Networks in theWestern Indian Ocean (8–14th Centuries): Some reflections from the Distribution Pattern of Chinese Imports in the IslamicWorld." In *Tradition and Archaeology: Early Maritime Contacts in the Indian Ocean*, edited by Himanshu Prabha Ray and Jean-François Salles, 159–80. New Delhi: Manohar.

Rousmaniere, Nicole Coolidge. 1996. "Defining Temmoku: Jian Ware Tea Bowls Imported into Japan." In *Hare's Fur, Tortoiseshell, and Patridge Feathers: Chinese Brown- and Black-Glazed Ceramics, 400–1400*, edited by Robert D. Mowry, 43–58. Exhib. cat. Cambridge, MA: Harvard University Art Museums.

Rousseau, Jean-Jacques. 1990. *Julie, or the New Héloïse*. In *The Collected Writings of Rousseau*, vol. 6, translated and edited by Philip Stewart and Jean Vaché. Hanover, NH: University Press of New England.

Rowbotham, Arnold W. 1966. *Missionary and Mandarin: The Jesuits at the Court of China*. New York: Russell and Russell.

Saint-Simon, Louis de Rouvroy, duc de. 1856–58. *Mémoires complets et authentiques du duc de Saint-Simon sur le siècle de Louis XIV et la régence. 14 vols.* Edited by M. Chéruel. Paris: Hachette.

Saiz, María Concepcíon García. 2003. "Mexican Ceramics in Spain." In Gavin et al. 2003: 187–203.

Salles-Reese, Véronica. 1997. *From Viracocha to the Virgin of Copacabana: Representation of the Sacred at Lake Titicaca*. Austin: University of Texas Press.

Sandon, John. 1992. "Shell-Decorated Worcester Porcelain." *MA* 141/6: 946–55.

Sasaki, Tatsuo. 1994. "Trade Patterns of Zhejiang Ware Found in West Asia." In *New Light on Chinese Yue and Longquan Wares:*

Archaeological Ceramics Found in Eastern and Southern Asia, A.D. 800–1400, edited by Chuimei Ho, 322–32. Hong Kong: Centre of Asian Studies.

Saunders, Gill. 2002. *Wallpaper in Interior Design*. London: Victoria and Albert Museum.

Savill, Rosalind. 1982. " 'Cameo Fever': Six Pieces from the Sèvres Porcelain Dinner Service made for Catherine II of Russia." *Apollo* 116/11: 304–11.

Savory, Roger. 1980. *Iran under the Safavids*. Cambridge: Cambridge University Press.

Sayer, Geoffrey R., trans. and ed. 1951. *Ching-tê-chên t'ao-lu*, or *The Potteries of China*. London: Routledge & Kegan Paul.

———, trans. and ed. 1959. *T'ao Ya or Pottery Refinements*. London: Routledge & Kegan Paul.

Scammell, G.V. 1969. "The New Worlds and Europe in the Sixteenth Century." *Historical Journal* 12/3: 389–412.

Schafer, Edward H. 1963. *The Golden Peaches of Samarkand: A Study of T'ang Exotics*. Berkeley: University of California Press.

———. 1967. *The Vermilion Bird: T'ang Images of the South*. Berkeley: University of California Press.

Schama, Simon. 1988. *An Embarrassment of Riches: An Interpretation of Dutch Culture in the Golden Age*. Berkeley: University of California Press.

Schein, Sylvia. 1979. "*Gesta Dei per Mongolos* 1300: The Genesis of a Non-Event." *English Historical Review* 94/373: 805–19.

Scheurleer, D.F. Lunsingh. 1974. *Chinese Export Porcelain /Chine de Commande*. London: Pitman.

Schimmel, Annemarie. 1984. *Calligraphy and Islamic Culture*. New York: New York University Press.

———. 2005. *The Empire of the Great Mughals: History, Art and Culture*. Translated by Corinne Attwood and edited by Burzine K.Waghmar. London: Reaktion Books.

Schneider, Laura T. 1973. "The Freer Canteen." *Ars Orientalis* 9: 137–56.

Scholten, Frits T. 1995. "The Variety of Decoration on Dutch Delft, 1625–1675." *MA* 147/1: 194–203.

Schönfeld, Martin. 1998. "Was There a Western Inventor of Porcelain?" *Technology and Culture* 39/4: 716–27.

Schottenhammer, Angela, ed. 2001. *The Emporiumof the World: Maritime Quanzhou, 1000–1400*. Leiden: Brill.

———. 2006. "The Sea as Barrier and Contact Zone: Maritime Space and Sea Routes in Traditional Chinese Books and Maps." In *The Perception of Maritime Space in Traditional Chinese Sources*, edited by Angela Schottenhammer and Roderich Ptak, 3–13. Wiesbaden: Harrassowitz Verlag.

Schouten, Joost. 1671. *A Description of the Mighty Kingdoms of Japan and Siam*. Translated by Roger Manley. London: Robert

Boulter.

Schroder, Timothy. 2004. "Lord Burghley's Silver Spice Dishes." *Apollo* 159/2: 3–12.

Schurz,William Lytle. 1939. *The Manila Galleon*. New York: E.P. Dutton.

Schwartz, Selma. 1992. *Sèvres Porcelain Service for Marie Antoinette's Dairy at Rambouillet: An Exercise in Archaeological Neo-Classicism*. Paris: French Porcelain Society.

Scott, Rosemary E. 1987. "18th-Century Overglaze Enamels: the Influence of Technological Development on Painting Style." In *Style in the East Asian Tradition*, edited by Rosemary E. Scott and Graham Hutt, 149–68. London: Percival David Foundation of Chinese Art.

———. 1992. "Archaism and Invention: Sources of Ceramic Design in the Ming and Qing Dynasties." In *New Perspectives on the Art of Ceramics in China*, edited by George Kuwayama, 80–96. Honolulu: University of Hawai'i Press.

———, ed. 1993. *The Porcelains of Jingdezhen*. London: Percival David Foundation of Chinese Art.

———. 1993a. "Jesuit Missionaries and the Porcelains of Jingdezhen." In Scott 1993: 233–56.

———. 2002. "*Qingbai* Porcelain and Its Place in Chinese Ceramic History." In Pierson 2002: 6–12.

Sen, Tansen. 2003. *Buddhism, Diplomacy, and Trade: The Realignment of Sino-Indian Relations, 600–1400*. Honolulu: Association for Asian Studies and University of Hawai'i Press.

Seok Chee, Eng-Lee. 1993. "Passions and Pursuits of the Chinese Scholar." In *Ceramics in Scholarly Taste*, edited by Maura Rinaldi, 30–40. Exhib. cat. Singapore: Southeast Asian Ceramic Society.

Serruys, Henry. 1975. *Trade Relations: The Horse Fairs (1400–1600)*. Brussels: Institut Belge des Hautes Études Chinoises.

Shackel, Paul A. 1993. *Personal Discipline and Material Culture: An Archaeology of Annapolis, Maryland*, 1695–1870. Knoxville: University of Tennessee Press.

Shakeb, M.Z.A. 1995. "Aspects of Golconda–Iran Commercial Contacts." Islamic Culture 69/2: 1–39.

Shangraw, Clarence F. 1985. "Fifteenth-Century Blue-and-White Porcelain in the Asian Art Museum of San Francisco." *O* 16/5: 34–46.

Shaw, Thurstan, Paul Sinclair, Bassey Andah, and Alex Okpoko, eds. 1993. *The Archaeology of Africa: Food, Metals and Towns*. London: Routledge.

Sheaf, Colin. 1993. "Chinese Ceramics and Japanese Tea Taste in the Late Ming Period." In Scott 1993: 165–82.

———, and Richard Kilburn. 1988. *The Hatcher Porcelain Cargoes: The Complete Record*. Oxford: Phaidon.

Shelach, Gideon. 2001. "The Dragon Ascends to Heaven, the Dragon Dives into the Abyss: Creation of the Chinese Dragon Symbol." *OA* 47/3: 29–40.

Shiba, Yoshinobu. 1970. *Commerce and Society in Sung China*. Translated by Mark Elvin. Ann Arbor: Center for Chinese Studies, University of Michigan.

Shoemaker, Nancy. 1997. "How Indians Got to Be Red." *American Historical Review* 102/3: 625–44.

Shono, Masako. 1973. *Japanisches Aritaporzellan im sogenannten 'Kakiemonstil' als Vorbild für die Meissener orzellanmanufaktur*. Translated by Richard Rasch and Rainer Rückert. Munich: Editions Schneider.

Shulsky, Linda Rosenfeld. 1998. "Philip II of Spain as Porcelain Collector." *OA* 44/2: 51–54.

Siebel, Sabine, ed. 2004. *The Glory of Baroque Dresden: The State Art Collections Dresden*. Exhib. cat. Jackson: Mississippi Commission for International Exchange.

Sigurdsson, Haraldur. 1999. *Melting the Earth: The History of Ideas on Volcanic Eruptions*. Oxford: Oxford University Press.

Simkin, C.G.F. 1968. *The Traditional Trade of Asia*. London: Oxford University Press.

Simpson, St. John. 1997. "Early Urban Ceramic Industries in Mesopotamia." In Freestone and Gaimster 1997: 50–55.

Sims, Eleanor. 1992. "The Illustrated Manuscripts of Firdausi's *Shahnama* Commissioned by Princes of the House of Timur." *Ars Orientalis* 22: 43–68.

Skaff, Jonathan Karam. 2003. "The Sogdian Trade Diaspora in East Turkestan during the Seventh and Eighth Centuries." *JESHO* 46/4: 475–524.

Smalley, Ian James. 1968. "The Loess Deposits and Neolithic Culture of Northern China." *Man* 3: 22–41.

Smith, Adam. 1976. *An Inquiry into the Nature and Causes of the Wealth of Nations*. 2 vols. Edited by R.H. Campbell and A.K. Skinner. Oxford: Clarendon Press.

———. 1976a. *Theory of Moral Sentiments*. Oxford: Clarendon Press.

Smith, David Kammerling. 2002. "Structuring Politics in Early Eighteenth-Century France: The Political Innovations of the French Council of Commerce." *Journal of Modern History* 74/3: 490–537.

Smith, John Masson, Jr. 2000. "Dietary Decadence and Dynastic Decline in the Mongol Empire." *Journal of Asian History* 34/1: 35–52.

Smith, Lawrence, Victor Harris, and Timothy Clark. 1990. *Japanese Art: Masterpieces in the British Museum*. New York: Oxford University Press.

Smith, Monica. 1999. " 'Indianization' from the Indian Point of View: Trade and Cultural Contacts with Southeast Asia in the Early First Millennium C.E." *JESHO* 42/1: 1–26.

Smith, Robert C. 1968. *The Art of Portugal, 1600–1800*. New York: Meredith Press.

Smollett, Tobias. 1997. *Travels through France and Italy*. Evanston, IL: Marlboro Press and Northwestern University Press.

Snowdin, Michael, and Maurice Howard. 1996. *Ornament: A Social History since 1450*. New Haven, CT: Yale University Press.

So, Billy K.L. 2000. *Prosperity, Region, and Institutions in Maritime China: The South Fukien Pattern, 946–1368*. Cambridge, MA: Harvard University Asia Center.

———. 2006. "Logiques de marché dans le Chine maritime: Espace et institutions dans deux régions préindustrielles." *Annales* 61/6: 1261–88.

So, Jenny F. 1980. "The Waning of the Bronze Age: The Western Han Period (206 B.C.–A.D. 8)."In Fong 1980: 323–27.

Solheim II, Wilhelm G. 1965. "The Functions of Pottery in Southeast Asia: From the Present to the Past." In Matson 1965: 254–73.

Son Chu-hwan, ed. 1994. *Koreana: Korean Cultural Heritage*, vol. 1: *Fine Arts*. Seoul: Korea Foundation.

Soper, Alexander C. 1942. "The Rise of Yamato-e." *AB* 24/4: 351–79.

———. 1976. "The Relationship of Early Chinese Painting to Its Own Past." In *Artists and Traditions: Uses of the Past in Chinese Culture*, edited by Christian F.Murck, 21–47. Princeton, NJ: Princeton University Press.

Souyri, Pierre François. 2001. *The World Turned Upside Down: Medieval Japanese Society*. New York: Columbia University Press.

Souza, George Bryan. 1986. *The Survival of Empire: Portuguese Trade and Society in China and the South China Sea, 1630–1754*. Cambridge: Cambridge University Press.

Spallanzani, Marco. 1978. *Ceramiche orientali a Firenze nel rinascimento*. Florence: Cassa di risparmio.

Spandounes, Theodore. 1997. *On the Origin of the Ottoman Emperors*. Translated and edited by Donald M. Nicol. Cambridge: Cambridge University Press.

Spence, Jonathan D. 1984. *The Memory Palace of Matteo Ricci*. New York: Penguin Books.

———. 1998. *The Chan's Great Continent: China in Western Minds*. New York: Norton.

Spuhler, F. 1986. "Carpets and Textiles." In Jackson and Lockart 1986: 698–727.

Spuler, Bertold. 1985. *Die Mongolen in Iran: Politik, Verwaltung und Kultur der Ilchanzeit 1220–1350*. Leiden: Brill.

Staehelin, Walter A. 1966. *The Book of Porcelain: The Manufacture, Transport and Sale of Export Porcelain during the Eighteenth Century, Illustrated by a Contemporary Series of Chinese Watercolors*. Translated by Michael Bullock. New York: Macmillan.

Stein, Stanley J., and Barbara H. Stein. 2000. *Silver, Trade, and War: Spain and America in the Making of Early Modern Europe*. Baltimore, MD: Johns Hopkins University Press.

Stern, S.M. 1967. "Ramisht of Siraf, a Merchant Millionaire of the Twelfth Century." *JRASGBI* 1: 10–14.

Stevens, Wallace. 1982. *The Collected Poems of Wallace Stevens*. New York: Vintage Books.

Stevenson, John. 1997a. "The Evolution of Vietnamese Ceramics." In Stevenson and Guy 1997c: 23–45.

———. 1997b. "Ivory-Glazed Wares of Ly and Tran." In Stevenson and Guy 1997c: 111–27.

———, and John Guy, eds. 1997c. *Vietnamese Ceramics: A Separate Tradition*. Chicago: Art Media Resources.

Stols, Eddy. 2004. "The Expansion of the Sugar Market in Western Europe." In *Tropical Babylons: Sugar and the Making of the Atlantic World*, edited by Stuart B. Schwartz, 237–88. Chapel Hill: University of North Carolina Press.

Ströber, Eva. 2001. *'La maladie de porcelaine': Ostasiatisches Porzellan aus der Sammlung Augusts des Starken*. Exhib. cat. Leipzig: Edition Leipzig.

Strong, Roy. 2002. *Feast: A History of Grand Eating*. New York: Hartcourt.

Stuart, Jan. 1993. "Imperial Porcelain and Court values." *O* 24/8: 24–30.

———. 1993a. "Layers of Meaning." In *Joined Colors: Decoration and Meaning in Chinese Porcelain*, edited by Louise Allison Cort and Jan Stuart, 33–61.Washington, DC: Arthur M. Sackler Gallery and the Smithsonian Institution.

———. 1995. "Unified Style in Chinese Painting and Porcelain in the 18th Century." *OA* 41/2: 32–46.

Styles, John. 2000. "Product Innovation in Early Modern London." *Past and Present* 168/3: 124–69.

Sugimara, Toh. 1986. *The Encounter of Persia with China: Research into Cultural Contacts Based on Fifteenth-Century Persian Pictorial Materials*. Senri Ethnological Studies, no.18. Osaka: National Museum of Ethnology.

———. 1992. "Chinese Influence on Persian Paintings of the Fourteenth and Fifteenth Centuries." In *Significance of Silk Roads in the History of Human Civilizations*, edited by Umesao Tadao and Sugimara Toh, 135–43. Senri Ethnological Studies, no. 32. Osaka: National Museum of Ethnology.

Sullivan, Michael. 1960–62. "Notes on Chinese Export Wares in Southeast Asia." *TOCS* 33: 61–77.

Sun Laichen. 2003. "Military Technology Transfers from Ming China and the Emergence of Northern Mainland Southeast Asia (c. 1390–1527)." *Journal of Southeast Asian Studies* 34/3: 495–517.

Sung Ying-Hsing. 1966. *T'ien-kung K'ai-wu: Chinese Technology in the Seventeenth Century*. Translated by E-tu Zen Sun and Shiou-Chuan Sun. University Park: Pennsylvania State University Press.

Swiderski, Richard M. 1980–81. "Bouvet and Leibniz: A Scholarly Correspondence." *ECS* 14/2:135–50.

Szuppe, Maria. 2004. "Circulation des lettrés et cercles littéraires: Entre Asie centrale, Iran et Inde du Nord (xvee–xviiie siècle)." *Annales* 59/5–6: 997–1018.

Takeuchi, Jun'ichi. 2003. "Furata Oribe and the Tea Ceremony." In *Turning Point: Oribe and the Arts of Sixteenth-Century Japan*, edited by Miyeko Murase, 17–29. Exhib. cat. New York and New Haven, CT: Metropolitan Museum of Art and Yale University Press.

Tana, Li. 2006. "A View fromthe Sea: Perspectives on the Northern and Central Vietnamese Coast." *Journal of Southeast Asian Studies* 37/1: 83–102.

Tedlock, Dennis, trans. 1985. *Popol Vuh: The Mayan Book of the Dawn of Life*. New York: Simon and Schuster.

Temple, Robert. 1986. *The Genius of China: 3,000 Years of Science, Discovery, and Invention*. New York: Simon and Schuster.

Teo, Catherine. 2002. "*Qingbai* Ware for Export." In Pierson 2002: 244–51.

Thackray, John. 1996. " 'The Modern Pliny': William Hamilton and Vesuvius." In Jenkins and Sloan 1996: 65–74.

Thomas, Elizabeth. 1743. *The Metamorphoses of the Town; or A View of the Present Fashions*. 4th ed. London: J.Wilford.

Thomaz de Bossierre, Yves de. 1982. *François Xavier Dentrecolles et l'apport de la Chine a l'Europe du XVIIIe siecle.* Paris: Les Belles Lettres.

Thornton, Dora. 1997. *The Scholar in His Study: Ownership and Experience in Renaissance Italy*. New Haven, CT: Yale University Press.

Tichane, Robert. 1983. *Ching-te-chen: Views of a Porcelain City*. New York: New York State Institute for Glaze Research.

Tingley, Nancy. 1993. "Thai Ceramics: The James and Elaine Connell Collection." *O* 24/12: 38–44.

Tite, M. S., I.C. Freestone, and M. Bimson. 1984. "A Technological Study of Chinese Porcelain of the Yuan Dynasty." *A* 26/2: 139–54.

Torrens, H. S. 2005. “Erasmus Darwin’s Contributions to the Geological Sciences.” In *The Genius of Erasmus Darwin*, edited by C.U.M. Smith and Robert Arnott, 259–72. Aldershot: Ashgate.
Totman, Conrad D. 1967. *Politics in the Tokugawa Bakufu, 1600–1843*. Cambridge, MA: Harvard University Press.
Tregear, Mary. 1976. “Chinese Ceramic Imports to Japan between the Ninth and Fourteenth Centuries.” *BM* 118/4: 816–24.
———. 1982. *Song Ceramics*. London: Thames and Hudson.
Treolar, F.E. 1972. “Stoneware Bottles in the Sarawak Museum: Vessels for the Mercury Trade.” *SMJ* 20/40–41: 377–84.
Trocki, Carl A. 1999. *Opium, Empire and the Global Political Economy: A Study of the Asian Opium Trade, 1750–1950*. London: Routledge.
Ts’ai Mei-fen. 1996. “A Discussion of Ting Ware with Unglazed Rims and Related Twelfth-Century Official Porcelain.” In *Arts of the Sung and Yüan Court*, edited by Maxwell K. Hearn and Judith G. Smith, 109–31. New York: Metropolitan Museum of Art.
Tsiang, Katherine R. 1981. “Chinese Jade.” *Arts in Asia* 11/5: 77–83.
Turnbull, Stephen. 2002. *Samurai Invasion: Japan’s Korean War, 1592–1598*. London: Cassell.
Turner, Jack. 2004. *Spice: The History of a Temptation*. New York: Alfred A. Knopf.
Turpin, Adriana. 1999. “A Table for Queen Mary’s Water Galley at Hampton Court.” *Apollo* 149/1: 3–14.
Twitchett, Dennis, and Janice Stargardt. 2002. “Chinese Silver Bullion in a Tenth-Century Indonesian Wreck.” *Asia Major* 15/1: 23–72.
Uglow, Jenny, 2002. *The Lunar Men: Five Friends Whose Curiosity Changed the World*. New York: Farrar, Straus and Giroux.
———. 2003. “Vase Mania.” In *Luxury in the Eighteenth Century: Debates, Desires and Delectable Goods*. Edited by Maxime Berg and Elizabeth Eger, 151–62. London: Palgrave.
Ukers, William H. 1935. *All About Tea*. 2 vols. New York: Tea and Coffee Trade Journal Company.
Umehara, Kaoru. 1999. “The Context and Spirit of Song Ceramics.” In *Song Ceramics*, edited by the Museum of Oriental Ceramics, 16–23. Osaka: Asahi Shimbun.
Ury, Marian. 1988. “Chinese Learning and Intellectual Life.” In *The Cambridge History of Japan*, vol. 2: *Heian Japan*, edited by Donald H. Shively and William H. McCullough, 341–89. Cambridge: Cambridge University Press.
Vainker, S. J. 1991. *Chinese Pottery and Porcelain*. London: British Museum.
———. 1993. “Ceramics for Use.” In Rawson 1993a: 212–54.

Vandiver, Pamela B. 1990. "Ancient Glazes." *Scientific American* 262/4: 106–13.

———, and W.D. Kingery. 1984. "Variations in the Microstructure and Microcomposition of Pre-Song, Song, and Yuan Dynasty Ceramics." In *Ceramics and Civilization: Ancient Technology to Modern Sciences*, edited by W.D.Kingery, 181–233.Columbus, OH: American Ceramic Society.

Varley, H. Paul. 1977. "Ashikaga Yoshimitsu and the World of Kitayama: Social Change and Shogunal Patronage in Early Muromachi Japan." In *Japan in the Muromachi Age*, edited by John W. Hall and Toyoda Takeshi, 183–204. Berkeley: University of California Press.

———. 1989. "*Chanoyu* from the Genroku Epoch to Modern Times." In Varley and Kumakura 1989: 161–194.

———. 1990. "Cultural Life in Medieval Japan." In Yamamura 1990: 447–99.

———. 1997. "Cultural Life of theWarrior Elite in the Fourteenth Century." In *The Origins of Japan's Medieval World: Courtiers, Clerics, Warriors, and Peasants in the Fourteenth Century*, edited by Jeffrey P. Maas, 192–208. Stanford, CA: Stanford University Press.

———, and George Elison. 1981. "The Culture of Tea: From Its Origins to Sen no Rikyu." In *Warlords, Artists, and Commoners: Japan in the Sixteenth Century*, edited by George Elison and Bardwell L. Smith, 187–222. Honolulu: University Press of Hawai'i.

———, and Kumakura Isao, eds. 1989. *Tea in Japan: Essays on the History of Chanoyu*. Honolulu: University of Hawai'i Press.

Vassalo e Silva, Nuno. 2000. "Precious Stones, Jewels and Cameos: Jacques de Coutre's Journey to Goa and Agra." In Flores and Vassallo e Silva 2004: 116–33.

Vickers, Michael, ed. 1986. *Pots and Pans: Proceedings of the Colloquium on Precious Metal and Ceramics in the Muslim, Chinese and Graeco-Roman Worlds*. Oxford: Oxford University Press.

———. 1987. "Value and Simplicity: Eighteenth-Century Taste and the Study of Greek Vases." *Past and Present* 116/4: 98–137.

———. 1997. "Hamilton, Geology, Stone Vases, and Taste." *Journal of the History of Collections* 9/2: 263–74.

———, and David Gill. 1994. *Artful Crafts: Ancient Greek Silverware and Pottery*. Oxford: Clarendon Press.

Vikan,Gary. 1991. "'Guided by Land and Sea': Pilgrim Art and Pilgrim Travel in Early by Zantium." In *Tesserae: Festshrift für Josef Engemann*, 74–92. Jahrbbuch für Antike und Christentum, Ergänzungsband 18. Münster: Aschendorffsche Verlagsbuchhandlung.

Viraphol, Sarasin. 1977. *Tribute and Profit: Sino-Siamese Trade, 1562–1853*. Cambridge, MA: Harvard University Press.

Visser, Margaret. 1991. *The Rituals of Dinner: The Origins, Evolution, Eccentricities, and Meaning of Table Manners*. New York: Grove Press.

Volker, T. 1954. *Porcelain and the Dutch East India Company as Recorded in the Dagh-Registers of Batavia Castle, Those of Hirada and Deshima and Other Contemporary Papers, 1602–1682*. Leiden: Rijksmuseum voor Volkenkunde.

———. 1959. *The Japanese Porcelain Trade of the Dutch East India Company after 1683*. Leiden: Brill.

Voll, John Obert. 1994. "Islam as a Special World-System." *JWH* 5/2: 213–26.

Voltaire. 1947. *Candide*. Translated by Philip Littell. New York: Modern Library.

Von der Porten, Edward P. 1972. "Drake and Cermeno in California: Sixteenth-Century Chinese Ceramics." *Historical Archaeology* 6/1: 1–22.

Von Glahn, Richard. 1996. *Fountain of Fortune: Money and Monetary Policy in China, 1000–1700*. Berkeley: University of California Press.

Wade, Geoffrey. 2000. "The Ming shi-lu as a Source for Thai History: Fourteenth to Seventeenth Centuries." *Journal of Southeast Asian Studies* 31/2: 249–94.

Wahrman, Dror. 2004. *The Making of the Modern Self: Identity and Culture in Eighteenth-Century England*. New Haven, CT: Yale University Press.

Walcha, Otto. 1981. *Meissen Porcelain*. New York: G.P. Putnam.

Waley, Arthur, trans. 1931. *The Travels of an Alchemist: The Journey of the Taoist Ch'ang-ch'un from China to the Hindukush at the Summons of Chingiz Khan*. London: Routledge & Kegan Paul.

Walvin, James. 1997. *Fruits of Empire: Exotic Produce and British Taste, 1660–1800*. New York: New York University Press.

Wan, Maggie C.K. 2003. "Motifs with Intentions: Reading the Eight Trigrams on Official Porcelain of the Jiajing Period (1522–1566)." *Artibus Asiae* 63/2: 191–221.

Wang, Eugene Y. 2005. *Shaping the Lotus Sutra: Buddhist Visual Culture in Medieval China*. Seattle: University of Washington Press.

Wang Gungwu. 1970. "China and South-East Asia, 1402–1424." In *Studies in the Social History of China and South-East Asia: Essays in Memory of Victor Purcell*, edited by Jerome Ch'en and Nicholas Tarling, 375–401. Cambridge: Cambridge University

Press.

———. 1998. "Ming Foreign Relations: Southeast Asia." In *The Cambridge History of China*, vol. 8:2: *The Ming Dynasty, 1368–1644*, edited by Denis Twitchett and Frederick W.Mote, 301–32. Cambridge: Cambridge University Press.

———. 2000. *The Chinese Overseas: From Earthbound China to the Quest for Autonomy*. Cambridge, MA: Harvard University Press.

Wang Shixin. 2000. "Capitalism in the Late Ming Dynasty." In *Chinese Capitalism, 1522–1840*, edited by Xu Dixin and Wu Chengming and translated by Li Zhengde, Liang Miaoru, and Li Siping, 23–110. New York: St. Martin's Press.

Wang Yi-t'ung. 1953. *Official Relations between China and Japan, 1368–1549*. Cambridge, MA: Harvard University Press.

Ward, Cheryl. 2001. "The Sadana Island Shipwreck: An Eighteenth-Century A.D. Merchantman off the Red Sea Coast of Egypt." *WA* 32/3: 368–82.

Wästfelt, Berit, Bo Gyllensvärd, and Jörgen Weibull. 1990. *Porcelain from the East Indiaman "Götheburg."* Translated by Jeanne Rosen. Hoganas, Denmark: Wiken.

Watanabe-o'Kelly, Helen. 2002. *Court Culture in Dresden: From Renaissance to Baroque*. New York: Palgrave.

Watney, Bernard. 1973. "Chinoiserie and English Porcelain of the Eighteenth Century: A Fairy-TaleWorld." In Watson 1972: 94–97.

Watsky, Andrew M. 1995. "Commerce, Politics, and Tea: The Career of Imai Sokyu." *Monumenta Nipponica* 50/1: 47–65.

———. 2004. *Chikubushima: Deploying the Sacred Arts in Momoyama Japan*. Seattle: University of Washington Press.

Watson, Francis, and John Whitehead. 1991. "An Inventory Dated 1689 of the Chinese Porcelain in the Collection of the Grand Dauphin, Son of Louis XIV, at Versailles." *Journal of the History of Collections* 3/1:13–51.

Watson, James L. 1985. "Standardizing the Gods: The Promotion of T'ien Hou ('Empress of Heaven') along the South China Coast, 960–1960." In *Popular Culture in Late Imperial China*, edited by David Johnson, Andrew J. Nathan, and Evelyn S. Rawski, 292–324. Berkeley: University of California Press.

Watson, William, ed. 1970. *Pottery and Metalwork in T'ang China*. London: Percival David Foundation of Chinese Art.

———. 1970a. "On T'ang Soft-Glazed Pottery." In Watson 1970: 41–49.

———, ed. 1972. *The Westward Influence of the Chinese Arts from the 14th to the 18th Century*. London: Percival David Foundation of Chinese Art.

———. 1973. "On Some Categories of Archaism in Chinese Bronze." *Ars Orientalis* 9: 1–14.

———. 1974. *Style in the Arts of China*. Harmondsworth: Penguin Books.

———. 1983. "Iran and China." In *The Cambridge History of Iran*, vol. 3:1: *The Seleucid, Parthian and Sasanian Periods*, edited by Ehsan Yarshater, 537–67. Cambridge: Cambridge University Press.

———. 1984. *Tang and Liao Ceramics*. New York: Rizzoli.

Watt, James C.Y. 2002. "A Note on Artistic Exchange in the Mongol Empire." In *The Legacy of Genghis Khan: Courtly Art and Culture in Western Asia*, edited by Linda Komaroff and Stefano Carboni, 63–73. Exhib. cat. New York: Metropolitan Museum of Art.

Weatherford, Jack. 2004. *Genghis Khan and the Making of the Modern World*. New York: Three Rivers Press.

Weatherill, Lorna. 1986. *The Growth of the Pottery Industry in England, 1660–1815*. New York: Garland.

Wechsler, Howard J. 1985. *Offerings of Jade and Silk: Ritual and Symbol in the Legitimation of the T'ang Dynasty*. New Haven, CT: Yale University Press.

Weeden, Richard P. 1984. *Poison in the Pot: The Legacy of Lead*. Carbondale: Southern Illinois University Press.

Weigl, Gail Capitol. 1980. "The Reception of Chinese Painting Models in Muromachi Japan." *Monumenta Nipponica* 35/3: 257–72.

Weinberg, Saul W. 1965. "Ceramics and the Supernatural: Cult and Burial Evidence in the AegeanWorld." In Matson 1965: 187–201.

Welch, E. 2002. "Public Magnificence and Private Display: Giovanni Pontano's *De Splendore* (1498) and the Domestic Arts." *Journal of Design History* 15/4: 211–27.

Weller, Dennis P. 2002. *Jan Miense Molenaer: Painter of the Dutch Golden Age*. Exhib. cat. Raleigh: North Carolina Museum of Art.

Wells, Kenneth M. 2000. "Korean Cultural Values in the Choson Dynasty." In *Earth, Spirit, Fire: Korean Masterpieces of the Choson Dynasty (1392–1910)*, edited by Claire Roberts and Michael Brand, 16–19. Exhib. cat. Sydney: Powerhouse Publishing.

Wen, R., C. S.Wang, Z.W. Mao, Y.Y. Huang, and A.M. Pollard. 2007. "The Chemical Composition of Blue Pigment on Chinese Blue-and-White Porcelain of the Yuan And Ming Dynasties (A.D. 1271–1644)." *A* 49/1: 101–15.

West, Stephen H. 1997. "Playing with Food: Performance, Food, and the Aesthetics of Artificiality in the Sung and Yuan." *HJAS* 57/1: 67–106.

Westermann, Mariët. 1996. *A Wordly Art: The Dutch Republic, 1585–1718*. New York: Harryn. Abrams.

Whitehead, John. 1993. "George IV: Furnishing in the French Taste: The Place of Dominique Daguerre in the Royal Collection." *Apollo* 138/7: 153–59.

Whitehouse, David. 1983. "Maritime Trade in the Gulf: The 11th and 12th Centuries." *WA* 14/3: 328–34.

Whitfield, Roderich, and Anne Farrer. 1990. *Caves of the Thousand Buddhas: Chinese Art from the Silk Route*. New York: George Braziller.

Whitman, Marina D. 1978. "Persian Blue-and-White Ceramics: Cycles of Chinoiserie." 2 vols. Ph.D. dissertation, New York University.

———. 1988. "The Scholar, the Drinker, and the Ceramic Pot-Painter." In *Content and Context of Visual Arts in the Islamic World*, edited by Priscilla P. Soucek, 255–61. University Park: Pennsylvania State University Press.

Whitmore, John K. 1985. *Vietnam, Hô Quy Ly, and the Ming (1371–1421)*. New Haven, CT: Yale Southeast Asia Studies.

Wiener, Philip P., ed. 1951. *Leibniz: Selections*. New York: Charles Scribner's Sons.

Willetts,William. 1958. *Chinese Art*. 2 vols. New York: George Braziller.

Wills, Geoffffrey. 1964. *Jade*. London: Acro Publications.

Wills, John E., Jr. 1988. "Tribute, Defensiveness, and Dependency: Uses and Limits of Some Basic Ideas about Mid-Qing Dynasty Foreign Relations." *American Neptune* 48/4: 225–29.

———. 1993. "European Consumption and Asian Production in the Seventeenth and Eighteenth Centuries." In *Consumption and the World of Goods*, edited by John Brewer and Roy Porter, 133–47. London: Routledge.

Wilson, Joan. 1972. "A Phenomenon of Taste: The China Ware of Queen Mary II." *Apollo* 96/8: 116–23.

Wilson, Kathleen. 1995. *The Sense of the People: Politics, Culture and Imperialism in England, 1715–1785*. Cambridge: Cambridge University Press, 1995.

Wilson, Richard L. 1989. "The Tea Ceremony: Art and Etiquette for the Tokugawa Era." In *The Japan of the Shoguns: The Tokugawa Collection*, edited by Denise L. Bissonnette, 63–73. Translated by Judith Terry and Shiro Nada. Exhib. cat. Montreal: Montreal Museum of Fine Arts.

Wilson, Timothy. 1987. *Ceramic Art of the Renaissance*. Exhib. cat. Austin: University of Texas Press.

Wink, André. 1991–2004. *Al-Hind: The Making of the Indo-Islamic World*. 3 vols.vol. 1 (1991): *Early Medieval India and the Expansion of Islam*. vol. 2 (1997): *The Slave Kings and the Islamic Conquest*. vol. 3 (2004): *Indo-Islamic Society, 14th–15th Centuries*. Leiden: Brill.

Winterbottom, Matthew. 2002. " 'Such Massy Pieces of Plate': Silver Furnishings in the English Royal Palaces, 1660–1702." *Apollo* 156/8: 19–26.

Witteveen, Joop. 1991. "Of Sugar and Porcelain: Table Decoration in the Netherlands in the 18th Century." In *Feasting and Fasting: Proceedings of the Oxford Symposium on Food & Cookery*, 212–20. London: Prospect Books.

Woldbye, Vibek. 1984. "Shells and the Decorative Arts." *Apollo* 120/1: 56–61.

Wolters, O.W. 1986. "Restudying Some Chinese Writings on Sriwijaya." *Indonesia* 42: 1–41.

Wong, Anita, ed. 2006. *Tea,Wine, and Poetry: Qing Dynasty Literati and Their Drinking Vessels*. Exhib. cat. Hong Kong: University Art Museumand Art Gallery, University of Hong Kong.

Wong, Grace. 1978. "Chinese Blue-and-White Porcelain and Its Place in the Maritime Trade of China." In *Chinese Blue and White Ceramics*, edited by S.T. Yeo and Jean Martin, 51–92. Singapore: Oxford University Press.

Wong, R. Bin. 2001. "Entre monde et nation: Les regions Braudéliennes en Asie." *Annales* 66/1: 9–16.

———. 2002. "The Search for European Differences and Domination in the Early Modern World: A View from Asia." *AHR* 107/2: 447–69.

Wood, Nigel. 1999. *Chinese Glazes: Their Origins, Chemistry, and Recreation*. London and Philadelphia: A. & C. Black and University of Pennsylvania Press.

———. 1999–2000. "Chinese Glazes." *TOCS* 64: 93–94.

———, and Rose Kerr. 1992. "Graciousness to Wild Austerity: Aesthetic Dimensions of Korean Ceramics Explored through Technology." *O* 23/12: 39–42.

Woodside, Alexander. 2006. *Lost Modernities: China, Vietnam, Korea, and the Hazards of World History*. Cambridge, MA: Harvard University Press.

Woodward, C. S. 1974. *Oriental Ceramics at the Cape of Good Hope, 1652–1795*. Cape Town: A.A. Balkema.

Wriggins, Sally Hovey. 1996. *Xuanzang: A Buddhist Pilgrim on the Silk Road*. Boulder, CO: Westview Press.

Wright, H.T. 1993. "Trade and Politics on the Eastern Littoral of Africa, A.D. 800–1300." In Shaw 1993: 658–72.

Wright, Thomas, ed. 1854. *The Travels of Marco Polo*. Translated by William Marsden. London: Henry G. Bohn.

Wu Hung. 1995. *Monumentality in Early Chinese Art and Architecture*. Stanford, CA: Stanford University Press.

———. 1996. "The Painted Screen." *Critical Inquiry* 23/1: 37–79.

———. 1999. "The Art and Architecture of the Warring States Period." In Loewe and Shaughnessy 1999: 651–744.

Xiong, Victor Cunrui. 2000. *Sui-Tang Chang'an: A Study in the Urban History of Medieval China*. Ann Arbor: University of Michigan, Center for Chinese Studies.

Yamamura, Kozo, ed. 1990. *The Cambridge History of Japan*, vol. 3: *Medieval Japan*. Cambridge: Cambridge University Press.

———. 1990a. "The Growth of Commerce in Medieval Japan." In Yamamura 1990: 344–95.

Yang Yang. 1996. "The Chinese Jade Culture." In *Mysteries of Ancient China: New Discoveries from the Early Dynasties*, edited by Jessica Rawson, 225–31. Exhib. cat. New York: George Braziller.

Yap, C.T., and Younan Hua. 1994. "A Study of Chinese Porcelain Raw Materials from Ding, Xing, Gongxian and Dehua Wares." *A* 36/1: 63–76.

Yonan, Michael E. 2004. "Veneers of Authority: Chinese Lacquers in Maria Theresa's Vienna." *ECS* 37/4: 652–72.

Young, Hilary. 1995. "From the Potteries to St Petersburg: Wedgwood and the Making and Selling of Ceramics." In *The Genius of Wedgwood*, edited by Hilary Young, 9–20. Exhib. cat. London: Victoria and Albert Museum.

———. 1999. *English Porcelain, 1745–95: Its Makers, Design, Marketing and Consumption*. London: Victoria and Albert Museum.

Yü, Chün-fang. 1998. "Ming Buddhism." In Mote and Twitchett 1998: 893–952.

———. 2001. *Kuan-yin: The Chinese Transformation of Avalokitesvara*. New York: Columbia University Press.

Yu Peichin. 2007. "The Imprint of Collecting: The Circulation of Northern Song Ru Ware in the 18th Century Qing Palace." *O* 38/1: 48–55.

Yuan, Tsing. 1978. "The Porcelain Industry at Ching-te-chen, 1500–1700." *Ming Studies* 6: 45–54.

Yuka Kadoi. 2002. "Cloud Patterns: The Exchange of Ideas between China and Iran under the Mongols." *OA* 48/2: 25–36.

Yun Yong-i. 1994. "Satsuma and Arita Pottery." In Son 1994: 126–31.

Zacks, Richard. 2002. *The Pirate Hunter: The True Story of Captain Kidd*. New York: Hyperion.

Zainie, Carla M. 1979. "The Sinan Shipwreck and Early Muromachi Art Collections." *OA* 25/1: 103–14.

Zhang, Z.H., J.G. Liou, and R.G.Coleman. 1984. "An Outline of the Plate Tectonics of China." *Bulletin of the Geological Society of America* 95: 295–312.

Zhang Fukang. 1986. "The Origin of High-Fired Glazes in China." In *Scientific and Technological Insights on Ancient Pottery and Porcelain*, edited by Shanghai Institute of Ceramics, 40–45. Beijing: Science Press.

Zhang Pusheng. 1991. "Notes on Some Recently Discovered Glazed Tiles from the Former Ming Palace in Nanjing." *O* 22/3: 62–63.

Zheng Hesheng and Zheng Yijun, eds. 1980–83. *Zheng He xia xiyang yangzi liao huibian* (Collected Sources on Zheng He's Voyages). 3 vols. Jinan: Qilu Publishing House.

索引

瓷器相關

人名

四畫以下

五畫～六畫

七畫～八畫

九畫～十畫

十一畫～十二畫

十三畫～十四畫

十五畫以上

文獻、作品

五畫以下

六畫～十畫

十一畫～十五畫

十六畫以上

地名、建築名

五畫以下

六畫～八畫

九畫～十畫

十一畫～十二畫

十三畫～十四畫

十五畫以上

專有名詞

五畫以下

六畫～十畫

十一畫以上

民族

神祇

船名

從景德鎮到 Wedgwood 瓷器：第一個全球化商品，影響人類歷史一千年
（初版書名：青花瓷的故事）

作　　者　羅伯特・芬雷（Robert Finlay）
譯　　者　鄭明萱
企畫選書　陳穎青
責任編輯　陳怡琳、陳詠瑜（第一版）、張瑞芳（第二、三版）
協力編輯　戴嘉宏
校　　對　聞若婷
版面構成　張靜怡
封面設計　児日設計
行銷統籌　張瑞芳
行銷專員　何郁庭
總 編 輯　謝宜英
出 版 者　貓頭鷹出版

發 行 人　涂玉雲
發　　行　英屬蓋曼群島商家庭傳媒股份有限公司城邦分公司
104 台北市中山區民生東路二段 141 號 11 樓
劃撥帳號：19863813；戶名：書虫股份有限公司
城邦讀書花園：www.cite.com.tw　購書服務信箱：service@readingclub.com.tw
購書服務專線：02-2500-7718~9（周一至周五 09:30-12:30；13:30-18:00）
24 小時傳真專線：02-2500-1990；25001991
香港發行所　城邦（香港）出版集團／電話：852-2877-8606／傳真：852-2578-9337
馬新發行所　城邦（馬新）出版集團／電話：603-9056-3833／傳真：603-9057-6622
印 製 廠　中原造像股份有限公司
初　　版　2011 年 11 月
二　　版　2016 年 1 月
三　　版　2021 年 3 月
三版三刷　2023 年 2 月
定　　價　新台幣 650 元／港幣 217 元
I S B N　978-986-262-455-5

讀者意見信箱　owl@cph.com.tw
投稿信箱　owl.book@gmail.com
貓頭鷹臉書　facebook.com/owlpublishing

【大量採購，請洽專線】(02) 2500-1919

城邦讀書花園
www.cite.com.tw

國家圖書館出版品預行編目資料

從景德鎮到 Wedgwood 瓷器：第一個全球化商品，影響人類歷史一千年／羅伯特・芬雷（Robert Finlay）著；鄭明萱譯. -- 三版. -- 臺北市：貓頭鷹出版：英屬蓋曼群島商家庭傳媒股份有限公司城邦分公司發行, 2021.03
面；　公分.
譯自：
The pilgrim art: cultures of porcelain in world history
ISBN 978-986-262-455-5（平裝）

1. 瓷器　2. 歷史　3. 藝術社會學　4. 中國

464.16092　　110001539

本書採用品質穩定的紙張與無毒環保油墨印刷，以利讀者閱讀與典藏。